FUNDAMENTOS DE
ELETRICIDADE

O Autor

Richard Fowler passou quatro anos na Força Aérea dos Estados Unidos trabalhando na reparação e manutenção de equipamentos de rádio e de navegação. Ele lecionou eletricidade e eletrônica por 30 anos – um ano em uma escola técnica pública e 29 anos em três universidades. O autor tem o grau de doutor em educação pela Universidade do Texas A&M (1965) e publicou dois livros-texto, dois manuais de laboratório e um capítulo em um anuário profissional.

F785f	Fowler, Richard
	Fundamentos de eletricidade : corrente contínua e magnetismo / Richard Fowler ; tradução: Rafael Silva Alípio ; revisão técnica: Antonio Pertence Júnior. – 7. ed. – Porto Alegre : AMGH, 2013.
	xx, 224 p. : il. color. ; 20 x 25 cm. – (Habilidades Básicas em Eletricidade, Eletrônica e Telecomunicações ; v. 1)
	ISBN 978-85-8055-139-6
	1. Engenharia elétrica. 2. Corrente contínua. 3. Magnetismo. I. Título.
	CDU 621.3.024:621.318

Catalogação na publicação: Ana Paula M. Magnus – CRB10/2052

RICHARD FOWLER

FUNDAMENTOS DE
ELETRICIDADE

VOLUME 1

7ª EDIÇÃO

CORRENTE CONTÍNUA E MAGNETISMO

Tradução
Rafael Silva Alípio
Engenheiro Eletricista pelo Centro Federal de Educação Tecnológica de Minas Gerais (CEFET-MG)
Licenciado em Física pela Universidade Federal de Minas Gerais
Mestre em Modelagem Matemática e Computacional pelo CEFET-MG

Revisão Técnica
Antonio Pertence Júnior MSc
Mestre em Engenharia pela Universidade Federal de Minas Gerais
Engenheiro Eletrônico e de Telecomunicações pela Pontifícia Universidade Católica de Minas Gerais
Pós-graduado em Processamento de Sinais pela Ryerson University, Canadá
Professor da Universidade FUMEC
Membro da Sociedade Brasileira de Eletromagnetismo

Reimpressão 2014

AMGH Editora Ltda.
2013

Obra originalmente publicada sob o título
Electricity: Principles and Applications with Simulation CD-ROM, 7th Edition
ISBN 0073222798 / 97800773222790

Original edition copyright © 2008, The McGraw-Hill Companies, Inc., New York, New York 10020. All rights reserved.

Portuguese language translation copyright © 2013, AMGH Editora Ltda.
All rights reserved.

Capa e projeto gráfico: *Paola Manica*

Leitura final: *Marcos Vinicius Martins da Silva*

Coordenadora editorial: *Sandra Chelmicki*

Gerente editorial: *Arysinha Affonso*

Editoração eletrônica: *Techbooks*

Reservados todos os direitos de publicação, em língua portuguesa, à
AMGH Editora Ltda, uma empresa do Grupo A Educação S. A.
A série Tekne engloba publicações voltadas à educação profissional, técnica e tecnológica.
Av. Jerônimo de Ornelas, 670 – Santana
90040-340 – Porto Alegre – RS
Fone: (51) 3027-7000   Fax: (51) 3027-7070

É proibida a duplicação ou reprodução deste volume, no todo ou em parte, sob quaisquer
formas ou por quaisquer meios (eletrônico, mecânico, gravação, fotocópia, distribuição na Web
e outros), sem permissão expressa da Editora.

Unidade São Paulo
Av. Embaixador Macedo Soares, 10.735 – Pavilhão 5 – Cond. Espace Center
Vila Anastácio – 05095-035 – São Paulo – SP
Fone: (11) 3665-1100   Fax: (11) 3667-1333

SAC 0800 703-3444 – www.grupoa.com.br

IMPRESSO NO BRASIL
PRINTED IN BRAZIL
Impresso sob demanda na Meta Brasil a pedido de Grupo A Educação.

Agradecimentos

Sem ajuda, apoio e incentivo de muitas pessoas, este livro nunca teria se materializado. Um profundo agradecimento é dedicado para Arla, minha esposa, quem revisou e digitou todo o manuscrito original para a sétima edição. O autor agradece os editores, o coordenador do projeto e a equipe da McGraw-Hill por seu trabalho habilidoso e preciso na publicação deste livro. Finalmente, o autor é grato pelas ideias, sugestões e críticas fornecidas pelos seguintes profissionais que revisaram o texto para esta edição:

Tom H. Barrick
Wichita Technical Institute (KS)

Victor Cerniglia
Pearl River Community College (MS)

Kenneth P. DeLucca
Millersville University (PA)

Jeffrey A. Priddy
New Castle School of Trades (PA)

Fred D. Rogers
Northeast Alabama Community College (AL)

Ernest Shaffer
San Diego Electrical Training Trust (CA)

Apresentação

A série *Habilidades Básicas em Eletricidade, Eletrônica e Telecomunicações* da McGraw-Hill foi projetada para fornecer competências de nível básico em uma ampla gama de ocupações nos campos da eletricidade e da eletrônica. A série consiste de materiais didáticos coordenados e projetados especialmente para estudantes voltados para uma carreira. Um livro-texto, um manual de experimentos e um manual do professor oferecem suporte a cada uma das áreas principais abordadas na série. Todos esses materiais focam teoria, prática, aplicações e experiências necessárias para aqueles que se preparam para entrar no mercado e seguir carreiras técnicas.

Há duas considerações fundamentais na preparação de uma série como essa: as necessidades dos estudantes e as necessidades do empregador. Esta série satisfaz essas necessidades de uma maneira eficaz. Os autores e os editores recorreram às suas extensas experiências técnicas e didáticas para interpretar de forma precisa e atender as necessidades do estudante. As necessidades das empresas e indústrias foram identificadas através de entrevistas pessoais, publicações da indústria, relatórios do governo sobre tendências ocupacionais e relatórios de associações de indústrias.

Os processos empregados para produzir e aprimorar a série estão em andamento. As mudanças tecnológicas são rápidas e o conteúdo foi revisto de modo a focar as tendências atuais. Igualmente, aprimoramentos na didática foram definidos e implementados tendo como base as experiências em sala de aula, *feedback* e comentários dos estudantes e professores que utilizam a série. Um grande esforço foi feito para oferecer o melhor material de aprendizagem possível. Isso inclui apresentações animadas de PowerPoint, arquivos de circuitos para simulação, um gerador de avaliações com bancos de questões correlacionados, sites dedicados aos estudantes e professores e informações básicas sobre instrumentação de laboratório. Todos esses elementos estão coordenados de forma adequada e foram preparados pelo autor.

A ampla aceitação da série *Habilidades Básicas em Eletricidade, Eletrônica e Telecomunicações* e as respostas positivas dos usuários confirmam a solidez no conteúdo e no projeto de todos os componentes, bem como sua eficácia como ferramenta de ensino e de aprendizagem. Os professores encontrarão os textos e manuais de cada uma das áreas de estudo estruturados de forma lógica, em um ritmo adequado e organizado segundo objetivos modernos. Os estudantes encontrarão um material de leitura agradável, interessante e bastante ilustrado. Eles também encontrarão uma grande quantidade de exercícios para autoavaliação, itens de revisão e exemplos para auxiliá-los na determinação de seus próprios progressos.

Os sucessos inicial e contínuo dessa série, em grande parte, decorrem da sabedoria e da visão de Gordon Rockmaker, que foi uma combinação mágica de editor, escritor, professor, engenheiro eletricista e amigo. Gordon se aposentou, porém ainda é nosso amigo.

Finalmente, os editores agradecem os comentários e sugestões dos professores e alunos que utilizam essa série.

Charles A. Schuler, editor da série

Habilidades básicas em eletricidade, eletrônica e telecomunicações

Novas edições nesta série:
Fundamentos de Eletricidade: Corrente Alternada e Instrumentos de Medição. Vol. 2, 7.ed., Richard Fowler
Eletrônica: Princípios e Aplicações, 7.ed., Charles A. Schuler
Eletrônica Digital: Princípios e Aplicações, 7.ed., Roger L. Tokheim
Fundamentos de Comunicação Eletrônica: Modulação, Demodulação e Recepção, 3.ed., Louis E. Frenzel Jr.
Fundamentos de Comunicação Eletrônica: Linhas, Micro-ondas e Antenas, 3.ed., Louis E. Frenzel Jr.

Prefácio

A sétima edição de *Fundamentos de eletricidade,* volumes 1 e 2, emprega a mesma filosofia de ensino e de aprendizagem utilizada nas edições anteriores. Presume-se que o estudante tenha pouco ou nenhum conhecimento dos princípios e teorias da eletricidade. O domínio do material neste texto ajudará o estudante que deseja um primeiro trabalho em alguma ocupação que exija a compressão de elementos básicos de eletricidade. Além disso, tal domínio propiciará ao aluno adquirir o conhecimento e as habilidades necessárias para prosseguir em estudos mais avançados em eletricidade e eletrônica.

O texto foi escrito de modo a facilitar a leitura do estudante e permitir uma clara compreensão dos conceitos elementares de eletricidade e dispositivos elétricos básicos. Os conceitos são explicados e desenvolvidos em sentenças simples e curtas, ao invés de uma única sentença longa e complicada. Nunca se presume que algum conceito é intuitivamente óbvio.

A matemática utilizada ao longo do livro é simples. Qualquer ferramenta matemática além de aritmética simples é cuidadosamente explicada e ilustrada com exemplos antes de ser empregada para resolver problemas de circuitos elétricos. Embora equações simultâneas, matrizes e determinantes sejam introduzidos no Capítulo 6, eles são definidos e explicados em detalhes antes de serem efetivamente utilizados. De modo similar, os elementos de trigonometria usados em circuitos de corrente alternada (CA) são completamente explicados e ilustrados com exemplos antes de serem aplicados na solução de circuitos CA.

Os Capítulos 1 a 7 deste livro são dedicados, em geral, aos fundamentos da corrente contínua, e os Capítulos 8 a 15 (que constam no volume 2) focam temas usualmente associados à corrente alternada.

Destaques

Alguns destaques deste livro incluem:
- Problemas para formação de pensamento crítico
- Exemplos resolvidos
- Figuras que facilitam o entendimento da teoria
- Seção sobre divisores e reguladores de tensão
- Seção sobre o método das tensões de nó
- Inclusão de matrizes e determinantes
- Regra de Cramer
- Fotografias ilustrando campos magnéticos
- Seção sobre potência em circuitos trifásicos
- Indutores de montagem em superfície
- Motores CC sem escovas

Características de aprendizagem

Os capítulos, e as seções dentro de um capítulo, estão organizados de modo que as leis, os princípios, as regras e as fórmulas necessárias para o entendimento completo de um conceito tenham sido cuidadosamente explicadas antes de o conceito ser introduzido. Assim, termos, conceitos e ideias desenvolvidos no Capítulo 1 são necessários para o completo entendimento dos novos conceitos apresentados nos capítulos restantes. Aqueles desenvolvidos no Capítulo 2 são necessários para os capítulos subsequentes e assim por diante. A exceção é o Capítulo 6, que pode ser estudado em qualquer momento após o Capítulo 5 ou mesmo omitido sem interromper a continuidade dos capítulos restantes.

Todos os diversos **exemplos resolvidos** (problemas de circuitos) ao longo do texto são organizados para enfatizar a importância de se utilizar uma abordagem sistemática, passo a passo, na solução de problemas. É também enfatizada, ao longo de todo o livro, a importância de se manter o controle das unidades, quando dados conhecidos são inseridos em uma fórmula. Os estudantes são encorajados a obter uma primeira aproximação da resposta de um problema antes de aplicar a matemática detalhada (e precisa) necessária para determinar a resposta exata. Isso pode ajudar a detectar erros grosseiros de matemática que algumas vezes passam despercebidos.

As **palavras-chave**, que podem ter um significado técnico e outro não técnico, são cuidadosamente definidas quando utilizadas pela primeira vez. Depois disso, elas nunca são utilizadas com seu significado não técnico.

Em cada capítulo, é disponibilizada uma série de exercícios para **teste dos conhecimentos**. Essas questões e problemas funcionam como um reforço positivo para o estudante conhecer e identificar áreas que precisam de estudos adicionais. As **respostas** são fornecidas ao final de cada capítulo, onde também é incluída uma **lista das novas fórmulas** apresentadas. A revisão dessa lista ajuda o estudante a relembrar as fórmulas necessárias para solução dos problemas de revisão.

Ambiente virtual de aprendizagem: www.grupoa.com.br/tekne

Recursos para o estudante

No ambiente virtual de aprendizagem estão disponíveis vários recursos em português para potencializar a absorção de conteúdos. Para cada capítulo, é oferecido um conjunto abrangente de **questões e problemas de revisão**, além de um **resumo dos principais conceitos** abordados. Os resumos auxiliam o estudante a identificar os pontos fracos e reforçar os pontos fortes.

Os **problemas para formação de pensamento crítico** estimulam o raciocínio. Essas questões requerem que o estudante expresse suas próprias ideias e convicções ou desenvolva procedimentos para a solução de problemas que não foram especificamente abordados no capítulo.

Recursos para o professor

Na **Área do Professor** (acessada pelo ambiente virtual de aprendizagem ou pelo portal do Grupo A) é disponibilizada uma ampla seleção de informações para o professor, como **apresentações** em PowerPoint com aulas estruturadas (em português).

O **Manual do Instrutor** (em inglês) traz uma lista de componentes e equipamentos necessários para executar experimentos de laboratório. Também estão disponíveis **vídeos** complementares, banco de testes e **respostas das questões de revisão e problemas** do livro-texto (em inglês).

Segurança em eletricidade

Circuitos eletroeletrônicos podem ser perigosos. Boas práticas de segurança são necessárias para evitar os choques elétricos, os incêndios, as explosões, os danos mecânicos e os prejuízos decorrentes do uso impróprio de ferramentas.

Em eletricidade, talvez o maior risco para as pessoas seja o choque elétrico. Uma corrente elétrica da ordem de 10mA circulando através do corpo humano pode paralisar a vítima e torná-la incapaz de se soltar de um condutor vivo ou componente que a eletrocuta, colocando sua vida em risco. Dez miliampères é uma intensidade de corrente muito pequena, corresponde a somente dez milésimos de um ampère. Uma descarga em uma lâmpada de flash de uma câmara fotográfica pode produzir correntes 40 vezes maiores que esse valor!*

Baterias são seguras para serem manuseadas porque a resistência do corpo humano (a partir da pele) é normalmente alta o suficiente para manter o fluxo de corrente muito baixo. Por exemplo, tocar nos dois polos de uma pilha de 1,5V produz um fluxo de corrente na faixa dos microampères (1 microampère é um milionésimo de um ampère). Esta quantidade de corrente é muito pequena para ser sentida por uma pessoa.

Ao contrário, as altas tensões são capazes de forçar correntes através da pele produzindo choques potencialmente danosos. Um fluxo de corrente de 100mA ou mais pelo corpo humano normalmente produz um choque elétrico fatal. Portanto, o perigo de choque fatal aumenta em tensões maiores. Assim, os profissionais que lidam diariamente com a alta tensão devem receber treinamento adequado e utilizar os equipamentos de segurança apropriados para a função.

Quando a pele humana está molhada ou cortada, a situação fica ainda pior, pois a resistência corporal ao choque diminui drasticamente. Quando isso acontece, até mesmo tensões moderadas podem causar choques sérios. Técnicos experientes conhecem bem isso e também sabem que equipamentos como os de baixa tensão podem possuir um ou dois circuitos internos de alta tensão. Em outras palavras, eles não praticam dois métodos de trabalho diferentes quando trabalham com tais circuitos: um método para o circuito de baixa e outro para o circuito de alta tensão do equipamento. Ao contrário disso, eles seguem procedimentos de segurança que os protegem durante todo o tempo, no circuito de baixa ou no circuito de alta tensão. Eles nunca presumem que os dispositivos de proteção estão funcionando. Eles nunca presumem que um circuito está desligado mesmo que a chave esteja na posição desligada (OFF). Eles sabem que a chave pode estar danificada e colocá-los em risco.

Até mesmo um sistema de baixa tensão e alta capacidade de corrente, como os sistemas elétricos automotivos, podem ser um tanto perigosos. Curto-circuitar partes em funcionamento de sistemas elétricos de um carro com uma aliança ou anel de dedo pode causar queimaduras severas – especialmente quando o anel ou a aliança é a ponte entre os pontos onde ocorre o curto.

---

* N. de T.: Como você verá no Capítulo 3 deste livro, é a lâmpada de flash da câmara fotográfica que consome a corrente que necessita da fonte de ignição para produzir o clarão que todos conhecemos. Essa mesma fonte de ignição não produziria um clarão tão intenso em outros tipos de lâmpadas, por exemplo, numa lâmpada incandescente residencial, visto que esta se apresenta como outro tipo de carga para a fonte, o que, como veremos, produz outro valor de corrente. Pelo mesmo raciocínio, você verá no Capítulo 3 que uma bateria de carro de 12V / 40A não representa nenhum risco de choque elétrico para os seres humanos em condições normais, visto que os 40A não podem ser consumidos pelo corpo humano (em condições normais) a partir de uma fonte de 12V.

Na medida em que for adquirindo conhecimento e experiência, você aprenderá procedimentos de segurança específicos para lidar com a eletricidade e a eletrônica. Entretanto, enquanto isso:

1. Sempre siga os procedimentos de segurança em eletricidade.
2. Consulte o manual do equipamento sempre que possível. Frequentemente, ele contém todas as instruções de segurança de que você precisará ao trabalhar com o equipamento. Leia e cumpra as instruções dispostas em materiais apropriados de segurança em eletricidade.
3. Investigue antes de agir.
4. Quando tiver dúvida, *não aja*. Pergunte ao seu professor, supervisor ou técnico imediatamente superior.

Regras gerais de segurança para a eletricidade e a eletrônica

Práticas de segurança protegerão você e os seus colegas de trabalho. Discuta-os com os outros colegas e consulte seu professor caso não compreenda algum ponto específico.

1. Nunca trabalhe (especialmente com eletricidade) se você estiver cansado ou sob efeito de remédios que te fazem ficar sonolento.
2. Nunca trabalhe em ambientes com luz insuficiente ou inadequada.
3. Evite trabalhar em ambientes úmidos ou com sapatos e roupas molhados.
4. Utilize sempre as ferramentas, os equipamentos de segurança e os dispositivos de proteção aprovados para uso.
5. Evite o uso de anéis, alianças, braceletes, correntes ou itens similares de metal quando estiver trabalhando com circuitos elétricos expostos.
6. Nunca presuma que um circuito está desligado. Verifique-o com um instrumento para certificar-se de que ele está mesmo inoperante.
7. Em algumas situações será necessário contar com algum "sistema amigo" para garantir que a energia elétrica não será religada enquanto você ou outro técnico faz intervenção no circuito.
8. Nunca interfira, passe ou desative dispositivos de segurança tais como um interruptor de intertravamento (um tipo de chave que desliga automaticamente a energia elétrica enquanto a porta estiver aberta ou o painel estiver fora do lugar).
9. Mantenha as ferramentas e os equipamentos de teste limpos e em boas condições de uso. Ao primeiro sinal de deterioração, substitua os isoladores das pontas de prova e de terminais isolados em circuitos.
10. Alguns dispositivos elétricos, como os capacitores, são capazes de armazenar *carga letal*. Eles podem guardar tais cargas por longos períodos de tempo. Você deve ter certeza de que estes dispositivos estão descarregados antes de trabalhar nos circuitos em volta deles.
11. Nunca remova os aterramentos de equipamentos que necessitam estar ligados ao terra.
12. Utilize somente um tipo de extintor de incêndio para equipamento elétrico e eletrônico. Água conduz corrente elétrica e pode danificar severamente o equipamento. Extintores de dióxido de carbono (CO_2) ou do tipo halogenado são usualmente os preferidos. Extintor de espuma podem ser úteis em *alguns casos*. Extintores comerciais são classificados de acordo com os tipos de chamas para os quais são efetivos. Use somente aquele indicado para o tipo de ambiente de trabalho onde o equipamento está.
13. Siga as instruções quando estiver usando solventes e outros químicos. Eles podem ser tóxicos e/ou inflamáveis ou, ainda, podem danificar certos tipos de materiais, como os plásticos. Sempre leia e siga as Fichas de Segurança dos Materiais Químicos (também conhecidas como MSDS – Material Safety Data Sheet).
14. Alguns materiais usados na eletrônica são tóxicos. Exemplos incluem os capacitores de tântalo e os transistores com encapsulamento a base de óxido de berílio. Estes dispositivos não devem ser quebrados ou esfolados, e você deve sempre lavar suas mãos sempre após seu manuseio. Outros materiais, como isoladores térmicos, podem produzir fumaça quando sobre-aquecidos. Leia e siga sempre as instruções da ficha de segurança dos materiais.
15. Certos componentes de circuitos alternativos afetam o desempenho de equipamentos e de sistemas. Assim, ao substituir peças, use exatamente a mesma peça ou uma peça substituta que seja homologada.

Profissionais de eletricidade e eletrônica usam conhecimentos de segurança ainda mais especializados

16. Use roupa de proteção e luvas de segurança quando manusear dispositivos de alto vácuo, como os tubos de raios catódicos e telas de LCD ou touch screen.

17. Não trabalhe no equipamento antes de conhecer os procedimentos de segurança adequados e estar ciente dos riscos potenciais que o equipamento oferece à sua segurança.

18. Muitos acidentes foram e são causados por pessoas apressadas ou circulando fora da área de circulação. Leve o tempo de movimentação necessário para que você e os outros estejam sempre em segurança. Correrias, brincadeiras rudes e trotes no ambiente de fábrica e laboratórios é estritamente proibido.

Circuitos e equipamentos devem ser tratados com respeito. Aprenda como eles trabalham e o modo adequado de trabalhar com eles. Pratique segurança sempre: sua saúde e sua vida podem depender disso.*

---

* N. de T.: No Brasil, os profissionais da área elétrica são obrigados a receber treinamento e serem certificados na Norma de Segurança em Eletricidade NR-10. Profissionais de eletricidade com estes requisitos em currículo possuem alta empregabilidade.

Sumários resumidos

Fundamentos de eletricidade: corrente contínua e magnetismo é o primeiro volume do livro de Fowler. Além deste, está disponível o título *Fundamentos de eletricidade: corrente alternada e instrumentos de medição*. Para conhecer os assuntos abordados em cada um deles, apresentamos os sumários resumidos a seguir.

VOLUME 1

capítulo 1   CONCEITOS BÁSICOS

capítulo 2   GRANDEZAS ELÉTRICAS E UNIDADES DE MEDIDA

capítulo 3   CIRCUITOS BÁSICOS, LEIS E MEDIDAS ELÉTRICAS

capítulo 4   COMPONENTES DE CIRCUITOS ELÉTRICOS

capítulo 5   ASSOCIAÇÕES DE CARGAS

capítulo 6   TÉCNICAS DE ANÁLISE DE CIRCUITOS

capítulo 7   MAGNETISMO E ELETROMAGNETISMO

                   CRÉDITOS DAS FOTOS

                   GLOSSÁRIO DE TERMOS E SÍMBOLOS

                   ÍNDICE

VOLUME 2

capítulo 8   *CORRENTES E TENSÕES ALTERNADAS*

capítulo 9   *POTÊNCIA EM CIRCUITOS CA*

capítulo 10   *CAPACITÂNCIA*

capítulo 11   *INDUTÂNCIA*

capítulo 12   *TRANSFORMADORES*

capítulo 13   *CIRCUITOS RLC*

capítulo 14   *MOTORES ELÉTRICOS*

capítulo 15   *INSTRUMENTOS E MEDIDAS*

                     CRÉDITOS DAS FOTOS

                     GLOSSÁRIO DE TERMOS E SÍMBOLOS

                     ÍNDICE

Sumário

VOLUME 1

capítulo 1 — *CONCEITOS BÁSICOS* 1

- Trabalho e energia 2
- Unidade de energia 2
- Conversão de energia 3
- Eficiência 4
- Estrutura da matéria 6
- Carga elétrica 8
- Elétrons de valência 9
- Elétrons livres 9
- Íons 9
- Carga estática e eletricidade estática 11
- Descarga eletrostática 12
- Usos da eletricidade estática 13
- Fórmulas relacionadas 15
- Respostas 15

capítulo 2 — *GRANDEZAS ELÉTRICAS E UNIDADES DE MEDIDA* 17

- Carga 18
- Unidade de carga 18
- Corrente e portadores de corrente 18
- Corrente em sólidos 18
- Corrente nos líquidos e nos gases 20
- Corrente no vácuo 22
- de corrente elétrica – o ampère 23
- Tensão elétrica 24
- Unidade de tensão – o volt 26
- Polaridade 26
- Fontes de tensão 27
- Resistência elétrica 28
- Condutores 28
- Isolantes 29
- Semicondutores 29
- Unidade de resistência elétrica – o ohm 29
- Coeficiente de temperatura 30
- Resistividade 30
- Resistores 31
- Potência e energia 32
- Unidade de potência elétrica 32
- Eficiência 33
- Potências de base 10 34
- Múltiplos e submúltiplos de unidades 37
- Unidades especiais e conversões 38
- Fórmulas e expressões relacionadas 39
- Respostas 39

capítulo 3 — CIRCUITOS BÁSICOS, LEIS E MEDIDAS ELÉTRICAS 43

Fundamentos de circuitos elétricos 44
Simbologia de componentes e os diagramas esquemáticos 45
Calculando grandezas elétricas 47
Medindo grandezas elétricas 54
Fórmulas e expressões relacionadas 62
Respostas 62

capítulo 4 — COMPONENTES DE CIRCUITOS ELÉTRICOS 65

Pilhas e baterias 66
Baterias de chumbo-ácido 68
Baterias de níquel-cádmio 72
Baterias de zinco-carbono e de cloreto de zinco 73
Células alcalinas de dióxido de manganês 74
Células de óxido de mercúrio 75
Células de óxido de prata 76
Célula de lítio 76
Lâmpadas miniaturas e LEDs 77
Resistores 82
Chaves (interruptores) 90
Fios e cabos 93
Fusíveis e disjuntores 97
Outros componentes 103
Respostas 103

capítulo 5 — ASSOCIAÇÕES DE CARGAS 105

Notação: uso de subscritos 106
Potência elétrica em circuitos com associações de cargas 106
Circuito série 106
Transferência máxima de potência 116
Circuito paralelo 117
Condutância 124
Circuitos mistos 126
Divisores resistivos e reguladores de tensão 132
Fórmulas e expressões relacionadas 135
Respostas 135

capítulo 6 — TÉCNICAS DE ANÁLISE DE CIRCUITOS 137

Sistemas de equações lineares 138
Método de análise de malhas 143
Método de análise nodal 152
Teorema da superposição 158
Circuitos de três malhas 160
Fontes de tensão 162
Teorema de Thévenin 164
Fonte de corrente 169
Teorema de Norton 172
Comparação das técnicas de análise de circuitos 175
Fórmulas e expressões relacionadas 176
Respostas 176

capítulo 7 — MAGNETISMO E ELETROMAGNETISMO 179

Ímãs e magnetismo 180
Campos magnéticos, fluxo de campo e polos 180
Eletromagnestimo 184
Materiais magnéticos 187
Magnetizando materiais magnéticos 188
Força magnetomotriz 189
Saturação 189
Desmagnetização 189
Magnetismo residual 190
Relutância magnética 191
Blindagem magnética 192

Tensão induzida 193
Grandezas magnéticas e unidades 195
Eletroímãs 199
Motores de corrente contínua 200
Solenoides 201
Relés 202
Dispositivos de efeito Hall 203
Fórmulas e expressões relacionadas 205
Respostas 205

CRÉDITOS DAS FOTOS C1

GLOSSÁRIO DE TERMOS E SÍMBOLOS G1

ÍNDICE I1

 apêndice a FERRAMENTAS COMUNS

 apêndice b SOLDA E O PROCESSO DE SOLDAGEM

 apêndice c FÓRMULAS E CONVERSÕES

 apêndice d TABELA DE FIOS DE COBRE

 apêndice e RESISTIVIDADE DE METAIS E LIGAS

 apêndice f COEFICIENTES DE TEMPERATURA DE RESISTÊNCIA

 apêndice g FUNÇÕES TRIGONOMÉTRICAS

 apêndice h CÓDIGOS DE CAPACITORES E CÓDIGO DE CORES

 apêndice i O OSCILOSCÓPIO

 apêndice j FUNDAMENTOS DA REGRA DE CRAMER

» capítulo 1

Conceitos básicos

Eletricidade é uma forma de energia. Em grande parte, o estudo da eletricidade se ocupa em aprender formas de se controlar a energia elétrica. Quando controlada corretamente, a eletricidade pode fazer muito do trabalho exigido para manter nossa sociedade em pleno funcionamento. Porém, quando não controlada, como no caso dos raios, a energia elétrica pode ser muito destrutiva.

Ela é parte tão inseparável de nossas vidas diárias que frequentemente pensamos nela como um recurso infinito e inesgotável. Ainda, sem ela, nossa vida seria bem diferente e muito mais difícil do que realmente é no cotidiano. A energia elétrica ilumina nossos lares e indústrias, faz funcionar computadores, rádios, telefones celulares, salas de TV, e fornece a potência necessária aos motores de máquinas de lavar, secadores de roupas, aspiradores de pó, e assim por diante. É um exercício difícil imaginar um lar que não utilize energia elétrica para o seu funcionamento diário.

OBJETIVOS

Após o estudo deste capítulo, você deverá ser capaz de:

» *Utilizar* as unidades básicas para especificar e calcular energia e trabalho.

» *Compreender* a conversão de energia e a eficiência percentual.

» *Listar e explicar* as características principais das partículas mais conhecidas que constituem um átomo.

» *Explicar* a natureza da carga elétrica.

» *Examinar* algumas aplicações industriais da eletricidade estática.

≫ Trabalho e energia

ENERGIA e TRABALHO são conceitos muito próximos. Eles são simbolizados por E (energia) e W (trabalho) e usam a mesma unidade de medida, mas não são conceitos intercambiáveis. Cada qual é definido e utilizado de um modo diferente.

Trabalho é uma medida da energia transferida por um sistema a um corpo, é o resultado da aplicação de uma força pelo deslocamento de um objeto. Energia é a capacidade de realizar trabalho de um sistema. Em outras palavras é necessária energia para realizar trabalho. Por exemplo, é preciso energia para puxar um barco para fora d'água em direção a uma praia e realiza-se trabalho ao puxar o barco para fora d'água e movê-lo pelas areias da praia.

A energia requerida para puxar o barco para fora d'água vem do corpo humano. Uma força é exigida ao puxar o barco contra a areia da praia. Uma força também é necessária para vencer a atração gravitacional de levantar o barco da superfície d'água. Então, o trabalho consiste da força exigida para mover o barco a uma distância assim que ele é içado d'água em direção à praia.

Às vezes, usa-se o mesmo símbolo em itálico W tanto para o trabalho quanto para a energia. O mesmo símbolo é utilizado para trabalho e energia porque os dois conceitos são muitos próximos. Entretanto, vamos diferenciá-los sempre em termos simbólicos. Energia existe com ou sem trabalho sendo realizado, ou seja, energia é independente do trabalho. Trabalho, porém, requer energia para existir.

≫ Unidade de energia

UNIDADES BÁSICAS de medida são utilizadas para quantificar ou especificar alguma grandeza. O JOULE é a unidade de medida de energia e trabalho. A letra J (maiúscula) é utilizada para simbolizar o joule. Especificar energia em joules é a mesma coisa que especificar manteiga em gramas e dinheiro em reais. Todas elas são unidades que especificam uma grandeza. Unidades elétricas básicas são importantes porque todas as relações envolvendo grandezas elétricas podem ser expressas em termos delas.

Um joule de energia (ou trabalho) é uma quantidade muito pequena quando comparada a uma quantidade de energia que você usa diariamente. Por exemplo, uma torradeira elétrica usa aproximadamente 100.000 joules de energia para preparar duas torradas de pão. É necessário 360.000 joules para operar por 1 hora uma pequena lâmpada de luminária de mesa.

O trabalho – ou a energia – envolvido em um sistema mecânico (tal como puxar um barco) pode ser determinado pela seguinte relação:

$$\text{TRABALHO} = \text{FORÇA} \times \text{DESLOCAMENTO}$$

No sistema métrico de medidas (ou Sistema Internacional) a unidade básica de força é o NEWTON. A unidade básica de deslocamento é o METRO e, assim, a unidade básica de trabalho (energia) é o joule. Assim, um joule é igual a um newton multiplicado por um metro, o que é uma unidade conveniente de medição da energia mecânica.

EXEMPLO 1-1

Se uma força constante de 150 newtons é necessária para puxar um barco, quanto trabalho é realizado para puxá-lo por 8 metros?

Dados:	Força = 150 newtons
	Deslocamento = 8 metros
Encontrar:	Trabalho
Conhecidos:	Trabalho (W) = Força × Deslocamento
	1 newton·metro = 1 joule (J)
Solução:	Trabalho = 150 newtons × 8 metros
	= 1200 newtons·metros
Resposta:	Trabalho = 1200 joules
	W = 1200J

Observe a sistemática utilizada na solução do problema do Exemplo 1-1. Primeiro, a informação dada (as grandezas declaradas) no problema é listada. Em seguida, a grandeza que você deve encontrar é registrada. Finalmente, a relação (fórmula) entre os dois valores é explicitada. Para problemas simples esta sistemática pode parecer desnecessária, mas para resolver problemas mais complexos será mais fácil se você seguir esta receita.

Encontramos no Exemplo 1-1 que o trabalho realizado para puxar o barco foi 1200 joules (J). A quantidade de energia necessária para mover o barco também é 1200J. Trabalho e energia têm a mesma unidade básica de medida. Eles são basicamente a mesma coisa. Trabalho envolve o uso de energia para realizar alguma tarefa. Por exemplo, a bateria de um carro possui energia interna armazenada. Quando a ignição do carro é acionada, a energia da bateria é utilizada para realizar trabalho de partida do motor do carro, o que tira o carro da condição de inércia absoluta. O *trabalho realizado* e a *energia gasta* são duas formas de se dizer a mesma coisa.

EXEMPLO 1-2

Se 500 joules de energia e 100 newtons de força são necessários para mover um objeto de um ponto A até um ponto B, qual é a distância (ou o deslocamento) entre os dois pontos A e B?

Dados:	Energia = 500 joules
	Força = 100 newtons
Encontrar:	Deslocamento (distância)
Conhecidos:	W = Força × Deslocamento ou, rearranjando os termos,
	Distância = $\dfrac{W}{\text{força}}$
	1 newton·metro = 1 joule (J)
Solução:	Distância = $\dfrac{500 \text{ newton·metros}}{100 \text{ newtons}}$
	= 5 metros
Resposta:	Deslocamento (distância) = 5 metros

Até o momento, o cálculo de quantidades específicas de trabalho ou energia tem se limitado a exemplos de sistemas mecânicos. Assim que aprender novas grandezas elétricas, como *tensão*, *corrente* e *potência*, você será capaz de resolver problemas envolvendo energia elétrica.

Teste seus conhecimentos

Responda às seguintes questões.

1. Defina trabalho e energia.
2. O que é uma unidade básica de medida?
3. Qual é a unidade básica de medida de energia?
4. Que energia é necessária para deslocar um carro por 120 metros quando se aplica uma força constante de 360 newtons?

» Conversão de energia

Uma das leis fundamentais da física clássica afirma que, sob condições normais, a energia não pode ser criada nem destruída. A energia disponível no Universo existe em várias formas, como, por exemplo, o calor, a luz e a energia elétrica. Quando dizemos que "utilizamos" energia elétrica, não queremos dizer que destruímos a energia. Pelo contrário, dizemos que CONVERTEMOS a energia elétrica disponível em outra forma de energia mais útil. Por exemplo, quando acendemos uma lâmpada incandescente, convertemos a energia elétrica em energia luminosa e em energia calorífica. Assim, utilizamos energia elétrica numa forma em que ela não existe mais (como energia elétrica), mas não destruímos ou desaparecemos com ela, ela ainda existe em duas outras formas, calorífica e luminosa.

O estudo da eletricidade ocupa-se dos problemas relacionados à conversão de energia elétrica de uma forma para outra. A própria energia elétrica é gerada através da conversão de

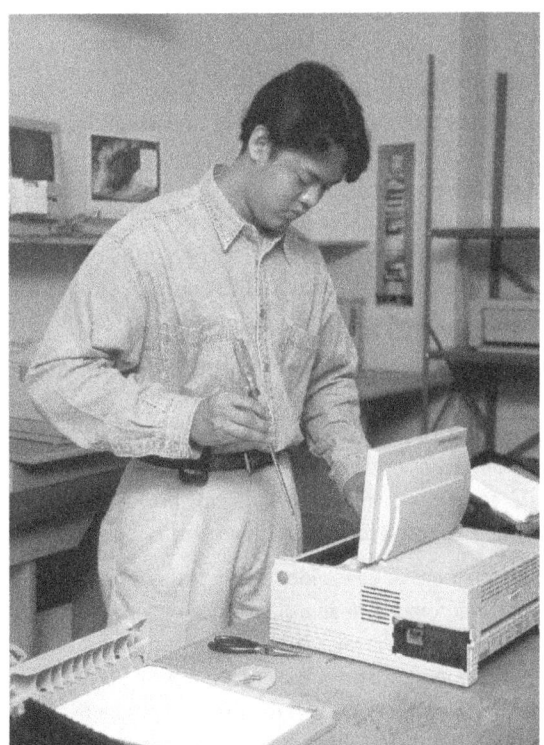

Técnico verificando uma máquina de fax.

Descargas atmosféricas (raios) – uma forma de energia elétrica não controlada pelo homem.

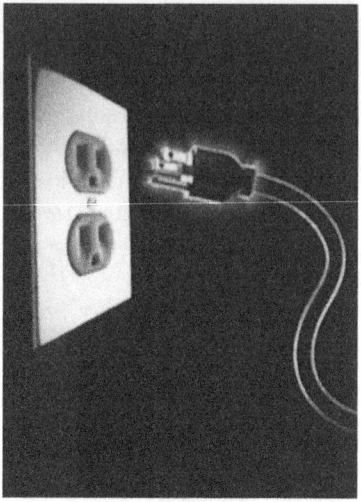

Energia elétrica é convertida para outras formas em nossos lares.

outras formas de energia para a forma elétrica. Baterias convertem energia química em energia elétrica, células solares convertem a energia luminosa em energia elétrica e geradores elétricos convertem energia mecânica (rotacional) em energia elétrica.

Raramente utilizamos diretamente energia na forma de energia elétrica. Mesmo assim, ter energia disponível na forma elétrica é muito desejável, pois é muito fácil transmiti-la a longas distâncias. A energia elétrica produzida por uma usina geradora a milhares de quilômetros de nossas casas pode facilmente ser transferida para os nossos lares, lá ela é convertida para outras formas mais úteis.

Já comentamos que a lâmpada incandescente converte energia elétrica em energia luminosa e calorífica. Outra forma de conversão de energia que nos é familiar é o fogão elétrico, o qual converte energia elétrica em calor para preparo de alimentos. A conversão de energia elétrica em energia rotacional de um motor elétrico é outra forma de conversão muito comum.

Embora o processo envolvido seja um tanto complexo, rádios receptores convertem energia elétrica em energia sonora. Um sinal muito fraco que viaja pelo ar transportando energia eletromagnética é recebido pelo receptor e é então convertido para energia elétrica. O restante da energia dentro do receptor vem de uma bateria ou de uma tomada elétrica. O estágio de saída do rádio converte energia elétrica em energia sonora pelos alto-falantes. De um modo semelhante, receptores de televisão convertem energia eletromagnética disponível na antena em energia sonora e energia luminosa (o que vemos como imagens).

❯❯ Eficiência

Nenhum processo de conversão de energia é 100% eficiente. Isto é, nem toda energia disponível para um dispositivo, equipamento ou sistema é convertida para a forma de energia desejada. Quando 1000 joules de energia elétrica são fornecidos para uma lâmpada incandescente, cerca de 200 joules dessa energia são de fato convertidos em energia luminosa. Os 800 joules restantes são convertidos em energia calorífica. Neste sentido dizemos que a EFICIÊNCIA de uma lâmpada incandescente é baixa.

A eficiência de um sistema é expressa tipicamente em porcentagem. Ela é calculada pela fórmula:

$$\% \text{ eficiência} = \frac{\text{energia convertida}}{\text{energia total disponível}} \times 100$$

Abreviando a eficiência percentual por % ef. e utilizando-se o símbolo E para energia, podemos reescrever esta formula como:

$$\% \text{ ef.} = \frac{E_{\text{convertida}}}{E_{\text{total disponível}}} \times 100$$

Vamos usar esta relação para determinar a eficiência da lâmpada incandescente mencionada anteriormente.

> **EXEMPLO 1-3**
>
> Qual é a eficiência de uma lâmpada incandescente que recebe 1000 joules da rede elétrica para produzir 200 joules de energia luminosa?
>
> **Dados:** Energia total disponível = 1000 joules
> Energia convertida = 200 joules
>
> **Encontrar:** Eficiência percentual
>
> **Conhecido:** $\% \text{ ef.} = \dfrac{E_{convertida}}{E_{total\ disponível}} \times 100$
>
> **Solução:** $\% \text{ ef.} = \dfrac{200 \text{ joules}}{1.000 \text{ joules}} \times 100$
> $= 0{,}2 \times 100$
> $= 20$
>
> **Resposta:** Eficiência = 20%

Na fórmula para calcular a eficiência, perceba que o numerador e o denominador possuem as mesmas unidades básicas de medida em joules. Neste caso, as unidades do numerador e denominador cancelam-se e a resposta é um número puro (isto é, sem unidade de medida). Este resultado numérico pode ser expresso verbalmente de duas formas: "A eficiência da lâmpada incandescente é 20%" ou "A lâmpada incandescente é 20 por cento eficiente".

Nem todos os dispositivos elétricos possuem eficiência tão baixa quanto uma lâmpada incandescente. Motores elétricos, como aqueles utilizados em máquinas de lavar, secadores de roupas e refrigeradores possuem eficiências de 50 a 75%. Isso significa que entre 50 e 75% da energia disponível recebida pelo motor é convertida em energia mecânica rotacional. Os outros 25 a 50% são "perdidos", convertidos para a forma de calor.

Até o momento, ilustramos a eficiência da conversão da energia elétrica para outras formas mais desejáveis. É claro que também estamos interessados na eficiência da conversão reversa, ou seja, a conversão de outras formas de energia em energia elétrica.

Convertendo energia elétrica em luz e calor.

EXEMPLO 1-4

Qual é a energia necessária para produzir 460 joules de energia luminosa a partir de uma lâmpada incandescente cuja eficiência percentual é 25%?

Dados:	% ef = 25%
	Energia convertida (E_{conv}) = 460 joules
Encontrar:	Energia total disponível (E_{tot})
Conhecido:	% ef. = $\dfrac{E_{conv}}{E_{tot}} \times 100$
	Rearranjando a fórmula:
	$E_{tot} = \dfrac{E_{conv}}{\% \text{ ef.}} \times 100$
Solução:	$E_{tot} = \dfrac{460 \text{ joules}}{25} \times 100$
	$= 18,4 \text{ joules} \times 100$
	$= 1.840 \text{ joules}$
Resposta:	Energia total disponível = 1840 joules

EXEMPLO 1-5

Qual é a eficiência de um gerador elétrico que produz 5000 joules de energia elétrica a partir de 7000 joules de energia mecânica utilizada para fazer o gerador girar?

Dados:	Energia total disponível (E_{tot}) = 7000 joules
	Energia convertida (E_{conv}) = 5000 joules
Encontrar:	Eficiência percentual (% ef.)
Conhecido:	% ef. = $\dfrac{E_{conv}}{E_{tot}} \times 100$
Solução:	% ef. = $\dfrac{5.000 \text{ joules}}{7.000 \text{ joules}} \times 100$
	$= 0,714 \times 100$
	$= 71,4$
Resposta:	Eficiência = 71,4%

Teste seus conhecimentos

Responda às seguintes questões.

5. Liste as formas de energia nas quais a energia elétrica da bateria de um carro é convertida.
6. Qual é a forma de energia indesejável produzida por uma lâmpada incandescente e um motor elétrico?
7. O que acontece com a temperatura de uma bateria em processo de descarga? Por quê?
8. Um motor elétrico requer 1760 joules de energia elétrica para produzir 1086 joules de energia mecânica. Qual é a eficiência do motor?
9. Uma bateria de flash usa 110 joules de energia química para fornecer 100 joules de energia elétrica para a lâmpada de flash. Qual é a eficiência da bateria?
10. Que energia mecânica é fornecida por um motor elétrico com 70% de eficiência e que requer 1960 joules de energia elétrica?

›› Estrutura da matéria

Toda matéria no Universo é composta de ÁTOMOS. Átomos são os blocos básicos de construção da natureza. Sem aprofundar na natureza das características físicas de seus átomos, vidro, giz, pedra, madeira e tudo mais é composto de átomos (incluindo nós mesmos). Pedra é diferente da madeira porque seus átomos são de tipos diferentes.

A menor porção de uma substância que ainda preserva as características da substância original é denominada MOLÉCULA. Uma molécula consiste de dois ou mais átomos interligados de modo particular. Se uma molécula de giz for dividida em partes menores, ela deixará de ser giz.

Existem mais de 100 tipos de átomos diferentes, alguns naturais, encontrados na natureza, e outros produzidos pelo homem em laboratório. Matéria composta de um único átomo é denominada ELEMENTO. Assim, há tantos elementos na natureza quanto tipos diferentes de átomos. Alguns dos elementos mais conhecidos são o ouro, a prata e o cobre.

Há um número incontável de tipos diferentes de materiais no mundo, novamente alguns são naturais e muitos outros são artificiais. Naturalmente, a maioria dos materiais são compostos de mais de um elemento. Quando tipos diferentes de átomos se combinam quimicamente formam os COMPOSTOS. Um exemplo simples e muito importante de composto é a água, a qual é constituída dos elementos hidrogênio e oxigênio. Muitos dos materiais utilizados nos circuitos elétricos e eletrônicos são construídos a partir de compostos.

Para se compreender bem a origem da eletricidade devemos "dividir o átomo" em seus constituintes básicos. No estudo da eletricidade, apenas as partículas principais que compõem o átomo são relevantes. As partículas mais importantes que constituem um átomo são o ELÉTRON, o PRÓTON e o NÊUTRON. Uma representação pictórica de um átomo de hélio e que mostra as três principais partículas é ilustrada na Figura 1-1. A porção central de um átomo é denominada NÚCLEO. No núcleo são encontrados os prótons e nêutrons. Os elétrons giram em torno do núcleo em órbitas elípticas.* Um elétron é muito mais leve que um próton ou nêutron (cerca de 2000 vezes mais leve). Portanto, o núcleo de um átomo concentra quase toda a massa do átomo, mas os elétrons girando em volta do núcleo é que definem o volume ocupado pelo átomo. A distância entre o núcleo atômico e os primeiros elétrons em órbita é gigantesca, se comparada ao tamanho de elétron, próton ou nêutron. De fato, esta distância é cerca de 60.000 vezes maior que o diâmetro convencional de um elétron.

Faremos aqui uma analogia útil para ajudar você a visualizar os tamanhos relativos e os espaços entre as partículas no mundo atômico. O átomo mais simples encontrado na natureza é o hidrogênio, o qual contém um próton, um elétron e nenhum nêutron. Imagine que o núcleo do átomo de hidrogênio seja representado por uma bola maciça colocada no centro de um estádio de futebol fictício. O elétron do átomo de hidrogênio na analogia do campo de futebol estaria localizado a 1610 quilômetros de distância do círculo central onde se encontra a bola. Note que entre o elétron e o próton existe um grande vazio (vácuo), mas que estas dimensões são microscópicas, não sendo possível a observação por nenhum tipo de instrumento inventado pelo homem até o momento.

Assim, neste modelo orbital, os elétrons giram (ou orbitam) ao redor do núcleo de um átomo da mesma forma que os planetas giram ao redor do Sol (Figura 1-1). A maioria dos átomos contém mais de um elétron (ou seja, todos os átomos conhecidos, exceto o hidrogênio) e cada elétron possui uma orbita própria. Com a devida estruturação, átomos vi-

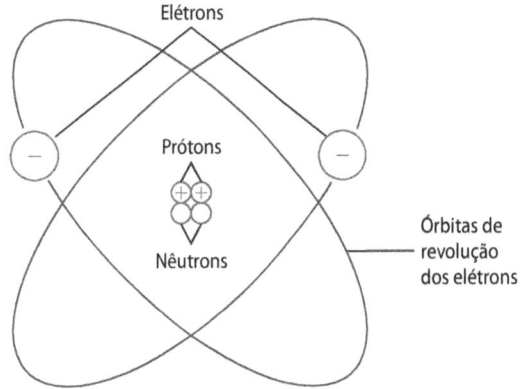

Figura 1-1 Estrutura de um átomo de hélio.

zinhos podem compartilhar o mesmo espaço (mas não ao mesmo tempo). Na verdade, em muitos materiais, átomos vizinhos compartilham elétrons e os espaços ao redor.

A Figura 1-2 representa um átomo de alumínio desenhado no plano bidimensional. Lembre-se de que cada elétron orbita ao redor do núcleo segundo sua órbita elíptica. Os dois elétrons mais próximos do núcleo não seguem a mesma órbita circular como sugere o modelo da Figura 1-2. O modelo sugere que as órbitas estão à mesma distância média do núcleo, mas não são a mesma órbita. Dizemos que os dois elétrons mais próximos do núcleo ocupam a primeira CAMADA ou ÓRBITA do átomo. A primeira camada do átomo pode acomodar somente dois elétrons. Átomos que possuem mais de dois elétrons, tal como o átomo de alumínio, devem possuir uma segunda, terceira, quarta – e assim por diante – camadas ou órbitas.

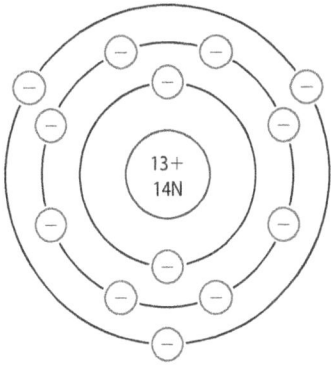

Figura 1-2 Representação simplificada de um átomo de alumínio mostrando seus 13 elétrons (−), 13 prótons (+) e 14 nêutrons (N).

---

* N. de T.: Esta representação pictórica funciona relativamente bem para explicar os conceitos básicos relacionados à eletricidade. Contudo, para explicar como o mundo a sua volta funciona ou mesmo os conceitos maios profundos em eletricidade, o modelo orbital para o átomo não é adequado. Se você quiser saber "Por quê?", terá de estudar Mecânica Quântica.

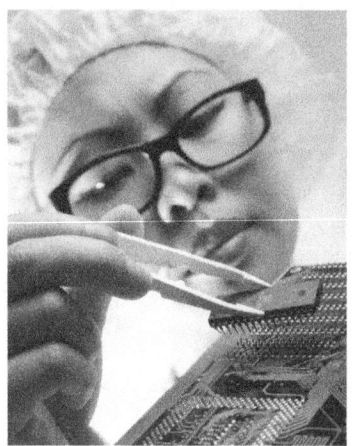

Técnica trabalhando em um laboratório.

História da eletrônica

James Prescott Joule
Em homenagem póstuma a James Prescott Joule, o SI (Sistema Internacional de Unidades) definiu o joule (J) como a unidade de medida de energia (1 joule é igual a 1 volt-coulomb).

A segunda camada do átomo de alumínio contém 8 elétrons. Este é o número máximo de elétrons que a segunda camada de um átomo pode conter. A terceira camada pode conter um máximo de 18 elétrons e a quarta camada, um máximo de 32 elétrons. Visto que o átomo de alumínio (Figura 1-2) possui apenas 13 elétrons, sua terceira camada tem 3 elétrons para fechar a distribuição eletrônica deste átomo.

Teste seus conhecimentos

Responda às seguintes questões.

11. Quais são as principais partículas que constituem um átomo?
12. Falso ou verdadeiro? O diâmetro de um elétron é muito menor que sua distância ao núcleo atômico.
13. Falso ou verdadeiro? O diâmetro de um próton é maior que o diâmetro da órbita de um elétron.
14. Falso ou verdadeiro? O peso de um elétron é menor que o peso de um próton.
15. Falso ou verdadeiro? Todos os elétrons da segunda camada de um átomo seguem a mesma órbita ao redor do núcleo.

›› Carga elétrica

 Visite o site da IBEW (International Brotherhood of Electrical Workers) para obter informações sobre carreiras em eletricidade e outros (site em inglês).

Tanto elétrons quanto prótons possuem carga elétrica, mas essas cargas possuem **POLARIDADES** opostas. Polaridade refere-se ao tipo de carga (negativa ou positiva). O elétron possui carga elétrica negativa (−) e o próton possui carga elétrica positiva (+). Tais cargas elétricas criam campos invisíveis ao olho humano se originando nas cargas e se movendo para o infinito ou para cargas com polaridades opostas (tal como em ímãs, onde campos invisíveis existem ao redor do corpo magnético). Na Figura 1-3, as linhas orientadas por setas representam os campos elétricos. Duas cargas positivas ou duas cargas negativas repelem-se mutuamente. Duas cargas de sinais opostos atraem-se mutuamente (Figura 1-3). A força de atração entre próton positivo e elétron negativo ajuda a manter o elétron orbitando em volta do núcleo. O nêutron no núcleo do átomo não possui carga elétrica (carga neutra). Assim, nêutrons podem ser ignorados quando consideramos apenas os efeitos das cargas elétricas de um átomo.

Um átomo em seu estado natural ou estado de equilíbrio possui carga elétrica total nula; isto é, ele possui sempre a mesma quantidade de elétrons e de prótons. Por exemplo, olhe para a representação do átomo de alumínio da Figura 1-2. Ele possui 13 elétrons em órbita e no núcleo existem 13 prótons, além dos 14 nêutrons que não possuem carga

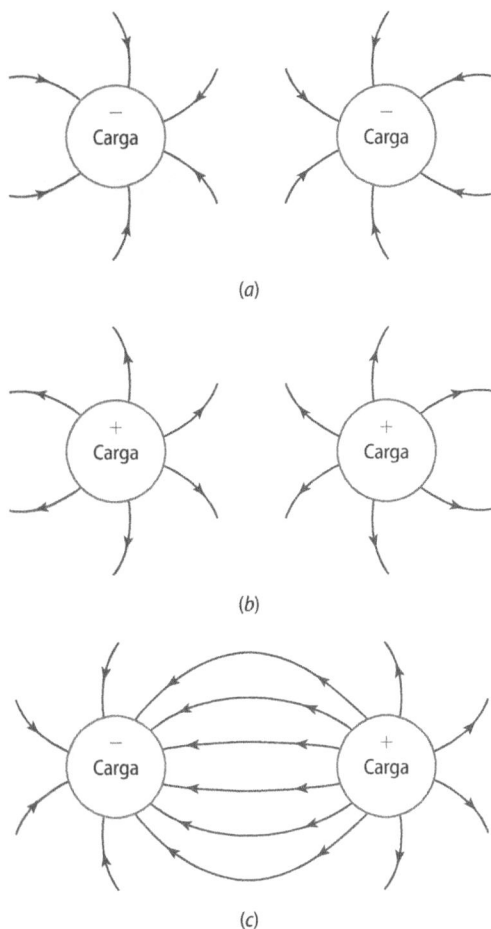

Figura 1-3 Campos elétricos entre cargas. Em *(a)* e *(b)*, cargas iguais repelem-se mutuamente. Em *(c)*, cargas opostas atraem-se mutuamente.

elétrica. Na forma representada na Figura 1-2 dizemos que o átomo de alumínio encontra-se no estado de equilíbrio elétrico ou estado eletricamente neutro, pois para cada elétron de carga negativa orbitando o núcleo temos um próton com carga positiva no núcleo.

» Elétrons de valência

Os elétrons orbitando na camada mais externa de um átomo são chamados de ELÉTRONS DE VALÊNCIA. Os elétrons de valência são fundamentais nas reações químicas e nas correntes eletrônicas de circuitos, pois eles explicam como estes fenômenos ocorrem na natureza.

Uma das forças responsáveis por manter elétrons orbitando núcleos atômicos é a força de atração entre as partículas opostas. Quanto mais próximas estiverem duas partículas, mais forte é a atração entre elas. Logo, a força de atração entre os prótons no núcleo e os elétrons em órbita decresce na medida em que os elétrons se afastam do núcleo. Visto que os elétrons de valência são os elétrons mais distantes do núcleo atômico, eles são atraídos para o núcleo com uma força de intensidade significativamente menor, se comparada aos elétrons nas camadas mais internas do átomo. Dessa maneira, os elétrons de camada de valência podem ser mais facilmente removidos do (ou adicionados ao) átomo de origem que os elétrons em camadas mais internas.

Todos os elétrons de um átomo possuem energia. Eles possuem energia porque eles têm massa, carga e porque se movem em órbitas. Logo, se os elétrons têm energia eles são capazes de realizar trabalho. Os elétrons de valência possuem mais energia do que os elétrons orbitando camadas internas. Em geral, quanto mais afastado um elétron estiver do núcleo de um átomo, maior é o seu nível energético em relação ao núcleo.

» Elétrons livres

ELÉTRONS LIVRES são elétrons de valência que foram temporariamente removidos de um átomo. Eles estão livres para se moverem no espaço ao redor do átomo, pois ficaram livres da influência atrativa ou repulsiva do átomo. Os elétrons de valência são os candidatos naturais a se tornarem elétrons livres, pois os elétrons nas camadas mais internas ao átomo estão fortemente presos pela atração do núcleo. Um elétron de valência emerge de um átomo para se tornar um elétron livre quando fornecemos energia para o átomo ao qual pertence o elétron. Essa energia adicional dá ao elétron de valência graus de liberdade para fugir da atração nuclear protônica. Como um elétron livre, o elétron possui mais energia que os seus semelhantes na camada de valência. Um modo de se fornecer energia extra a um átomo para arrancar dele elétrons de valência é aquecer o átomo. Outro modo é submeter o átomo a um campo elétrico.

» Íons

Quando um elétron de valência deixa um átomo para se tornar um elétron livre, ele transporta consigo a sua carga negativa, pois é uma propriedade individual do elétron. A perda de uma carga negativa pelo átomo original faz com que este átomo fique desbalanceado com um próton a mais no núcleo que elétrons nas camadas orbitais. Voltando ao exemplo do átomo de alumínio e supondo que um elétron de valência tenha se transformado em elétron livre, há 13 prótons no núcleo (cargas positivas) e 12 elétrons (cargas negativas) orbitando o núcleo. Neste caso, o saldo do átomo de alumínio é de um próton a mais. Átomos que possuem mais ou menos elétrons em relação à sua configuração equilibrada original são chamados ÍONS. Quando um átomo perde elétrons ele se torna um ÍON POSITIVO. Reciprocamente, átomos que recebem elétrons, ficam com excesso deles, possuem mais cargas negativas que positivas e se tornam ÍONS NEGATIVOS. A quantidade de energia necessária para se criar um íon varia de elemento para elemento. No exemplo do átomo de alumínio desequilibrado ao retirar um elétron de valência o átomo torna-se um íon positivo.

A energia requerida para criar um elétron livre está relacionada com a quantidade de elétrons de valência contidos em um átomo. Em geral, quanto menor a quantidade de elétrons na camada de valência, menor é a quantidade de energia

> **Sobre a eletrônica**
>
> **Dispositivo para ver através de roupas**
> Detectores de metais instalados em aeroportos e outros transportes públicos usam raios-x para procurar armas e drogas em passageiros. Novas técnicas de imagens estão melhorando a qualidade das buscas.
> Com estes novos dispositivos, o pessoal da segurança pode ver através de suas roupas. Por exemplo, eles são capazes de ver se um passageiro está transportando algum tipo de arma curta colocada nas calças ou uma faca de plástico no bolso do paletó ou, ainda, um pequeno saco de cocaína colocado debaixo da ombreira do paletó.

adicional necessária para se produzir um elétron livre. O átomo de prata ilustrado na Figura 1-4 possui um único elétron de valência e requer relativamente menos energia para se produzir um elétron livre que o carbono, com quatro elétrons de valência. Este requer muito mais energia para libertar um único elétron de valência. Elementos com cinco ou seis elétrons de valência não liberam tão prontamente seus elétrons de valência para se tornarem elétrons livres.

Vimos que íons negativos são criados quando um átomo recebe elétrons adicionais. Por exemplo, no composto cloreto de sódio (também conhecido como sal de cozinha), os átomos de sódio compartilham o seu único elétron de valência com os átomos de cloro para formarem os cristais de sal. Quando o cloreto de sódio é dissolvido em água, os átomos de cloro e sódio são separados dos cristais de sal e o átomo de cloro leva com ele o elétron de valência originalmente pertencente ao átomo de sódio. Desse modo, o átomo de cloro torna-se um íon negativo. Ao mesmo tempo, o átomo de sódio, que cedeu um elétron torna-se um íon positivo (Figura 1-5). O conceito de formação de íons é muito importante para se compreender circuitos elétricos, principalmente aqueles envolvendo baterias e dispositivos preenchidos com gás.

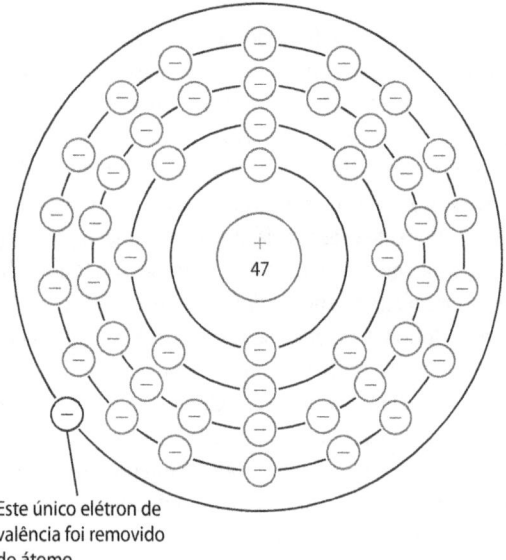

Este único elétron de valência foi removido do átomo

Figura 1-4 Átomo de prata simplificado.

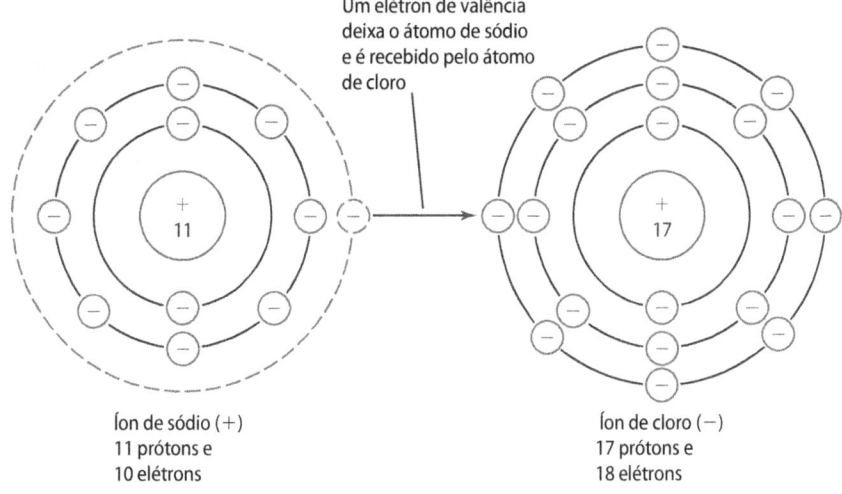

Figura 1-5 Criação de íons positivos (sódio) e íons negativos (cloro).

Teste seus conhecimentos

Responda às seguintes questões.

16. Qual é a polaridade associada à carga do elétron? E do próton?
17. Um átomo no estado natural está eletricamente carregado? Explique.
18. Que nome é dado a um átomo que perdeu um elétron de valência?
19. Falso ou verdadeiro? Um elétron livre está em um nível de energia mais alto que um elétron de valência.
20. Falso ou verdadeiro? Um átomo com sete elétrons de valência precisa de menos energia que um átomo com dois elétrons de valência para liberar elétrons livres.
21. Falso ou verdadeiro? Íons podem possuir carga positiva ou carga negativa.

» *Carga estática e eletricidade estática*

Eletricidade estática é um fenômeno comum que todos já observamos. Os relâmpagos (raios) provavelmente são o exemplo mais clássico da eletricidade estática. A eletricidade estática é a responsável pelo choque que tomamos quando tocamos na maçaneta metálica da porta após caminharmos através de um tapete grosso. Ela também é responsável por manter os cabelos da cabeça eriçados, embolados e grudados todas as manhãs, o que os torna difíceis de serem penteados. Também são responsáveis pelo modo como algumas roupas sintéticas acumulam pelos e outros objetos indesejáveis.

Todos os fenômenos citados no parágrafo anterior têm uma coisa em comum. Todos eles envolvem a transferência elétrons de um objeto para outro ou de um material para outro.

Uma CARGA ESTÁTICA POSITIVA é criada quando elétrons saem de um objeto deixando-o com falta ou deficiência de elétrons. Uma CARGA ESTÁTICA NEGATIVA resulta em um objeto que recebe elétrons, ficando com excesso deles. Cargas estáticas podem ser criadas esfregando-se um pedaço de pano de seda contra um bastão de vidro. Alguns dos elétrons de valência do bastão de vidro tornam-se elétrons livres e são transferidos para o pano de seda. O pedaço de seda fica com carga total negativa e, consequentemente, o bastão de vidro com carga total positiva. As cargas do bastão e do pedaço de seda tendem a permanecer estacionárias, por isso o nome *eletricidade estática*.

Um objeto carregado estaticamente pode atrair outros objetos que não estejam carregados. Isso acontece porque o objeto carregado, quando colocado próximo a um objeto inicialmente descarregado, mas sem tocá-lo, é capaz de induzir carga na superfície do objeto inicialmente descarregado (Figura 1-6). A CARGA INDUZIDA é denominada assim porque sua polaridade é sempre contrária à carga do objeto carregado, e isso resulta na atração entre os dois objetos. Se dois objetos – por exemplo, a bola e o bastão de vidro da Figura 1-6 – são permitidos tocar-se, parte da carga positiva do bastão é transferida para a bola. Então, ambos os objetos ficam com carga positiva e uma força repulsiva resulta entre a bola e o bastão. Neste caso, a bola e o bastão movem-se em direções opostas, afastando-se um do outro, visto que as cargas iguais acumuladas nos dois objetos repelem-se mutuamente.

Vamos esclarecer o modo como as cargas são transferidas da bola ao bastão na Figura 1-6. Quando a bola toca o bastão, prótons *não* viajam do bastão para a bola. Lembre-se de que os elétrons são as partículas carregadas do átomo que possuem grau de liberdade para se moverem. Assim, quando a bola toca o bastão elétrons viajam da bola ao bastão. Isto deixa na bola um excesso de cargas positivas (prótons). Finalizado o processo de movimentação de cargas (elétrons), a bola ainda mantém a mesma quantidade de cargas positivas no núcleo (os prótons). Em síntese, visto que a bola fica com uma resultante de cargas positivas, ou seja, mais prótons do que elétrons, os dois objetos exibem momentaneamente polaridades elétricas iguais e isto causa a repulsão entre eles.

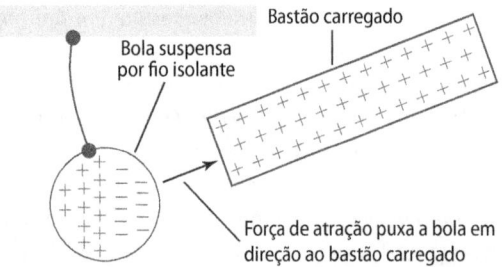

Figura 1-6 Induzindo carga estática. Quando a bola toca o bastão, elétrons são transferidos para o bastão. A bola fica com excesso de carga positiva.

História da eletrônica

Niels Bohr
Em 1913, o físico Niels Bohr teorizou que os átomos de todas as substâncias continham partículas carregadas negativamente, chamadas *elétrons*, orbitando partículas carregadas positivamente, chamadas *núcleos*. Bohr atribuiu à força de atração elétrica, causada pelas polaridades opostas entre elétrons e núcleos, a razão pela qual os elétrons

eram mantidos ligados em órbita elíptica em volta do núcleo, sem a qual os elétrons estariam livres no espaço. (*Enciclopédia da Eletrônica*, Gibilisco e Sclater, McGraw-Hill, 1990)

❯❯ *Descarga eletrostática**

DESCARGA ELETROSTÁTICA ocorre quando o campo de força elétrica (Figura 1-3) entre cargas positivas e negativas de dois objetos torna-se intenso demais para ser contido pelo ar. Nestes casos, elétrons saltam do objeto carregado negativamente e viajam através do ar em direção ao objeto carregado positivamente. A faísca observada no processo é o resultado da movimentação dos elétrons através do ar que separa os dois objetos inicialmente ionizados. Quando o ar é ionizado, elétrons são bombeados para níveis de energia mais elevados. O quando o ar é deionizado os elétrons retornam ao estado de energia mais baixo. A diferença entre os dois níveis de energia é desprendida como energia luminosa quando os elétrons retornam ao nível de energia mais baixo. Os relâmpagos são o caso típico deste efeito. Um raio é o resultado da ionização do ar causada pelos campos elétricos existentes entre nuvem e solo, o que força elétrons a viajar entre as

---

* N. de T.: No segmento das indústrias eletroeletrônicas, todos os empregados envolvidos na produção são obrigados a utilizar dispositivos de segurança que minimizem os efeitos da descarga eletrostática nas placas de circuito eletrônico montadas, fenômeno conhecido no segmento eletroeletrônico como ESD (*ElectroStatic Discharge*). Os dispositivos de proteção mais conhecidos utilizados nas dependências da fábrica onde acontecem montagem de placas de circuito são a pulseira antiestática, a calcanheira e os sapatos ESD.

Sala de controle de uma usina geradora de energia elétrica.

Testando uma placa de circuito.

nuvens densamente carregadas e a porção de terra de carga oposta.*

>> Usos da eletricidade estática

A maioria das aplicações industriais da eletricidade estática não se baseia nas descargas que ionizam o ar. Pelo contrário, elas fazem uso da força de atração ou repulsão entre cargas diferentes. Tais forças são utilizadas para mover partículas carregadas e colocá-las em posições desejadas. Por exemplo, partículas de poeira podem ser removidas do ar por este método. Na Figura 1-7, uma coluna de ar sujo de poeira é forçada passar entre bastões carregados negativamente e placas carregadas positivamente. Ao passarem pelos bastões, cargas negativas são transferidas dos bastões para as partículas de poeira presentes na coluna de ar. Quando a coluna de ar passa através das placas positivas, as partículas de poeira carregadas negativamente são atraídas e removidas da coluna de ar. Dispositivos elétricos desta natureza são frequentemente chamados PRECIPITADORES ELETROSTÁTICOS.

Cargas estáticas são usadas também nas operações de pintura eletrostática. A tinta sai em névoa negativamente carregada do bico de uma pistola em direção ao objeto alvo da pintura, carregado positivamente. Este processo normalmente tende cobrir um objeto de tinta de maneira uniforme, evitando-se que a superfície pintada do objeto fique irregu-

---

* N. de T.: Existem três tipos básicos de descargas atmosféricas. Raios que descem das nuvens para o solo, raios que sobem do solo para as nuvens e raios que ocorrem entre nuvens. Mais recentemente, foram descobertos dois tipos de descarga que ocorrem de nuvem para a estratosfera carregada, denominados Red Sprite (explosão vermelha) e Blue Jet (explosão azul), ambos sem uma tradução definitiva para o português (até o momento). Só observamos os raios porque o movimento dos elétrons aquece o ar acima dos 500°C. De fato, a temperatura de um raio é maior que a temperatura da superfície do Sol.

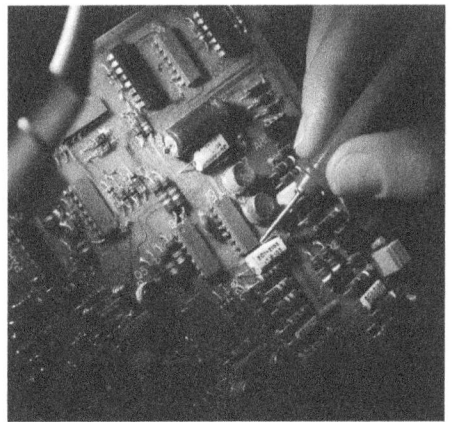

Placa de circuito moderna.

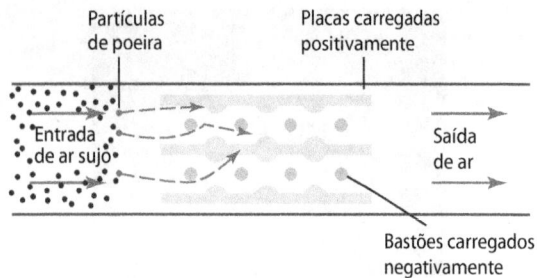

Figura 1-7 Princípio de funcionamento do precipitador de poeira. Partículas de poeira recebem carga negativa dos bastões de maneira que elas podem ser atraídas e removidas do fluxo de ar pelos pratos carregados positivamente.

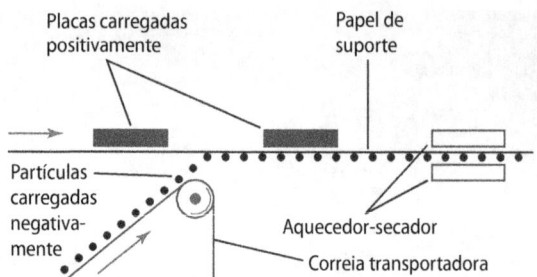

Figura 1-8 Princípios de fabricação de lixas. Cargas estáticas são posicionadas em partículas abrasivas de modo que a ponta mais cortante de cada partícula seja exposta.

lar. Uma vez pintada a superfície do objeto, a carga positiva é removida. Assim, a força de atração desaparece. Se ocorrer excesso de tinta aplicada em parte do objeto, então essa parte pode ser polarizada negativamente para repelir o excesso de tinta e uniformizar a pintura. O excesso de tinta repelido é atraído pelas partes do objeto que ainda estiverem positivamente carregadas.

Muitas propriedades da eletricidade estática podem ser utilizadas na fabricação de papel abrasivo (lixas). O lado de suporte do papel é coberto com um adesivo (cola) que recebe carga estática. As partículas abrasivas recebem então cargas opostas ao papel com a cola aplicada. Assim, quando o papel passar através da bomba de partículas abrasivas, elas são atraídas para o papel e aderem nele (Figura 1-8). Quando as partículas abrasivas ficarem uniformemente distribuídas no papel são aplicadas cargas iguais, tanto no papel como nas partículas abrasivas. As cargas iguais se repelem mutuamente e tentam empurrar as partículas abrasivas para fora do papel. Contudo, o adesivo (cola) é forte o suficiente para manter as partículas no papel, então esse processo faz com que as partículas abrasivas fiquem de pé sobre a cola do papel de modo que a ponta mais cortante de cada partícula é exposta como a superfície de corte. O material adesivo é então aquecido para cura da cola e fixação das partículas no local. A razão de as partículas ficarem de pé na cola com as pontas na direção do campo é que as cargas eletrostáticas ficam mais concentradas nas pontas.* Assim a ponta mais afiada de cada partícula abrasiva é o ponto onde houve a maior concentração de carga eletrostática.

---

* N. de T.: Este efeito é conhecido como o poder das pontas.

Teste seus conhecimentos

Responda às seguintes questões.

22. O que é carga estática?
23. Liste três aplicações industriais das cargas eletrostáticas.
24. Falso ou verdadeiro? Após ser carregado positivamente, um bastão toca em um bola suspensa por um fio isolante, a bola é então repelida para longe do bastão.
25. Falso ou verdadeiro? Descargas eletrostáticas causam a transferência de elétrons de um objeto para outro.
26. Falso ou verdadeiro? Um objeto com uma carga estática pode atrair somente outros objetos carregados.

Fórmulas relacionadas

$$\% \text{ ef.} = \frac{E_{convertida}}{E_{total\ disponível}} \times 100$$

Respostas

1. Trabalho é uma medida da aplicação de uma força para deslocamento de um objeto; energia é medida da capacidade de realização de trabalho.
2. Uma unidade básica é um termo utilizado para especificar o valor de alguma grandeza.
3. Joule (J)
4. **Dado:** Distância = 120 metros
   Força = 360 newtons
   Encontrar: Trabalho
   Conhecido: Trabalho = força × distância
   Solução: Trabalho = 360 newtons × 120 metros
   Resposta: Trabalho = 43.200 joules
5. Calor (devido às ineficiências das lâmpadas e motores), luz e energia mecânica.
6. Energia calorífica
7. Ela aumenta porque a ineficiência do sistema converte parte energia da bateria em calor.
8. **Dado:** E_{conv} = 1086 joules
   E_{total} = 1760 joules
   Encontrar: Eficiência percentual
   Conhecido: $\% \text{ ef.} = \frac{\text{Energia convertida}}{\text{Energia total disponível}} \times 100$
   Solução: $\% \text{ ef.} = \frac{1086 \text{ joules}}{1760 \text{ joules}} \times 100 = 61{,}7$
   Resposta: 61,7%
9. **Dado:** E_{conv} = 100 joules
   E_{total} = 110 joules
   Encontrar: Eficiência percentual
   Conhecido: $\% \text{ ef.} = \frac{\text{Energia convertida}}{\text{Energia total disponível}} \times 100$
   Solução: $\text{Eficiência } \% = \frac{100 \text{ joules}}{110 \text{ joules}} \times 100 = 90{,}9$
   Resposta: 90,9%
10. **Dado:** E_{total} = 1960 joules
    % ef. = 70
    Encontrar: E_{conv}
    Conhecido: $\% \text{ ef.} = \frac{\text{Energia convertida}}{\text{Energia total disponível}} \times 100$
    Rearranjando os termos:
    $E_{conv} = \frac{\text{Energia total disponível} \times \% \text{ ef.}}{100}$
    Solução: $E_{conv} = \frac{1960 \times 70}{100} = 1372J$
    Resposta: a energia mecânica de saída é 1372J
11. Próton, elétron e nêutron
12. V
13. F
14. V
15. F
16. Elétron é negativo e próton é positivo
17. Não, a carga negativa dos elétrons anula a carga positiva dos prótons deixando o átomo eletricamente neutro.
18. Íon positivo
19. V
20. F
21. V
22. Uma carga estática é o excesso ou a deficiência (falta) de elétrons em um objeto.
23. Remoção de partículas de poeira do ar, pintura eletrostática e manufatura de lixas.
24. V
25. V
26. F

Para resumo do capítulo, questões de revisão e problemas para formação de pensamento crítico, acesse www.grupoa.com.br/tekne

capítulo 2

Grandezas elétricas e unidades de medida

Quando você vai a um supermercado fazer compras você usa instintivamente diversas unidades de medida enquanto circula entre os corredores e prateleiras, selecionando os produtos para comporem o seu carrinho de compras. Para quantificar o que compra, você utiliza muitas grandezas e suas unidades de medida, como, por exemplo, quilos de açúcar, pés de alface, latas de refrigerante, litros de leite, dúzias de ovos ou barras de sabão.

De forma similar ao que faz num supermercado, para a perfeita compreensão dos circuitos elétricos, você precisa utilizar grandezas elétricas e suas unidades de medida. Este capítulo é dedicado a ensiná-lo sobre as grandezas elétricas básicas e suas unidades de medida.

OBJETIVOS

Após o estudo deste capítulo, você deverá ser capaz de:

» *Descrever* e utilizar corretamente as unidades de medidas das grandezas elétricas carga, corrente, tensão, resistência e potência.

» *Descrever* o comportamento da corrente elétrica em sólidos, líquidos e gases.

» *Compreender* a diferença (e a relação) entre potência e energia.

» *Expressar* e utilizar a relação entre potência, energia e tempo.

» *Converter* grandezas elétricas em seus múltiplos e submúltiplos.

» *Expressar* e utilizar a relação entre energia, tensão e carga elétrica.

» *Listar e explicar* pelo menos cinco formas diferentes de se gerar tensão elétrica.

» Carga

Vimos que o próton possui carga positiva e o elétron possui carga negativa. Entretanto, em nenhum momento especificamos uma quantidade exata de carga elétrica. Ou seja, na oportunidade, não definimos a unidade básica de carga para que pudéssemos especificar uma determinada quantidade de carga elétrica.

» Unidade de carga

> **LEMBRE-SE**
> ... no capítulo anterior definimos CARGA ELÉTRICA (Q) como uma propriedade elétrica intrínseca aos elétrons e prótons.

A unidade básica de carga é o COULOMB (C). Um coulomb de carga corresponde a uma quantidade de carga mensurável em 6.250.000.000.000.000.000 elétrons (6,25 $\times$ 10^{18} elétrons). Não utilizamos a carga de um único elétron como unidade básica, pois ela é muito pequena – pequena demais para a maioria das aplicações em eletricidade. A unidade básica de carga (o coulomb) é utilizada também na definição de outras grandezas elétricas, como a corrente e a tensão. O coulomb é utilizado em homenagem ao físico francês Charles Augustin Coulomb.

Em eletricidade utilizamos muitos símbolos (ou abreviações) para as grandezas elétricas e suas unidades. O símbolo para carga elétrica é a letra Q. O coulomb é representado pela letra C. O uso de simbologia no estudo de eletricidade permite-nos condensar ideias e sentenças. Por exemplo, em vez de escrevermos "a carga é 5 coulombs", simplesmente escrevemos "$Q = 5C$".

» Corrente e portadores de corrente

CORRENTE ELÉTRICA (I) é o movimento de partículas carregadas numa determinada direção. As partículas carregadas podem ser elétrons, íons positivos ou mesmo íons negativos. Uma partícula carregada é ainda tratada como um PORTADOR DE CORRENTE. O movimento de partículas carregadas pode acontecer em um sólido, um gás, um líquido ou mesmo no vácuo. Em um sólido, como em um fio de cobre, as partículas carregadas (portadoras de corrente) são os elétrons. Os íons em um fio de cobre e em outros sólidos estão fortemente presos aos átomos que compõem a estrutura cristalina do material. Logo, íons não podem ser portadores de corrente em condutores sólidos. Contudo, em médios líquidos e gasosos os íons têm liberdade suficiente para se moverem e serem os portadores de corrente.

O símbolo para a corrente é a letra I. O símbolo I foi escolhido porque, nos primórdios do estudo da eletricidade, os cientistas falavam sobre a intensidade de eletricidade em um fio.

» Corrente em sólidos

Quando estiver pensando sobre corrente elétrica mantenha sempre dois pontos bem claros em sua mente. Primeiro, o efeito da corrente é praticamente instantâneo, isto é, corrente em um fio viaja próximo à VELOCIDADE DA LUZ: 300.000 quilômetros por segundo (3×10^8 m/s). Segundo, um único elétron individual move-se muito lentamente dentro do condutor, se comparado à velocidade do efeito da corrente. Pode levar minutos para que um único elétron individual percorra poucos metros de comprimento de um fio.

As ideias do "efeito da corrente sendo instantâneo" e o "elétron individual movendo-se muito lentamente" estão ilustradas na Figura 2-1. Suponha que você decida fazer um experimento com um tubo de PVC de 50 metros, com um diâmetro ligeiramente maior que o diâmetro de uma bola de tênis.

História da eletrônica

Charles Augustin Coulomb
O físico francês Charles Augustin Coulomb desenvolveu um método para medir a força de atração e repulsão entre duas esferas eletricamente carregadas. Coulomb estabeleceu a lei do inverso do quadrado e definiu a unidade básica de carga, que posteriormente foi chamada de coulomb em sua homenagem.

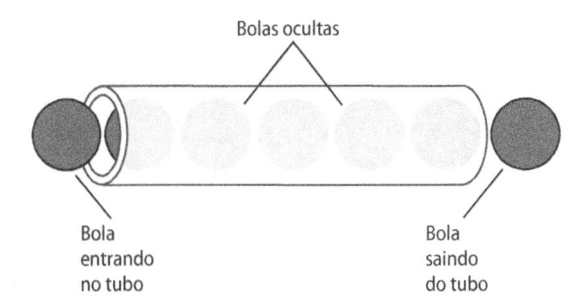

Figura 2-1 Ilustrando o conceito de velocidade aparente. Uma bola sai do tubo sempre que outra bola é introduzida na entrada.

Suponha ainda que você disponha de quantas bolas de tênis forem necessárias. Você coloca o tubo no chão e enche o tubo com bolas de tênis, uma após a outra, até que não haja mais espaço interno no tubo para se colocar outra bola pela entrada. Quando você chegar nessa condição, em que ao colocar uma nova bola na entrada do tubo outra bola sai imediatamente pela extremidade oposta, chegamos à condição expressa pela Figura 2-1. Suponha que, após encher o tubo de PVC de bolas, outra pessoa seja convidada a acompanhar o experimento e que você conte a ela que o tubo no chão está cheio de bolas de tênis. Ao continuar seu experimento introduzindo uma nova bola pela entrada vocês verão de modo praticamente instantâneo uma bola saindo na extremidade oposta do tubo, situada a 50 metros de vocês, para cada bola introduzida na entrada. A outra pessoa pensará que foi um passe de mágica, mas na verdade você sabe que não foi. Para mostrar ao convidado que não se trata de mágica você pinta a próxima bola de uma cor diferente das demais e a coloca na entrada do tubo. Ao longe, a 50 metros de distância, vocês verão que a bola que deixa o tubo não foi a mesma colocada na entrada. Continuando o processo, serão necessárias muitas bolas na entrada do tubo até que a bola de cor diferente saia pela outra extremidade. Disso ilustramos a diferença entre o efeito instantâneo da corrente no fio e a velocidade individual de um único elétron dentro do condutor.*

---

* N. de T.: Este experimento interessante funciona bem enquanto as bolas de tênis possuem a mesma cor. O ato de "pintar uma bola" introduz no experimento o conceito de bola distinguível. A mesma coisa acontece no mundo das partículas subatômicas. As partículas subatômicas são tratadas como idênticas, ou seja, sempre indistinguíveis para todos os fins. Por exemplo, todos os elétrons do Universo são considerados iguais, não importando se o elétron está na sua caneta de bolso ou se está no núcleo de uma estrela situada há milhões de anos luz do planeta Terra.

Suponha agora que você empilhe seis tubos preenchidos de bolas, como ilustra a Figura 2-2, e que você introduza primeiro uma bola no tubo de cima, depois nos tubos do meio e então nos tubos de baixo. Mantendo o ritmo de colocação de bolas na entrada você verá na saída um fluxo constante (estacionário) de bolas saindo pela outra extremidade, ainda que apenas bolas em um tubo podem se mover a cada momento. Mesmo dentro do tubo que está recebendo bola, cada bola individual pode mover-se apenas uma pequena distância por vez, correspondente ao diâmetro de uma bola de tênis. Isso se compara ao modo como os portadores de corrente (elétrons) movem-se através de um fio quando corrente flui por ele.

Presuma que você pode olhar dentro de um fio de alumínio e enxergar os átomos e as partículas dele, como ilustra a Figura 2-3. O átomo de alumínio em equilíbrio possui 13 elétrons e 13 prótons, mas, por simplicidade, somente 3 de cada partícula foram ilustrados nos átomos da figura. Agora suponha que os polos de uma pilha sejam conectados às extremidades do fio. A pilha fornecerá um campo elétrico uniforme dentro do fio para que possamos continuar exemplificando. O campo elétrico dentro do fio empurra os elétrons de valência dos átomos de alumínio, como mostra a Figura 2-3, fornecendo-lhes energia adicional para que eles deixem as camadas de valência e se tornem elétrons livres. Sem um campo externo aplicado, no momento que um elétron individual é libertado, ele fica livre para viajar inclusive na direção contrária da corrente principal. Contudo, na presença do campo elétrico externo, sua direção de movimento muda. Para cada elétron que é libertado, um íon positivo toma lugar na estrutura cristalina do fio de alumínio. Este íon positivo atrai e captura um elétron livre que passa por lá, recombina com ele e completa sua camada de valência, tornando-se novamente um átomo em equilíbrio elétrico ou átomo neutro.

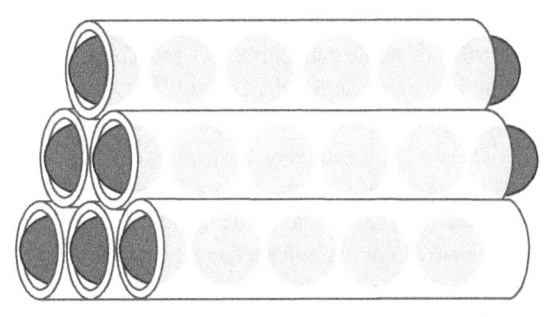

Figura 2-2 Ilustração do movimento de um elétron no fio.

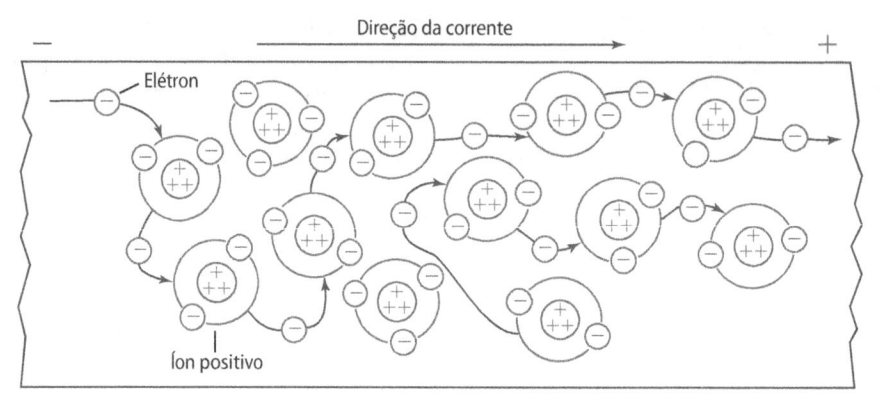

Figura 2-3 Condução de corrente em um sólido. Um elétron livre viaja somente distâncias curtas antes de encontrar um íon positivo e ocorrer a recombinação com ele.

Perceba que um elétron livre não permanece livre por muito tempo na estrutura cristalina e não viaja o comprimento total do fio de uma única vez. Pelo contrário, o elétron livre viaja uma distância curta através do fio e, então, é capturado por um íon positivo. Algum tempo depois, este elétron particular pode novamente reiniciar o processo de libertação do núcleo atômico, tornando-se novamente um elétron livre do átomo que o aprisionou. Assim, na condição de elétron livre, viaja um pouco mais na estrutura cristalina em direção ao positivo da pilha. Podemos imaginar que os elétrons livres movem-se na direção do ponto positivo, saltando de um átomo para o próximo. Assim, a cada instante de tempo, na medida em que um novo elétron livre é criado, outro elétron livre é capturado por um átomo ionizado positivamente, de modo que o número total de elétrons livres que se move na direção do polo positivo (+) permanece constante. Logo, a corrente continua fluindo pelo fio. Ela continua fluindo na mesma direção sempre através do fio condutor. Corrente elétrica que viaja sempre na mesma direção é denominada CORRENTE CONTÍNUA, que é abreviada por **CC**. Este é o tipo de corrente é produzida por pilhas e baterias, tal como as utilizadas em telefones celulares.

Lembrando o modo como um elétron individual viaja lentamente de um átomo para outro, você será capaz de compreender a corrente alternada. CORRENTE ALTERNADA (abreviada por **CA**) é o tipo de corrente que temos em casa e na escola. Este é o tipo de corrente que periodicamente inverte o sentido de circulação. A corrente nos fios elétricos da sua casa inverte o sentido a cada 1/120 segundos. Em alguns casos, como em receptores de TV, a corrente inverte a direção de circulação a cada 1/67.000.000 segundos. Correntes que mudam frequentemente a direção de circulação são mais fáceis de serem visualizadas na estrutura cristalina se você pensar que o campo externo é desligado de modo que os elétrons livres (criados termicamente) ficam saltando para frente e para trás de um átomo para outro entre os vários átomos da rede cristalina.

» Corrente nos líquidos e nos gases

Nos gases tanto os íons positivos quanto os elétrons participam do fluxo de corrente. Quando é submetido a um campo elétrico intenso, o gás fica IONIZADO. Uma vez ionizado, o gás permite que corrente flua através dele. A Figura 2-4 ilustra o fluxo de corrente em um gás neon ionizado. O sinal negativo e o positivo indicam que a lâmpada de gás neon está conectada a uma fonte de campo elétrico, tal como uma bateria. Um átomo de neon possui oito elétrons na sua camada mais externa (valência). Quando o átomo é ionizado, um elétron é libertado da camada de valência. O íon de neon resultante, carregado positivamente, viaja na direção da **placa negativa** (Figura 2-4). O elétron livre viaja na direção oposta, em direção à placa positiva. Uma vez que o íon positivo chega à placa negativa, recebe um elétron e volta ser um átomo neutro. Então, o átomo neutro fica à deriva novamente no gás neon até ser ionizado novamente. O elétron livre é recebido na **PLACA POSITIVA** e viaja para fora do fio condutor. O sistema de Figura 2-4 requer que elétrons sejam fornecidos para placa negativa e removidos da placa positiva. Este trabalho é realizado por uma fonte externa (bateria), a qual fornece o campo elétrico.

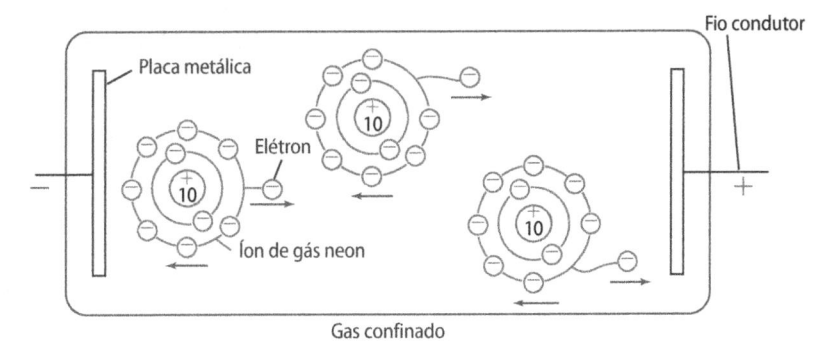

Figura 2-4 Condução de corrente em um gás. Tanto elétrons quanto os íons são portadores de corrente elétrica.

O fluxo de corrente em meios líquidos consiste de movimento de íons positivos e negativos que se deslocam através do líquido. Um diagrama simplificado do fluxo de corrente numa solução de cloreto de sódio (sal de cozinha) é mostrado na Figura 2-5. O símbolo Na representa o elemento químico sódio e os sinais (+) dentro dos círculos representam os íons positivos. Do mesmo modo, o símbolo Cl representa o elemento químico cloro e os sinais (−) dentro dos círculos representam os íons negativos. Quando um campo elétrico externo é aplicado entre as placas metálicas, os íons positivos de sódio movem-se na direção da placa negativa e os íons negativos de cloro movem-se na direção da placa positiva. Observe que a corrente nos líquidos é composta inteiramente de íons. Contudo, a corrente nos fios condutores e nas placas metálicas é composta de elétrons em movimento. A mudança de portadores de carga eletrônicos para portadores de carga iônicos ocorre nas superfícies das placas imersas no líquido. Essa mudança de portador é realmente mais complexa do que é ilustrado na Figura 2-5. A mudança também envolve alguns íons criados na água onde o sal foi dissolvido. Porém, contando ou não com os íons produzidos na água os resultados são os mesmos. Ou seja, íons negativos cedem elétrons para a placa positiva, enquanto que os íons positivos retiram elétrons da placa negativa. A solução líquida capaz de conduzir corrente é conhecida pelo nome de ELETRÓLITO. Uma solução de água salgada do mar é um eletrólito; ela contém substâncias ionizadas.

Uma aplicação industrial do fluxo de correntes em eletrólitos é a galvanoplastia ou a eletrodeposição. A GALVANOPLASTIA é um processo pelo qual uma fina camada metálica é aplicada para recobrir outro material. O outro material pode ser um metal ou mesmo um pedaço de plástico coberto com um filme de material condutivo. A Figura 2-6 ilustra o processo de galvanoplastia (eletrodeposição) de átomos de cobre sobre o ferro. A solução eletrolítica é sulfato de cobre a qual, se ionizada, produz íons de cobre da forma (Cu^{++}) com duas cargas positivas em excesso e íons sulfato da forma (SO_4^{--}) com duas cargas negativas em excesso. Os íons de cobre são atraídos em direção à placa de ferro onde eles recebem dois elétrons e aderem-se à placa de ferro como átomos de cobre. Os íons sulfato movem-se em direção à placa de cobre onde eles reagem quimicamente com o cobre para criar mais sulfato de cobre. A reação que cria sulfato de cobre cede dois elétrons à placa de cobre. Estes elétrons são atraídos para fora da solução através do fio para o polo positivo da fonte externa. Observe que este sistema de galvanoplastia está

Figura 2-5 Condução de corrente em um líquido. Tanto os íons positivos como os íons negativos participam do fluxo de corrente e são portadores de corrente.

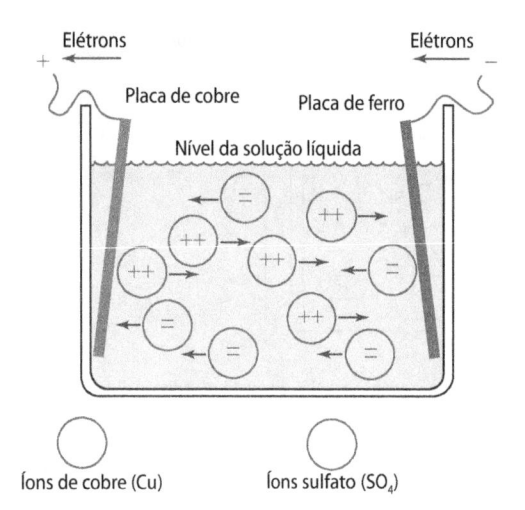

Figura 2-6 Eletrodeposição de cobre sobre uma placa de ferro. Condução de corrente no líquido consiste de íons em movimento.

História da eletrônica

André Marie Ampère
A unidade de corrente elétrica, o ampère (A), é uma homenagem ao físico francês André Marie Ampère, quem primeiro descobriu que dois condutores paralelos atraem-se mutuamente quando são percorridos por correntes nos mesmos sentidos e se repelem mutuamente quando os fluxos de correntes ocorrem em sentidos opostos nos condutores.

sempre balanceado. Isto é, para cada par de elétrons que entra na placa de ferro negativamente carregada, outro par de elétrons deixa a placa de cobre positivamente carregada. Esse tipo de balanço de cargas está sempre presente nos dispositivos elétricos que transportam correntes elétricas.

» Corrente no vácuo

A Figura 2-7 ilustra o fluxo de corrente em um tubo a vácuo. O catodo da Figura 2-7 é uma placa metálica que emite elétrons pela superfície quando aquecida a uma temperatura inferior ao ponto de fusão do metal do qual é feita. O processo de emissão de elétrons por uma superfície aquecida é denominado EMISSÃO TERMIÔNICA. Emissão termiônica acontece sempre quando os elétrons de valência dos átomos aquecidos recebem energia suficiente para escaparem dos átomos originais e da barreira de potencial da placa. Quando nenhuma carga positiva ou negativa é conectada às placas, a superfície do catodo torna-se positiva na medida em que a emissão termiônica acontece. Assim, parte dos elétrons emitidos pela placa do catodo é puxada de volta para a superfície nos instantes em que os elétrons "esfriam" e perdem energia. Após ocorrer a formação de uma nuvem eletrônica ao redor da superfície aquecida, surge um estado de equilíbrio em que a quantidade de elétrons emitidos e recebidos da placa é a mesma. Neste caso, quando as placas são conectadas aos terminais positivo e negativo, respectivamente, de uma bateria, elétrons são bombeados da nuvem eletrônica para o anodo (placa +). Naturalmente, a mesma quantidade de elétrons bombeada para o anodo é fornecida ao catodo pelo terminal negativo da bateria conectado nele. O fluxo de corrente no vácuo é contínuo enquanto a bateria fornecer energia para aquecer o catodo e manter as placas carregadas.

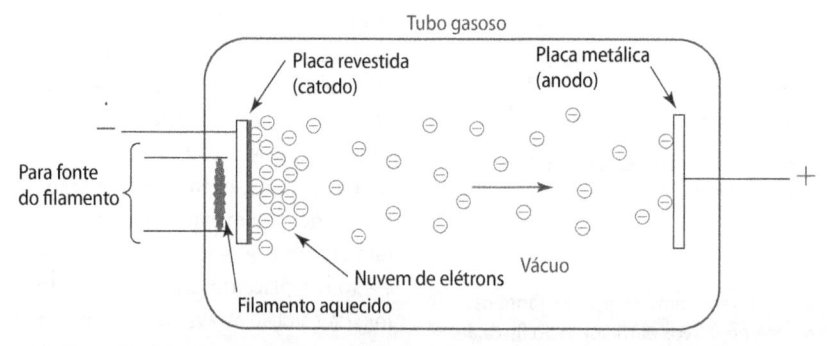

Figura 2-7 Corrente no vácuo. A nuvem eletrônica em volta do catodo é uma fonte de portadores de corrente.

A emissão termiônica e a circulação de corrente no vácuo são os princípios fundamentais de funcionamento de um tubo de raios catódicos (ou CRT, *Cathode Ray Tube*), também conhecido como tubo de imagem de TVs antigas. Estes tubos também são encontrados em equipamentos como os osciloscópios e monitores de computador.

>> Unidade de corrente elétrica – o ampère

Desenvolvemos nas últimas seções um conceito intuitivo de corrente elétrica. O próximo objetivo é desenvolver uma unidade própria para a intensidade de corrente. Aparentemente, o método mais simples seria manter o controle do número de elétrons (contá-los) ou o número de cargas que se movem ao longo do condutor. Porém, este método deixa muito a desejar. Ele não leva em conta o intervalo de tempo em que ocorre o movimento de cargas. Isso seria de algum modo comparável à medição do tráfego de automóveis em uma via, sem levar em consideração o tempo envolvido para isso. Por exemplo, em uma rodovia, 1000 carros podem passar em um trecho em 1 hora. Em uma estrada de terra pode levar 20 horas para que os mesmos 1000 carros passem por um determinado trecho. Certamente, o tráfego na rodovia é maior que o tráfego da estrada de terra. Um modo mais significativo de se comparar o fluxo de automóveis nestas vias seria falar em termos do número de automóveis-hora. Assim, o tráfego na rodovia seria de 1000 automóveis-hora e o tráfego na estrada de terra seriam de 50 automóveis por hora.

Em eletricidade, a corrente elétrica é especificada em termos da quantidade de carga e do tempo necessário para ela se mover em um determinado ponto de um circuito. A corrente elétrica é, assim, medida em COULOMBS POR SEGUNDO. Visto que coulombs por segundo é um termo um tanto longo de escrever e para falar, a unidade básica de corrente foi batizada de AMPÈRE. Um ampère é igual a um coulomb por segundo. O ampère foi escolhido como unidade básica da corrente em homenagem ao físico André Marie Ampère que dedicou sua vida aos estudos no campo da eletricidade do magnetismo.

A abreviação para o ampère é a letra A. Por exemplo, para indicar que a corrente em um fio é 10 ampères é necessário escrever apenas 10A.

Note que essa definição de um ampère envolve o tempo. Em eletricidade, a grandeza TEMPO (*T*) é representada pelo símbolo *t*. A unidade básica de tempo é o SEGUNDO (S), o qual é representado pela letra s. Assim, a relação matemática entre tempo, carga e corrente é:

$$\text{Corrente}(I) = \frac{\text{carga }(Q)}{\text{tempo}(t)}$$

ou

$$I = \frac{Q}{t}$$

Quando a relação acima é expressa em função das unidades básicas temos:

$$\text{Ampère} = \frac{\text{coulomb}}{\text{segundo}}$$

ou, na forma abreviada:

$$A = \frac{C}{s}$$

EXEMPLO 2-1

Quanto tempo leva para que $12,5 \times 10^{18}$ elétrons deixem o terminal negativo de uma bateria, se o valor medido da corrente fornecida pela bateria é 0,5 A?

Dados: $Q = 12,5 \times 10^{18}$ elétrons
$I = 0,5$ A

Encontrar: Tempo (*t*)

Conhecidos: 1 coulomb (1 C) = $6,25 \times 10^{18}$ elétrons

$I = \frac{Q}{t}$, ou rearranjando os termos,

$t = \frac{Q}{I}$

Solução: Primeiro, converta a quantidade de elétrons em coulombs de carga

$$Q = \frac{12,5 \times 10^{18} \text{ elétrons}}{6,25 \times 10^{18} \text{ elétrons/C}}$$
$$= 2 \text{ C}$$

Em seguida calcule o tempo

$$t = \frac{Q}{I} = \frac{2 \text{ C}}{0,5 \text{ A}} = 4 \text{ s}$$

Resposta: tempo = 4 segundos = 4 s

Teste seus conhecimentos

Responda às seguintes questões.

1. O que é carga elétrica?
2. O símbolo para carga é _____.
3. Um coulomb de carga é igual à carga de _____ elétrons.
4. O símbolo para unidade básica de carga é _____.
5. _____ ou _____ podem ser portadores de corrente elétrica.
6. O portador de corrente elétrica no vácuo é o _____.
7. Falso ou verdadeiro? Um gás ionizado possui apenas um tipo de portador de corrente.
8. Falso ou verdadeiro? Movimento aleatório de um portador de corrente é considerado uma corrente elétrica.
9. Falso ou verdadeiro? O símbolo para a corrente é A.
10. Descreva o modo como um elétron viaja através de um fio de cobre.
11. De que modo a corrente alternada difere da corrente contínua?
12. Qual é a unidade básica de corrente?
13. Defina o ampère em função da carga e do tempo.
14. Qual é o símbolo para o ampère?
15. Reescreva as sentenças abaixo substituindo-se os símbolos corretos das grandezas elétricas e das unidades de medida.
    a. A corrente é 8 ampères.
    b. A carga é 6 coulombs.
16. Que corrente flui em um condutor quando 16 coulombs de carga passam em um ponto específico dele em 4 segundos?

≫ Tensão elétrica

TENSÃO ELÉTRICA é a "força elétrica" que provoca a circulação de corrente. Por este motivo, tensão também é conhecida como **FORÇA ELETROMOTRIZ** (abreviada por f.e.m) ou **DIFERENÇA DE POTENCIAL** (d.d.p). Todos estes termos referem-se à mesma coisa, a força que coloca cargas elétricas em movimento. Diferença de potencial é um termo mais descritivo, pois a tensão elétrica é realmente a diferença de potencial existente entre dois pontos. O símbolo para tensão é a letra italizada *V*. Para realmente compreender o conceito de tensão precisamos primeiramente entender o que significa energia potencial e diferença de energia potencial. Logo, precisamos estender o conceito de energia iniciado no Capítulo 1.

Toda energia mecânica está na forma de energia cinética ou de energia potencial. **ENERGIA CINÉTICA** refere-se à energia do movimento, energia que realiza trabalho ou energia sendo convertida para outra forma. Quando você movimenta um taco de sinuca para frente e para trás, o taco ganha energia cinética. Quando o taco acerta a bola branca ela é jogada na direção de outra bola, alvo da tacada, que fica situada a certa distância. Dependendo da energia cinética fornecida à bola branca, ela consegue ou não atingir a bola alvo a ser lançada na caçapa (ou não). Este exemplo ilustrou um princípio básico de que tudo que possui massa (peso) e está em movimento possui energia cinética.

ENERGIA POTENCIAL é a energia de repouso. Ela é a forma de energia capaz de ser armazenada (em repouso) por longos períodos de tempo na sua forma atual. Ela é capaz de realizar trabalho somente quando fornecemos meios de convertê-la da sua forma de repouso para a outra forma, a cinética. Claro que, durante a conversão, ela muda de energia potencial para energia cinética. Água armazenada no reservatório de uma represa de uma usina hidroelétrica possui energia potencial devido às forças gravitacionais. A energia potencial da água represada por ser guardada por longos períodos de tempo. Quando é necessário gerar energia elétrica, abrem-se as comportas da usina e parte da água do lago começa a descer a rampa convertendo sua energia potencial em energia cinética. A energia cinética do fluxo d'água faz girar os geradores instalados na base da usina.

Uma carga elétrica possui energia potencial. Quando você caminha através do carpete da sala, seu corpo acumula cargas elétricas. Essa carga (eletricidade estática) é energia potencial. Então, quando você toca um objeto metálico na sala (como a maçaneta da porta) ocorre uma descarga que é sentida. A energia potencial das cargas no seu corpo torna-se energia cinética quando ocorre uma descarga do seu corpo na maçaneta, e que produz calor e luz (normalmente não sentidos ou vistos por nós).

Um objeto, tal qual este livro, colocado sobre uma mesa possui energia potencial. O livro é capaz de realizar trabalho quando ele é movido da mesa para o chão. Neste caso, nos referimos à energia potencial do livro em relação ao chão. Quando o livro cai da mesa no chão, sua energia potencial é toda convertida em energia cinética e calor. Se substituirmos o livro por uma bola de boliche e a deixarmos cair da mesa, notaremos que o estrago é maior ao atingir o chão. Assim, a energia potencial depende da massa do objeto e aumenta quando a massa (peso) do objeto cresce. Por sua vez, a DIFERENÇA DE ENERGIA POTENCIAL é independente da quantidade de massa. Ela é uma função exclusiva da distância entre duas superfícies e da força da gravidade. Conhecendo-se a diferença de energia potencial existente entre dois pontos podemos facilmente inferir qual é a energia potencial possuída por um objeto de certo peso.

EXEMPLO 2-2

Qual é a energia potencial (relativa ao solo) de um bloco de 5,5 quilogramas (kg) em repouso sobre uma mesa, se a diferença de potencial entre a mesa e o solo é 8 joules por quilograma (J/kg)?

Dados:	Peso = 5,5 quilogramas = 5,5 kg
	Diferença de potencial = 8 J/kg
Encontrar:	Energia potencial
Conhecidos:	Energia potencial = diferença de potencial × peso
Solução:	Energia potencial = 8 J/kg × 5,5 kg = 44 J
Resposta:	Energia potencial = 44 joules

Nas discussões anteriores, sempre iniciamos com um objeto sobre uma mesa e consideramos a energia potencial do objeto em relação ao chão. Podemos também reverter a situação e pensar na energia necessária para mover um objeto do chão para a mesa. A diferença de energia potencial nesses casos é a mesma. No primeiro caso você retira energia do sistema e no outro você coloca energia no sistema. Isto é, você realiza trabalho para levantar o objeto do chão para a mesa.

Até o momento nossa discussão sobre energia potencial usou apenas exemplos mecânicos. Nestes exemplos, a energia potencial do objeto e a diferença de energia potencial entre o chão e a mesa devem-se ao peso e a força da gravidade. Na eletricidade, a energia potencial e a diferença de energia potencial estão relacionadas aos CAMPOS ELÉTRICOS e às cargas elétricas.

Tensão elétrica é um tipo de diferença de energia potencial ou simplesmente diferença de potencial (d.d.p), similar à diferença de energia potencial no caso mecânico discutido acima. Em vez de pela força da gravidade, cargas elétricas são movidas pela força de um campo elétrico. Na Figura 2-8, o elétron perde energia quando ele se move do corpo carregado negativamente para o corpo com excesso de cargas positivas. (Esta é uma situação idêntica àquela do livro sobre a mesa perdendo energia na medida em que é movido em direção ao chão). A perda de energia de um elétron acontece de diversas formas, as mais comuns são o calor e a luz; por exemplo, no caso de uma lâmpada incandescente. Na Figura 2-8, dizemos que há uma tensão elétrica (diferença de potencial) entre os dois corpos carregados. Estes corpos positivos e negativos poderiam ser representados pelos terminais de uma bateria. Uma bateria de chumbo-ácido, tal como a mostrada na Figura 2-9, é uma fonte bastante comum de diferença de potencial (d.d.p). A d.d.p (tensão) existe permanentemente entre os terminais de uma bateria em perfeito funcionamento. Esta tensão é o resultado do excesso de elétrons no terminal negativo e da falta de elétrons no terminal positivo. A bateria realiza trabalho quando ela força elétrons a circularem do terminal negativo ao terminal positivo. Este sentido de circulação é conhecido no meio técnico-científico como sentido real da corrente. Assim, energia interna da bateria é utilizada para movimentar elétrons entre os terminais dela, que é convertida para outras formas de energia.

Da mesma maneira que no sistema mecânico, o sistema elétrico pode ser revertido, ou seja, podemos imaginar o elétron ganhando energia quando ele se move do terminal positivo ao terminal negativo da bateria. Este sentido de circulação é conhecido no meio técnico-científico como sentido con-

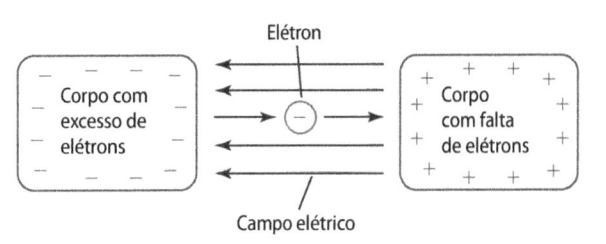

Figura 2-8 Carga movendo-se através de um campo elétrico. Parte da energia do elétron é convertida para outra forma de energia.

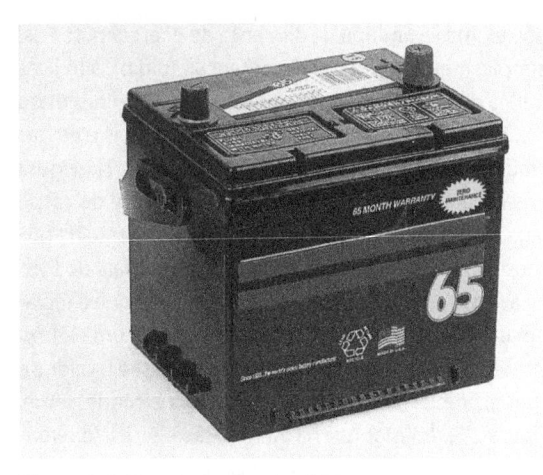

Figura 2-9 Bateria de chumbo-ácido.

vencional da corrente.* Isso é o que acontece quando uma bateria é carregada. O carregador de bateria força elétrons a circularem através da bateria na direção contrária ao sentido convencional da corrente.

>> Unidade de tensão – o volt

Precisamos de uma unidade para quantificar o valor da diferença de potencial (tensão) entre dois pontos, tal como nos terminais de uma bateria (ou de uma pilha). Esta unidade deve especificar a energia disponível quando uma dada carga é transportada de um ponto negativo a um ponto positivo. Sabemos que o joule é a unidade básica de energia e que o coulomb é a unidade básica de carga. Logo, a unidade de medida lógica para tensão é o JOULE POR COULOMB. O joule por coulomb é denominado VOLT. O volt é a unidade básica de tensão elétrica. Ele é denotado pela letra V. Uma bateria de 12V, como aquelas encontradas nos automóveis, é mostrada na Figura 2-9. A tensão (d.d.p) de 12V significa que para um coulomb de carga são fornecidos 12J de energia. Por exemplo, 1C de carga fluindo através de uma lâmpada converte 12J de energia da bateria em calor e luz.

A relação entre carga, energia e tensão pode assim ser expressa como

$$\text{Tensão}(V) = \frac{\text{Energia elétrica}(E)}{\text{Carga}(Q)}$$

Ou, rearranjando os termos,

$$E = V \times Q$$

Esta relação pode ser utilizada para determinar a energia elétrica da mesma forma que a energia mecânica foi calculada no Exemplo 2-2.

EXEMPLO 2-3

Determine a energia potencial elétrica (E) de uma bateria de 6 V que possui 3000 C de carga (Q) armazenada.

Dados:	$V = 6\text{ V}$
	$Q = 3000\text{ C}$
Encontrar:	Energia potencial elétrica (E)
Conhecidos:	$E = V \times Q$
Solução:	$E = 6\text{ V} \times 3000\text{ C}$
	$= 18.000\text{ J}$
Resposta:	Energia potencial elétrica = 18.000 joules

Observe no Exemplo 2-3 que o produto volts multiplicados por coulombs produz joules. Isso ocorre porque um volt é um joule por coulomb, como mostrado a seguir:

$$\frac{\text{Joule}}{\text{Coulomb}} \times \frac{\text{Coulomb}}{1} = \text{joule}$$

>> Polaridade

POLARIDADE é um termo utilizado de muitas maneiras. Podemos dizer que a polaridade de uma carga é negativa ou, então, podemos dizer que a polaridade de um terminal é positiva. É possível ainda utilizarmos o termo para indicar de que forma devemos conectar os terminais (negativo e positivo)

---

* N. de T.: Nos idos dos séculos XVII e XVIII, quando os estudos científicos sobre a eletricidade iniciaram, o sentido convencional da corrente era considerado o mais natural possível, pois naquele tempo eram feitas analogias entre a eletricidade e a hidrostática, e já era conhecido que o fluxo d'água, sob a ação apenas da gravidade, sempre flui do ponto mais alto para o ponto mais baixo. Um século depois, com o aprofundamento dos estudos da eletricidade e com a descoberta do elétron e outras partículas subatômicas, ficou evidente que o sentido de movimento ocorria do ponto negativo ao ponto mais positivo do circuito. Porém, visto que a adoção de um sentido ou de outro não causa nenhuma restrição ao funcionamento de dispositivos e de circuitos elétricos ou eletrônicos, o sentido convencional da corrente foi preservado e a sua utilização na eletricidade e na eletrônica, principalmente no meio técnico, é consagrada. Portanto, minha sugestão a você estudante é: acostume-se, o mais rápido que puder, com o sentido convencional da corrente!

de dispositivos elétricos. Por exemplo, quando colocamos pilhas novas em um rádio, sempre procurarmos instalá-las de forma correta, observando suas polaridades (Figura 2-10). O terminal positivo de uma pilha é conectado ao terminal positivo do rádio e o terminal negativo da outra pilha é conectado ao terminal negativo do rádio.

Dispositivos elétricos que possuem terminais bem definidos são ditos POLARIZADOS. Ao conectarmos estes dispositivos a uma fonte de tensão (com uma bateria), devemos ficar atentos às indicações ou marcas de polaridade. Nestes casos, novamente o terminal negativo do dispositivo deve ser conectado ao negativo da fonte e o mesmo acontece com os positivos. Se a polaridade não for observada durante a conexão, isto é, positivo ligado ao negativo e vice-versa, o dispositivo não irá funcionar ou ainda pode ser danificado parcial ou totalmente.

Nas máquinas de soldar a arco elétrico, o soldador pode escolher soldar na POLARIDADE DIRETA ou na POLARIDADE REVERSA. Os termos polaridade *direta* e polaridade *reversa* referem-se ao modo como o terminal negativo ou o terminal positivo da fonte de tensão é conectado ao eletrodo de soldagem.

» Fontes de tensão

Tensão elétrica pode ser gerada de diversas formas diferentes. Todas elas envolvem a conversão de energia de sua forma original para energia elétrica. Todas elas produzem uma tensão criando um excesso de elétrons em um terminal e falta de elétrons no outro.

> **LEMBRE-SE**
> ...eletricidade estática, a qual gera uma tensão, foi discutida no capítulo passado. A energia mecânica necessária para esfregar um bastão de vidro contra um pedaço de pano de seda foi convertida em energia elétrica. O pedaço de pano de seda fica com excesso de elétrons, tornando-se o terminal negativo, e o bastão de vidro fica com falta de elétrons, tornando-se o terminal positivo.

A maneira mais simples de produzir uma tensão elétrica é através de um GERADOR ELÉTRICO. Geradores elétricos são dispositivos que convertem energia mecânica em energia elétrica. Os geradores grandes, como o que é mostrado na Figura 2-11, produzem tensão elétrica (e energia) que é fornecida às nossas casas, escolas, fábricas, etc. A maioria dos geradores são movidos por dispositivos mecânicos, tais como turbinas hidráulicas, a gás ou a vapor.

Em seguida, a CÉLULA ELETROQUÍMICA é o tipo mais comum de fonte de tensão. A célula eletroquímica mais famosa de todas é a pilha. Este tipo de célula converte energia química em energia elétrica. Muitas células podem ser conectadas juntas para formar uma bateria. Uma grande variedade de pilhas e baterias é produzida anualmente. Elas cobrem desde as pilhas secas que pesam poucos gramas até as baterias de uso industrial que pesam centenas de quilos.

Outros dispositivos que produzem tensão elétrica são os TERMOPARES, os CRISTAIS e as CÉLULAS SOLARES.

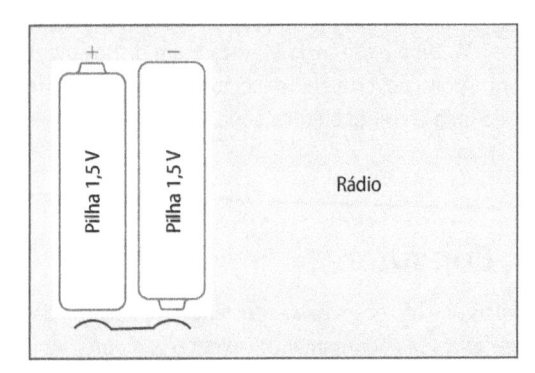

Figura 2-10 Quando pilhas novas são instaladas em um rádio, é necessário observar as polaridades corretas.

Figura 2-11 Parte de um grande gerador de energia elétrica.

O termopar converte energia térmica em energia elétrica. O processo pelo qual uma tensão elétrica é gerada a partir do calor é chamado de EFEITO SEEBECK. Termopares são usados largamente nas indústrias para medição de temperaturas, especialmente as temperaturas mais elevadas.

Cristais, como o que aparece na Figura 2-12, geram tensão a partir do EFEITO PIEZELÉTRICO. A tensão é produzida quando uma pressão de intensidade variável é aplicada à superfície do cristal. Cristais são muito comuns em dispositivos como microfones e toca-discos. No caso dos microfones, a energia transportada por um sinal sonoro de voz é inicialmente convertida para energia mecânica por um diafragma que aplica pressão ao cristal e que gera uma tensão. Assim, os cristais convertem energia mecânica em energia elétrica.

Já as células solares são dispositivos semicondutores. Elas convertem energia solar em energia elétrica. FOTOVOLTAICO é o nome dado ao processo de conversão de energia solar em energia elétrica. Células solares podem ser utilizadas para fornecer tensão para operar, por exemplo, exposímetros ou mesmo um sistema de comunicações via satélite.

Figura 2-12 Cristal de quartzo em estado bruto. Quando pressionado, o cristal de quartzo produz tensão elétrica.

Teste seus conhecimentos

Responda às seguintes questões.

17. A diferença de potencial entre dois pontos de um circuito é denominada _____.
18. A unidade básica de tensão elétrica é o _____.
19. O símbolo para tensão é _____.
20. _____ é abreviada por f.e.m.
21. O símbolo para a unidade básica de tensão é o _____.
22. O eletrólito usado para galvanizar cobre sobre o ferro é o _____.
23. Explique a diferença entre as energias cinética e potencial.
24. Por que é incorreto dizer "a diferença de energia potencial da mesa é 9 joules por quilograma"?
25. Por que é incorreto dizer "a tensão do ponto A é 18 volts"?
26. Defina a unidade básica de tensão em termos de energia e de carga elétrica.
27. Defina *polarizado*.
28. Liste cinco dispositivos que produzem tensão elétrica. Ainda, para cada caso, especifique o tipo de conversão de energia ocorrido.
29. Qual é a d.d.p. entre dois pontos se 100 J de energia são necessários para moverem 5 C de carga de um ponto A a um ponto B?

≫ Resistência elétrica

A oposição que um material oferece à circulação de corrente elétrica é denominada RESISTÊNCIA ELÉTRICA. O símbolo para resistência é a letra *R*. Todos os materiais oferecem resistência à passagem de corrente. Porém, há uma variação extrema na faixa de resistência elétrica apresentada por vários tipos de materiais diferentes. Para alguns materiais, é mais difícil conseguir elétrons livres (portadores de corrente) para participarem do processo de condução de corrente do que em outros. É necessária mais energia para se libertar elétrons em materiais de altas resistências do que em materiais de baixa resistência. Uma resistência elétrica é um dispositivo interessante, pois converte energia elétrica em energia térmica quando uma corrente elétrica é forçada a passar através da resistência.

≫ Condutores

Materiais que oferecem baixa resistência à circulação de corrente elétrica são denominados CONDUTORES. Cobre, alumínio e prata são exemplos de bons condutores de corrente. Eles possuem resistência muito baixa. Em geral, aqueles elementos que possuem três ou quatro elétrons na camada de valência podem ser classificados como condutores. Entretanto, mesmo dentro do grupo de condutores ocorre uma variação enorme na capacidade de conduzir corrente. Por exemplo, um objeto de ferro possui seis vezes mais resistência que um mesmo objeto de cobre, embora ambos sejam considerados condutores. Também, a prata é um condutor elétrico ligeiramente melhor que o cobre, mas é cara demais para ser utilizada na maioria das aplicações. Já o alumínio não é tão bom condutor quanto o cobre, mas é mais barato e mais leve. Grandes condutores de cobre ou alumínio são utilizados para transmitir energia elétrica até as nossas casas.

SUPERCONDUTIVIDADE é uma condição na qual um material deixa de exibir resistência elétrica. Por muitos anos, a supercondutividade só podia ser demonstrada em temperaturas muito próximas ao zero absoluto, que é próxima de -273°C. Pesquisas posteriores conduziram ao desenvolvimento de materiais que exibiam a supercondutividade em temperatura bem acima do zero absoluto. Muitos esforços têm sido feitos para se chegar ao supercondutor capaz de funcionar em temperaturas ambientes.* Tais materiais melhorariam sobremodo a eficiência de quaisquer sistemas elétricos onde fossem utilizados.

» Isolantes

Materiais que oferecem alta resistência à circulação de corrente elétrica são denominados ISOLANTES. Contudo, até mesmo o melhor dos isolantes pode liberar poucos elétrons livres ocasionais para servirem de portadores de corrente. Contudo, para a maioria dos propósitos práticos, podemos considerar um isolante um material que praticamente não conduz corrente elétrica. Isolantes comuns utilizados em dispositivos elétricos são: o papel, a madeira, os plásticos, a borracha, o vidro e a mica. Observe que os isolantes típicos não são elementos puros. Eles são materiais nos quais dois ou mais elementos se juntam para formarem uma nova substância. No processo de união entre os elementos, eles compartilham alguns dos seus elétrons de valência. Este compartilhamento de elétrons de valência recebe o nome de LIGAÇÃO

_____

* N. de T.: Atualmente, a temperatura mais elevada em que um material se comporta como supercondutor é apresentada por um composto cerâmico de tálio, mercúrio, cobre, bário, cálcio e oxigênio, cuja temperatura de transição supercondutora é de aproximadamente −135°C.

COVALENTE. Nessa ligação, a quantidade de energia necessária para quebrar o compartilhamento e liberar elétrons livres é aumentada significativamente.

» Semicondutores

Entre os extremos dos condutores e dos isolantes, há um grupo de elementos conhecidos como SEMICONDUTORES. Os elementos semicondutores possuem quatro elétrons de valência. Dois dos semicondutores mais conhecidos são o silício e o germânio. Os semicondutores não são nem bons condutores e tampouco bons isolantes. Eles permitem um fluxo de corrente através deles, mas ainda possuem uma resistência considerável. Semicondutores são fundamentais no mundo atual, pois a partir deles são produzidos industrialmente todos os componentes eletrônicos, como diodos, transistores, circuitos integrados (CIs), células solares, dentre muitos outros.

»Unidade de resistência elétrica – o ohm

Até o momento, tentamos quantificar a resistência elétrica utilizando termos do tipo *baixa resistência* e *alta resistência*. Para sermos capazes de lidar com circuitos elétricos, devemos ser capazes de estabelecer uma unidade de medida apropriada para a resistência elétrica. Sem delongas, a unidade de medida de resistência é o OHM. O ohm é a unidade básica de medida de resistência. O símbolo utilizado para representar o ohm é a letra grega Ω (lê-se ômega). O ohm é escolhido como unidade de resistência em homenagem póstuma a Georg Ohm, cujos esforços permitiram estabelecer uma relação (lei) entre as grandezas: corrente, tensão e resistência elétrica. O ohm pode ser definido de muitas maneiras. A primeira delas é que 1 ohm é a quantidade de resistência que permite um fluxo de corrente de 1A quando uma tensão de 1V é aplicada à resistência. A segunda, 1 ohm é a quantidade de resistência de uma coluna de mercúrio de 106,3 centímetros de comprimento, em 1 milímetro quadrado de área e sujeita à temperatura de 0°C. Da segunda definição de ohm, você pode notar que a resistência de um objeto é determinada por quatro fatores: (1) o tipo de material que constitui o objeto, (2) o comprimento do objeto, (3) a área da seção transversal do objeto e (4) a temperatura do objeto. A quantidade de resistência de um objeto é diretamente proporcional ao seu comprimento e inversamente proporcional a sua área da seção transversal. Por exemplo, se o comprimento de um pedaço de fio dobrar, então sua resistência elétrica dobra também (Figura 2-13). Já se a área da seção transversal do fio dobrar, a resistência elétrica do objeto cai pela metade do valor original. Na Figura 2-13, as áreas sombreadas indicam as áreas das seções transversais dos condutores.

Não existe uma relação simples entre resistência elétrica e temperatura. A resistência da maioria dos materiais aumenta quando a temperatura se eleva. Contudo, existem materiais, como o carbono, nos quais a resistência diminui quando a temperatura aumenta.

» Coeficiente de temperatura

A variação da resistência elétrica de um objeto em função da variação de temperatura é conhecida como COEFICIENTE DE TEMPERATURA DO MATERIAL. Cada material possui um coeficiente de temperatura próprio. O carbono possui um coeficiente de temperatura negativo (isto é, a resistência diminui quando a temperatura aumenta), enquanto a maioria dos metais possui coeficiente de temperatura positivo (ou seja, a resistência do metal sobe quando a temperatura aumenta). O coeficiente de temperatura é expresso em função de partes por milhão de ohms de variação da resistência por graus Celsius, o qual é abreviado por ppm/°C. Por exemplo, o carbono possui coeficiente de temperatura negativo igual a 500 ppm/°C à temperatura de 20°C. Isto é, um pedaço de carbono cuja resistência é 1.000.000 Ω a 20°C, tem resistência aumentada para 1.000.500 Ω a 19°C e 1.001.000 Ω a 18°C. Em muitos dispositivos elétricos e eletrônicos as variações causadas na resistência em virtude de variações de temperatura podem ser ignoradas. Nos dispositivos em que pequenas variações de resistência importam, tal como em medidores elétricos, são utilizados materiais com baixos valores de coeficiente de temperatura. O constantan (mistura de cobre e níquel) é um destes materiais. O constantan possui coeficiente de temperatura positivo de 18 ppm/°C a 20°C. Importante observar que o coeficiente de temperatura é definido para uma temperatura específica. Isso significa que o coeficiente de temperatura não é, em si, uma constante para o material, ele varia com a temperatura. Porém, essas variações são extremamente pequenas na faixa de temperaturas onde a grande maioria dos dispositivos elétricos opera. O Apêndice F (disponível no ambiente virtual de aprendizagem – AVA) traz uma tabela de coeficientes de temperatura para alguns tipos comuns de materiais.

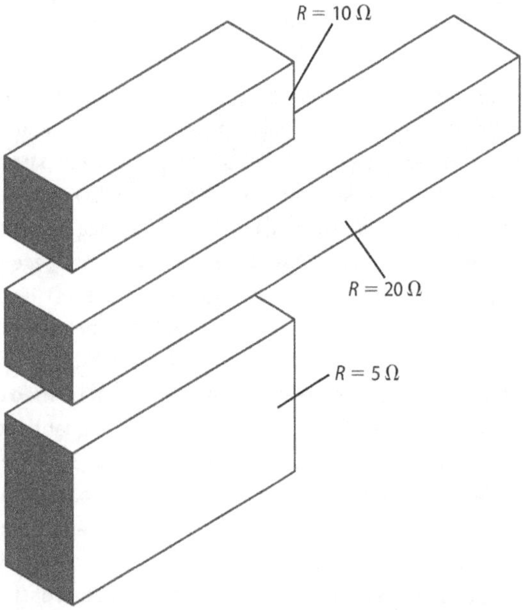

» Resistividade

A resistência característica de um material é definida pela sua RESISTIVIDADE OU sua RESISTÊNCIA ESPECÍFICA. Os dois termos querem dizer a mesma coisa. A resistividade de um material é tão somente a resistência (em ohms) de um cubo de material e de tamanho específicos (tipicamente um cubo de arestas iguais a 1 cm). A resistividade permite-nos comparar materiais diferentes em termos da sua capacidade de conduzir corrente. A Figura 2-14 ilustra a forma como a resistividade de um material é determinada em função da unidade básica ohm·centímetro (Ω·cm). O cobre recozido a 20°C tem uma resistividade de 1,72 $\times$ 10^{-6} (0,00000172) Ω·cm. Isso significa que um cubo de cobre de arestas medindo 1cm possui uma resistência elétrica de 1,72 $\times$ 10^{-6} Ω, medida entre duas faces opostas quaisquer. A tabela de resistividade (em ohm·centímetro) é mostrada no Apêndice E (disponível no AVA). Quanto menor a resistividade de um material, melhor condutor de corrente ele é.

A resistividade é representada pela letra grega ρ (lê-se rho). A relação da resistência com o comprimento do material (L),

Figura 2-13 Efeitos do comprimento e da área da seção transversal sobre a resistência.

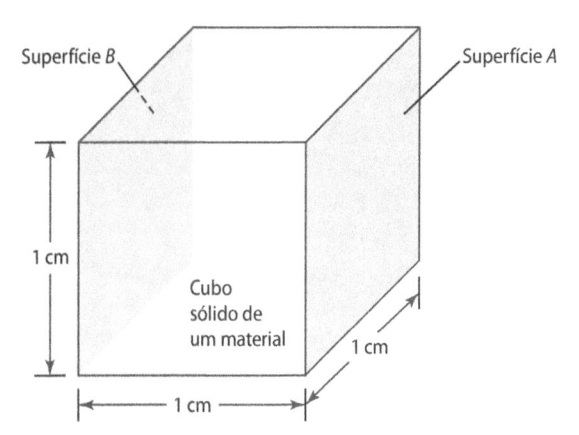

Figura 2-14 A resistividade é numericamente igual a resistência entre a superfície A e a superfície B.

a área da seção transversal (A) e sua resistividade (ρ) é dada pela fórmula:

$$\text{Resistência } (R) = \text{resistividade } (\rho) \cdot \frac{\text{Comprimento } (L)}{\text{Área } (A)}$$

Ou, utilizando-se somente os símbolos,

$$R = \rho \cdot \frac{L}{A}$$

Na fórmula anterior, a resistência será encontrada em ohms se todas as outras quantidades também estiverem nas suas unidades básicas, isto é, se a resistividade estiver em ohm·centímetro, o comprimento estiver em centímetro e a área da seção estiver em centímetros quadrados.

Uma unidade comum usada em fiação elétrica é o circular mil. Várias tabelas de fios fornecem o diâmetro em mils ou a área da seção transversal em circular mils. A fórmula de resistência pode ser usada com essa unidade se a resistividade ρ é dada em ohm·circular mils por pé, L em pés e A em circular mils.

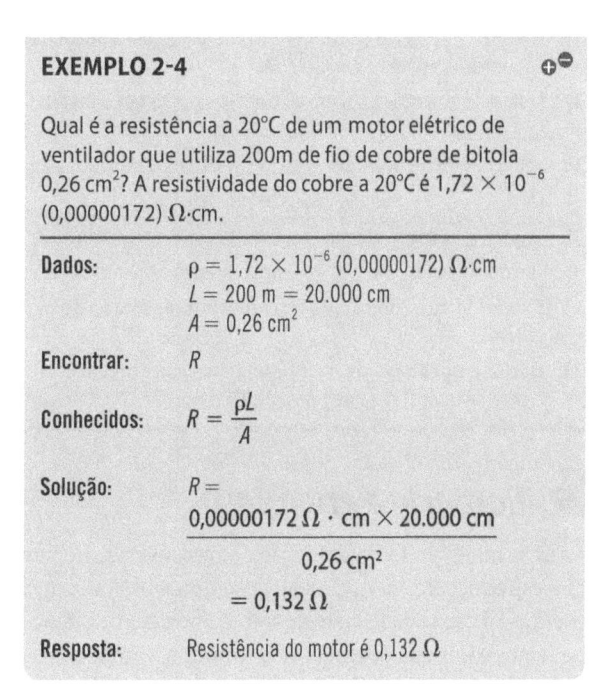

EXEMPLO 2-4

Qual é a resistência a 20°C de um motor elétrico de ventilador que utiliza 200m de fio de cobre de bitola 0,26 cm²? A resistividade do cobre a 20°C é $1,72 \times 10^{-6}$ (0,00000172) Ω·cm.

Dados: $\rho = 1,72 \times 10^{-6}$ (0,00000172) Ω·cm
$L = 200\ m = 20.000\ cm$
$A = 0,26\ cm^2$

Encontrar: R

Conhecidos: $R = \dfrac{\rho L}{A}$

Solução:
$$R = \frac{0,00000172\ \Omega \cdot cm \times 20.000\ cm}{0,26\ cm^2}$$
$$= 0,132\ \Omega$$

Resposta: Resistência do motor é 0,132 Ω

>> Resistores

Muitos equipamentos eletrônicos como o rádio e a televisão utilizam uma enorme quantidade de resistências para limitar as correntes do circuito. Sempre que precisamos limitar correntes em circuitos, lançamos mão de resistores. Resistores são os dispositivos físicos responsáveis por limitar a corrente elétrica e são fabricados em diversos formatos e tamanhos. Eles estão disponíveis comercialmente em valores de resistência na faixa de poucos décimos de ohm até milhões de ohms.

Na maioria dos componentes elétricos e eletrônicos, a resistência dos condutores usados nas interligações é tão pequena, se comparada às outras partes dos dispositivos, que pode ser ignorada sem perda nenhuma. Assim, na maioria dos casos, a resistência dos condutores é sumariamente desprezada.

História da eletrônica

Alessandro Volta
Em 1796, o físico italiano Alessandro Volta criou a primeira bateria química, a qual foi a primeira fonte prática de eletricidade. Em homenagem a Volta, hoje o volt é a unidade básica de tensão elétrica.

Teste seus conhecimentos

Responda às seguintes questões.

30. _____ pode ser definida como a oposição à circulação de corrente elétrica.
31. Energia _____ é convertida em energia térmica quando a corrente flui através da resistência.
32. Materiais que não possuem elétrons livres são denominados _____.
33. Semicondutores possuem _____ elétrons de valência.
34. O _____ é a unidade básica de resistência.
35. _____ é o símbolo para a unidade básica de resistência.
36. Um ohm é igual a um _____ por ampère.
37. Liste os quatro fatores que determinam a resistência de um objeto.
38. Qual é o significado da frase "Este material possui um coeficiente de temperatura negativo de 250ppm/°C a 20°C"?
39. Classifique os materiais abaixo como condutores ou isolantes:
    a. Ferro   e. Alumínio
    b. Borracha   f. Vidro
    c. Papel   g. Cobre
    d. Prata   h. Mica
40. Dê um exemplo de material que exibe coeficiente de temperatura negativo.
41. Defina *resistividade*.
42. Qual é a unidade de resistividade específica?
43. O que é um resistor?
44. O alumínio possui uma resistividade de $2,82 \times 10^{-8}\ \Omega\cdot cm$ a 20°C. Qual é a resistência a 20°C de um fio de 6100m de comprimento e área de seção transversal de $0,042 cm^2$?

≫ Potência e energia

POTÊNCIA mede a taxa de utilização ou de conversão de um tipo específico de energia para outra forma. Uma vez que energia é a capacidade de realizar trabalho de um sistema, podemos dizer que potência está relacionada com a taxa de realização de trabalho desse sistema. Combinaremos estas duas ideias para formar a definição de potência. *Potência* é a TAXA DE UTILIZAÇÃO DE ENERGIA ou de realização de trabalho. A grandeza potência elétrica é simbolizada pela letra *P*.

A potência necessária para realizar um determinado trabalho depende de quanto tempo transcorreu durante a sua realização. Suponha que dois carregadores devem empilhar 100 tijolos dentro de um caminhão. Eles acordam entre si que cada um deve carregar apenas metade da pilha de tijolos original, ou seja, 50 tijolos para cada. O primeiro carregador leva 5 tijolos por vez. Assim, ele termina o trabalho após 10 viagens ao caminhão e 40 minutos após iniciada a jornada (4 minutos por viagem). O segundo carregador decide carregar apenas 2 tijolos por viagem, e assim, realiza 25 viagens ao caminhão para completar sua jornada. Esse carregador leva 100 minutos para cumprir a tarefa (4 minutos por viagem). Ambos os carregadores realizaram a mesma quantidade de trabalho (a carga de 50 tijolos). Contudo, carregar 5 tijolos por vez requer mais potência do que transportar 2 tijolos; então, o primeiro carregador usou mais potência que o segundo. Assim, o primeiro carregador realizou mais trabalho por unidade de tempo.

As empresas concessionárias de energia elétrica são normalmente conhecidas como *companhias de energia elétrica*. Por isso, quando pagamos a conta de energia elétrica residencial pagamos pela energia consumida e não pela potência elétrica consumida. As concessionárias estão menos preocupadas com a potência que consumimos (isto é, o quão rapidamente nós consumimos energia elétrica) do que com a quantidade de energia utilizada.

≫ Unidade de potência elétrica

> **LEMBRE-SE**
> ... utilizamos o joule como unidade básica de energia elétrica e que o segundo foi definido como unidade básica de tempo.

Desse modo, a unidade natural para a potência elétrica é o JOULE POR SEGUNDO (J/s). Em homenagem ao cientista e inventor escocês James Watt, o joule por segundo foi batizado de WATT. Logo, a unidade básica de potência é o watt. Um watt é igual a 1 J/s. O watt é simbolizado pela letra W. Como ocorre com outros símbolos em eletricidade, a letra W denota duas coisas totalmente diferentes. Não confunda o *W*, que significa trabalho, com o W, que significa watt. Em geral, letras em itálico (normalmente maiúsculas) representam as grandezas elétricas, como a corrente (*I*) e a tensão (*V*), enquanto que letras normais representam unidades de medida, como exemplo, o ampère (A) e o volt (V).

A relação entre potência, energia e tempo é dada por

$$\text{Potência } (P) = \frac{\text{Energia }(E)}{\text{Tempo }(t)}$$

Rearranjando os termos da expressão anterior, escrevemos a energia como $E = P \cdot t$. Vamos utilizar esta relação para exemplificarmos alguns problemas práticos.

EXEMPLO 2-5

Qual é a dissipação de potência de um dispositivo elétrico que converte 940 J de energia em 10 s?

Dados: $E = 940$ J e $t = 10$ s
Encontrar: P
Conhecidos: $P = \dfrac{E}{t}$
Solução: $P = \dfrac{940 \text{ J}}{10 \text{ s}} = 94$ J/s
$= 94$ W
Resposta: A dissipação de potência é 94 W.

EXEMPLO 2-6

Que quantidade de energia elétrica é necessária para acender uma lâmpada de 60 W durante 30 minutos?

Dados: $P = 60$ W e $t = 30$ min
Encontrar: E
Conhecidos: $E = P \cdot t$
Solução: primeiramente, vamos converter 30 minutos para segundos. Visto que 1 minuto equivale a 60 segundos, 30 minutos é igual a
$30 \times 60 = 1800$ s
$E = 60$W $\times 1800$ s
$= 108.000$ watts · segundos
$= 108.000$ J
Resposta: A energia necessária é igual a 108.000 J.

No Exemplo 2-6, observe que, antes de tudo, convertemos o tempo de minutos para a unidade básica segundos. Assim feito, a resposta do problema para a energia é naturalmente em joules (a unidade básica). Quando manipular grandezas elétricas, lembre-se: sempre que possível, é melhor trabalhar com as grandezas nas unidades básicas. Ainda, note no exemplo 2-6 que 1 watt · segundo é igual a 1 joule. Isto pode ser verificado rapidamente através da substituição:

$$\text{Watt} \cdot \text{segundo} = \frac{\text{joule}}{\text{segundo}} \times \frac{\text{segundo}}{1} = \text{joule}$$

Já que as companhias de energia elétrica taxam os consumidores pelo uso de energia, nas contas de energia elétrica é informada a quantidade de energia elétrica consumida num dado período. Se você tomar uma dessas contas em mãos verá que a energia informada não é expressa em joules. Um joule é uma unidade muito pequena para finalidades práticas. Imagine receber em casa uma conta informando o consumo de milhões de joules a cada mês! Em vez disso, as companhias elétricas usam o QUILOWATT-HORA, que corresponde a 3,6 milhões de joules.

» Eficiência

LEMBRE-SE

...no capítulo anterior conceituamos eficiência percentual. Definimos a eficiência em função da energia convertida pela energia total disponível.

A eficiência revisitada em termos das potências envolvidas é mais adequada para fins práticos. A fórmula vista antes é a mesma, exceto pela substituição das energias pelas potências, agora consideradas como de saída e de entrada:

$$\% \text{ ef.} = \frac{P_{\text{saída}}}{P_{\text{entrada}}} \times 100$$

É claro que a fórmula pode ser rearranjada para obtenção de qualquer outra quantidade, conhecidas as demais, como para a potência de entrada:

$$P_{\text{entrada}} = \frac{P_{\text{saída}}}{\% \text{ ef.}} \times 100$$

EXEMPLO 2-7

Qual é a eficiência de um rádio receptor que necessita de 4 W de potência de entrada para funcionar e que entrega 0,5 W de potência de saída?

Dados: $P_{entrada} = 4\ W$
$P_{saída} = 0,5\ W$

Encontrar: % ef.

Conhecidos: $\%\ ef. = \dfrac{P_{saída}}{P_{entrada}} \times 100$

Solução: $\%\ ef. = \dfrac{0,5\ W}{4\ W} \times 100$
$= 0,125 \times 100 = 12,5$

Resposta: A eficiência é 12,5%.

EXEMPLO 2-8

Um amplificador estéreo produz 50W de potência de saída. Qual é a potência de entrada desse amplificador, sabendo-se que a sua eficiência é 30%?

Dados: $P_{saída} = 50\ W$
% ef. = 30

Encontrar: $P_{entrada}$

Conhecidos: $P_{entrada} = \dfrac{P_{saída}}{\%\ ef.} \times 100$

$P_{entrada} = \dfrac{50\ W}{30} \times 100$
$= 1,7\ W \times 100$

Solução: $= 170\ W$

Resposta: A potência de entrada necessária é 170 W.

Teste seus conhecimentos

Responda às seguintes questões.

45. Falso ou verdadeiro? Potência e trabalho são a mesma coisa.
46. Falso ou verdadeiro? A unidade básica de potência é o joule · segundo.
47. Falso ou verdadeiro? Um joule por segundo corresponde a um watt.
48. Falso ou verdadeiro? Um watt · segundo é igual a um joule.
49. Falso ou verdadeiro? Energia é igual a potência dissipada dividida pelo tempo.
50. Falso ou verdadeiro? Um quilowatt-hora é igual a 3,6 milhões de joules.
51. Uma torradeira de 850 W gasta 4 minutos para preparar uma torrada. Que energia é consumida no preparo da torrada? Escreva sua resposta em joules.
52. Um transistor recebe 6000 J de uma fonte CC para operar por 50 minutos. Qual é a potência dissipada por ele?
53. Qual é a eficiência de um motor elétrico que recebe 1200 W de entrada para entregar 800 W de potência mecânica?

≫ Potências de base 10

Você deve ter percebido que alguns números muito grandes ou muito pequenos são usados na eletricidade. Estes números tornam-se mais fáceis de serem manipulados se expressos em potências de 10. As **POTÊNCIAS DE 10** referem-se aos números presentes nos expoentes da base 10. A **BASE 10** é o nosso sistema de numeração habitual, usado todos os dias quando lidamos com números. O **EXPOENTE** (potência ou ordem de grandeza) indica o número de vezes que o dígito 1 é multiplicado por 10. Por exemplo, 10^2 indica que o número 1 é multiplicado por 10 duas vezes:

$$1 \times 10 \times 10 = 100$$

Dez elevado a um (10^1) é $1 \times 10 = 10$, e dez elevado a zero (10^0) é 1, ou seja, $10^0 = 1$. As potências de dez utilizadas frequentemente na eletricidade foram listadas na Tabela 2-1. Existe uma regra prática para uso das potências de 10. Observe que as potências (os expoentes) de 10 informam quantas casas decimais devemos deslocar a vírgula a partir da sua posição natural no número. Por exemplo, 10^4 pode ser interpretado como o número 1,0 com a vírgula sendo deslocada para a direita 4 vezes, onde para cada deslocamento completa-se com zero (0) quando necessário. Assim, $10^4 = 10.000$. Reciprocamente, um número decimal, escrito na sua forma mais natural, pode ser escrito em termos de potências de 10 fazendo o movimento da

Tabela 2-1 *Potências de 10 e números equivalentes decimais*

Potências de 10	Números decimais equivalentes
10^{12}	1.000.000.000.000
10^{11}	100.000.000.000
10^{10}	10.000.000.000
10^{9}	1.000.000.000
10^{8}	100.000.000
10^{7}	10.000.000
10^{6}	1.000.000
10^{5}	100.000
10^{4}	10.000
10^{3}	1.000
10^{2}	100
10^{1}	10
10^{0}	1
10^{-1}	0,1
10^{-2}	0,01
10^{-3}	0,001
10^{-4}	0,0001
10^{-5}	0,00001
10^{-6}	0,000001
10^{-7}	0,0000001
10^{-8}	0,00000001
10^{-9}	0,000000001
10^{-10}	0,0000000001
10^{-11}	0,00000000001
10^{-12}	0,000000000001

vírgula no sentido em que o número é escrito na sua forma mais compactada, com apenas um algarismo antes (à esquerda) da vírgula. Logo, o número 2.100 (que é igual a 2.100,0) pode ser escrito em potência de 10 como $2,1 \times 10^{3}$ e 105.000 pode ser escrito como $1,05 \times 10^{5}$. Reiteramos que é comum mover a vírgula até que haja somente um único algarismo à sua esquerda. O número que aparece multiplicado pela potência de 10 é denominado MANTISSA

História da eletrônica

Thomas Seebeck
Em 1821 Thomas Seebeck descobriu o efeito termoelétrico que hoje conhecemos como efeito Seebeck. Ele notou que nas proximidades de um circuito fechado, composto de dois condutores lineares de metais diferentes, uma agulha era defletida se duas junções destes condutores eram mantidas em temperaturas diferentes. Ainda, se a junção mais fria fosse colocada em uma temperatura maior, a direção de deflexão da agulha era revertida. (Enciclopédia Multimídia de Tecnologia e Ciência da McGraw-Hill, versão 2.1, McGraw-Hill, 2000).

(ou coeficiente). Nos exemplos anteriores, 1,05 e 2,1 são as mantissas das potências de 10.

Números menores que 1 são expressos em potências de 10 com expoentes negativos. Os expoentes negativos informam quantas vezes o número 1 é dividido por 10. Assim, 10^{-2} é o mesmo que $1 \div 10 \div 10 = 0,01$. Outra vez, note que é mais prático pensar em expoentes negativos como sendo o número de vezes que a vírgula deve ser deslocada. Quando o expoente (a potência) é negativo, desloque a vírgula para a esquerda. Para converter 10^{-3} simplesmente escreva 1 (que igual a 1,0) e desloque a vírgula três casas decimais para a esquerda. Isso resulta em 0,001, que é a mesma coisa que 10^{-3}. Para converter um número menor que 1, escrito na sua forma natural, em potência de 10, desloque a vírgula para a direita até que o primeiro dígito diferente de zero fique a esquerda da vírgula. Por exemplo: 0,000000054 escrito em potência de 10 é igual a $5,4 \times 10^{-8}$ e 0,03816 é igual a $3,816 \times 10^{-2}$.

A maior vantagem de se expressar números em potências de 10 é que ela simplifica a aritmética envolvendo números grandes ou números pequenos. Para multiplicar dois números escritos em potências de 10, multiplique as mantissas (os coeficientes) e some algebricamente os expoentes. O resultado do produto é o novo coeficiente multiplicado pela potência de 10, elevada ao novo expoente. Alguns exemplos são:

$$10^4 \times 10^2 = 10^6$$
$$10^{-2} \times 10^4 = 10^2$$
$$10^{-5} \times 10^3 = 10^{-2}$$
$$1,4 \times 10^2 \times 1,2 \times 10^6 = (1,4 \times 1,2) \times 10^2 \times 10^6$$
$$= 1,68 \times 10^8$$
$$6,3103 \times 8,4 \times 10^4 = (6,3 \times 8,4) \times 10^3 \times 10^4$$
$$= 52,92 \times 10^7$$
$$= 5,292 \times 10^8$$

> Visite o site da ABNT (Associação Brasileira de Normas Técnicas) para obter informações adicionais.

Para efetuar divisões com números escritos em potências de 10, primeiro divida as mantissas (os coeficientes). Em seguida, subtraia o expoente da potência de 10 do divisor do expoente da potência de 10 do dividendo. Este procedimento é ilustrado pelos exemplos a seguir:

$$(1 \times 10^4) \div (1 \times 10^2) = 1 \times 10^2$$
$$(4 \times 10^3) \div (2 \times 10^{-2}) = (4 \div 2) \times (10^3 \div 10^{-2})$$
$$= 2 \times 10^{3-(-2)}$$
$$= 2 \times 10^5$$
$$(6 \times 10^{-10}) \div (4 \times 10^{-8}) = (6 \div 4) \times (10^{-10} \div 10^{-8})$$
$$= 1,5 \times 10^{-2}$$

Se números expressos em potências de 10 forem somados ou subtraídos, ambos os números devem ser escritos na mesma potência, ou seja, devem ter o mesmo expoente. Assim, o expoente permanece o mesmo ao final da operação. Por exemplo:

$$(2,4 \times 10^6) + (3,5 \times 10^6) = 5,9 \times 10^6$$
$$(2,4 \times 10^4) + (3,5 \times 10^5) = (0,24 \times 10^5) + (3,5 \times 10^5)$$
$$= 3,74 \times 10^5$$
$$(3,8 \times 10^3) - (1,6 \times 10^3) = 2,2 \times 10^3$$

Teste seus conhecimentos

Responda às seguintes questões.

54. Expresse os números a seguir em potências de 10:
    a. 180
    b. 42.000
    c. 2.000.000

55. Converta as potências de 10 para números decimais ordinários:
    a. $3,1 \times 10^3$
    b. 10^4
    c. $2,46 \times 10^3$

56. Converta as potências de 10 para números decimais ordinários:
    a. 10^{-4}
    b. $2,81 \times 10^{-3}$
    c. $6,3 \times 10^{-4}$
    d. $6,3 \times 10^2$

57. Converta os números abaixo para potências de 10:
    a. 0,0000001
    b. 0,028
    c. 0,0072
    d. 1000

58. Resolvas as seguintes operações com potências de 10:
    a. $2 \times 10^8 \times 4 \times 10^3$
    b. $1,4 \times 10^2 \times 2,8 \times 10^{-3}$
    c. $\dfrac{6,6 \times 10^4}{3 \times 10^{-2}}$
    d. $\dfrac{4 \times 10^{-4}}{2 \times 10^2}$
    e. $(4 \times 10^3) + (6 \times 10^4)$

❯❯ Múltiplos e submúltiplos de unidades

Para muitas aplicações na eletricidade a unidade básica de uma determinada grandeza pode ser muito grande ou muito pequena. Por exemplo, para dispositivos eletrônicos de estado sólido, trabalhamos normalmente com correntes menores que 0,0000001 A. Em uma fábrica de redução de alumínio, correntes elétricas são com frequência maiores que 110.000 A. Embora esses números possam ser escritos em potências de 10, eles ainda formariam longas expressões. Além do mais, eles ficariam longos ou desconfortáveis para serem comunicados verbalmente. Por exemplo, imagine um técnico comunicando outro a respeito da seguinte corrente: $1{,}1 \times 10^5$ A. Isso seria comunicado assim: "a corrente é um vírgula um, vezes dez elevado a cinco ampères". Para evitar tais expressões desconcertantes, cientistas, engenheiros e técnicos usam **PREFIXOS** para indicar que as unidades são maiores ou menores que a unidade básica.

Os prefixos e os símbolos comumente utilizados em eletricidade e eletrônica são mostrados na Tabela 2-2.

São mostrados também na Tabela 2-2 os relacionamentos dos prefixos com as potências de 10 e a unidade básica. Observe que prefixos imediatamente adjacentes são separados de fatores de 1000 vezes. Assim, um prefixo adjacente ou é 1000 vezes maior ou 1000 vezes menor que seu vizinho.

MÚLTIPLOS E SUBMÚLTIPLOS DA UNIDADE são escritos pela simples adição do prefixo apropriado antes do símbolo da unidade básica. Nos exemplos anteriores, poderíamos escrever a corrente de 110.000 A consumida na fábrica de redução de alumínio como 110 quiloampères (110 kA) ou 0,11 mega ampères (0,11 MA). A corrente consumida pelo dispositivo de estado sólido 0,0000001A pode ser rescrita como 0,1 microampère (0,1 μA). Alguns outros exemplos de conversão entre unidades e seus múltiplos ou submúltiplos são:

$$2200 \text{ ohms } (\Omega) = 2{,}2 \text{ quilo-ohms } (k\Omega)$$
$$0{,}083 \text{ watt } (W) = 83 \text{ miliwatts } (mW)$$
$$450.000 \text{ volts } (V) = 450 \text{ quilovolts } (kV)$$
$$2{,}7 \times 10^6 \text{ ohms } (\Omega) = 2{,}7 \text{ mega ohms } (M\Omega)$$
$$3700 \text{ microamperes } (\mu A) = 3{,}7 \text{ miliampères } (mA)$$
$$6.800.000 \text{ ohms } (\Omega) = 6{,}8 \times 10^6 \text{ ohms } (\Omega)$$
$$= 6{,}8 \text{ mega ohms } (M\Omega)$$

Note que em todos os exemplos anteriores, a conversão foi feita deslocando-se a vírgula de três em três casas decimais ou em **MÚLTIPLOS DE TRÊS** casas. Quando você estiver convertendo um número de um múltiplo (ou submúltiplo) menor para outro maior, a vírgula é deslocada para a esquerda. Por

História da eletrônica

James Watt
A unidade de potência elétrica (o watt) é uma homenagem ao cientista James Watt. Um watt é igual a 1 joule de energia transferido em um intervalo de tempo de 1 segundo.

Tabela 2-2 *Prefixos e símbolos*

Prefixo	Símbolo	Número decimal	Potência de dez
Giga	G	1.000.000.000	10^9
Mega	M	1.000.000	10^6
Quilo	k	1.000	10^3
Unidade básica		1	100
Mili	m	0,001	10^{-3}
Micro	μ	0,000001	10^{-6}
Nano	n	0,000000001	10^{-9}
Pico	p	0,000000000001	10^{-12}

exemplo, se sair do submúltiplo *micro* para o *mili*, você está reduzindo o número absoluto de 1000 vezes. Nas conversões de um múltiplo maior para outro menor, o deslocamento da vírgula é para a direita.

É importante que você se familiarize com este tipo de conversão de um múltiplo (submúltiplo) para outro. Um manual de reparo de um determinado dispositivo pode listar um resistor como 2,2kΩ. Ao solicitar o resistor de reposição, o fabricante do componente pode especificar o resistor como 2.200 Ω. É dever de um técnico fazer este tipo de conversão, bem como se expressar da forma mais técnica e precisa possível.

No exemplo 2-9 poderíamos deixar a $P_{entrada}$ em kW e converter a potência de saída ($P_{saída}$) para 0,72kW. Então, 0,72kW ÷ 0,8kW seriam também os mesmos 0,9, pois os kW do numerador e do denominador se cancelariam, assim aconteceu com os W.

EXEMPLO 2-9

Qual é a eficiência de um dispositivo que requer 0,8 kW de potência de entrada para produzir 720 W de potência de saída?

Dados: $P_{entrada} = 0,8$ kW
$P_{saída} = 720$ W

Encontrar: % ef.

Conhecidos: % ef. $= \dfrac{P_{saída}}{P_{entrada}} \times 100$

1kW = 1000W

$P_{entrada} = 0,8$ kW $= 800$ W

Solução: % ef. $= \dfrac{720 \text{ W}}{800 \text{ W}} \times 100$
$= 0,9 \times 100 = 90\%$

Resposta: A eficiência é 90%.

Teste seus conhecimentos

Responda às seguintes questões.

59. Complete as conversões:
    a. 120 milivolts = _____ volt
    b. 3800 ohms = _____ quilo-ohms
    c. 490 microampères = _____ ampère
    d. $5,6 \times 10^5$ ohms = _____ mega-ohm
    e. 6000 milicoulombs = _____ coulombs

60. Complete as seguintes conversões:
    a. 53 mA = _____ A
    b. 47 kΩ = _____ Ω
    c. 0,4 V = _____ mV

>> Unidades especiais e conversões

Neste livro, o Sistema Internacional de Unidades (SI) é utilizado sempre que for prático usá-lo. Contudo, existem algumas áreas e situações de trabalho em que unidades de outros sistemas, como o britânico, são comuns; você deve saber como lidar com elas.

Explicamos antes que as companhias energéticas cobram o consumo de energia elétrica em quilowatts-horas. Um QUILOWATT-HORA (kWh) equivale a 1000 watts-horas (Wh). Em 1 hora há 3.600s. Logo, um watt-hora = 3600 watts-segundos.

Finalmente, em 1 quilowatt-hora temos correspondentemente 3.600.000 watts-segundos ou joules. Você deve ter percebido que o joule é uma unidade bastante inconveniente quando o assunto é a cobrança do consumo de energia mensal de uma residência ou indústria.

A potência de saída de motores elétricos e de alguns outros dispositivos pode vir especificada em CAVALO-VAPOR (cv) ou em HORSEPOWER (hp) no lugar de watts. Um *horsepower* é uma unidade do sistema britânico que equivale a **746W** (enquanto que 1 cv = 736W). Recomendamos a conversão dessas unidades para o watt toda vez que precisar usar a potência em cálculos, por exemplo, da eficiência do motor.

EXEMPLO 2-10

Que energia elétrica é consumida por um aquecedor de 1200 W operando continuamente durante 4 h?

Dados: $P = 1200$ W
$t = 4$ h
Encontrar: Energia
Conhecidos: $E = P \cdot t$
Solução: $E = 1200$ W $\times 4$ h $= 4.800$ Wh
Resposta: Energia utilizada $= 4800$ Wh ou $4,8$ kWh.

EXEMPLO 2-11

Qual é a eficiência de um motor de ¾ hp que requer de 1000 W de potência elétrica de entrada?

Dados: $P_{entrada} = 1000$ W
$P_{saída} = ¾$ hp
Encontrar: Eficiência
Conhecidos: $\% \text{ ef.} = \dfrac{P_{saída}}{P_{entrada}} \times 100$

1 hp $= 746$ W
¾ hp $= 0,75$ hp

Solução: $P_{saída} = 0,75$ hp $\times 746 \dfrac{W}{hp}$
$= 559,5$ W

$\% \text{ ef.} = \dfrac{559,5 \text{ W}}{1000 \text{ W}} \times 100$
$= 55,95\%$

Resposta: A eficiência é aproximadamente 56%.

Teste seus conhecimentos

Responda às seguintes questões.

61. Cite dois modos de reescrever a resistência elétrica de 3.600 ohms.
62. O que é *horsepower*?
63. Qual é a potência requerida por um motor de ½ hp e de eficiência 62%?
64. Quantos joules de energia são utilizados quando um dispositivo de 2,3 kW é mantido ligado por 1 hora e 20 minutos?

Fórmulas e expressões relacionadas

$A = \dfrac{C}{s}$

$E = V \times Q$

$\Omega = \dfrac{V}{A}$

$W = \dfrac{J}{s}$

$E = P \cdot T$

$\% \text{ ef.} = \dfrac{P_{saída}}{P_{entrada}} \times 100$

hp $= 746$ W

$R = r \cdot \dfrac{L}{A}$

Respostas

1. Carga elétrica é uma propriedade elétrica intrínseca de elétrons e prótons.
2. Q
3. $6,25 \times 10^{18}$
4. C
5. Elétron e íon
6. Elétron
7. F
8. F
9. F
10. O elétron viaja de um átomo ao outro. Um elétron individual viaja muito lentamente através de um condutor.

11. Corrente alternada reverte o sentido de circulação periodicamente enquanto que a corrente contínua mantém o mesmo sentido de circulação.
12. Ampère
13. Um ampère é igual a 1 coulomb por segundo.
14. A
15. a. $I = 8$ A   b. $Q = 6$ C
16. 4 A
17. Tensão
18. Volt
19. *V*
20. Força eletromotriz
21. V
22. Sulfato de cobre
23. Energia cinética é a energia em conversão ou em uso. Energia potencial é a energia de repouso ou energia armazenada.
24. Porque a diferença de energia potencial só pode existir entre dois pontos. Um ponto de referência (o chão) deve ser especificado.
25. Porque a tensão é a diferença de potencial. Isso significa que a tensão só pode existir entre dois pontos.
26. O volt equivale a 1 joule por coulomb.
27. O termo polarizado indica que um dispositivo elétrico possui terminais (positivo e negativo) bem definidos.
28. Bateria – energia química; cristal (microfone, toca-discos) – energia mecânica; gerador – energia mecânica; termopar – energia térmica; célula solar – energia luminosa.
29. 20 V
30. Resistência
31. Elétrica
32. Isolantes
33. Quatro
34. Ohm
35. Ω
36. Volt
37. A resistividade do material do qual o objeto é construído, o comprimento do objeto, a área da seção transversal e a temperatura do objeto.
38. A afirmação releva que a resistência do material diminui 250 ohms por milhão de ohms para cada grau Celsius de aumento da temperatura acima dos 20°C.
39. Condutores: ferro, prata, alumínio e cobre; Isolantes: borracha, papel, vidro e mica.
40. Carbono
41. Resistividade é a resistência característica de um material. É a resistência de um cubo de tamanho específico feito do material. O cubo é definido normalmente por arestas de 1 cm, 1 m ou 1 polegada.
42. Ohm-centímetro
43. Um resistor é um componente elétrico projetado para exibir um valor de resistência específico.
44. 0,41 Ω
45. F
46. F
47. V
48. V
49. F
50. V
51. **Dado**: $P = 850$ W, $t = 4$ min
    Encontrar: E
    Conhecidos: $E = P \cdot t$; 60 segundos = 1 min
    Solução: $t = 4 \text{ min} \times 60 \text{ s/min} = 240$ s
    $E = 850 \times 240 = 204.000$ J
    Resposta: A energia é igual a 204.000 joules
52. **Dado**: $E = 6000$ J, $t = 50$ min
    Encontrar: P
    Conhecidos: $P = \dfrac{E}{t}$
    Solução: $t = 50 \text{ min} \times 60 \dfrac{s}{min} = 3000$ s
    $P = \dfrac{6000 \text{ J}}{3000 \text{ s}} = 2$ W
    Resposta: A potência é igual a 2 watts.
53. **Dado**: $P_{entrada} = 1200$ W, $P_{saída} = 800$ W
    Encontrar: % ef.
    Conhecidos: % ef. $= \dfrac{P_{saída}}{P_{entrada}} \times 100$
    Solução: % ef. $= \dfrac{800}{1200} \times 100 = 66,7$
    Resposta: A eficiência é 66,7%
54. a. $1,8 \times 10^2$ c. 2×10^6
    b. $4,2 \times 10^4$
55. a. 3.100   c. 2.460
    b. 10.000
56. a. 0,0001   c. 0,00063
    b. 0,00281   d. 630
57. a. 1×10^{-7} ou 10^{-7} c. $7,2 \times 10^{-3}$
    b. $2,8 \times 10^{-2}$ d. 1×10^3 ou 10^3
58. a. 8×10^{11} d. 2×10^{-5}
    b. $3,92 \times 10^{-1}$ e. $6,4 \times 10^4$
    c. $2,2 \times 10^6$

59. a. 0,12 V
    b. 3,8 kΩ
    c. 0,00049 A
    d. 0,56 MΩ
    e. 6 C
60. a. 0,053 A
    b. 4.700 Ω
    c. 400 mV
61. Utilizando-se potências de 10 ($3{,}6 \times 10^6$ ohms) ou utilizando-se múltiplo do ohm (3,6 MΩ).
62. O *horsepower* é uma unidade que não pertence ao sistema métrico (SI) para a unidade de potência. Ela corresponde a 746 W.
63. 601,6 W
64. 11,04 MJ

Para resumo do capítulo, questões de revisão e problemas para formação de pensamento crítico, acesse www.grupoa.com.br/tekne

capítulo 3

Circuitos básicos, leis e medidas elétricas

Neste ponto, você já está familiarizado com as grandezas elétricas e suas unidades de medida. Agora você está pronto para explorar circuitos, leis e dispositivos usados para controlar e medir tais grandezas.

OBJETIVOS

Após o estudo deste capítulo, você deverá ser capaz de:

» *Compreender* o relacionamento entre diagrama esquemático e circuito real.

» *Usar* a lei de Ohm para determinar a corrente, a tensão e a resistência de um circuito simples.

» *Calcular* a potência de um circuito quando são conhecidas duas das três grandezas elétricas fundamentais de um circuito, a tensão, a corrente ou a resistência.

» *Calcular* o custo de energia elétrica para operação de dispositivos elétricos.

» *Medir* a corrente, a tensão e a resistência em circuitos elétricos sem que o medidor ou o circuito sejam danificados.

» *Compreender* a relação entre as escalas e as faixas de medição de instrumentos de medida.

›› Fundamentos de circuitos elétricos

Um circuito elétrico considerado completo precisa conter seis componentes ou partes:

1. Uma *fonte de energia* para prover a tensão necessária para forçar a circulação de corrente elétrica através do circuito.
2. *Condutores* de interligação através dos quais a corrente circule livremente.
3. *Isolantes* para confinar a corrente nos caminhos ou percursos desejados, isolando partes ou mesmo todo um circuito de contatos externos.
4. Uma *carga* para controlar a quantidade de corrente e converter energia elétrica recebida da fonte em outra forma de energia.
5. Um *dispositivo de controle*, frequentemente uma chave liga/desliga, para iniciar e terminar a operação do circuito, permitindo ou não o fluxo de corrente.
6. Um *dispositivo de proteção* para proteger o circuito no caso de algo sair errado durante a operação do mesmo.

Os quatro primeiros componentes listados são partes fundamentais de todo circuito. Todos os circuitos elétricos contêm esses componentes. O dispositivo de controle (item 5) é ocasionalmente omitido. Da mesma forma, os dispositivos de proteção também são omitidos dos desenhos de circuitos. Um circuito elétrico é considerado fechado quando existe um caminho ininterrupto para o fluxo de corrente do terminal positivo ao terminal negativo da fonte (sentido convencional da corrente), passando através da carga e do dispositivo de controle.

O circuito elétrico mais simples ou elementar que pode ser construído contém uma única carga, uma só fonte de tensão e um único dispositivo de controle. Por essa razão, ele é, às vezes, denominado CIRCUITO SIMPLES, para distingui-lo de outros circuitos mais complexos (estudados nos próximos capítulos). O circuito de uma lanterna de mão é um bom exemplo de circuito simples. A Figura 3-1 (*a*) ilustra a construção interna de uma lanterna seccionada transversalmente. O fluxo de corrente no circuito da lanterna foi traçado com referência à Figura 3-1. No sentido convencional da corrente, os elétrons deixam o polo positivo da pilha, viajam através do filamento da lâmpada, do metal refletor, do contato de pressão da chave liga/desliga, da carcaça metálica e do feixe de molas metálicos, chegando por fim ao polo negativo da pilha. Observe que a mola, a carcaça metálica e o refletor de luz são os condutores do circuito da lanterna. É bastante comum partes internas de um dispositivo elétrico servirem de caminho de circulação de corrente, isto é, de condutores do circuito. Por exemplo, tanto o chassi de um carro como a base metálica de receptores de rádio são usados com frequência como condutores de corrente.

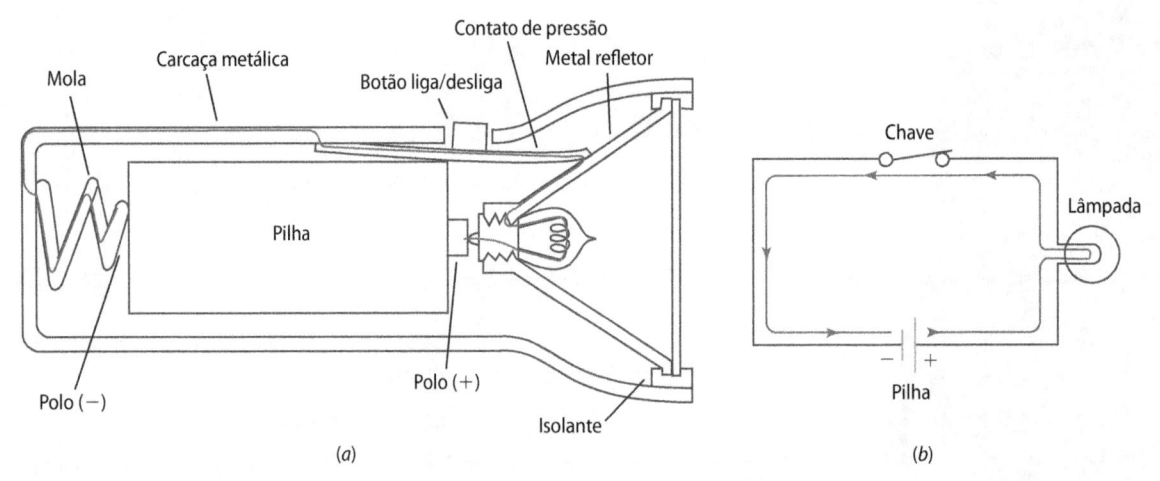

Figura 3-1 Lanterna. (*a*) Esboço das partes internas de uma lanterna. (*b*) Diagrama esquemático.

História da eletrônica

Thomas Edison
Uma das muitas invenções de Thomas Edison é a famosa lâmpada incandescente ou lâmpada de bulbo. Através dos experimentos que realizava, ele descobriu que elétrons são emitidos quando o filamento de uma lâmpada é aquecido, tornando-se incandescente pela circulação de corrente. (Enciclopédia da Eletrônica, Gibilisco e Sclater, McGraw-Hill, 1990.)

Figura 3-2 Resistor físico e resistor simbólico.

ma esquemático mostra todas as formas de conexão elétrica entre os componentes de um circuito. O tamanho físico e os arranjos mecânicos das partes não são mostrados no diagrama esquemático. Ainda, acessórios, tais como suportes de baterias ou de lâmpadas não são indicados no diagrama. A menos que um diagrama esquemático venha acompanhado de um desenho pictórico, os detalhes do circuito, como os

» Simbologia de componentes e os diagramas esquemáticos

Para descrever um circuito elétrico, é mais conveniente utilizar símbolos na representação dos elementos reais do que tentar desenhá-los todas as vezes que você for explicar o funcionamento de um determinado circuito. Um resistor e o símbolo utilizado para representá-lo são mostrados na Figura 3-2. O símbolo mostrado do lado direito da figura é utilizado para representar quaisquer resistores fixos, não importando que tipo de material seja utilizado na sua fabricação. Outros elementos de circuito e seus símbolos são mostrados na Figura 3-3.* Observe que não há distinção entre os símbolos de condutores com ou sem isolação elétrica. A isolação elétrica de condutores é assumida em diagramas sempre que é necessário manter os componentes do circuito livres de contatos elétricos indesejados. No desenho de um circuito elétrico para uso residencial, comercial ou industrial, através do uso simbologia apropriada, o projetista do circuito deve determinar onde a isolação elétrica é necessária.

Um desenho que mostra somente símbolos de componentes elétricos ou eletrônicos conectados juntos para realizarem alguma função é chamado DIAGRAMA ESQUEMÁTICO. Um diagra-

---

* N. de T.: Existem diversas normas internacionais para representação simbólica de componentes elétricos e eletrônicos. No Brasil, a ABNT (Associação Brasileira de Normas Técnicas) é o órgão que normatiza sobre este assunto. Consulte o catálogo de normas no site da ABNT (www.abnt.org.br) para conhecer mais sobre normatização de símbolos elétricos.

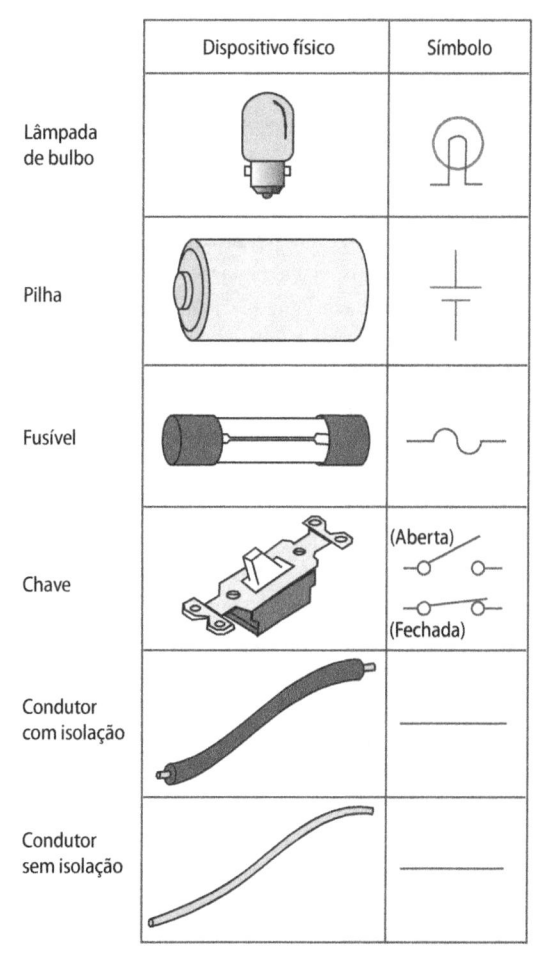

Figura 3-3 Alguns componentes elétricos e os símbolos de circuito correspondentes.

arranjos físicos dos componentes elétricos é deixado a cargo do projetista do circuito.

O diagrama esquemático da lanterna da Figura 3-1(a) é visto na Figura 3-1(b). O sentido da corrente elétrica também pode ser traçado no diagrama esquemático. Uma linha direcionada por setas, ou apenas as setas, indicam o SENTIDO DE FLUXO CONVENCIONAL DA CORRENTE. Neste sentido de circulação, a corrente elétrica flui do ponto mais positivo (normalmente o terminal positivo da fonte) para o ponto mais negativo do circuito (normalmente o terminal negativo da fonte). Na Figura 3-2(b), os elétrons deixam o positivo da pilha, passam através do filamento da lâmpada, atravessam a chave liga/desliga e retornam à pilha pelo terminal negativo. O condutor entre o terminal negativo da pilha e a chave da Figura 3-1(b) representa a mola e a carcaça metálica da Figura 3-1(a). A conexão entre o positivo da pilha e a lâmpada na Figura 3-1(a) é representada por uma única linha no diagrama esquemático da Figura 3-1(b). Nesse sentido, note que as linhas de um diagrama esquemático não representam necessariamente um fio, elas representam um caminho para circulação de corrente, não importando se o caminho acontece através de fios condutores ou alguma parte condutora de qualquer natureza.

Neste livro usaremos sempre o sentido convencional da corrente, a menos que seja feita alguma ressalva. Para uma fonte de tensão como a pilha da Figura 3-1(b), os elétrons fluem, *na realidade*, do polo negativo (que tem elétrons em excesso) para o polo positivo (que tem carência de elétrons) – este sentido de circulação é conhecido como sentido real da corrente. Por outro lado, observe que é análogo considerar um movimento de cargas positivas (prótons) do terminal positivo para o terminal negativo. Esse sentido de circulação de cargas, que é o indicado na Figura 3-1(b), é o sentido que passaremos a considerar neste momento, sendo conhecido como sentido convencional da corrente. É claro que sabemos que não são prótons que estão se movimentando no fio condutor, porém esse sentido de circulação foi adotado devido a razões históricas. Muitos outros livros seguem esta linha de raciocínio e vamos acompanhá-los para manter o alinhamento com eles. Para aqueles que estudarem eletrônica, o sentido da corrente convencional também é largamente adotado. Contudo, normalmente um componente eletrônico (como diodo, transistor, etc.) é analisado pelo sentido real de movimento dos elétrons. Finalizada a explicação do funcionamento do dispositivo, o sentido real de movimento é invertido retomando-se o sentido convencional da corrente. A análise de circuitos através do fluxo real ou convencional de elétrons é algo bastante pessoal. Muitas pessoas consideram melhor analisar e visualizar o funcionamento de circuitos elétricos (ou eletrônicos) através do sentido real da corrente, mas como foi dito antes, não faz diferença que sentido seja utilizado na análise.

O SÍMBOLO DE TERRA é mostrado na Figura 3-4. Este tipo de recurso é utilizado à exaustão em diagramas esquemáticos – especialmente nos diagramas esquemáticos de circuitos e sistemas complexos. O símbolo de terra não representa nenhum componente elétrico específico. Pelo contrário, ele representa uma conexão elétrica comum de um circuito elétrico que é compartilhada por muitos componentes. Por exemplo, o chassi do automóvel é um ponto comum (terra) para muitos dos dispositivos elétricos utilizados no automóvel. Por isso, normalmente o terminal negativo da bateria do carro é conectado ao chassi para compartilhar a conexão com os outros dispositivos ligados ao chassi. Assim, qualquer circuito do automóvel que necessite de uma conexão ao terminal negativo da bateria pode ser física e eletricamente conectado a qualquer ponto do chassi. Esta ideia é ilustrada na Figura 3-4(a), onde dois símbolos de terra foram utilizados para indicar a existência de um condutor físico entre o lado esquerdo da chave e o terminal negativo da fonte. A Figura 3-4(b) mostra outra forma de indicar que o circuito é conectado a um ponto terra comum. Outro uso muito importante

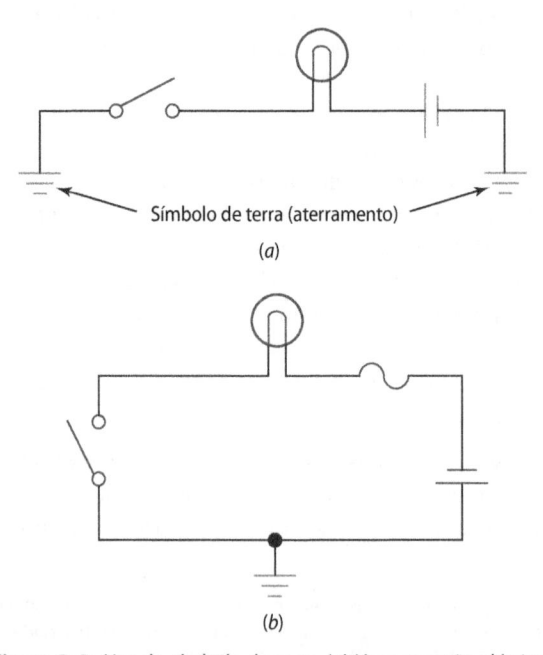

Figura 3-4 Uso do símbolo de terra. (a) Uma conexão elétrica entre dois terras comuns. (b) A chave e o terminal positivo da fonte são conectados a um mesmo terra.

do terra é a indicação de que o ponto aterrado foi colocado no potencial de referência universal, que é o zero volt (0 V). Nos próximos capítulos, aprofundaremos no uso do terra como potencial de referência de um circuito.

As **especificações elétricas** dos componentes usados no circuito também podem ser incluídas no diagrama esquemático. Isso pode ser feito de duas formas. Na primeira, mostrada na Figura 3-5(a), as especificações dos componentes são informadas ao lado do símbolo de cada componente. Na outra maneira, mostrada na Figura 3-5(b), é designado para cada componente uma referência única através de uma letra, seguida de um número ou índice, ou de um símbolo impresso ao lado de um componente, e os valores são apresentados numa lista de materiais do circuito.*

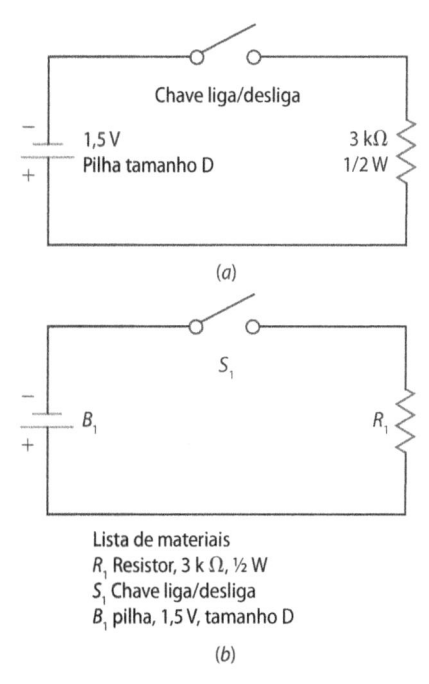

Figura 3-5 Especificações elétricas de componentes. (a) Especificações escritas diretamente no diagrama esquemático; (b) Especificações apresentadas numa lista de materiais.

---

* N. de T.: No ambiente profissional, a referência de posição de um componente elétrico ou eletrônico num circuito é conhecida pelo acrônimo (em inglês) CRD (Component Reference Designator); e a lista de materiais é normalmente conhecida pelo acrônimo – também em inglês – B.O.M (Bill of Materials; lê-se B-O-M). Por exemplo, o CRD de um resistor num circuito poderia ser R137, e na B.O.M (lista de materiais), o R137 poderia ter especificações elétricas: (4,7 kΩ ±10%), 500ppm/°C e 2W de potência.

Teste seus conhecimentos

Responda às seguintes questões.

1. Quais são as seis partes que compõem um circuito elétrico?
2. Falso ou verdadeiro? As especificações dos componentes são sempre apresentadas no diagrama esquemático.
3. Falso ou verdadeiro? Os condutores de um circuito elétrico são sempre fios com proteção isolante.
4. Desenhe os símbolos elétricos de uma lâmpada, de um resistor e de um condutor.
5. O que é um diagrama esquemático?
6. Falso ou verdadeiro? O chassi de um dispositivo pode servir como um condutor para várias partes de um circuito.
7. Falso ou verdadeiro? Um diagrama esquemático é utilizado como layout tanto elétrico quanto mecânico de um circuito.
8. Que parte de um circuito elétrico é omitida mais frequentemente?

» Calculando grandezas elétricas

LEMBRE-SE

... Nos capítulos anteriores, você aprendeu a utilizar as relações entre grandezas elétricas para calcular outras grandezas elétricas.

Nesta seção, apresentaremos novas relações matemáticas que envolvem grandezas elétricas. Essas relações interligam grandezas elétricas que podem ser facilmente medidas ou comumente especificadas por fabricantes de produtos eletroeletrônicos.

» Lei de Ohm

A relação entre a corrente (I), a tensão (V) e a resistência elétrica (R) foi descoberta pelo físico alemão Georg Simon Ohm. Em homenagem a Ohm, a relação descoberta por ele é hoje em dia conhecida como **Lei de Ohm**. Ohm descobriu que a corrente em um circuito contendo apenas resistência(s) é diretamente proporcional à tensão, quando a resistência é mantida constante. Mantendo a resistência constante, Ohm variou o valor da tensão elétrica e mediu as correntes que circulavam através da resistência para cada tensão. Ele percebeu que as variações nas correntes eram diretamente proporcionais às variações das tensões. Em cada caso, quando dividiu o valor da tensão elétrica pelo valor da corrente medida, ele encontrou um valor constante (igual à resistência). Em seguida, fez o inverso. Ele fixou o valor da tensão e variou o valor da resistência, medindo as correntes para cada resistência adicionada ao circuito. Ele percebeu que as variações nas correntes aconteciam em proporções inversas às variações das resistências. Em seguida, ele notou que, ao multiplicar a corrente pela resistência, o valor encontrado era constante e igual à tensão. A Lei de Ohm sintetiza esses dois fatos numa mesma expressão: "A corrente é diretamente proporcional à tensão e inversamente proporcional à resistência."

Escrita como uma expressão matemática, a Lei de Ohm é expressa como:

$$\text{Corrente } (I) = \frac{\text{Tensão } (V)}{\text{Resistência } (R)} \quad \text{ou} \quad I = \frac{V}{R}$$

Muitos a consideram como a fórmula mais importante da eletricidade. Ela permite determinar o valor da corrente quando a tensão e a resistência são conhecidas.

É claro que a Lei de Ohm pode ser rearranjada para que, conhecidas duas grandezas quaisquer da fórmula, a terceira possa ser calculada. As fórmulas rearranjadas para resistência e tensão ficam:

$$\text{Resistência } (R) = \frac{\text{Tensão } (V)}{\text{Corrente } (I)} \quad \text{ou} \quad R = \frac{V}{I}$$

e

$$\text{Tensão } (V) = \text{Corrente } (I) \times \text{Resistência } (R)$$

ou

$$V = I \times R$$

Para ajudá-lo a memorizar a Lei de Ohm e rapidamente determinar as relações entre as três grandezas, apresentamos um círculo mnemônico dividido em três partes, mostrado na Figura 3-6. Para usá-lo, você precisa apenas cobrir a grandeza que deseja determinar e realizar a multiplicação ou divisão

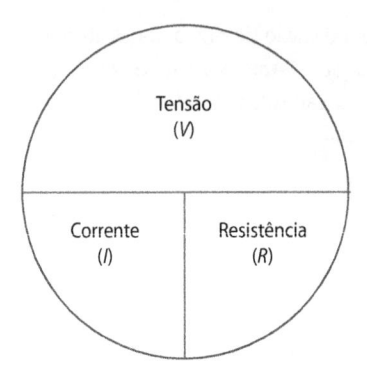

Figura 3-6 Círculo da Lei de Ohm.

indicada. Cubra o V na Figura 3-6 e o círculo indica o produto I multiplicado por R. Assim, a tensão é o produto da corrente (I) pela resistência (R). Cubra a letra R e o círculo revela a divisão de V por I. Logo, a resistência é a divisão da tensão (V) pela corrente (I). Finalmente, cobrindo a letra I, o círculo revela a divisão de V por R. Portanto, a corrente é a divisão da tensão (V) pela resistência (R).

EXEMPLO 3-1

Que corrente (I) circula no circuito da Figura 3-7?

Dados: Tensão (V) = 2,8 volts (V)
Resistência (R) = 1,4 quilo-ohms (1,4 kΩ)

Encontrar: Corrente (I)

Conhecidos: $I = \dfrac{V}{R}$; 1,4 kΩ = 1.400 Ω

Solução: $I = \dfrac{2,8 \text{ V}}{1.400 \text{ }\Omega}$
= 0,002 ampère (A)

Resposta: A corrente no circuito é 0,002A ou 2 mA.

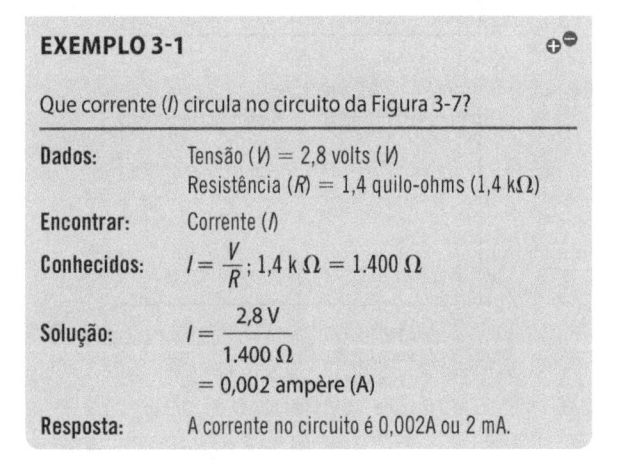

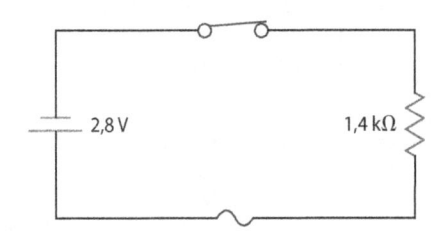

Figura 3-7 Circuito para o Exemplo 3-1.

História da eletrônica

Georg Simon Ohm

A unidade de medida para resistência elétrica (ohm) foi escolhida para homenagear o físico alemão Georg Simon Ohm. Ohm foi quem estabeleceu a relação entre as grandezas elétricas corrente, tensão e resistência, e que hoje conhecemos como Lei de Ohm: Tensão = Corrente × Resistência

EXEMPLO 3-2

Uma lâmpada possui resistência de 96 ohms. Que corrente flui através do filamento da lâmpada quando ela é ligada a uma fonte de 120V?

Dados: $R = 96\,\Omega$
$V = 120\,V$

Encontrar: I

Conhecidos: $I = \dfrac{V}{R}$

Solução: $I = \dfrac{120\,V}{96\,\Omega} = 1{,}25\,A$

Resposta: A corrente na lâmpada é 1,25 A.

EXEMPLO 3-3

Um fabricante de lâmpadas especifica que certo modelo de lâmpada permite um fluxo de corrente de 0,8A quando é alimentado em 120V. Qual é a resistência do filamento desse modelo de lâmpada?

Dados: Corrente (I) = 0,8 ampère (A)
Tensão (V) = 120 volts (V)

Encontrar: Resistência (R)

Conhecidos: $R = \dfrac{V}{I}$

Solução: $R = \dfrac{120\,V}{0{,}8\,A} = 150\text{ ohms }(\Omega)$
$= 150\,\Omega$

Resposta: A resistência da lâmpada é 150 Ω.

EXEMPLO 3-4

Qual é a tensão necessária para provocar um fluxo de corrente de 1,6 ampères em um resistor de 30 ohms?

Dados: $I = 1{,}6\,A$
$R = 30\,\Omega$

Encontrar: V

Conhecidos: $V = I \times R$

Solução: $V = 1{,}6\,A \times 30\,\Omega = 48\,V$

Resposta: A tensão necessária nos terminais do resistor é 48 V.

EXEMPLO 3-5

Em um resistor de 10 kΩ flui uma corrente de 35 mA. Que tensão foi aplicada entre os terminais do resistor?

Dados: $I = 35\,mA = 0{,}035\,A$
$R = 10\,k\Omega = 10.000\,\Omega$

Encontrar: V

Conhecidos: $V = I \times R$

Solução: $V = 0{,}035\,A \times 10.000\,\Omega = 350\,V$

Resposta: A tensão aplicada aos terminais do resistor é 350 V.

Nos dois exemplos anteriores, observe que a respostas para as correntes foram escritas na unidade básica de corrente. Isso aconteceu porque tanto a tensão quanto a resistência também foram escritas nas suas respectivas unidades básicas. Lembre-se de que 1 ohm é definido como 1 volt por ampère. Da Lei de Ohm podemos estabelecer uma relação entre as unidades de medidas como segue:

$$1\text{ ampère} = \dfrac{1\text{ volt}}{1\text{ volt/ampère}}$$

Esta expressão reduz-se a 1 ampère = 1 ampère, a qual ilustra que as unidades adequadas foram utilizadas.

No Exemplo 3-5, é importante que você perceba que o produto de uma corrente I em mA por uma resistência em kΩ produz uma tensão V em volt (V). Isso ocorre porque quando o prefixo mili (m), equivalente a 10^{-3}, é multiplicado pelo prefixo quilo (k), equivalente a 10^{+3}, produz $10^0 = 1$, que recupera a unidade básica de tensão (o volt). Logo, sempre que um múltiplo de potência positiva é multiplicado pelo submúltiplo correspondente de potência negativa, o resultado será a unidade.

» Calculando potência

> **LEMBRE-SE**
> ... no capítulo anterior aprendemos a determinar a potência elétrica quando eram conhecidos a energia e o tempo.

Nesse momento, vamos estabelecer uma relação para a potência elétrica a partir das grandezas tensão, corrente e resistência. Visto que tensão e corrente são grandezas facilmente mensuráveis, você usará esta relação com bastante frequência nos seus trabalhos em eletricidade.

Sem rodeios, potência é igual ao produto da tensão pela corrente. Colocado na forma matemática, temos:

$$\text{Potência }(P) = \text{tensão }(V) \times \text{corrente }(I)$$

ou

$$P = V \times I$$

onde a potência será dada em watts sempre que a corrente estiver em ampères e a tensão em volts.

EXEMPLO 3-6

Qual é a potência de entrada de um aquecedor elétrico que consome 3 ampères de uma rede de 120 volts?

Dados:	$I = 3$ A
	$V = 120$ V
Encontrar:	P
Conhecidos:	$P = V \times I$
Solução:	$V = 120$ V $\times 3$ A
	$= 360$ watts (W)
Resposta:	A potência de entrada do aquecedor é 360 W.

Rearranjando a fórmula de potência, podemos resolver para corrente, quando a potência e a tensão são conhecidas. Assim, a fórmula fica:

$$\text{Corrente }(I) = \frac{\text{Potência }(P)}{\text{Tensão }(V)} \quad \text{ou} \quad I = \frac{P}{V}$$

Por exemplo, esta fórmula pode ser utilizada na determinação da corrente consumida por uma carga a partir dos dados de placa P e V fornecidos pelo fabricante de um equipamento (encontrados normalmente na parte traseira do equipamento).

A fórmula de potência também pode ser resolvida para o cálculo da tensão, quando são conhecidas a corrente e a potência:

$$\text{Tensão }(V) = \frac{\text{Potência }(P)}{\text{Corrente }(I)} \quad \text{ou} \quad V = \frac{P}{I}$$

EXEMPLO 3-7

Que corrente circula em uma lâmpada de 500W, alimentada em 120 V?

Dados:	$P = 500$ W
	$V = 120$ V
Encontrar:	Corrente (I)
Conhecidos:	$I = \dfrac{P}{V}$
Solução:	$I = \dfrac{500 \text{ W}}{120 \text{ V}} = 4{,}17$ A
Resposta:	A corrente que flui pela lâmpada é 4,17 A.

EXEMPLO 3-8

A resistência de aquecimento de um secador de roupas foi especificada para fornecer 4 quilowatts (kW) quando ligada em 220 volts (V). Que corrente é solicitada pela resistência da rede de 220 V?

Dados:	$P = 4$ kW $= 4000$ W
	$V = 220$ V
Encontrar:	I
Conhecidos:	$I = \dfrac{P}{V}$
Solução:	$I = \dfrac{4.000 \text{ W}}{220 \text{ V}} = 18{,}2$ A
Resposta:	A corrente drenada pela resistência da fonte é 18,2 A.

Partindo da Lei de Ohm e da fórmula de potência podemos determinar a potência quando a resistência e a corrente (ou tensão) são conhecidas.

EXEMPLO 3-9

Determine a potência dissipada pelo resistor no circuito da Figura 3-8.

Dados: $V = 1,5\,V$
$R = 10\,\Omega$

Encontrar: P

Conhecidos: $P = I \times V$, $I = \dfrac{V}{R}$

Solução: $I = \dfrac{1,5\,V}{10\,\Omega} = 0,15\,A$

$P = 0,15\,A \times 1,5V = 0,225\,W$

Resposta: A potência dissipada pelo resistor é 0,225 W.

O processo utilizado no Exemplo 3-9 possui duas etapas. Combinando a Lei de Ohm com a fórmula de potência numa única expressão, podemos encurtar a solução para uma única operação. Há duas combinações da Lei de Ohm com a fórmula de potência básica, para produzir duas fórmulas auxiliares para cálculo da potência. Da Lei de Ohm sabemos que:

$$I = \dfrac{V}{R}$$

Substituindo-se I da Lei de Ohm na fórmula básica de potência ($P = IV$), encontramos:

$$P = I \times V = \dfrac{V}{R} \times V$$

$$P = \dfrac{V^2}{R}$$

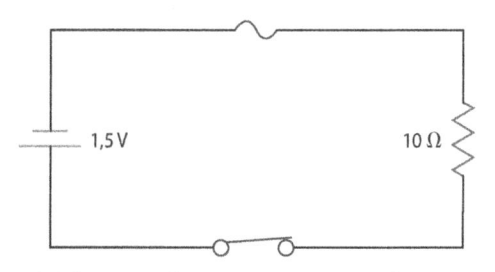

Figura 3-8 Diagrama do circuito para os Exemplos 3-9, 3-10, e 3-13.

Logo, é possível resolver diretamente para a potência, conhecendo-se a tensão e a resistência.

Da Lei de Ohm também sabemos que

$$V = I \times R$$

Dessa vez, substituímos V na fórmula básica de potência pela expressão da Lei de Ohm, para obtermos:

$$P = I \times I \times R$$

$$P = I^2 R$$

Portanto, também é possível resolver diretamente para a potência, conhecendo-se a corrente e a resistência.

Vamos resolver novamente o Exemplo 3-10, agora suportados por uma das duas fórmulas auxiliares de potência.

EXEMPLO 3-10

Determine novamente a potência dissipada pelo resistor no circuito da Figura 3-8 utilizando a fórmula auxiliar adequada.

Dados: $V = 1,5\,V$
$R = 10\,\Omega$

Encontrar: P

Conhecido: $P = \dfrac{V^2}{R}$

Solução: $P = \dfrac{(1,5)^2}{10} = \dfrac{1,5 \times 1,5}{10}$

$= 0,225\,W$

Resposta: A potência dissipada pelo resistor é 0,225 W.

EXEMPLO 3-11

Que potência é dissipada por um resistor de 100 ohm quando 0,2 ampère de corrente flui através dele?

Dados: $I = 0,2\,A$
$R = 100\,\Omega$

Encontrar: P

Conhecido: $P = I^2 R$

Solução: $P = 0,2^2 \times 100$
$= 0,2 \times 0,2 \times 100$
$= 0,04 \times 100$
$= 4\,W$

Resposta: A potência dissipada pelo resistor é 4 W.

» Calculando energia

> **LEMBRE-SE**
> ... estudamos, no capítulo passado, que a energia é igual ao produto potência multiplicada por tempo.

Nos exemplos anteriores, você aprendeu a calcular a potência a partir de uma expressão básica e duas outras fórmulas auxiliares. Partindo dessas expressões é claro que a energia também pode ser determinada se a corrente, a tensão e o tempo são conhecidos.

Ou, ainda, a energia pode ser determinada se a resistência e a tensão (ou corrente) são conhecidas. Do conceito de energia você deve lembrar que saber a duração do intervalo de tempo em que a potência é consumida é essencial no cálculo da energia.

EXEMPLO 3-12

Que energia é consumida (convertida) por um dispositivo que drena 1,5 ampères de uma bateria de 12 volts durante 2 horas?

Dados:	$I = 1,5$ A
	$V = 12$ V
	$t = 2$ horas
Encontrar:	E
Conhecidos:	$E = Pt$, $P = IV$
Solução:	$P = 1,5$ A $\times$ 12 V 18 W
	$E = 18$ W $\times$ 2 h $= 36$ Wh
Resposta:	A energia consumida é 36 Wh.

EXEMPLO 3-13

No circuito da Figura 3-8, que energia é consumida da pilha pelo resistor se a chave liga/desliga permanece fechada por 30 minutos?

Dados:	$V = 1,5$ V; $R = 10$ Ω
	$t = 30$ min
Encontrar:	E
Conhecidos:	$E = P \times t$,
	$P = \dfrac{V^2}{R}$
	1 joule = 1 watt-segundo
	1 min = 60 s
Solução:	$P = \dfrac{(1,5)^2}{10} = \dfrac{2,25}{10}$
	$= 0,225$ W
	$E = 0,225$ W $\times$ 1800 s
	$= 405$ W-s
	$= 405$ joules (J)
Resposta:	A energia consumida da pilha é 405 J.

» Calculando o custo da energia

O custo da energia elétrica total de um dispositivo é determinado a partir da energia elétrica total consumida e da taxa de uso paga à concessionária por uso do kWh. Normalmente, o custo por uso do kWh é especificado na conta de energia em CENTAVOS DE REAL POR QUILOWATT-HORA. Especificar o custo por uso do kWh é a mesma coisa que especificar o preço da gasolina em reais por litro. Se o valor pago pelo quilo de batata é R$1,30 e você deseja comprar 10 quilos, o custo final da batata é R$13,00. O custo total de consumo sempre será o produto do custo unitário pela quantidade consumida. A expressão para o custo total da energia elétrica é:

Custo = (custo por kWh)
  × consumo total de energia
Custo = centavos de real
  × total de quilowatts-horas

EXEMPLO 3-14

Quanto custa 120 kWh de energia se o custo básico por kWh é R$0,56?

Dados:	$E = 120$ kWh
	Custo por kWh = R$0,56 por kWh
Encontrar:	Custo total
Conhecido:	Custo total = custo por kWh $\times$ energia consumida
Solução:	Custo total = R$0,56 por kWh $\times$ 120 kWh
	= R$67,20
Resposta:	O custo total da energia é R$67,20

EXEMPLO 3-15

Qual é o custo de operação de uma lâmpada de 100 watts, ligada ininterruptamente por 3 horas, se o custo por kWh de energia é R$0,40?

Dados: $P = 100$ W
$t = 3$ h
Custo por kWh = R$0,40 por kWh

Encontrar: Custo total

Conhecidos: Custo total = custo por kWh × energia consumida; $E = P \times t$

Solução: $E = 100$ W × 3 h = 300 Wh = 0,3 kWh
Custo total = R$0,40 por kWh × 0,30 kWh
= R$0,12

Resposta: O custo total da energia consumida por esta lâmpada em três horas é R$ 0,12

EXEMPLO 3-16

Um ferro de passar-roupa funciona a partir de uma rede elétrica de 127 V e consome 8 A de corrente da rede e foi esquecido conectado à rede elétrica. Se o custo por kWh for R$0,49, quanto custa deixar o ferro ligado na rede por 2 horas?

Dados: $V = 127$ V
$t = 2$ h
$I = 8$ A
Custo por kWh = R$ 0,49 por kWh

Encontrar: Custo total

Conhecidos: Custo total = custo por kWh × energia consumida; $E = P \times t$; $P = V \times I$

Solução: $P = 127$ V × 8 A = 1016 W
$E = 1016$ W × 2 h = 2032 Wh = 2,032 kWh
Custo total = R$0,49 por kWh × 2,032 kWh
= R$1,00

Resposta: O custo total da energia consumida pelo ferro esquecido ligado à rede por duas horas é R$1,00.

Importante observar a ordem na qual foram listadas as "grandezas conhecidas" do Exemplo 3-16. O procedimento descrito a seguir foi utilizado na construção da ordem na qual tais "grandezas conhecidas" devem ser listadas.

1. Escreva a fórmula que permitirá resolver o problema para a grandeza desconhecida. Olhe para o lado direito da igualdade (a fórmula). Se uma ou mais das grandezas necessárias no cálculo não estiver listada no campo de informações conhecidas (dados), escreva a fórmula necessária para a determinação dessa grandeza (no exemplo, $E = P \cdot t$).

2. Nessa nova expressão ($E = P \cdot t$), repita o procedimento. Olhe para o lado direito da fórmula para verificar se todas as variáveis são conhecidas. Caso alguma das variáveis não esteja listada na fórmula, escreva a relação que permite obtê-la em função das informações fornecidas no enunciado do problema (no caso, $P = V \cdot I$).

3. Uma vez mais, repita o processo para a expressão $P = V \cdot I$. Nesse caso, ambas as grandezas do lado direito foram fornecidas no enunciado do problema. Assim, o problema pode ser resolvido calculando-se P, depois E e, por último, o custo por kWh solicitado.

O procedimento anterior é indicado sempre que a complexidade de um problema exigir. Seguindo essa "receita de bolo" as suas chances de resolver corretamente um problema são bem altas.

Teste seus conhecimentos

Responda às seguintes questões.

9. Expresse a resposta do exemplo 3-6 em quilo-watts (kW).
10. Expresse a resposta do exemplo 3-10 em miliwatts (mW).
11. Refira-se à figura 3-5(a). Que corrente circula no circuito quando a chave for fechada?
12. Qual é a resistência de um componente que permite a circulação de 150 miliampères de corrente quando 600 milivolts de tensão são aplicados entre os seus terminais?
13. Qual é a potência de um secador de cabelos que opera em 120 volts e consome uma corrente de 4,5 ampères?
14. Qual é a corrente solicitada de uma rede de 120 volts por uma torradeira elétrica de 1000 watts?
15. Qual é a potência dissipada por um módulo de som automotivo que drena 2,2 ampères de corrente da bateria de 12 volts?
16. Uma lâmpada miniatura tem resistência de 99 ohms quando ligada. Sabendo-se que a tensão nominal para funcionamento da lâmpada é 6,3 volts, qual é a potência dissipada por ela?

17. Um aquecedor elétrico drena 8 ampères de corrente de uma rede elétrica de 220 volts. Que é energia é consumida pelo aquecedor em 9 horas de funcionamento ininterruptas?
18. A corrente através de um resistor de 100 ohm é 200 miliampères. Que energia elétrica é convertida em calor pelo resistor em 10 minutos de funcionamento?
19. Um aquecedor elétrico tem potência nominal de 3000 watts. Supondo que o aquecedor é mantido ligado por 3 horas e que o custo por kWh é R$0,50, qual é o custo total pago pela energia consumida num período de 3 horas?
20. Um pisca-pisca de Natal possui três lâmpadas que consomem ao todo 0,5A de uma rede elétrica de 120 volts. Sabendo-se que o custo por kWh de energia é R$0,56, qual é o custo total de utilização desse pisca-pisca por 40 horas?

» Medindo grandezas elétricas

A maioria das grandezas elétricas pode ser facilmente medida por *instrumento de medida* simples. Tensão é medida por um VOLTÍMETRO, enquanto a corrente é medida por AMPERÍMETRO, a resistência pode ser medida por um instrumento denominado OHMÍMETRO e a potência, medida pelo WATTÍMETRO.

» Medidores de painel

Um instrumento capaz de medir uma única grandeza elétrica normalmente é denominado MEDIDOR DE PAINEL. Medidores de painel são conectados permanentemente aos circuitos de interesse para monitoramento contínuo da grandeza elétrica que eles devem medir ou monitorar. Os medidores de painel podem ainda ser analógicos ou digitais.

Medidor analógico de painel Este tipo de medidor é exemplificado na Figura 3-9. Neste caso, a grandeza de interesse é medida através da deflexão de uma agulha (ou ponteiro) de um galvanômetro ao longo de uma escala graduada. Quando um medidor analógico é utilizado, e uma leitura é realizada, a incerteza de medição está relacionada à *menor divisão da escala* analógica. Já que a medição ocorre pela deflexão de uma agulha, o valor da grandeza medida é obtido de uma relação de proporcionalidade entre a amplitude máxima da escala (ou fim de escala), o número total de divisões desta escala e o número de divisões indicadas na leitura pela agulha do galvanômetro. Por exemplo, olhe para a escala do medidor da Figura 3-9. A amplitude máxima da escala é 10. Entre duas graduações adjacentes, Exemplos 4 e 6, existem exatamente 10 divisões. Assim, cada divisão vale $(6 - 4) \div 10 = 0,2$ ampères. O ponto médio entre 4 e 6 tem cinco divisões, e cada divisão corresponde a 0,2 ampères. Logo, o ponto médio indica 5 ampères. Suponha que a agulha do medidor da Figura 3-9 esteja localizada sobre a segunda divisão do lado direito do ponto graduado com a marca 8. Neste caso, o medidor estaria indicando 8,4 ampères.*

Figura 3.9 Medidor analógico de painel.

---

* N. de T.: Medidores analógicos apresentam um tipo de erro de leitura relacionado ao posicionamento do observador que faz a leitura. Dependendo do ângulo de visada entre o observador e o painel do galvanômetro a medida pode apresentar resultados ligeiramente diferentes. Esse tipo de erro de leitura é denominado paralaxe e normalmente os fabricantes de instrumentos de medida analógicos colocam uma faixa espelhada abaixo da escala para indicar ao observador que o melhor ângulo de leitura é aquele onde o reflexo da agulha no espelho não é visto.

Ainda, na Figura 3-9, o início da escala (entre zero e dois) é diferente do restante da escala. Neste caso, deve-se evitar que o valor da corrente situe-se nessa faixa de incerteza maior. Caso isso ocorra, é melhor trocar o medidor por outro de escala menor onde o valor da medida situe-se numa faixa mais confiável.

Seguindo a linha de raciocínio do autor, a leitura de uma medida em um indicador analógico segue o método de leitura em escalas analógicas. O valor da grandeza medida ***x*** é obtido de uma relação de proporcionalidade entre a amplitude máxima da escala utilizada ***A***, o número total de divisões desta escala ***N*** e o número ***n*** de divisões indicadas na leitura pela agulha do galvanômetro:

$$\frac{x}{A} = \frac{n}{N} \quad ou \quad x = \frac{n}{N} \cdot A$$

Medidor digital de painel Este medidor, representado pela sigla em inglês DPM (Digital Panel Meter) é mostrado na Figura 3-10. Este tipo de medidor dispensa a necessidade de o observador fazer inferências sobre a posição da agulha. Também não há nenhum trabalho extra para determinar se o valor da grandeza é 184,8 ou 184,9 – visto que a indicação é direta. Medidores digitais são especificados em função do número de dígitos do mostrador. Quando o dígito mais significativo (mais à esquerda) puder assumir apenas os valores 0 ou 1, o dígito é contado como MEIO DÍGITO. O voltímetro DPM da Figura 3-10 é um medidor digital de 3½. Embora ele seja considerado um medidor de 200 volts, a indicação máxima desse mostrador digital é 199,9 volts.

» Multímetros

Medidores capazes de medir apenas uma grandeza são úteis somente quando é necessária a indicação contínua da grandeza de interesse (como no caso de um painel). Medidores capazes de medir duas ou mais grandezas elétricas são conhecidos como MULTÍMETROS. Os multímetros usam os mesmos mecanismos básicos dos medidores de painel. Entretanto, um multímetro inclui circuitos extras (chaves seletoras, resistores, etc.) dentro do gabinete do instrumento que os permitem medir várias grandezas a partir de um só instrumento.

Multímetro Analógico A maioria dos multímetros analógicos assemelha-se ao multímetro da Figura 3-11 e possui múltiplas escalas impressas no painel frontal que indicam a capacidade de medição do instrumento, por exemplo, tensão, corrente e resistência. Um multímetro analógico capaz

Figura 3-10 Medidor digital de painel.

> **Sobre a eletrônica**
>
> **Apagões podem custar caro**
> Nossa sociedade tecnológica é movida a eletricidade. Indústrias são altamente dependentes de máquinas controladas por dispositivos eletrônicos sensíveis. Devido a essa dependência, os custos dos apagões (blackouts) na produção e na perda de informações situam-se entre 3 e 5 bilhões de dólares por ano somente nos EUA.

de medir essas três grandezas é chamado frequentemente de VOLT-OHM-MILIAMPERÍMETRO (**VOM**).

Embora os modelos de multímetros comerciais difiram entre si, todos possuem *funções*, *faixas* e *escalas*. A FUNÇÃO refere-se à *grandeza a ser medida*. A *faixa* refere-se à *amplitude* em que grandeza pode ser medida. Já a ESCALA de medição refere-se ao valor máximo de medição de uma grandeza e ela depende tanto da função como da faixa que o medidor foi projetado. O uso adequado de um multímetro envolve a correta seleção da função, da faixa e da escala. Uma vez que compreenda as relações entre (1) função / escala e (2) faixa / escala, você estará apto a utilizá-lo em segurança e no máximo desempenho do instrumento.

O VOM da Figura 3-11 possui cinco funções de medição (tensão CA, tensão CC, corrente CC, resistência e teste de continuidade). A chave seletora de função (ao lado esquerdo do painel do instrumento) possui quatro posições. A primeira posição acima em vermelho (AC VOLTS ONLY) deve ser selecionada quando o instrumento for utilizado para medição de tensão CA. Duas outras posições (−DC e +DC) são utilizadas para medição de tensão CC, corrente CC e resistência elétrica. Nessas duas posições, a grandeza que será medida é determinada pela posição da chave seletora localizada no centro do painel frontal do instrumento. A quarta posição da chave de função serve para selecionar teste de continuidade elétrica. Nesta posição, o instrumento sinalizará sonoramente sempre que uma resistência baixa (próxima de zero) for testada pelas pontas de prova do instrumento.

À exceção da função resistência, a faixa indica a *amplitude máxima* de medição que uma grandeza pode ter numa dada posição da chave seletora. No caso da resistência elétrica, a faixa indica o fator multiplicativo pelo qual o fator lido deve ser multiplicado a fim de se obter a leitura da resistência elétrica.

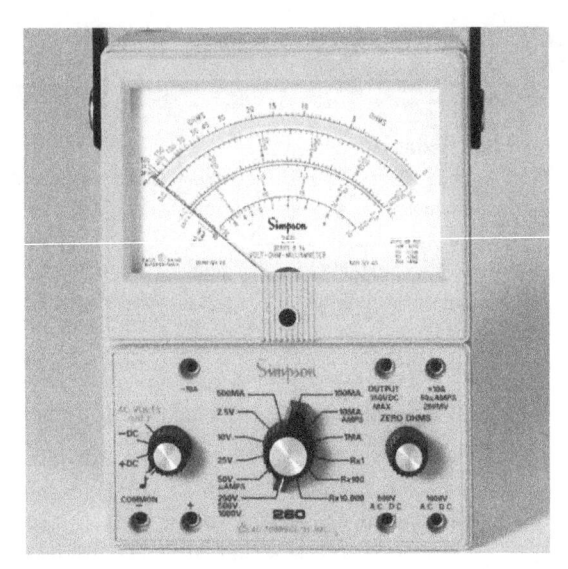

Figura 3-11 Multímetro (VOM).

A escala de resistência do multímetro da Figura 3-11 difere de três modos das escalas de tensão e de corrente. Primeiro, a sua leitura é feita em sentido contrário. Segundo, ela é uma escala não linear. Terceiro, a quantidade de subdivisões ao longo de toda escala de resistência é variável. Ou seja, o menor valor da divisão varia dependendo de que posição a agulha ocupa ao longo da escala de resistência.

A última escala graduada no painel (de cima para baixo) do VOM da Figura 3-11 é uma escala de medida de dB (decibel). Um dB corresponde a 1/10 de um bel, que é uma unidade de potência ou intensidade relativa entre duas medidas de uma mesma natureza. Por exemplo, a razão entre a potência de saída e a potência de entrada de um amplificador pode ser expressa em bels ou decibels. O decibel é uma unidade não linear (logarítmica) que expressa variações nas intensidades dos níveis de potência de um modo muito parecido ao que o ouvido humano percebe as variações da potência de saída de um alto-falante. Para o ouvido humano, uma variação da potência de áudio de 0,2 W para 2 W é percebida da mesma forma que uma variação de 2 W para 20 W. Ambas representam uma variação de potência de 10 dB.

Um VOM não mede potência. Contudo, visto que $P = V^2/R$, os níveis de tensão podem ser utilizados para determinar potência em dB, enquanto as tensões medidas forem obtidas através do uso de mesmas resistências e utilizando-se a escala dB do medidor. O valor da resistência bem como a potência dissipada por um resistor a 0 dB é dada na indicação frontal do painel e/ou no manual fornecido juntamente com o instrumento. Uma referência comum para este propósito é 1mW de potência dissipado por uma resistência de 600 Ω.

A escala dB é calibrada para a menor faixa de tensão CA. Uma tabela no painel frontal do instrumento nos informa quantos dB devemos adicionar nas escalas de medição mais altas de tensão CA.

EXEMPLO 3-17

O multímetro da Figura 3-11 é ajustado para a faixa R × 100. A indicação da agulha na escala de resistência aponta para a segunda subdivisão à direita do valor 20. Que resistência elétrica o multímetro está medindo?

Solução: Entre 20 e 30 existem 5 divisões; cada divisão corresponde a 2 unidades (30 − 20 = 10; e 10 ÷ 5 = 2). Logo, a agulha está indicando 24 unidades (20 + 2 + 2). Como o instrumento foi ajustado na faixa de medição R × 100, implica que o valor da resistência é $R = 24 \times 100 = 2400\ \Omega$.

Resposta: Nessa escala de resistência, o multímetro mede 2400 Ω.

Quando existir mais de uma escala para uma dada função e faixa, sempre selecione a escala apropriada (caso ela esteja disponível) para a medida ou, senão, selecione uma escala que seja múltipla de 10 do valor esperado da medida. Isso facilitará a indicação do resultado da medição visto que uma divisão por 10 é bastante imediata.

EXEMPLO 3-18

Refira-se ao multímetro da Figura 3-11. Considere que a chave de função é colocada em +DC, a chave seletora de faixa foi ajustada para 25 V e a agulha deflete indicando a primeira divisão à direita do valor 200 na escala que vai de 0 a 250.

Solução: A divisão maior entre 150 e 200 representa 175. Entre 175 e 200 existem 5 divisões; então, cada divisão corresponde a 5 unidades. O valor da medida é, assim, 195. Para ajustar a escala à faixa de medição, a escala deve ser divida por 10. Logo, a tensão medida é 19,5V (195 ÷ 10).

Resposta: Nessa escala de tensão CC, o multímetro mede 19,5 V.

EXEMPLO 3-19

Considere as mesmas condições de ajuste do multímetro do exemplo 3-18, exceto que a faixa é 2,5 V. Qual é a indicação de leitura de tensão CC do multímetro?

Solução: A leitura ocorre na mesma escala do exemplo 3-18. Neste caso, o valor medido 195 deve ser dividido por 100 para ajustar a escala 250 à faixa de 2,5 V. Logo, a tensão CC medida é 1,95 V (195 ÷ 100 = 1,95).

Resposta: Nessa escala de tensão CC, o multímetro mede 1,95 V.

Na Figura 3-11 observe que a presença de uma escala (ligeiramente não linear) para a faixa de tensão CA de 2,5V. A maioria dos multímetros analógicos possui uma escala separada para o menor valor de tensão CA.

Outra característica comum de multímetros é a existência de duas ou mais faixas para uma determinada posição da chave seletora (veja Figura 3-11). Essas faixas adicionais são selecionadas inserindo-se as pontas de prova nos bornes corretos na parte frontal do gabinete do multímetro.

Multímetro digital No caso dos MULTÍMETROS DIGITAIS (DMMs), como os mostrados nas Figuras 3-12 e 3-13, não há necessidade de se preocupar com escalas se o instrumento estiver configurado para ajuste automático de escala. Ainda, o ponto decimal muda de posição no display do instrumento quando a faixa de medição é superada pela indicação da medida, de modo que não há necessidade de se multiplicar ou dividir a medida para se obter a leitura correta. Para a resistência, a indicação de escala de resistência do DMM com as pontas na condição aberta nos informa o valor máximo de resistência possível de ser medido pelo instrumento em questão.

Ao utilizar um DMM, como os das Figuras 3-12(a) e 3-13, um técnico deve selecionar a função de medição correta e as faixas de medição para o instrumento. O medidor da Figura 3-13 é um instrumento de bancada e utiliza botões separados para seleção das funções e das faixas, já o DMM da Figura 3-12 (a) usa uma chave seletora comum. DMMs mais sofisticados selecionam automaticamente a faixa de medição correta, de modo que o técnico precisa assegurar-se apenas de selecionar a função de medição correta para o instrumento. Um medidor desse tipo [veja Figura 3-12 (b)] é classificado como instrumento de AJUSTE AUTOMÁTICO DE FAIXA.

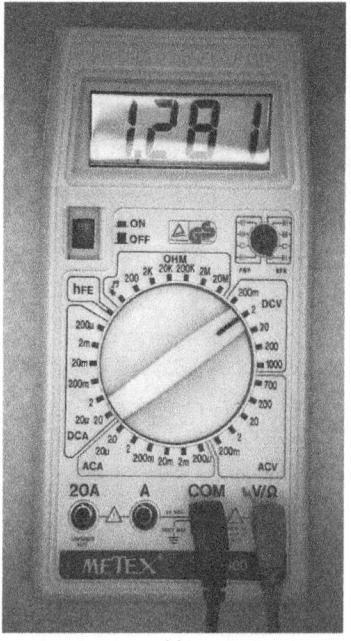

(a)

(b)

Figura 3-12 Multímetros digitais portáteis. Dois modelos portáteis tradicionais. (a) Observe que a seleção combina a função e a faixa de medição numa única chave seletora. (b) Este é um DMM onde as faixas de medição são ajustadas automaticamente.

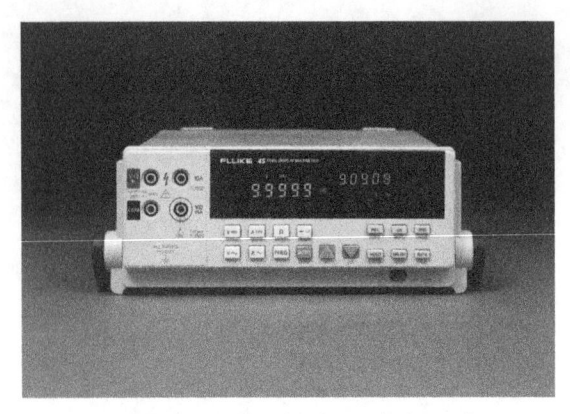

Figura 3-13 Multímetro digital de bancada. Possui botões seletores separados para seleção da função e da faixa de medição.

» Usando multímetros

Todas as grandezas elétricas passíveis de medição são medidas num circuito através do uso de pontas de prova conectadas aos bornes do painel frontal de um multímetro. Uma ponta de prova típica aparece ilustrada na Figura 3-14. A maioria das medições é realizada a dois fios, isto é, duas pontas de prova são utilizadas para o trabalho de medição. Na Figura 3-11 você pode observar dois bornes no lado inferior direito do painel de um multímetro VOM. O borne na cor preta é utilizado para a ponta de prova COMUM ou (−), e o borne na cor vermelha é utilizado para a ponta de prova (+). Esses bornes têm essa polaridade quando a chave de função está posicionada para +DC. Quando a chave de posição está posicionada para −DC, ocorre uma inversão de polaridade entre as duas pontas de prova (a ponta preta passa a ser o positivo e a ponta vermelha passa ser o negativo) sem que haja necessidade de desconectá-las dos bornes no painel do multímetro. Para todos os efeitos, isso é um modo de se eliminar a deflexão invertida da agulha quando as pontas de prova são colocadas em polaridades invertidas no circuito de medição. A posição +DC da chave de função será considerada como padrão, exceto quando algum tipo de medição especial estiver em andamento. Portando, a partir deste instante, considere que a ponta de prova vermelha é o positivo e a ponta de prova preta é o negativo. Aliás, saiba que a cor vermelha é frequentemente utilizada para indicar o positivo em circuitos elétricos e eletrônicos.

Um DMM não possui chave de posição +DC e −DC. Se ocorrer uma inversão de polaridade nas pontas do DMM, um sinal (−) será adicionado do lado esquerdo do display para indicar inversão de polaridade. A magnitude da medida (ou o valor absoluto) da medida indicado pelo instrumento são os mesmos, basta desprezar o sinal (−) ou inverter as pontas para corrigir a leitura.

» Medindo resistência elétrica

Quando uma resistência elétrica é medida por um multímetro analógico VOM, é necessário primeiramente ajustar o zero da escala. O AJUSTE DE ZERO DA ESCALA DE RESISTÊNCIA é normalmente rotulado nos multímetros como "zero Ohms", como na Figura 3-11. Para utilizar este controle, *coloque as duas pontas de prova nos bornes do painel do multímetro para medição de resistência e coloque-as em contato elétrico*. Gire o botão de ajuste até que a agulha fique posicionada exatamente sobre a marca de zero ohms na escala de resistência. Toda vez que for escolhida outra faixa de medição de resistência no multímetro, este procedimento deve ser repetido no VOM. No caso do DMM, tais ajustes não são necessários.*

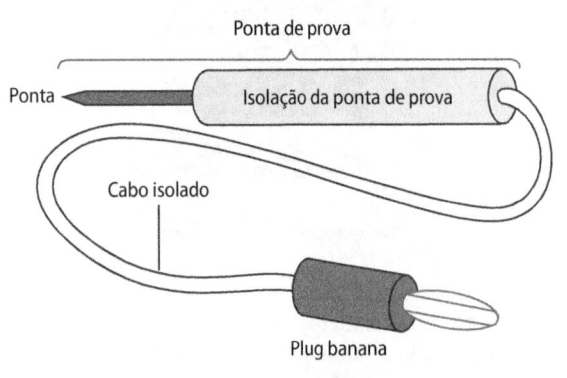

Figura 3-14 Ponta de prova completa.

---

* N. de T.: Este ajuste de zero da escala de resistência é realizado de modo a compensar os desgastes químicos ocorridos nas pilhas (ou baterias) utilizadas pelo instrumento analógico. Nesses instrumentos, as pilhas (ou baterias) são utilizadas apenas nas medições de resistência. Assim, na medida em que se utiliza o instrumento, o desgaste das pilhas (ou baterias) é inevitável. Nas medições de corrente ou tensão, a própria grandeza em medição fornece a energia necessária para que a medição aconteça pela deflexão da agulha do galvanômetro.

A função ohmímetro de qualquer multímetro usa uma pilha, uma bateria ou mesmo uma fonte de tensão dentro do gabinete do medidor. Isto é, a função ohmímetro precisa de uma fonte de energia para funcionar. Por essa razão, quando você estiver medindo resistência é necessário desconectar do circuito de medição todas as outras fontes de energia antes de iniciar a medição. Nunca meça a resistência de um dispositivo enquanto o circuito estiver energizado. Se fizer isso, você poderá danificar o instrumento ou apenas a escala de resistência do multímetro. A Figura 3-15(a) ilustra a técnica correta para medição da resistência de uma lâmpada. Veja na Figura 3-15(b) os símbolos esquemáticos de circuito utilizados na representação elétrica de todas as partes envolvidas.

O procedimento para a medição de resistência pode ser resumido como segue:

1. Desligue a energia elétrica do circuito onde a medição de resistência vai ser realizada.

2. Selecione uma faixa de resistência apropriada na função ohms. A faixa apropriada é aquela que permite a melhor resolução da medida.

3. Quando usar um VOM, coloque as pontas de prova em curto e atue no ajuste de zero da escala até que a agulha indique 0 ohms.

4. Conecte as duas pontas de prova nos terminais do dispositivo onde a resistência deve ser medida. Exceto para alguns tipos de componentes eletroeletrônicos, a polaridade de conexão das pontas de prova não importa.

Nunca toque nas pontas metálicas das pontas de prova quando um instrumento estiver medindo o valor de uma resistência. Se você fizer isso durante a medida, fará com que a resistência do seu corpo interfira na resistência do circuito em medição. Isso não lhe prejudicará fisicamente, como em um choque-elétrico, visto que o circuito está desligado, mas fará com que a leitura correta de resistência não seja obtida.

» Medindo tensão elétrica

As MEDIDAS DE TENSÃO ELÉTRICA são as mais fáceis de serem realizadas. Por isso, você fará medidas de tensão com uma frequência muito elevada (se comparada às medições das outras grandezas). Ao contrário da medida de resistência, as medições de tensão são sempre realizadas com o circuito energizado.

O procedimento para a medição de tensão pode ser resumido como segue:

1. Selecione no multímetro a função correta de tensão a ser medida (CA ou CC), conforme o tipo de tensão a ser medida no circuito.

2. Selecione a primeira faixa de tensão superior ao valor de tensão que você espera medir.

3. Determine a polaridade correta da tensão a ser medida inspecionando o diagrama elétrico do circuito ou mesmo os terminais da bateria (se for caso). Este passo é omitido quando você estiver medindo tensão CA, pois não faz sentido atribuir polaridade à tensão CA para medição com multímetro (visto que tensão CA

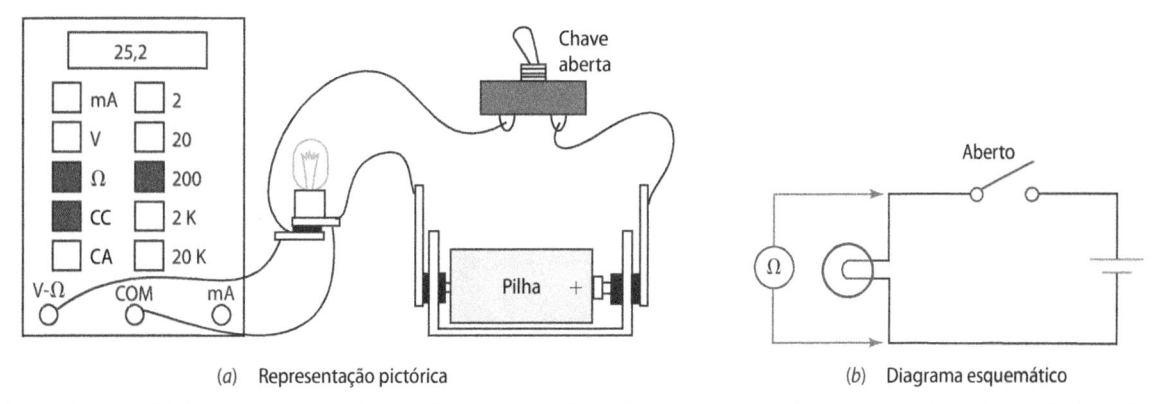

(a) Representação pictórica   (b) Diagrama esquemático

Figura 3-15 Medindo uma resistência elétrica. Observe que a chave aberta desconecta a fonte de energia do circuito da lâmpada.

inverte periodicamente a polaridade numa fração de segundos).

4. Conecte a ponta preta (negativo) ao borne do multímetro indicado como negativo (ou COMUM). Conecte a ponta vermelha (positivo) ao borne do multímetro indicado como positivo (+). Em outras palavras, observe as polaridades das pontas de prova do multímetro quando for medir tensão através de um voltímetro ou multímetro. Se você não souber e estiver utilizando um VOM é possível que a agulha do medidor venha defletir para trás em sentido anti-horário.

A Figura 3-16 ilustra a forma correta de conexão de um voltímetro para medir uma tensão CC. Nesta figura, cada ponta do medidor é colocada em um dos terminais da lâmpada. Note que a chave está na posição fechada, permitindo que o circuito seja energizado. Se a chave for aberta, a indicação de tensão medida entre os terminais da lâmpada é zero volts (0 V). A lâmpada terá uma tensão (d.d.p) através de seus terminais somente quando houver circulação de corrente elétrica no circuito. Se o voltímetro for conectado diretamente à pilha, como na Figura 3-17, é esperado que o instrumento indique um valor próximo ao valor nominal da pilha (1,5 V) independentemente de a chave estar aberta ou fechada. Uma vez que a chave é fechada, as medidas das Figuras 3-16 e 3-17 são as mesmas. Isto é, nesse caso a tensão da pilha é aplicada aos terminais da lâmpada enquanto a chave estiver fechada.

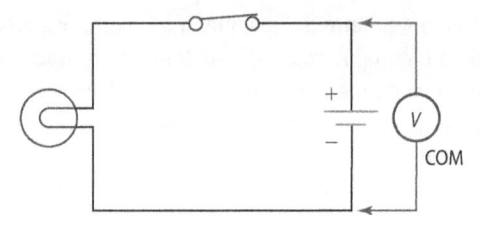

Figura 3-17 Medindo a tensão de uma pilha. Tanto faz se a chave está aberta ou fechada, a medida de tensão da pilha será a mesma.

❯❯ Medindo corrente elétrica

As **MEDIDAS DE CORRENTE ELÉTRICA** são realizadas com muito menos frequência no cotidiano de um profissional da área, em comparação com as medidas de resistência ou tensão elétrica. A razão disso é que para que uma corrente seja medida é necessário que o circuito seja fisicamente interrompido para inserção do instrumento de medição (o amperímetro). Na Figura 3-18, o circuito foi aberto (interrompido) pela desconexão do condutor que conecta o terminal negativo da pilha ao terminal inferior da lâmpada. Em seguida, o medidor foi inserido no lugar do condutor, voltando a fechar o circuito através dele. Como sugerido pela Figura 3-19, o medidor pode ser conectado em qualquer posição do circuito interrompido, sem perdas ou modificação do valor da medida. Assim, todas as três posições da Figura 3-19 estão corretas e todas as três produzem o mesmo valor. Lembre-se de que para a inserção de um amperímetro (mili ou microamperímetro) o medidor deve ser inserido de modo a fe-

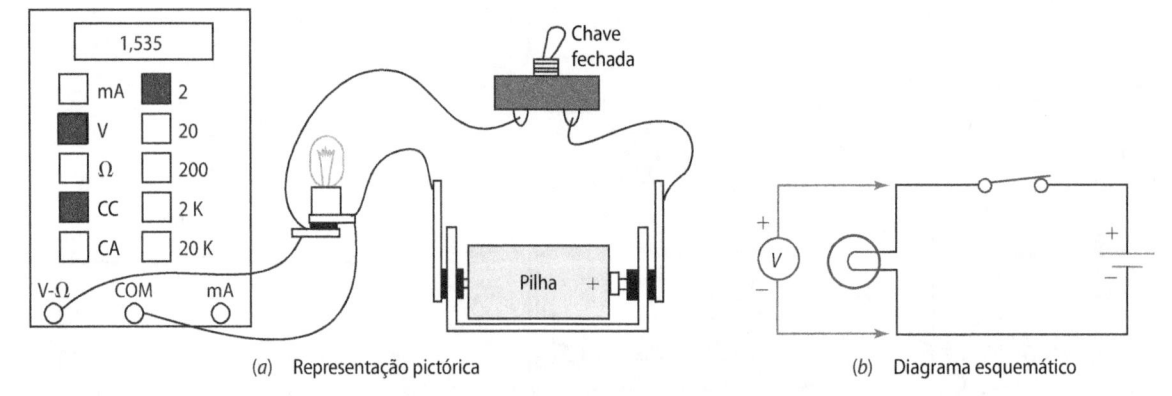

(a) Representação pictórica

(b) Diagrama esquemático

Figura 3-16 Medindo a tensão elétrica de uma lâmpada. Observe que a chave fechada conecta a fonte de energia ao circuito da lâmpada.

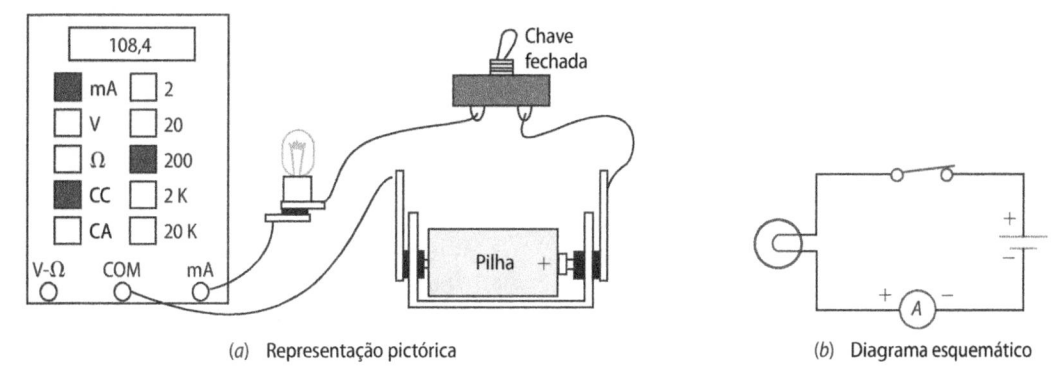

Figura 3-18 Medindo corrente de um circuito. A corrente deve fluir através do medidor e das outras partes do circuito (como chave fechada e carga).

(a) Representação pictórica *(b) Diagrama esquemático*

char o circuito e possibilitar a circulação de corrente através do instrumento e por todas as outras partes do circuito.

O procedimento para a medição da corrente pode ser resumido como segue:

1. Selecione a função corrente no instrumento.
2. Selecione uma faixa de corrente imediatamente acima (preferencialmente a primeira) do valor esperado da medida.
3. Interrompa fisicamente o circuito (abra o circuito).
4. Observando as polaridades, conecte o VOM ou DMM entre os dois pontos onde o circuito foi interrompido. A polaridade correta pode ser determinada traçando-se o fluxo de corrente convencional no circuito. Como indicado na Figura 3-19, onde a corrente entra no medidor deve receber a ponta de prova positiva e, onde ela sai, deve receber a ponta de prova negativa.

Um multímetro pode ser facilmente danificado, então, use-o sempre com cuidado. Inverta as polaridades de VOM e a agulha pode ser defletida tão fortemente em sentido anti-horário que pode empenar durante o golpe. Entretanto, a maioria dos danos aos multímetros ocorre mesmo quando eles são conectados incorretamente ao circuito de medição. Você pode destruir um medidor se conectá-lo como um amperímetro (ou um multímetro na função corrente) sem interromper o circuito, como se estivesse conectando um voltímetro. Mesmo que o instrumento não seja totalmente destruído, sua precisão fica comprometida.

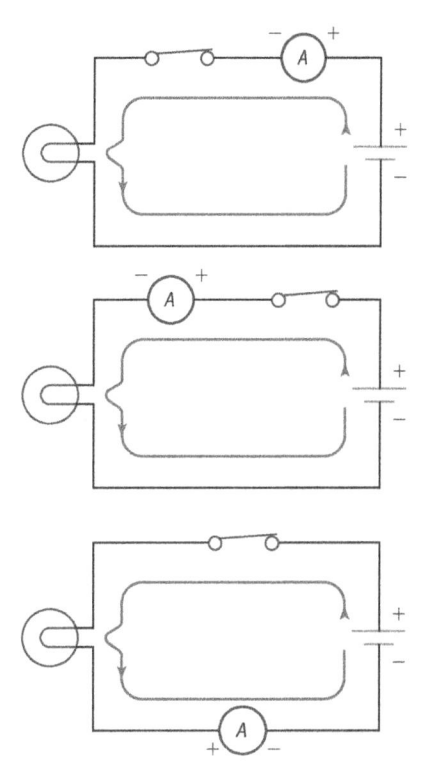

Figura 3-19 Três posições do amperímetro. O posicionamento do amperímetro antes ou depois da lâmpada não afeta o valor medido da corrente elétrica neste circuito.

Teste seus conhecimentos

Responda às seguintes questões.

21. Na Figura 3-9, a agulha encontra-se a três divisões do lado direito da marca 6 da escala. Que corrente o medidor indica?
22. Referindo-se à Figura 3-11, a ponta da agulha situa-se a uma divisão do lado direito da marca 20 da escala. A faixa de resistência selecionada na chave seletora é R × 100. Qual é o valor da resistência medida?
23. Referindo-se à Figura 3-11 considere que a chave de função do medidor está para DC e que a faixa de medição seja 100 mA. A agulha indica 20 na terceira escala de cima para baixo. Que corrente está sendo medida pelo medidor?
24. Falso ou verdadeiro? A função resistência de um DMM deve ser ajustada sempre que uma nova faixa de resistência for selecionada.
25. Falso ou verdadeiro? Um DPM de 10 volts de fim de escala pode indicar uma tensão máxima de 9,99 volts e este instrumento é classificado como 2½ dígitos.
26. Falso ou verdadeiro? A maioria dos DMMs possui ajuste automático de faixa.
27. Escreva os procedimentos para medição de resistência utilizando-se um VOM.
28. Escreva os procedimentos para medição de tensão elétrica.
29. Escreva os procedimentos para medição de corrente elétrica.
30. Falso ou verdadeiro? De todos os usos incorretos de um amperímetro, a inversão de polaridade é normalmente a mais perigosa para o instrumento.
31. Por que um VOM possui tanto a função +DC como a função −DC?
32. Falso ou verdadeiro? Muitos multímetros possuem uma função potência.

Fórmulas e expressões relacionadas

$V = IR$

$I = \dfrac{V}{R}$

$R = \dfrac{V}{I}$

$P = VI$

$P = I^2 \times R$

$P = \dfrac{V^2}{R}$

$E = Pt$

Custo total = custo por kWh × energia consumida

Respostas

1. Fonte de tensão, condutores, isolantes, carga, dispositivo de controle e dispositivo de proteção.
2. F
3. F
4. Lâmpada   Resistor   Condutor
5. Um diagrama esquemático é um desenho que utiliza símbolos para cada componente elétrico. Nele são indicadas todas as conexões elétricas entre os componentes.
6. V
7. F
8. Dispositivo de proteção
9. 0,36 kW
10. 225 mW
11. **Dados:** $V = 1{,}5\,V;\ R = 3\,k\Omega = 3000\,\Omega$
    Encontrar: I
    Conhecido: $I = \dfrac{V}{R}$
    Solução: $I = \dfrac{1{,}5\,V}{3.000\,\Omega} = 0{,}0005\,A$
    Resposta: A corrente é 0,0005 A ou 0,5 mA ou 500 µA.
12. **Dados:** $I = 150\,mA = 0{,}15\,A;\ V = 600\,mV = 0{,}6\,V$
    Encontrar: R
    Conhecido: $R = \dfrac{V}{I}$
    Solução: $R = \dfrac{0{,}6\,V}{0{,}15\,A} = 4\,\Omega$
    Resposta: A resistência é 4 Ω.

13. **Dados:** $V = 120\,V; I = 4,5\,A$
    Encontrar: P
    Conhecido: $P = V \times I$
    Solução: $P = 120\,V \times 4,5\,A = 540\,W$
    Resposta: A potência do secador é 540 W.
14. **Dados:** $P = 1000\,W; V = 120\,V$
    Encontrar: I
    Conhecido: $I = \dfrac{P}{V}$
    Solução: $I = \dfrac{1000\,W}{120\,V} = 8,3\,A$
    Resposta: A corrente consumida por uma torradeira de 1000 W é 8,3 A.
15. **Dados:** $I = 2,2\,A; V = 12\,V$
    Encontrar: P
    Conhecido: $P = V \times I$
    Solução: $P = 12\,V \times 2,2\,A = 26,4\,W$
    Resposta: O módulo de som consome 26,4 W da bateria para funcionar.
16. **Dados:** $R = 99\,\Omega; V = 6,3\,V$
    Encontrar: P
    Conhecido: $P = \dfrac{V^2}{R}$
    Solução: $P = \dfrac{(6,3)^2}{99} = 0,4\,W$
    Resposta: A dissipação de potência da lâmpada é 0,4 W.
17. **Dados:** $I = 8\,A; V = 220\,V, t = 9\,h$
    Encontrar: E
    Conhecidos: $E = Pt; P = V \times I$
    Solução: $P = 8\,A \times 240\,V = 1920\,W$
    $E = Pt = 1760\,W \times 9\,h$
    $= 15.840\,Wh = 15,84\,kWh$
    Resposta: A energia convertida é 15,84 kWh
18. **Dados:** $R = 100\,\Omega; I = 200\,mA = 0,2\,A;$
    $t = 10\,min = 600\,s$
    Encontrar: E
    Conhecidos: $E = Pt; P = I^2 \times R; W\cdot s = J$
    Solução: $P = (0,2)^2 \times 100 = 4\,W$
    $E = 4\,W \times 600\,s$
    $= 2400\,W \cdot s = 2.400\,J$
    Resposta: O resistor converte 2.400 J de energia elétrica em energia térmica.
19. **Dados:** $P = 3000\,W; t = 3\,h;$
    custo por kWh = R$0,50
    Encontrar: E
    Conhecidos: Custo total = Custo por kWh × energia consumida; $E = Pt$
    Solução: $E = 3000\,W \times 3\,h = 9000\,Wh = 9\,kWh$
    Custo total = 0,50 por kWh × 9 kWh = R$4,50
    Resposta: O custo da energia elétrica é R$4,50.
20. **Dados:** $I = 0,5\,A; V = 120\,V;$ custo por kWh = R$0,56; $t = 400\,h$
    Encontrar: custo total da energia
    Conhecidos: Custo total = Custo por kWh × energia consumida; $E = Pt; P = V \times I$
    Solução: $P = 120\,V \times 0,5\,A = 60\,W$
    $E = 60\,W \times 400\,h = 24000\,Wh$
    $= 24\,kWh$
    Custo total = 0,56 por kWh × 24 kWh = R$13,44
    Resposta: O custo da energia elétrica é R$13,44.
21. 6,6 ampères
22. 1900 ohms (19 × 100)
23. 40 miliampères
24. F
25. F
26. F
27. Desligue o circuito da energia elétrica; selecione a medida de resistência na chave seletora de função; selecione a faixa correta da resistência e conecte as pontas de prova ao dispositivo ou circuito para medição. Se um VOM for utilizado é necessário fazer o ajuste de zero da escala de resistência em uso.
28. Selecione a medida de tensão na chave seletora de função; selecione a faixa de tensão adequada; determine as polaridades da tensão e conecte o medidor ao circuito.
29. Selecione a medida de corrente na chave seletora de função; selecione a faixa de corrente adequada; interrompa o circuito e, observando-se as polaridades, conecte o medidor entre os dois pontos interrompidos do circuito.
30. F
31. Elas são fornecidas para que as polaridades do teste possam ser invertidas sem que as pontas de prova sejam desconectadas do circuito ou do instrumento.
32. F

Para resumo do capítulo, questões de revisão e problemas para formação de pensamento crítico, acesse www.grupoa.com.br/tekne

capítulo 4

Componentes de circuitos elétricos

No Capítulo 3, você aprendeu a respeito dos elementos básicos que compõem um circuito elétrico. Neste capítulo, você aprenderá mais sobre componentes utilizados na construção de circuitos elétricos.

OBJETIVOS

Após o estudo deste capítulo, você deverá ser capaz de:

» *Identificar* componentes elétricos mais comuns e relacioná-los aos símbolos esquemáticos.

» *Medir e especificar* as bitolas de fios e de condutores elétricos.

» *Compreender* princípios de funcionamento de componentes elétricos.

» *Interpretar e especificar* potências elétricas de componentes.

» *Compreender* a terminologia utilizada para descrever componentes de circuitos e suas falhas.

» *Utilizar* o código de cores de resistores na determinação da resistência de resistores comerciais.

>> Pilhas e baterias

Embora existam diversas formas de se gerar tensão elétrica, como em pilhas, baterias, termopares e células solares, mencionadas no Capítulo 2, as duas primeiras formas de geração ainda são de longe as formas mais comuns. A menos que especificado em contrário, os termos *pilhas e* BATERIAS referem-se aos geradores químicos de tensão elétrica.

As pilhas e as baterias são dispositivos que convertem energia química em energia elétrica, produzindo uma tensão CC entre dois terminais ou polos. As pilhas e as baterias são também conhecidas como fontes de tensão CC. Também, visto que potência elétrica é a taxa de utilização de energia elétrica, esses dispositivos geradores de energia elétrica são conhecidos ainda como *fontes de energia CC*. Eles são utilizados para fornecer energia CC para dispositivos elétricos ou eletrônicos.

>> Símbolos e terminologia

Uma *pilha* é um dispositivo eletroquímico que consiste de dois eletrodos feitos de materiais diferentes imersos em uma substância denominada eletrólito. A reação química entre os ELETRODOS e o ELETRÓLITO gera uma diferença de potencial (tensão) entre os dois eletrodos.

Uma *bateria* consiste de duas ou mais células idênticas a uma pilha, interconectadas e embaladas num único componente para formarem gerador de tensão CC mais robusto. Tecnicamente, uma bateria possui duas ou mais células análogas à pilha, apesar disso, o termo *célula* será utilizado neste livro para designar tanto uma única célula (pilha) ou um grupo de células geradoras (bateria).

Os símbolos esquemáticos para uma pilha e uma bateria são mostrados na Figura 4-1. A indicação da tensão fornecida pela célula é normalmente colocada ao lado do símbolo. Olhando o símbolo, o traço curto é utilizado para representar o terminal negativo da célula; o traço longo representa o terminal positivo. Memorize essas convenções, pois nem sempre as indicações de polaridade são colocadas no símbolo para sugerir quais são os polos positivo e negativo em pilhas e em baterias.

As pilhas e as baterias podem ser classificadas como células primárias ou células secundárias. As CÉLULAS PRIMÁRIAS são as não recarregáveis. Isto é, a reação química que ocorre durante o processo de descarga não é reversível. Quando grande parte dos elementos químicos da reação ocorrida na célula for convertida, as células são consideradas totalmente descarregadas. Nesse caso, a célula deve ser substituída por outra nova. Classificadas como células primárias (pilhas ou baterias primárias) encontram-se os seguintes tipos de células: zinco-carbono, cloreto de zinco, alcalinas, óxido de prata, mercúrio e algumas de lítio.

CÉLULAS SECUNDÁRIAS podem ser recarregadas várias vezes após o processo de descarga. O número de ciclos carga/descarga que uma célula secundária pode suportar depende do tipo, do tamanho e das condições de operação da célula. Normalmente, a maioria das células comerciais pode suportar mais de 100 e, às vezes, milhares de ciclos de carregamento. Classificadas como células secundárias (pilhas ou baterias secundárias) encontram-se os seguintes tipos de células: alcalinas recarregáveis, chumbo-ácido, níquel-cádmio, níquel-ferro e células de íons de lítio.

As pilhas e as baterias são classificadas ainda como secas ou eletrolíticas. Historicamente, uma *célula seca* é aquela que possui eletrólito pastoso ou gel eletrólitico. Antigamente elas eram semi-seladas e podiam ser utilizadas apenas numa posição (geralmente com os polos para cima). Com os novos projetos e novas técnicas de manufatura foi possível selar completa e hermeticamente tais células. Com o selamento completo e o controle químico de escape de gases, tornou-se possível usar eletrólitos líquidos em células secas. Hoje em dia, o termo CÉLULA SECA refere-se a uma célula que pode ser operada em qualquer posição sem vazamento de material eletrolítico.

CÉLULAS ELETROLÍTICAS são aquelas que funcionam apenas em uma posição com os polos orientados normalmente para cima. Estas células possuem respiradouros (ventilação) para permitirem o escape de gases gerados durante os processos de carga ou descarga. A célula eletrolítica mais comum é a bateria de chumbo-ácido.

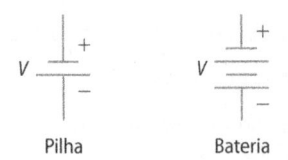

Figura 4-1 Símbolos da pilha e da bateria.

» Capacidade de pilhas e baterias

A CAPACIDADE DE UMA CÉLULA refere-se à quantidade de energia elétrica que a célula pode fornecer sob certas condições específicas de funcionamento. Os parâmetros mais comuns utilizados na especificação de células são a temperatura de operação, a corrente fornecida, o regime de carga/descarga e a tensão final de descarga da célula. A quantidade de energia de uma célula varia enormemente quando essas condições variam. Por exemplo, uma pilha utilizada numa lanterna de mão fornece aproximadamente duas vezes mais energia quando o regime de descarga varia de 300 para 50 mA. Para essa mesma pilha, a capacidade de corrente diminui cerca de 30% quando a temperatura diminui de 21 para 5ºC. Em geral, uma célula fornece mais energia quanto maiores forem a temperatura e o regime de descarga, neste caso, a corrente fornecida e a tensão final de descarga são menores.

A capacidade de uma célula, como uma bateria, é expressa em *ampère-hora* (Ah). Quando a tensão de uma bateria é especificada, a unidade ampère-hora torna-se a unidade de energia. A energia de uma célula é:

$$E = Pt$$

E, visto que $P = V \cdot I$, temos:

$$E = V \cdot I \cdot t$$

Se o tempo for expresso em horas e I em ampères, então a energia de uma bateria é expressa em watts-hora.

EXEMPLO 4-1

Que energia é armazenada numa bateria de 12 V (totalmente carregada) e de capacidade 90 Ah?

Dados:	$V = 12$ V
	Capacidade = 90 Ah
Encontrar:	E
Conhecidos:	$E = V \cdot I \cdot t$
Solução:	$E = 12$ V $\times$ 90 Ah
	$= 1134$ Wh
Resposta:	A energia armazenada na bateria é 1134 watts-horas.

» Resistência interna

A tensão de saída dos terminais de uma fonte de energia varia de acordo com a corrente consumida pela carga conectada na saída. A *carga de uma fonte* define a quantidade de corrente a ser drenada da fonte. Observa-se que, na maioria das células, na medida em que a carga exige mais corrente, a tensão de saída nos terminais de uma fonte diminui (e vice-versa). A variação de tensão de saída é causada pela RESISTÊNCIA INTERNA da célula. Devido às imperfeições dos materiais utilizados na fabricação das células, ocorre o aparecimento de uma indesejável resistência interna. Quando a corrente flui pelo circuito externo, também flui pela resistência interna da célula. Assim, de acordo com a Lei de Ohm, corrente circulando através de uma resistência resulta numa queda de tensão ($V = IR$). Qualquer tensão desenvolvida através da resistência interna da célula diminui a disponibilidade de tensão nos terminais de saída. Logo, por exemplo, no caso de uma bateria, a tensão de saída nos seus terminais passível de medição com um voltímetro é a *tensão gerada na reação química interna menos a queda de tensão na resistência interna da bateria*. Portanto, a tensão de saída de uma bateria depende tanto da sua resistência interna como da corrente consumida pela carga externa conectada aos terminais da bateria.

EXEMPLO 4-2

Qual é a tensão disponível nos terminais de uma bateria de 6 V e resistência interna 0,15 Ω quando uma carga é conectada à mesma e exige 3,4 A para funcionar?

Dados:	Tensão de saída da bateria sem carga (V_{NL}) = 6 V
	Resistência interna (R_i) = 0,15 Ω
	Corrente com carga (I_L) = 3,4 A
Encontrar:	Tensão de saída da bateria com carga (V_L)*
Conhecido:	$V_L = V_{NL} - (I_L \times R_i)$
Solução:	$V_L = 6$ V $- (3,4$ A $\times 0,15$ Ω$)$
	$= 5,49$ V
Resposta:	A tensão disponível nos terminais de saída da bateria com carga é 5,49 V.

---

* N. de T.: Os índices NL (No Load) e L (Load) representam em português, respectivamente, sem carga e com carga. Mantivemos os termos originais em inglês porque eles são consagrados no meio técnico.

Para a maioria das aplicações, as variações da tensão de saída de uma bateria ou pilha são tão pequenas que não resultam em nenhuma diferença de natureza prática. Contudo, existem aplicações em que essas variações são bastante perceptíveis. Por exemplo, quando é dada a partida no motor de um automóvel, a tensão de saída da bateria do carro diminui de 12 V para aproximadamente 8 V. Isso é perceptível, por exemplo, se você tiver partido o carro com os faróis acessos.

Quando uma bateria está descarregada, sua resistência interna aumenta significativamente. Desse modo, a tensão nos terminais de saída da bateria diminui para uma faixa de correntes de carga.

≫ Polarização

Quando uma célula primária descarrega, são produzidos gases ionizados (tais como o gás hidrogênio) ao redor do eletrodo positivo da célula. Os gases ionizados polarizam a célula e reduzem a tensão de terminal da mesma. Se for permitida a produção livre de gases ionizados no terminal positivo, o efeito da polarização é tamanho que torna a célula inútil para a maioria das aplicações. Desse modo, todas as células incluem um AGENTE DESPOLARIZANTE na sua composição química para minimizar estes efeitos. O agente despolarizante é um composto químico que reage com o gás polarizado para neutralizá-lo.

Teste seus conhecimentos

Responda às seguintes questões.

1. O que é uma pilha?
2. O que é uma bateria?
3. Apresente a estrutura básica de uma célula geradora de tensão CC.
4. Defina os seguintes termos:
   a. Célula primária
   b. Célula secundária
   c. Célula seca
   d. Célula eletrolítica
   e. Ampère-hora
5. Cite 5 tipos de células secundárias.
6. Cite 6 tipos de células primárias.
7. Resistência interna provoca a _____ da tensão de saída de uma bateria.
8. O desenvolvimento de gás hidrogênio no eletrodo positivo de uma célula é denominado _____.

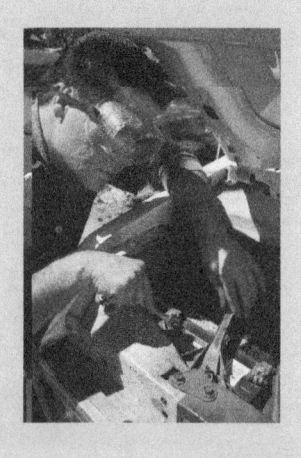

≫ *Baterias de chumbo-ácido*

A bateria de chumbo-ácido é provavelmente o tipo mais comum de célula secundária. Ela é a fonte de energia para muitos sistemas elétricos importantes, como carros, caminhões e tratores. Ela pode fornecer grandes correntes (dezenas ou centenas de ampères) necessários, por exemplo, ao funcionamento de motores de combustão interna.

Cada célula geradora de uma bateria chumbo-ácido produz cerca de 2,1 V e é composta de placas. Tensões mais elevadas disponíveis em baterias de chumbo-ácido comerciais são obtidas interconectando-se apropriadamente várias células. Uma bateria de 12 V de automóvel nova de fato produz uma tensão nominal de 12,6 V porque ela é composta de seis células de 2,1 V conectadas em série.

A estrutura de uma célula de chumbo-ácido é vista na Figura 4-2. Observe que as células terminais são interconectadas

Sobre a eletrônica

Cuidado com baterias
Embora produzam baixas tensões e não causem choques-elétricos danosos, as baterias, como as de chumbo-ácido, requerem muito cuidado no seu manuseio e na manutenção, pois podem causar queimaduras químicas, ou queimaduras produzidas por curtos-circuitos em anéis, pulseiras e/ou outros acessórios metálicos (principalmente quando as baterias estiverem instaladas em automóveis).

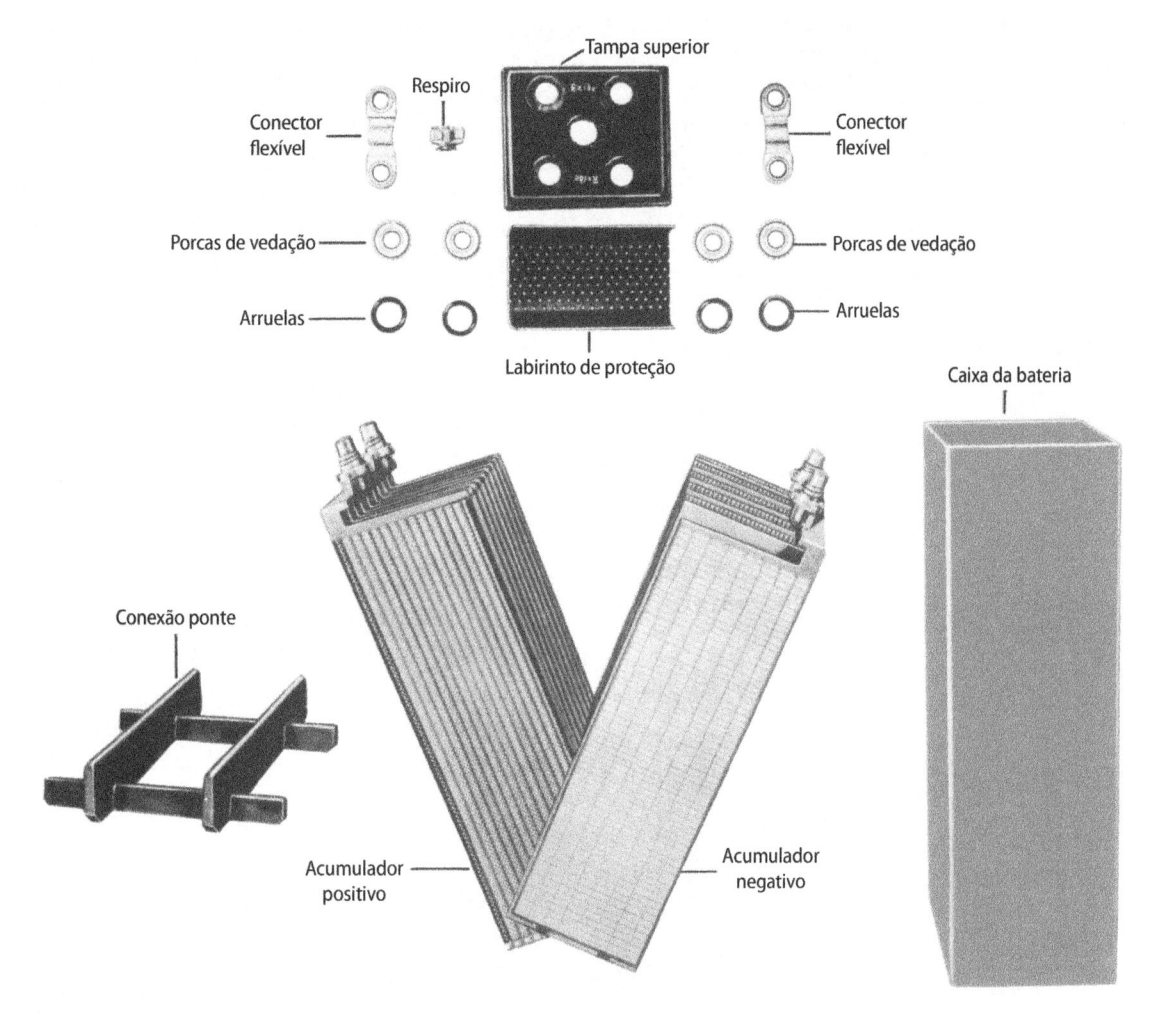

Figura 4-2 Estrutura básica de uma bateria de chumbo-ácido.

para formarem **grupos de placas acumuladoras**. Os conjuntos de placas são unidos (elétrica e mecanicamente) nas partes superiores. O agrupamento de placas positivas e negativas forma as grandes placas acumuladoras carregadas positiva e negativamente encontradas nas baterias de chumbo-ácido comerciais.

» Reação química

Quando é conectada carga aos terminais de saída de uma bateria de chumbo-ácido, ocorre a circulação de corrente, como mostra a Figura 4-3(a). No sentido real da corrente, os elétrons deixam o eletrodo negativo (placa −), fluem através da carga e retornam ao eletrodo positivo da célula (placa +). Conforme Figura 4-3(a), na superfície da placa positiva podemos ver moléculas de peróxido de chumbo (PbO_2) que são compostas de três íons. Observe ainda que em cada íon de oxigênio (O) existem dois elétrons em excesso, enquanto que para cada íon de chumbo (Pb) há deficiência de dois elétrons. Assim, a placa do lado esquerdo tem deficiência de dois elétrons para cada molécula de peróxido de chumbo. Logo, essa placa possui carga total positiva. Por outro lado, duas moléculas de **ácido sulfúrico** (H_2SO_4) liberam quatro íons de hidrogênio (H) e dois íons de sulfato (SO_4). Os quatro íons de hidrogênio combinam-se a dois íons de oxigênio para formarem duas moléculas de água (H_2O). Um dos íons aos íons de sulfato dissolvidos no eletrólito e formam moléculas de sulfato de chumbo. O resultado dessas reações é mostrado na Figura 4-3(b). Vemos que, como resultado da combinação do íon de hidrogênio ao peróxido de chumbo, estes se transformam em sulfato de chumbo, que por ser insolúvel no eletrólito, fica aderente à placa de peróxido de chumbo. Duas consequências importantes do processo de reação química na bateria, e que são os mecanismos fundamentais de sua descarga: primeiro, o ácido sulfúrico vai desaparecendo, e se transformando em água. Portanto, a concentração do ácido sulfúrico diminui na solução; segundo, os dois eletrodos vão ficando cobertos de sulfato de chumbo que aderem às superfícies dos mesmos.

As reações químicas descritas nos parágrafos anteriores continuam até que um dos cenários abaixo aconteça:

1. A carga de saída seja desconectada dos terminais da bateria. Neste caso, as reações químicas cessam e, neste estágio, as cargas elétricas nas placas e as cargas de íons no eletrólito permanecem em estado de equilíbrio (balanço).

2. Todo o ácido sulfúrico da solução é convertido em água ou o chumbo e o peróxido de chumbo são convertidos em sulfato de chumbo. Neste caso, a bateria descarrega-se completamente.

» Recarga de uma bateria chumbo-ácido

Uma bateria de chumbo-ácido pode ser recarregada forçando-se uma corrente reversa através dela. Isto é, os elétrons são forçados a entrarem pela placa positiva e saírem pela placa negativa. Em uma bateria em processo de carga todas as reações químicas descritas anteriormente são revertidas. A água e o sulfato de chumbo são convertidos novamente em ácido sulfúrico, em chumbo ou em peróxido de chumbo. As placas da bateria são carregadas por meio da conexão dos terminais da bateria descarregada aos terminais de uma fonte de tensão CC, cujo valor é maior que a tensão gerada internamente pela bateria. Noutras palavras, a bateria descarregada torna-se uma carga para uma fonte externa de energia CC. Funcionando como carga, a bateria converte energia elétrica recebida da fonte externa CC em energia química interna.

A Figura 4-4 ilustra a operação de recarga de uma bateria de 12 V. Note que o terminal positivo do carregador

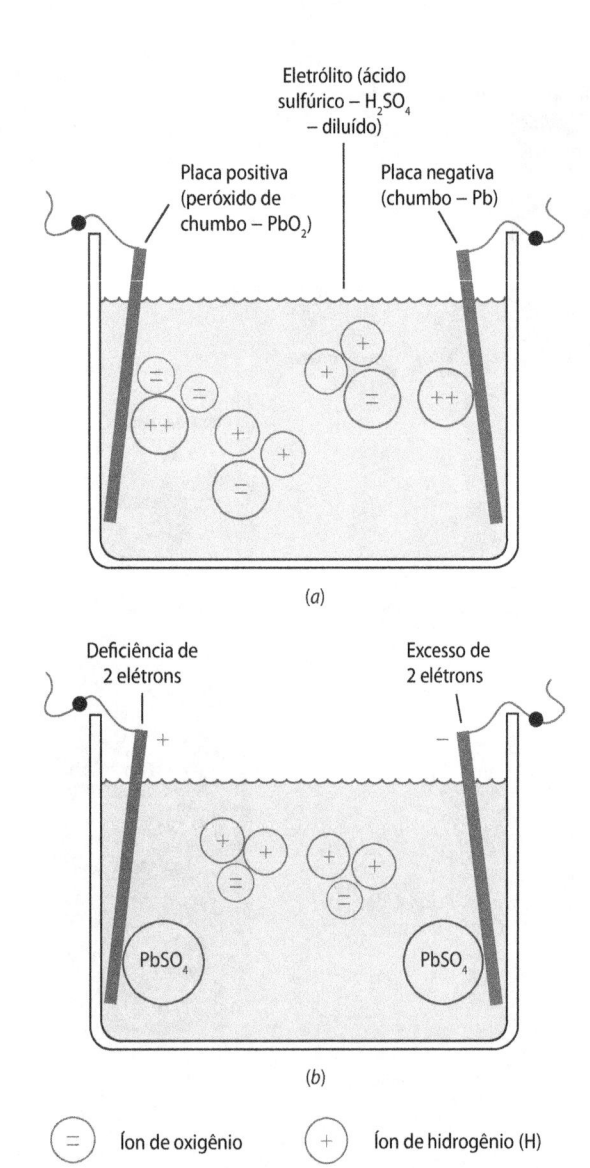

Figura 4-3 Bateria de chumbo-ácido. (a) Reação química. (b) Resultados.

de sulfato combina-se a um íon de chumbo na placa positiva para formar uma molécula de sulfato de chumbo (PbSO$_4$).

Na superfície da placa negativa da Figura 4-3(a), átomos de chumbo transformam-se em íons positivos. Para se transformar em íon positivo, o átomo de chumbo libera dois elétrons para a placa de chumbo. Assim, a placa de chumbo adquire uma carga total negativa. Os íons de chumbo combinam-se

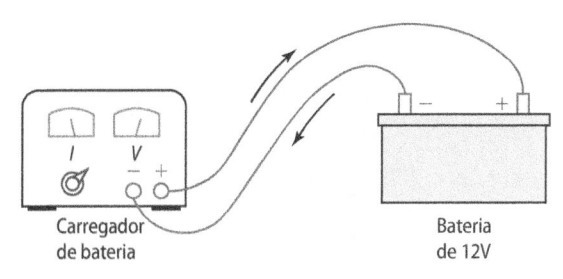

Figura 4-4 Carregando uma bateria. A tensão do carregador deve exceder a tensão da bateria.

é conectado ao terminal positivo da bateria descarregada e o mesmo ocorre entre os negativos. Visto que a tensão do carregador é maior que tensão gerada internamente pela bateria, o sentido de circulação de corrente convencional é o mostrado na Figura 4-4. A tensão exata do carregador depende da condição da bateria descarregada e da corrente de REGIME DE CARGA. Normalmente, a tensão do carregador é ajustada para que a corrente de regime de carga seja fornecida à bateria. Os fabricantes de baterias recomendam que as especificações de corrente de carga sejam seguidas para cada tipo de bateria (ou pilha). Cargas demasiadamente rápidas da bateria devem ser evitadas para reduzir o sobreaquecimento gerado durante o processo de carga.

Uma bateria nunca deve ser sobrecarregada. Sobrecargas de baterias enfraquecem a estrutura das suas placas. Além disso, quando sobrecarregada, a água presente no eletrólito é convertida em gás hidrogênio e gás oxigênio. Os profissionais que trabalham com baterias sabem que o ato de adicionar água a uma bateria é sinal de que ela está sendo constantemente sobrecarregada.

Muitas das novas baterias de chumbo-ácido são seladas. Assim, não é possível adicionar água às mesmas. Tais baterias não requerem nenhuma manutenção, a não ser uma limpeza ocasional – especialmente nos seus terminais.

» Densidade relativa

O nível de carga de uma bateria pode ser determinado através da medição da densidade relativa do seu eletrólito. A DENSIDADE RELATIVA de uma substância é a razão entre a sua densidade e a densidade da água. Se uma substância possui densidade relativa de 1,251 significa que ela pesa 1,251 vezes o peso específico da água. Ácido sulfúrico é mais pesado que a água. Assim, quanto mais ácido sulfúrico presente no eletrólito, maior será a densidade relativa do eletrólito, isto é, o valor da densidade do eletrólito estará mais próximo da densidade do ácido sulfúrico. Visto que, numa bateria em processo de carga, a quantidade de ácido sulfúrico aumenta, sua densidade relativa é um ótimo indicador do estado de carga de uma bateria. A densidade relativa de uma bateria totalmente carregada é ajustada no processo de produção para atender a finalidade específica da bateria. As baterias de chumbo-ácido possuem densidades relativas variando de 1,21 a 1,28. Uma bateria de automóvel típica, quando totalmente carregada, tem densidade relativa próxima de 1,26.

Por outro lado, uma bateria de chumbo-ácido é considerada totalmente descarregada quando sua densidade relativa cai para 1,12 ou menos. Não é recomendado deixar uma bateria de chumbo-ácido no estado descarregado por longos períodos de tempo. Deixá-la assim, por longos períodos, significa comprometer a sua vida útil. Ainda, baterias descarregadas precisam ser protegidas contra as baixas temperaturas atingidas em certos lugares do planeta. Uma bateria descarregada congela-se em temperaturas próximas de −9ºC. Se ela estiver 50% descarregada seu ponto de congelamento cai para cerca de −24ºC. Quando uma bateria congela, seu eletrólito expande-se durante o congelamento e pode romper as paredes da caixa da bateria.

» Densímetro de bateria

A densidade relativa de líquidos pode ser medida por um instrumento chamado DENSÍMETRO, como o mostrado na Figura 4-5. Esse tipo de densímetro foi especialmente projetado para a medição da densidade relativa de eletrólitos de baterias e é utilizado como segue:

1. Pressione o bulbo de borracha. Insira o tubo dentro da solução eletrolítica da bateria. Libere lentamente o bulbo de borracha para que a pressão sugue o eletrólito para dentro do densímetro. Quando o flutuador do densímetro boiar livremente no eletrólito, remova o tubo da solução da bateria e termine de liberar o bulbo de borracha.

2. Leia o valor da densidade relativa indicada pelo flutuador na escala graduada no vidro do densímetro.

3. Reinsira o tubo na solução eletrolítica da bateria e pressione suavemente o bulbo para retornar com o eletrólito para dentro da bateria.

4. Finalizada a operação, lave as partes interna e externa do densímetro em água corrente.

Suspeite das condições da bateria quando a densidade relativa de uma bateria não puder ser restaurada com uma margem de tolerância de 0,05 da especificação original do fabricante. Caso decida não descartar uma bateria fora dessa margem de tolerância, saiba que ela irá falhar num futuro próximo.

» Dicas de segurança sobre baterias

Se não forem manuseadas adequadamente, as BATERIAS PODEM SER PERIGOSAS, especialmente as de chumbo-ácido. A solução ácida utilizada no eletrólito pode causar queimaduras e irritações na pele, além de inutilizar as roupas que você estiver utilizando no momento do manuseio da bateria. Sempre utilize óculos de segurança quando trabalhar com baterias. Se houver contato da solução com sua pele ou roupas, lave-os imediatamente com bastante água corrente. Em seguida, lave a pele com água e sabão (exceto os olhos). Se os olhos entrarem em contato com a solução ácida da bateria, após lavá-los com bastante água corrente, procure imediatamente os cuidados médicos. Sempre lave as mãos com água e sabão após o manuseio de baterias.

Os gases produzidos nos processos de carga de baterias são bastante explosivos. Sempre carregue baterias em áreas bem arejadas, onde não existam fagulhas ou chamas.

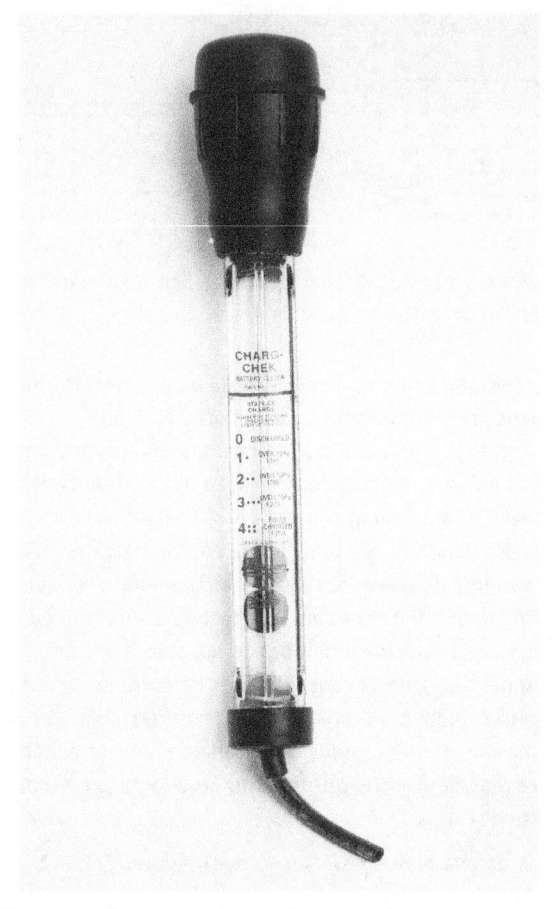

Figura 4-5 Densímetro de bateria.

Teste seus conhecimentos

Responda às seguintes questões.

9. Descreva a reação química ocorrida numa bateria de chumbo-ácido em processo de descarga.
10. Descreva o processo de carga de uma bateria de chumbo-ácido.
11. Cite duas precauções a serem seguidas para evitar danos a uma bateria durante a carga.
12. Defina *densidade relativa*.
13. Um _____ é utilizado para medir a densidade relativa.
14. Em lugares frios, o _____ de uma bateria chumbo-ácido pode congelar.
15. O ácido utilizado numa bateria de chumbo-ácido é o _____.
16. Cite as regras de segurança para o correto manuseio de baterias de chumbo-ácido.

» Baterias de níquel-cádmio

As BATERIAS DE NÍQUEL-CÁDMIO são células secundárias confiáveis e robustas. Elas têm sido utilizadas há anos em muitos tipos de aplicações. Quando os avanços tecnológicos permitiram a produção dessas baterias secas rapidamente, elas se tornaram uma das soluções prediletas em termos de células de armazenamento de energia elétrica. A bateria de níquel-cádmio é hermeticamente fechada e pode funcionar em qualquer posição dentro de um aparelho. A Figura 4-6 mostra uma vista explodida de uma típica bateria de níquel-cádmio. Este tipo de bateria é normalmente fornecida em formato cilíndrico ou formato botão e suas capacidades de corrente variam de poucos mA até 5 ou 6 Ah.

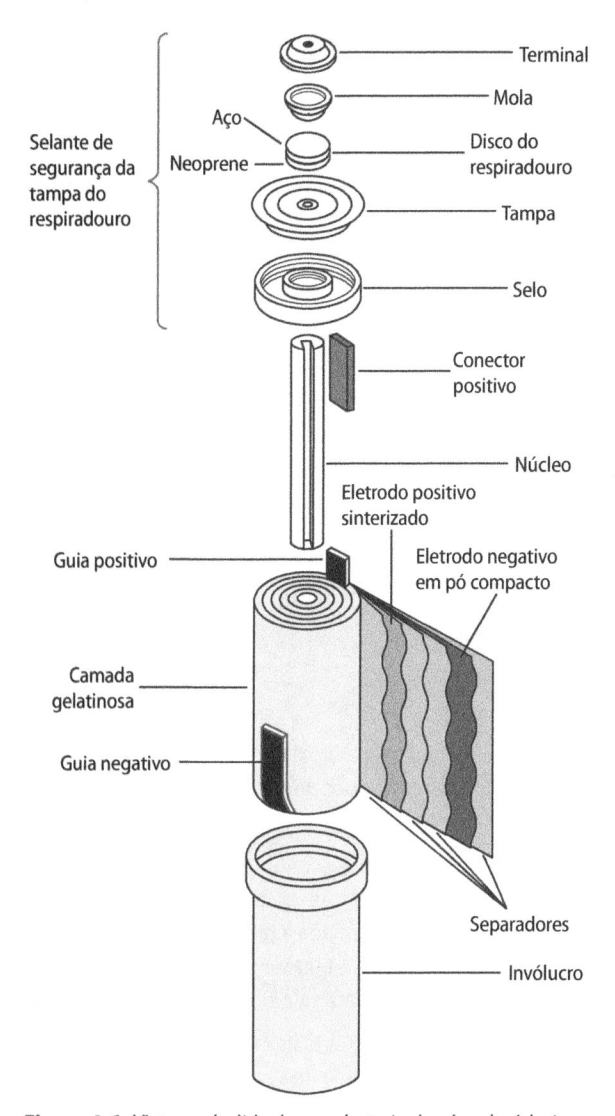

Figura 4-6 Vista explodida de uma bateria de níquel-cádmio.

Baterias de níquel-cádmio seladas possuem vida útil de centenas ou milhares CICLOS DE CARGA/DESCARGA. Ainda possuem PRAZOS DE VALIDADE extremamente longos quando bem armazenadas, podendo ser guardadas tanto carregadas como descarregadas. A faixa de temperatura de armazenamento dessas baterias varia de -40 a $+60°C$.

Outras características notáveis das baterias de níquel-cádmio são:

1. Ótima confiabilidade em baixas temperaturas de operação.
2. Alto custo inicial, mas baixo custo de operação de longo prazo.
3. Resistência interna muito baixa. Portanto, elas podem fornecer correntes maiores com menos quedas de tensão na bateria.
4. Tensão de saída praticamente constante (aproximadamente 1,2 V) quando a bateria está em um estado de descarga moderado. Veja a Figura 4-7 para uma comparação com outros tipos de baterias.

» Baterias de zinco-carbono e de cloreto de zinco

As BATERIAS DE ZINCO-CARBONO são as células secas mais comuns do mercado. Também são as células primárias mais baratas.

Os aspectos construtivos de uma célula de zinco-carbono são mostrados na Figura 4-8. O invólucro de zinco da célula forma o eletrodo negativo e o dióxido de manganês forma o eletrodo positivo da célula. O bastão de grafite faz o contato elétrico com o dióxido de manganês e conduz corrente para o terminal positivo da célula. Contudo, o bastão de grafite não está envolvido na reação química que gera a tensão da célula. O eletrólito para o sistema químico é uma solução de cloreto de amônio e cloreto de zinco.

Embora o baixo custo inicial torne essa célula muito interessante, ela possui uma série de desvantagens que devem ser consideradas nas suas aplicações. Algumas dessas desvantagens são:

1. Características de operação em baixas temperaturas bastante pobres.
2. Diminuição gradual da tensão de saída dos terminais da célula durante o processo de descarrega (Figura 4-7).
3. Baixa relação energia por peso e baixa relação energia por volume. Outros tipos de células primárias proporcionam duas/três vezes as relações da célula de zinco-carbono.

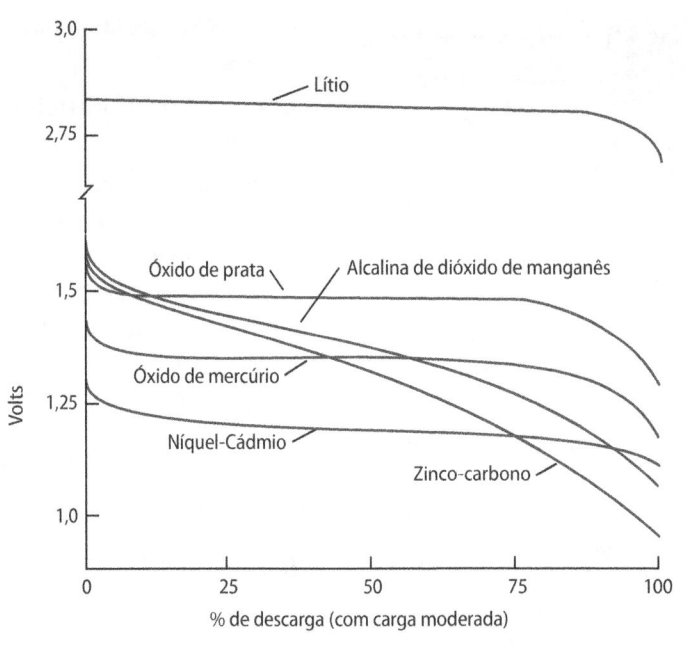

Figura 4-7 Comparação entre vários tipos de células em processo de descarga.

4. Devido à resistência interna elevada, apresenta baixa eficiência sob regime de cargas que exigirem maiores correntes.

Pilhas e baterias de zinco-carbono estão disponíveis no mercado numa faixa ampla de tamanhos e de formatos. É possível encontrar baterias desse tipo com capacidade de até 30Ah.

As **células de cloreto de zinco** são construídas de modo parecido com as células de zinco-carbono, mas elas utilizam um eletrólito modificado. O tipo de eletrólito usado nessa célula é uma solução de cloreto de zinco. Visto que apenas o cloreto de zinco é utilizado no eletrólito, a célula de cloreto de zinco possui vantagens quando comparada à sua similar de zinco-carbono. Primeiro, a célula de cloreto de zinco é mais eficiente quando as cargas conectadas na saída exigirem correntes maiores. Segundo, a tensão entre os terminais de saída da célula não diminui tão rapidamente como na versão zinco-carbono.

» Células alcalinas de dióxido de manganês

As **células alcalinas** utilizam os mesmos eletrodos que as células de zinco-carbono (zinco e dióxido de manganês). Porém, uma solução de hidróxido de potássio é utilizada no eletrólito. Existem dois tipos de pilhas alcalinas – a primária e a secundária (recarregável).

Este tipo de pilha alcalina gera uma d.d.p (tensão) de aproximadamente 1,5 V. A tensão da saída da pilha diminui gradualmente na medida em que a pilha vai se descarregando. Contudo, a diminuição de tensão não é tão acelerada como na célula de zinco-carbono (veja Figura 4-7).

A **pilha alcalina primária** é mais cara que a pilha de zinco-carbono. Contudo, como é de se esperar, ela possui vantagens sobre a pilha de zinco-carbono. Ela pode ser descarregada por cargas externas que consumirem relativamente correntes maiores, ainda mantendo uma eficiência razoável na tensão de saída da pilha. Pode operar com eficiência em temperaturas tão baixas quanto -30ºC (contra -7ºC das pilhas de zinco-carbono). Possuem resistências internas menores e uma relação energia por peso maior. Uma pilha alcalina armazena pelo menos 50% mais energia do que uma pilha de zinco-carbono de mesmo tamanho.

Já as **pilhas alcalinas secundárias** são bem mais baratas que as equivalentes de níquel-cádmio. Ainda, elas são melhores em termos de retenção de carga e sua faixa de temperatura de operação é maior que a faixa encontrada nas pilhas de níquel-cádmio. Comparando-se as resistências internas am-

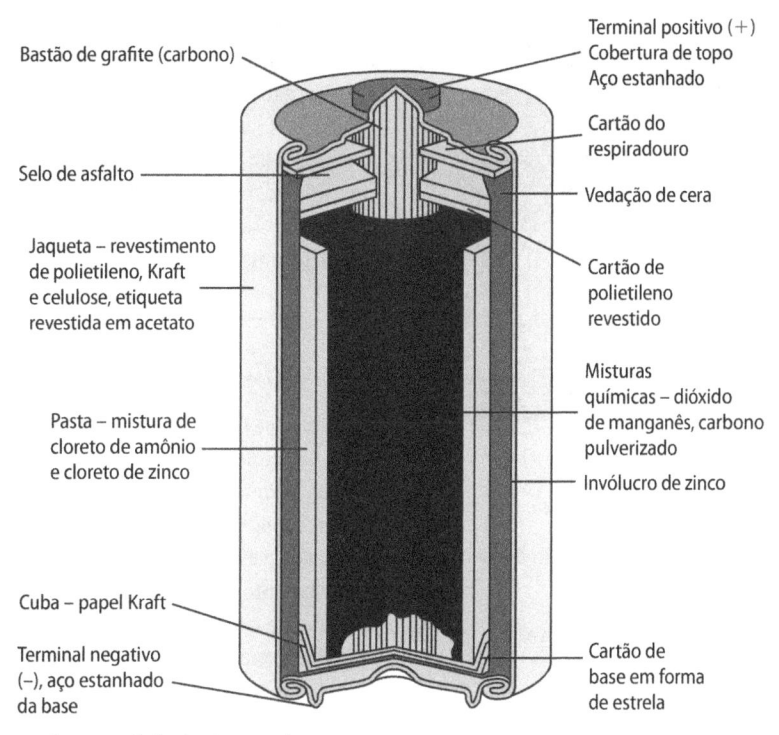

Figura 4-8 Vista em corte de uma célula de zinco-carbono.

bas são bastante parecidas. Entretanto, a pilha alcalina possui algumas deficiências não encontradas na pilha de níquel-cádmio:

1. O ciclo de vida (número de ciclos de carga/descarga) é menor que 75 vezes.
2. A tensão da pilha não é constante (veja Figura 4-7).
3. O ciclo de vida depende dos regimes de carga e descarga da célula. Tanto a pilha descarregando abaixo da sua capacidade, como em regime de sobrecarga, encurta o ciclo de vida da pilha.
4. São necessários circuitos de carga mais complexos para um ciclo de vida ótimo.

>> Células de óxido de mercúrio

As CÉLULAS DE ÓXIDO DE MERCÚRIO (comumente chamadas de pilhas ou baterias de mercúrio) possuem vantagens bem distintas das células primárias discutidas nas sessões anteriores:

1. A tensão de saída dos terminais da célula é bastante uniforme durante o regime de descarga (veja Figura 4-7).
2. A capacidade de armazenamento depende menos do regime de descarga.
3. A relação energia por volume é, respectivamente, de duas a quatro vezes maior que as relações das células alcalinas ou zinco-cobre.
4. Sua relação energia por peso é maior, se comparada com as demais.

A célula de mercúrio é robusta mecanicamente e possui resistência interna mais baixa, podendo operar em temperaturas mais elevadas (54ºC). Visto que sua tensão de saída é razoavelmente constante (1,35 V) numa ampla faixa de correntes de descarga, a pilha de mercúrio é bastante utilizada como TENSÃO DE REFERÊNCIA para outros dispositivos em circuitos eletrônicos.

Algumas de suas desvantagens são os desempenhos pífios em baixas temperaturas (0ºC) e seu custo inicial relativamente alto. Tanto o custo inicial quanto o custo de operação são maiores quando a comparamos com os custos das pilhas de zinco-carbono e alcalinas.

A Figura 4-9 ilustra a estrutura interna de uma pilha de mercúrio. Pilhas e baterias de mercúrio encontram-se disponíveis

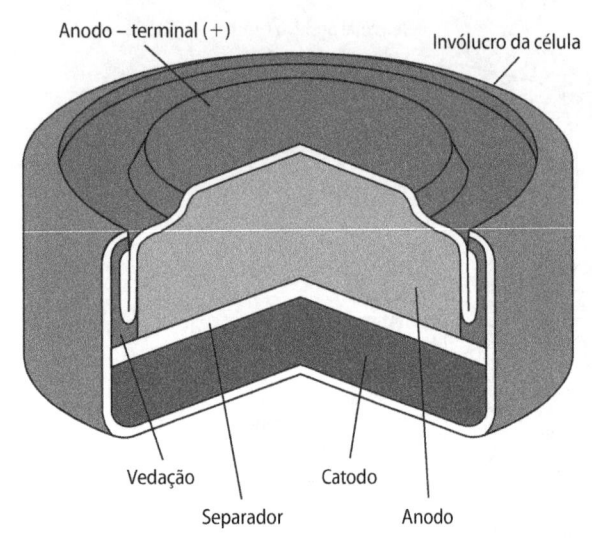

Figura 4-9 Vista em corte de uma célula de óxido de mercúrio.

numa gama enorme de capacidades de corrente (até 28Ah) e em diversos formatos diferentes.

>> Células de óxido de prata

As **células de óxido** *de prata* são parecidas com as células de mercúrio. Contudo, elas fornecem externamente tensões próximas de 1,5 V e ainda são projetadas para acionarem cargas mais exigentes, como pequenas LÂMPADAS. As cargas podem ter regimes contínuos, tais como os aparelhos para surdez ou relógios eletrônicos. Da mesma forma que na célula de mercúrio, a célula de óxido de prata possui boa relação energia por peso, baixa resistência interna, resposta ruim às baixas temperaturas e tensão de saída constante. As estruturas das células de mercúrio e de óxido de prata são bastante similares também. A diferença principal é que o eletrodo positivo da célula de prata é formado de óxido de prata em vez de óxido de mercúrio. Na Figura 4-7 é feita uma comparação das tensões características das outras células com a célula de óxido de prata.

>> Célula de lítio

As **células de lítio** originais eram de fato células primárias. Já as novas células de íons de lítio são células secundárias. Estas células podem ser encontradas de diversas formas, tamanhos e configurações. Ela é relativamente mais cara, se comparada com as demais estudadas antes. Dependendo de outros elementos químicos utilizados em conjunto com o lítio, a tensão de saída da célula pode variar de 2,1 a 3,8 V. Observe que esta tensão é consideravelmente maior que a tensão das outras células. Ainda as células de lítio operam facilmente na faixa de temperatura entre −50°C e +75°C. Ainda, a tensão de saída dessas células é constante ao longo de quase todo o regime de descarga da célula. Duas vantagens importantes das células de lítio são:

1. Prazo de validade muito longo (cerca de 10 anos).
2. Relação energia por peso próxima de 350 Wh/kg.

O ciclo de vida das células de íons de lítio é bastante interessante. Ele varia tipicamente na faixa de algumas centenas a milhares ciclos de carga/descarga.

Teste seus conhecimentos

Responda às seguintes questões.

17. Células de níquel-cádmio podem ser danificadas se armazenadas descarregadas?
18. Construa uma tabela comparando as células de níquel-cádmio e as células alcalinas recarregáveis em termos de:
    a. Comportamento da tensão de saída durante a descarga.
    b. Ciclo de vida
    c. Custo
19. Construa uma tabela comparando as células alcalinas e de zinco-carbono em termos de:
    a. Eficiência para cargas de alto consumo de corrente.
    b. Comportamento da tensão para altos regimes de corrente de carga.
    c. Energia armazenada
20. A célula de _____ é a de menor custo dentre todos os tipos de células.
21. Que tipos de células possibilitam algumas centenas de ciclos de carga/descarga?
22. A célula de _____ possui o maior valor de tensão de saída dentre todos os tipos de células comerciais.

» Lâmpadas miniaturas e LEDs

Hoje em dia as lâmpadas miniaturas são utilizadas largamente em circuitos elétricos e eletrônicos. A finalidade principal deste componente é a indicação luminosa e a iluminação especial em instrumentos de automóveis, aeronaves, eletrodomésticos, caça-níqueis e todo tipo de instrumentos eletrônicos. A lâmpada miniatura também é empregada em lanternas e em sinalização luminosa. Os DIODOS EMISSORES DE LUZ (LED –Light Emitter Diode), LÂMPADAS NEON e as LÂMPADAS INCANDESCENTES são frequentemente utilizadas como indicadores luminosos.

» Lâmpadas incandescentes

O coração de uma lâmpada incandescente é o seu FILAMENTO DE TUNGSTÊNIO que emite luz quando aquecido por uma corrente elétrica. Quando o filamento é fino, comprido e espiralado, como na Figura 4-10, ele é normalmente suportado no centro.

O filamento de tungstênio é mantido selado a vácuo dentro de um bulbo de vidro. Às vezes, o vácuo é substituído por algum gás inerte. O bulbo é hermeticamente fechado quando todo o ar é removido do seu interior. O processo de selagem do bulbo é realizado pelo derretimento do vidro ao redor do orifício de evacuação do ar. A região de selo hermético da lâmpada da Figura 4-10 encontra-se na base da lâmpada.

O par de terminais leva corrente elétrica ao filamento da lâmpada. Para esta lâmpada, esses terminais são também utilizados para a conexão elétrica externa através de um soquete onde a lâmpada é fixada. Esta configuração de conexões de terminais é chamada de BASE ESMAGADA. Ele oferece uma conexão simples e um suporte de lâmpada compacto.

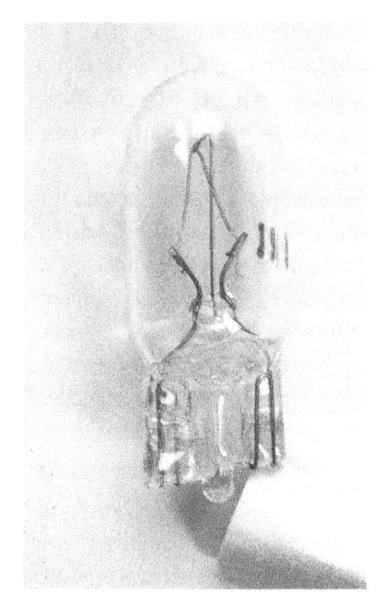

Figura 4-10 Lâmpada de base esmagada.

Os dois tipos principais de bases usados em lâmpadas miniaturas incandescentes são a BASE TIPO ROSCA e a BASE BAIONETA. A lâmpada do lado esquerdo da Figura 4-11 é uma lâmpada de base tipo rosca. A rosca localiza-se na porção da lâmpada chamada de *contato de base*. A próxima lâmpada da esquerda para a direita da Figura 4-11 é do tipo base baioneta. A lâmpada de base baioneta possui um ou dois pinos na lateral metálica da base. Estes pinos agem como travas da base da lâmpada quando a mesma é colocada na base do receptáculo. Para fixar a lâmpada de base baioneta no receptáculo, basta inseri-la através das guias e realizar uma pequena torção até que os pinos travem na base do guia em forma de L. A base desse tipo de lâmpada normalmente é feito de latão para boa condutividade elétrica e longa duração.

Figura 4-11 Lâmpadas miniaturas. Estas lâmpadas possuem um comprimento aproximado de 2,5cm.

A Figura 4-11 mostra ainda uma variedade de bases e estilos de bulbos utilizados em outras lâmpadas miniaturas. Todas elas possibilitam a conexão com o filamento através de dois contatos situados na base. Cada uma dessas bases foi projetada para melhor atender a um tipo de necessidade específica. Por exemplo, um determinado tipo de base assegura que uma lâmpada mantenha a distancia e posição exata relativamente ao objeto da aplicação. Isso é muito importante nos casos em que é necessário que a lâmpada mantenha-se focada. Alguns tipos de lâmpada, como a que aparece mais a direita da Figura 4-11, foram projetadas para serem soldadas diretamente em um circuito. Outros tipos foram projetados para suportarem altas temperaturas. Ainda, há aquelas que foram desenvolvidas para suportar vibração intensa.

Lâmpadas miniaturas estão disponíveis comercialmente numa larga faixa de tensões e CORRENTES NOMINAIS. Para cada valor de tensão nominal, uma lâmpada suporta um determinado valor de corrente nominal, irradia uma intensidade luminosa específica e funciona durante certo período de tempo, usualmente chamado de VIDA ÚTIL da lâmpada.

Submeter uma lâmpada a uma TENSÃO NOMINAL acima do que ela foi projetada causa um aumento na corrente consumida por ela e, assim, na intensidade do seu brilho (especificada em uma unidade chamada LUMENS). Entretanto, essa operação acima da característica nominal de tensão reduz o tempo de vida útil da lâmpada, sendo, por isso, fortemente não recomendado. Se uma determinada aplicação exigir intensidade luminosa maior do que uma determinada lâmpada é capaz de fornecer, é recomendado substituir a lâmpada por outra com características melhores em termos de brilho. Por outro lado, abaixo da tensão nominal, tanto a corrente drenada quanto o brilho da lâmpada diminuem, o que aumenta a vida útil da lâmpada. Contudo, a eficiência entre a potência luminosa de saída para a potência de entrada (em watts) é reduzida quando operamos uma lâmpada abaixo da sua tensão nominal.

Não é raro os fabricantes especificarem tensão e potência nominal para uma lâmpada. Neste caso, para se determinar a corrente nominal da lâmpada é utilizada a fórmula $I = P/V$.

Alguns modelos de lâmpadas miniaturas são produzidos com unidades internas de disparo de flash. Além das finalidades decorativas, as LÂMPADAS PISCA-PISCA são utilizadas como indicação de aviso, tal como em cintos de segurança e avisos de freios de emergência em automóveis. O disparo da lâmpada pode ser causado por uma LÂMINA BIMETÁLICA localizada próximo ao filamento da lâmpada. A lâmina bimetálica é um par de condutores que conduzem corrente para o filamento da lâmpada, como mostrado na Figura 4-12(a). Quando o filamento da lâmpada aquece a lâmina bimetálica, ocorre um processo de dilatação que o encurva num sentido de abrir o circuito do filamento e desligar a lâmpada, como mostra a Figura 4-12(b). Quando a lâmpada é desligada, ela vai se esfriando e a lâmina bimetálica retorna a seu formato e sua posição original. Isso causa um novo fechamento do circuito do filamento da lâmpada que volta a acender. Este ciclo se repete pelo tempo em que a lâmpada ficar conectada à fonte de energia elétrica.*

EXEMPLO 4-3

Que corrente é drenada da fonte por uma lâmpada tipo-1992 cuja tensão e potência nominais são, respectivamente, 14 V e 35 W?

Dados:	$V = 14$ V
	$P = 35$ W
Encontrar:	I
Conhecido:	$I = \dfrac{P}{V}$
Solução:	$I = \dfrac{35\ W}{14\ V} = 2{,}5$ A
Resposta:	A corrente consumida é 2,5 A.

EXEMPLO 4-4

Qual é a potência nominal de uma lâmpada que drena 240 mA de uma fonte de 12,6 V?

Dados:	$V = 12{,}6$ V
	$I = 240$ mA
Encontrar:	P
Conhecido:	$P = IV$
Solução:	$P = 0{,}24$ A $\times$ 12,6 V
	$= 3{,}024$ W
Resposta:	A potência nominal da lâmpada é 3,024 W.

---

* N. de T.: Note que uma lâmina bimetálica (ou elemento bimetálico) é um temporizador ativado termicamente.

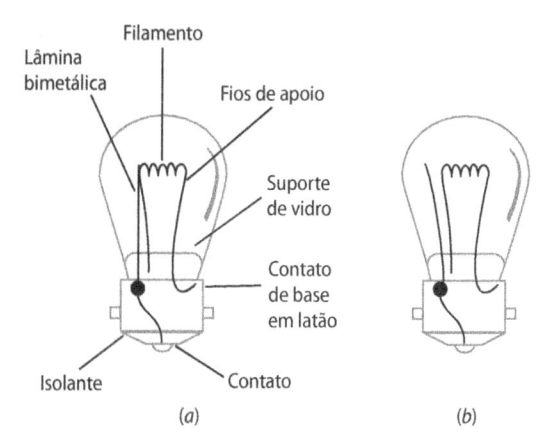

Figura 4-12 Lâmpada pisca-pisca com lâmina bimetálica. O elemento bimetálico liga e desliga a lâmpada a medida que ela esfria e aquece (respectivamente). (a) Lâmpada ligada. (b) Lâmpada desligada.

A Figura 4-13 ilustra a estrutura típica de uma lâmina bimetálica, a qual é composta de dois metais de tipos diferentes. Os dois metais são rigidamente soldados entre si. Estes metais são escolhidos de modo que seus coeficientes térmicos de dilatação sejam diferentes. A escolha é feita de maneira que um dos metais dilata-se mais rapidamente que o outro à medida que a temperatura do elemento aumentar. Como os dois metais estão fortemente unidos e um deles dilata-se mais rapidamente que o outro, a lâmina bimetálica fica submetida a um conjunto de forças de dilatação dos materiais que provocam o encurvamento da lâmina enquanto estiver aquecida, como mostrado na Figura 4-13(b).

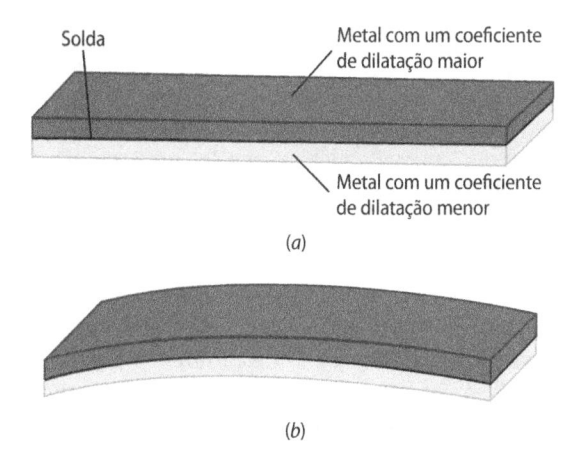

Figura 4-13 Elemento bimetálico. (a) À temperatura ambiente (Ta). (b) Quando aquecido acima de Ta.

Nem todas as lâmpadas que piscam são pisca-pisca no sentido descrito acima. É possível que uma lâmpada comum seja ligada e desligada por um circuito eletrônico ou mesmo por um elemento bimetálico externo e/ou remoto. Neste caso, o efeito de piscar é o mesmo, mas nenhuma lâmina bimetálica interna à lâmpada se faz presente.

A resistência elétrica do filamento de uma lâmpada quando fria é somente uma fração da resistência quando o filamento encontra-se aquecido. Assim, o ato de acender uma lâmpada representa o momento no qual ela drena maior corrente da fonte de energia. A medida que o filamento é aquecido a resistência da lâmpada aumenta e a corrente diminui. O intervalo de tempo entre acender a lâmpada e o filamento atingir a temperatura de trabalho é normalmente poucos milissegundos, de modo que a corrente inicial mais elevada circula por pouco tempo através do filamento da lâmpada.* O que causa o aumento da resistência do filamento da lâmpada é o tipo de metal utilizado na construção do filamento. O metal usado na construção é o tungstênio que, como a maioria dos metais, possui um coeficiente de temperatura positivo. Embora o coeficiente de temperatura do tungstênio não seja muito maior que o coeficiente do cobre, as temperaturas atingidas pelo filamento da lâmpada são bastante altas e o tungstênio é capaz de suportá-las.

A medida de resistência de uma lâmpada desligada com o ohmímetro indica apenas a resistência a frio da lâmpada. A resistência a frio indicada pelo instrumento está longe de ser a RESISTÊNCIA A QUENTE da lâmpada. Um ohmímetro não fornece corrente suficiente, para uma lâmpada incandescente em teste, de modo a produzir o aquecimento do filamento para a correta medição da resistência a quente dessa lâmpada.

» Lâmpadas neon

A lâmpada da Figura 4-14 é uma lâmpada de brilho neon. Dentro do bulbo de vidro é colocado gás inerte neon. Deionizado, o gás neon é um isolante elétrico. Após a sua ionização, transforma-se em um bom condutor de corrente.

A IONIZAÇÃO do neon na Figura 4-14 ocorre entre os dois ELETRODOS METÁLICOS dentro do bulbo. Se a tensão de ionização

---

* N. de T.: Você já deve ter percebido que as lâmpadas incandescentes queimam no exato momento de ligação. Isso ocorre devido ao pico de corrente inicial da lâmpada, quando sua resistência a frio ainda é uma fração da resistência de operação a quente.

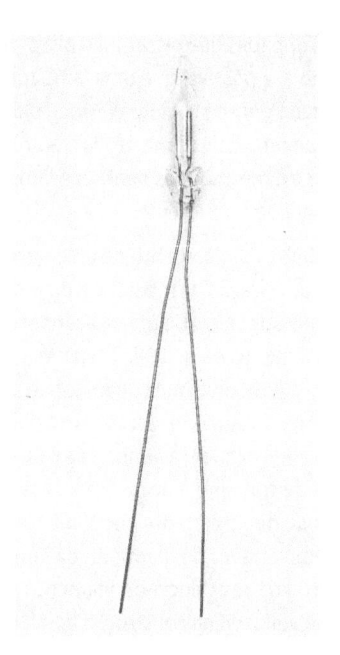

Figura 4-14 Lâmpada neon. Note a ausência de um filamento na lâmpada neon.

é CC, um único eletrodo neon brilhará. Se a tensão de ionização for CA, ambos os eletrodos brilharão. Normalmente são requeridos de 70 a 95 V para ionizar um bulbo de neon. Após a ionização, requer cerca de 10 a 15% menos tensão para manter a ionização ativa (ou seja, de 60 a 80 V).

Visto que a resistência interna de uma lâmpada neon ionizada reduz-se consideravelmente, é sempre recomendado limitar a circulação de corrente no circuito da lâmpada neon utilizando-se um resistor externo conectado em série com a lâmpada. O resistor no circuito da Figura 4-15 limita a corrente a um valor seguro para a lâmpada. Na Figura 4-15, a lâmpada neon e o resistor são representados por

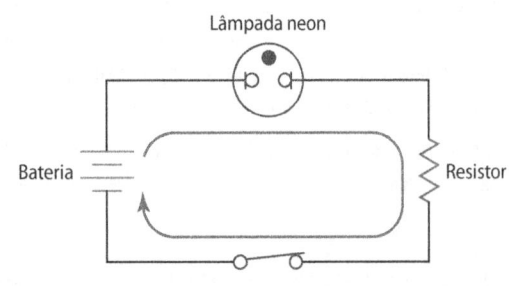

Figura 4-15 Lâmpada neon em série com resistor limitador de corrente. Sem o resistor, ao ser ligada, a lâmpada neon seria imediatamente destruída.

seus símbolos esquemáticos. Sabendo dessa necessidade, os fabricantes de lâmpadas neon, às vezes, incorporam um resistor interno na base da lâmpada para a finalidade de limitação da corrente. Nesse caso, nenhum RESISTOR EXTERNO é necessário.

Lâmpadas neon são fabricadas em diferentes formatos de bulbo e estilos de bases. As bases encontradas para as lâmpadas neon são parecidas com as bases utilizadas nas lâmpadas incandescentes. Outra característica das lâmpadas neon é o baixo consumo de potência para o seu funcionamento. A maioria das lâmpadas neons possui uma potência nominal menor que ½ W e não requer mais que 2 mA durante a operação normal.

» Diodos emissores de luz (LED)

O DIODO EMISSOR DE LUZ (LED) é hoje muito utilizado como substituto de lâmpadas miniaturas. Ele tem sido largamente utilizado em leituras numéricas de calculadoras, novos sistemas de iluminação e diversos outros dispositivos digitais. Eles operam facilmente por vários anos sem apresentar uma única falha. Os LEDs disponíveis comercialmente possuem terminais para inserção em furos de placas ou mesmo serem montados na superfície de placas de circuito, ou em soquetes próprios.

Embora o LED mais comum seja o vermelho, ele também está disponível nas cores verde, azul, amarelo ou mesmo na região do infravermelho (onde os olhos humanos são incapazes de perceber a luz). A cor da luz emitida por um LED é determinada por uma combinação de materiais usados no processo de fabricação do componente. Dentre os materiais mais utilizados na construção de LEDs incluem-se os elementos gálio, arsênio e fósforo.

Um LED também pode emitir luz branca de duas maneiras diferentes. O primeiro método envolve uma combinação num único invólucro de LEDs vermelho, verde e azul. O segundo método utiliza somente o elemento azul para excitar o fósforo, o qual emite luz branca. LEDs brancos são muito mais eficientes em termos energéticos, menos sujeitos às falhas por vibração e possuem vida útil muito superior as lâmpadas incandescentes. Por essa razão, eles têm sido utilizados na substituição de lâmpadas incandescentes em sistemas de iluminação residenciais. Contudo, o fato de os sistemas de iluminação a LEDs ainda serem mais caros que as lâmpadas incandescentes limita sua utilização como disposi-

Sobre a eletrônica

Nada de fios embolados

As flutuações de tensão nos sistemas de fornecimento de energia elétrica podem causar danos a máquinas sensíveis que são encontradas em muitos tipos de indústrias, como nas indústrias têxteis, eletroeletrônicas, automobilísticas, dentre outras. Por exemplo, na indústria de tapetes, antes do desenvolvimento do primeiro restaurador dinâmico de tensão (sigla em inglês DVR – Dynamic Voltage Restorer) pela Westinghouse, os operadores de máquina muitas vezes tinham que retirar todo o emaranhado de fios do tear que ficavam embolados após uma flutuação de energia. Os DVRs (como o da foto) restauram a energia elétrica da rede corrigindo subtensões, sobretensões, oscilações e transientes ocorridos na rede causados por tempestades ou outros eventos.

---

tivo de iluminação residencial em substituição das lâmpadas incandescentes.*

Da mesma forma que as lâmpadas neon, os LEDs necessitam de RESISTORES LIMITADORES para controlar a corrente no circuito do LED. Porém, um LED típico necessita de cerca de 1,5 V para iniciar a condução de corrente. A maior parte destes dispositivos conduz corrente na faixa de 5 a 40 mA. Tipicamente, a corrente de operação de um LED é ajustada, por meio de um resistor limitador, para 20 mA.

Todo LED pode conduzir corrente elétrica em apenas uma direção, ou seja, um LED conduz corrente contínua. Por isso, ele é considerado um DISPOSITIVO POLARIZADO. As polaridades dos seus terminais devem ser previamente determinadas antes de conectá-lo a uma fonte de tensão.

» Trabalhando com lâmpadas miniaturas

Alguns tipos de lâmpadas miniaturas operam em temperaturas bastante elevadas. Uma lâmpada de quartzo pode operar numa temperatura de bulbo de 350ºC. Existem lâmpadas de base esmagada que operam em temperaturas tão altas quanto 450ºC. Nestas temperaturas, sujeiras na superfície de vidro do bulbo podem ser bastante prejudiciais à lâmpada. Outro cuidado está relacionado à possibilidade de ocorrência de queimadura de terceiro grau se estas lâmpadas forem tocadas com as mãos durante o funcionamento pleno delas.

Ainda, quando a lâmpada estiver desligada, se uma pessoa tocar com as mãos sujas de óleo ou poeira no bulbo da lâmpada de alta temperatura, o vidro do bulbo pode quebrar-se quando a lâmpada for colocada em funcionamento pleno. Portanto, nunca toque a porção de vidro do bulbo deste tipo de lâmpada quando for instalá-las ou mesmo efetuar manutenções, como uma limpeza.

Quando estiver realizando conexões de lâmpadas que possuem terminais de fios, como a lâmpada neon da Figura 4-14, você deve ter cuidado ao dobrar esses terminais. Não dobre os terminais numa distância menor que 3 mm do bulbo e também não solde os terminais a menos de 3 mm do vidro. Dobrar ou soldar tais lâmpadas nas proximidades do bulbo pode causar danos aos terminais ou ao vidro da lâmpada.

» Dicas de segurança pessoal com lâmpadas

Seguindo os procedimentos listados abaixo, a probabilidade de acidentes pessoais ao trabalhar com lâmpadas será reduzida:

1. Desligue a energia elétrica do sistema de alimentação da lâmpada antes de substituí-la.

---

* N. de T.: O projeto de sistemas de iluminação residenciais e/ou comerciais não pode considerar apenas o custo inicial de instalação do sistema de iluminação a LEDs, que ainda é elevado, se comparado aos sistemas de lâmpadas (incandescente ou fluorescente). Quando são considerados nos cálculos os custos dos intervalos entre reposição de lâmpadas queimadas e de uso ineficiente de energia elétrica das lâmpadas, o cenário pode mudar radicalmente e os sistemas de LEDs se transformarem em uma alternativa financeira atrativa, além de indiscutivelmente ser a melhor alternativa em termos de sustentabilidade.

2. Após o desligamento da lâmpada, deixe-a esfriar antes de substituí-la.

3. Certifique-se de escolher uma LÂMPADA SUBSTITUTA com as mesmas especificações elétricas da lâmpada danificada. Por exemplo, se a tensão da rede elétrica exceder a tensão nominal da lâmpada substituta, ela pode explodir quando for ligada a energia elétrica.

4. Quando substituir lâmpadas que estejam muitas justas em seus soquetes é recomendável usar luvas, ou envolver a lâmpada em tecido grosso, para o caso do bulbo de vidro quebrar.

Teste seus conhecimentos

Responda às seguintes questões.

23. Qual é o material encontrado normalmente no filamento de uma lâmpada miniatura?
24. Cite os dois tipos de lâmpadas miniaturas usadas em indicadores luminosos.
25. O que faz uma lâmpada pisca-pisca periodicamente ligar e desligar?
26. Que corrente é exigida de uma lâmpada de 12V / 3 W?
27. O _____ é um indicador polarizado.
28. O tungstênio possui um coeficiente de temperatura _____.
29. Em tensão _____ apenas um dos eletrodos de uma lâmpada neon brilhará.
30. Que precaução deve ser tomada quando for utilizar lâmpadas com terminais em fios?
31. Que proteção deve ser observada durante a instalação de lâmpadas tipo neon?
32. Por que é perigoso ligar uma lâmpada de tensão nominal 6 V numa alimentação de 28 V?

≫ Resistores

O resistor é um dos componentes eletroeletrônicos mais comuns e mais confiáveis. Na maioria dos circuitos eletrônicos, o resistor é sempre utilizado como limitador de corrente para algum outro dispositivo. Sua finalidade principal é limitar ou controlar a corrente elétrica no circuito em que estiver inserido. Ao limitar a circulação de corrente no circuito, encontramos outras finalidades dele, como um divisor de tensão. Alguns tipos de resistores podem funcionar em temperaturas maiores que 300ºC. Ainda, eles são fabricados numa ampla faixa de valores de resistência elétrica. Desde resistências de poucos décimos de ohm até valores acima de 100 MΩ são facilmente encontrados no mercado. De fato, resistores que possuem uma resistência comparável à de um bom condutor, mas possuem tamanho físico e formato de resistor, também são produzidos. Estes dispositivos são conhecidos como RESISTORES DE ZERO OHM. Eles são encontrados em placas de circuitos substituindo os antigos jumpers de fio, mas com a vantagem de serem inseridos automaticamente por insersoras automáticas de componentes SMD.

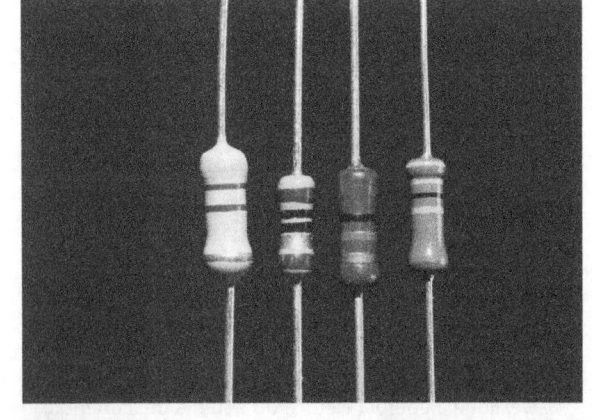

Resistores comuns.

≫ Classificação e símbolos

Resistores são classificados em quatro categorias: fixos, variáveis, ajustáveis e com derivação (ou tape). Os esboços e os símbolos, pela normal ANSI destas quatro categorias, são mostrados na Figura 4-16. Note que os resistores ajustáveis e variáveis compartilham o mesmo símbolo.

Como mostrado na Figura 4-16 existem dois tipos de resistores variáveis. O POTENCIÔMETRO normalmente possui três terminais. A rotação do eixo faz as resistências entre o terminal central e os terminais das extremidades variarem.

Fixo

Ajustável

Com derivações ou tapes

Variável
(potenciômetro)

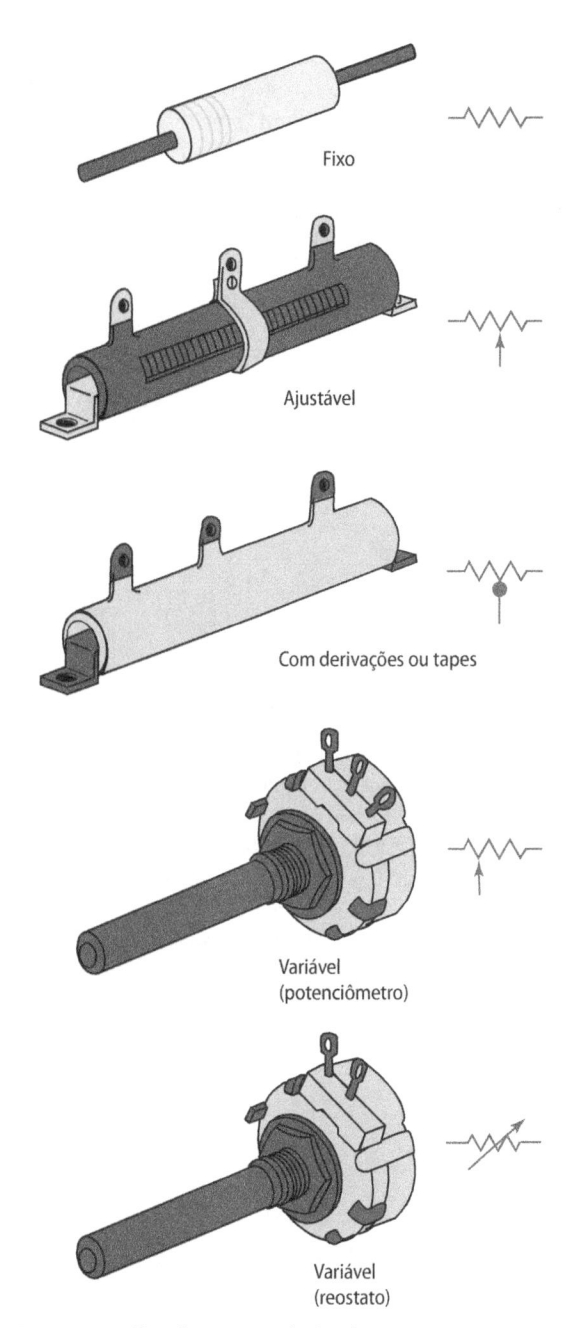

Variável
(reostato)

Figura 4-16 Classificação e símbolos de resistores.

A maioria dos potenciômetros é *linear*. Isto é, o giro de um grau do eixo resulta na mesma mudança de resistência do potenciômetro não importando a posição do eixo. Outros potenciômetros possuem DERIVAÇÕES NÃO LINEARES. Isso significa que a variação da resistência do potenciômetro depende

Figura 4-17 Potenciômetros. O potenciômetro mais em baixo na figura possui três eixos concêntricos.

da posição do eixo. Existe no mercado uma variedade enorme de potenciômetros de toda a forma possível de derivações. Potenciômetros com derivações são muitos utilizados em controles de volume e de mixagem em amplificadores estéreos.

Frequentemente os potenciômetros são agrupados para permitirem que as resistências em diversos circuitos diferentes sejam variadas simultaneamente. A Figura 4-17 apresenta alguns POTENCIÔMETROS MÚLTIPLOS. O potenciômetro da esquerda na Figura 4-17 possui eixo duplo. Um eixo controla as resistências dos potenciômetros múltiplos e o outro eixo controla uma chave tipo liga/desliga. Um potenciômetro de eixo triplo também é visto na Figura 4-17. Um eixo controla uma chave e outros dois eixos controlam resistências dos potenciômetros. É comum um único eixo controlar a resistência do potenciômetro e uma chave em potenciômetros duplos.

Os REOSTATOS (Figura 4-16) possuem dois terminais. Ao girar-se o eixo é alterada a resistência entre os dois terminais. Os reostatos são utilizados para ajustar a corrente de um circuito para um valor específico. Às vezes, um potenciômetro é utilizado como reostato, basta não utilizar um dos terminais das extremidades.

Os RESISTORES AJUSTÁVEIS servem para os mesmos propósitos que os potenciômetros e os reostatos. Contudo, os resistores ajustáveis são empregados em circuitos de alta potência. Eles são empregados quando são necessários ajustes infrequentes de resistência do circuito para um valor ótimo. Finalizado o ajuste, normalmente o ajuste é travado. Assim, diferentemente de potenciômetros e reostatos, os resistores ajustáveis não são ajustados durante a operação normal de um circuito.

Um resistor de derivação única é ilustrado na Figura 4-16. Resistores de múltiplas derivações também são encontrados no mercado. Os RESISTORES COM DERIVAÇÃO, assim como os resistores ajustáveis, são frequentemente utilizados em circuitos de alta potência (maiores que 2 W).

» Potência nominal

Um resistor possui tanto especificação de potência nominal como valor de resistência de corpo. A POTÊNCIA NOMINAL de um resistor indica a máxima dissipação de potência que um resistor suporta sem ser destruído. Vimos que um resistor aquece quando corrente elétrica circula através dele. O resistor é um dispositivo que converte energia elétrica em energia térmica. Se, por algum motivo, a corrente é permitida aumentar num circuito, o excesso de calor dissipado pelo resistor pode queimá-lo. Assim, é prudente especificar um nível de dissipação segura para o resistor a partir da sua potência nominal.

Não há nenhuma relação entre o valor da resistência e a potência nominal de um resistor. Um resistor de mesma resistência pode ser encontrado em diversos valores de potência nominal, desde poucos décimos de watts a centenas de watts. A potência nominal de um resistor é determinada pelo tamanho físico e o tipo de material utilizado na construção do resistor. A Figura 4-18 ilustra, a partir do topo, resistores de potência nominal de ¼ W, ½ W, 1 W e 2 W. Os três resistores com corpo em terminação quadrada são resistores de carbono. Os resistores de corpo cilindro e terminação circular são fabricados em filme metálico e, para uma dada potência nominal, são bem menores que seus equivalentes de carbono.

Sob condições específicas, a potência nominal de um resistor é atribuída ao resistor pelo fabricante do componente. Dentre essas condições incluem-se a circulação de ar ao redor do componente e o tipo de soldagem efetuada nos terminais do resistor. Com frequência estas condições não são completamente satisfeitas nos dispositivos e circuitos que utilizam resistores. Por isso, normalmente escolhemos um resistor cuja potência nominal seja superior à potência dissipada pelo resistor no circuito. Uma regra de ouro utilizada por muitos projetistas de circuitos é especificar a potência nominal de um resistor sendo duas vezes a potência dissipada pelo resistor no circuito em operação normal. Na maioria das aplicações, este é um *fator de segurança* bastante razoável.

EXEMPLO 4-5

Que potência é dissipada por um resistor de 1kΩ quando ele é conectado a uma fonte de 100V? Que potência nominal deve ser especificada para este resistor?

Dados: $R = 1\text{ k}\Omega = 1000$
$V = 100\text{ V}$

Encontrar: P (potência)

Conhecido: $P = \dfrac{V^2}{R}$

Solução: $P = \dfrac{(100\text{ V})^2}{1.000\text{ }\Omega} = \dfrac{(100\text{ V})(100\text{ V})}{1.000\text{ }\Omega}$

$P = \dfrac{10.000}{1.000} = 10\text{ W}$

Resposta: A potência dissipada pelo resistor no circuito é 10W. Usando a regra de ouro mencionada anteriormente, a potência nominal especificada para este resistor deve ser duas vezes o valor da potência dissipada no circuito, ou seja,
Potência nominal $= 2 \times 10\text{ W}$
$= 20\text{ W}.$

Portanto, o resistor de 1 kΩ deve possuir potência nominal de 20 W.

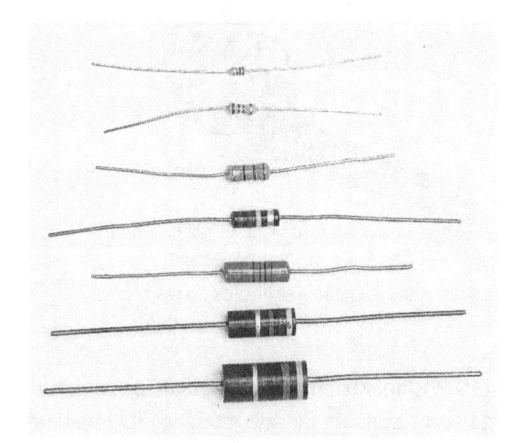

Figura 4-18 Tamanhos relativos e potências nominais de resistores. O tamanho físico de um resistor determina sua potência nominal, mas não determina o seu valor de resistência.

» Tolerância do resistor

É muito difícil produzir em escala resistores que possuam exatamente a mesma resistência. Por isso, os fabricantes de resistores especificam percentuais tolerâncias para os resistores fabricados por eles. Como sugere o nome, a TOLERÂNCIA é especificada como uma porcentagem do valor de resistência nominal do resistor. Por exemplo, um resistor de 1000Ω e 10% de tolerância pode ter sua resistência variando entre 900 Ω (1000 - 10% de 1000) e 1100 Ω (1000 + 10% de 1000).

Valores de tolerância comuns para resistores são 10, 5, 2 e 1%. Contudo, é possível encontrar resistores com tolerâncias menores que 0,01%. Naturalmente, quanto menor o percentual de tolerância de um resistor maior será o seu custo.

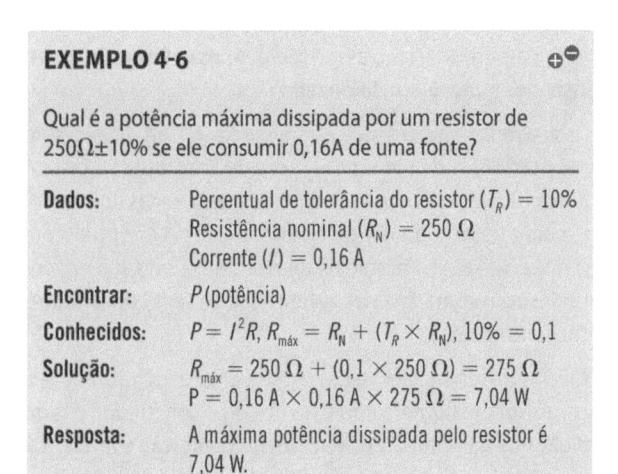

EXEMPLO 4-6

Qual é a potência máxima dissipada por um resistor de 250Ω±10% se ele consumir 0,16A de uma fonte?

Dados:	Percentual de tolerância do resistor (T_R) = 10%
	Resistência nominal (R_N) = 250 Ω
	Corrente (I) = 0,16 A
Encontrar:	P (potência)
Conhecidos:	$P = I^2 R$, $R_{máx} = R_N + (T_R \times R_N)$, 10% = 0,1
Solução:	$R_{máx} = 250\ \Omega + (0,1 \times 250\ \Omega) = 275\ \Omega$
	$P = 0,16\ A \times 0,16\ A \times 275\ \Omega = 7,04\ W$
Resposta:	A máxima potência dissipada pelo resistor é 7,04 W.

» Tipos de resistores

Os resistores são agrupados de acordo com o tipo de material ou processo usado na fabricação do elemento resistivo. Os tipos principais e suas características são listados a seguir:

Resistor de Carbono O elemento resistivo de resistores deste tipo é feito a partir de pó de carbono compacto, unido por material ligante inerte. A resistência do elemento é determinada através da razão de carbono compacto / material ligante. O tamanho do resistor determina a sua potência nominal, não o seu valor de resistência.

O carbono é usado tanto em resistores fixos como em resistores variáveis. A estrutura de um resistor fixo de carbono é ilustrada na Figura 4-19(a). Estes resistores são confiáveis e relativamente baratos. Eles estão disponíveis no mercado numa ampla faixa de resistência e em potências nominais até, usualmente, 3W.

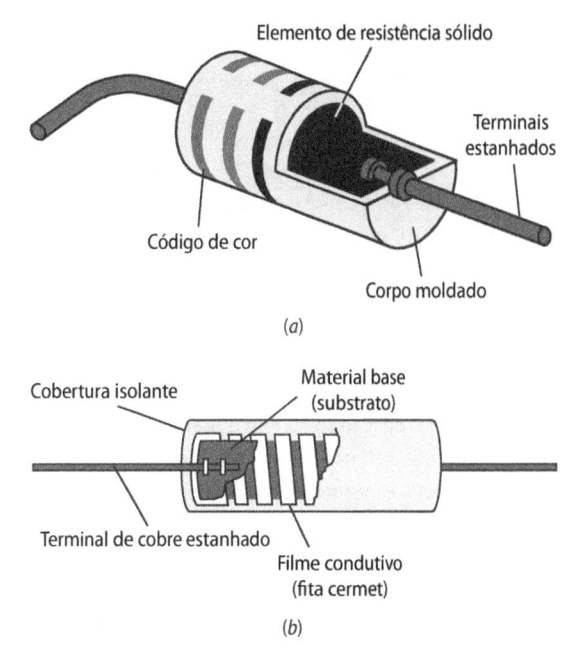

Figura 4-19 Resistores. A estrutura interna de resistores difere bastante. (a) Resistor de carbono. (b) Resistor de filme ou Cermet.

Resistor de Fio Resistores de fio são utilizados para todas as classes de resistores – fixos, variáveis, ajustáveis e com derivações centrais. Todos os resistores ajustáveis ou com derivação central são classificados como RESISTORES DE POTÊNCIA (acima de 2 W). Os fios utilizados nas construções destes tipos de resistores normalmente são o níquel-cromo ou o cobre-níquel. O fio é normalmente envolto sobre uma base de montagem (e eventualmente as espiras são espaçadas entre si) e as extremidades do fio são conectadas aos terminais de cobre estanhados para conexão externa. Para resistores fixos, todo o corpo do resistor é coberto com material isolante, restando apenas os terminais para a conexão externa.

Resistores fixos de fio são encontrados em diversos tipos e formatos. Alguns deles lembram o formato cilíndrico do resistor de carbono apresentado antes. Resistores de fio são encontrados com potencias de 2 W até potências acima de 1000 W.

Também, os resistores de fio têm baixos coeficientes de temperatura e boa estabilidade térmica, além de serem fabricados com valores de tolerâncias pequenos.

> **Sobre a eletrônica**
>
> **Resistores podem trabalhar quentes!**
> Um resistor de potência pode funcionar numa temperatura de trabalho elevada, alta o suficiente para causar queimaduras severas naquele que tocá-lo enquanto estiver quente.

Resistor de cermet O CERMET é uma mistura de partículas finas de vidro (ou cerâmica) e metal fino particulado (formando óxidos), tal como a prata, a platina ou o ouro. Esta mistura na forma de pasta é aplicada sobre material base de cerâmica, vidro ou alumina. Os terminais são adicionados ao final para formar e completar a mistura cermet e o componente resultante ser finalizado num forno ou estufa. O calor causa a fusão do material pasta. Desse modo, o cermet é depositado no substrato de uma fita espiralada. Isso efetivamente forma um elemento resistivo fino e longo do resistor. A estrutura de um resistor de cermet (ou filme de cermet) é mostrada na Figura 4-19(b).

O cermet é usado também em resistores variáveis. Ele possui baixo coeficiente de temperatura, boa estabilidade térmica e é rígido mecanicamente. Quando usado em potenciômetros o cermet possibilita ajustes finos de resistência e longa vida útil ao componente. Em resistores fixos, ele é compacto é durável.

Resistor de filme RESISTORES DE FILME são parecidos com o resistor da Figura 4-19(b). O filme é aplicado no vácuo sobre o substrato por um processo de vaporização do material do filme. Assim, a vaporização forma uma camada muito fina e uniforme sobre o substrato. Normalmente, o filme é depositado na forma de uma fita espiralada.

Tanto carbono como metal podem ser depositados como filme. Uma das ligas metálicas mais utilizadas para esta finalidade é a liga de níquel-cromo. Estes resistores são mais conhecidos nos meios técnicos como RESISTORES DE FILME DE CARBONO ou RESISTORES DE FILME METÁLICO. Eles possuem características muito semelhantes aos resistores de cermet. São os preferidos nas aplicações em altas frequências.

Resistor de plástico condutivo Os PLÁSTICOS CONDUTIVOS são os materiais empregados como elemento resistivo de alguns potenciômetros. Eles são feitos a partir de uma combinação de partículas de carbono com resina plástica, tal como epóxi ou poliéster. A mistura pastosa de resina-carbono é aplicada sobre um substrato tipicamente cerâmico. Os potenciômetros de plástico condutivo são relativamente baratos. Eles se adaptam bem às aplicações que requerem ajustes frequentes de resistência do potenciômetro.

Resistor SMD Atualmente muitos dos componentes usados em circuitos eletrônicos, como resistores, capacitores e dispositivos de estado sólido são fabricados sem terminais para serem montados sobre a superfície de uma placa de circuito impresso. Componentes fabricados seguindo esta tecnologia são denominados DISPOSITIVOS DE MONTAGEM EM SUPERFÍCIE (ou, em inglês, SMD = Surface-Mount Devices)*. Eles são frequentemente chamados de *componentes em chip* (ou, em inglês, chip components). Estes componentes não possuem os terminais cilíndricos tradicionais aos quais nos acostumamos, em vez disso eles possuem terminações metalizadas para serem soldados sobre as ilhas (ou pads) de uma placa de circuito impresso. Em geral, um resistor SMD é muito menor que o seu correspondente tradicional com terminais, mas mesmo assim são bem mais fáceis de serem inseridos numa placa de circuito.

Os RESISTORES DE MONTAGEM EM SUPERFÍCIE (ou, em inglês, chip resistors) são mostrados na Figura 4-20. Devido ao seu tamanho reduzido, as potências nominais encontradas tipicamente para estes componentes não passam de ¼ W. Contudo, em termos de valores nominais de resistência eles são encontrados na mesma faixa de valores que os seus concorrentes convencionais.

O valor da resistência de um resistor SMD é indicado no seu corpo por um número impresso no corpo com três ou quatro dígitos de comprimento. No caso da codificação com três dígitos, os dois primeiros indicam os algarismos significativos, segundo alguma tabela normalizada (como a E12, E24, E36, etc.) e o terceiro dígito indica a potência de 10 pela qual o valor preliminar dos dois primeiros dígitos deve ser multiplicado. Na Figura 4-20, o resistor em chip com valor 391 impresso no corpo indica um valor de resistência de 390 Ω (39 × 10^1 = 390). Quando um número de quatro dígitos é impresso sobre o corpo do chip resistor, os três primeiros dígitos são os dígitos significativos e o último dígito, a potência de 10

---

* N. de T.: A tecnologia de componentes SMD trouxe muitas vantagens para a indústria eletrônica. Dentre elas podemos citar: miniaturização de componentes (se comparada à tecnologia de componentes de montagem através de furos – denominada PTH: Pin Through Hole), possibilidade de montagem de componentes em ambos os lados de uma placa de circuito impresso, automatização dos processos de inserção de componentes na placa em alta velocidade (há inseridoras capazes de montar 50.0000 componentes SMD por hora sobre uma placa), redução de custos de fabricação de placas, e outros.

Figura 4-20 Resistores para montagem em superfície (SMD). Observe as minúsculas terminações estanhadas nas extremidades dos resistores para soldagem em placa.

Cor	Algarismo	Multiplicador	Tolerância
Preto	0	10^0	
Marrom	1	10^1	$\pm 1\%$
Vermelho	2	10^2	$\pm 2\%$
Laranja	3	10^3	
Amarelo	4	10^4	
Verde	5	10^5	
Azul	6	10^6	
Violeta	7	10^7	
Cinza	8	10^8	
Branco	9	10^9	
Ouro		10^{-1}	$\pm 5\%$
Prata		10^{-2}	$\pm 10\%$

(multiplicador). Por exemplo, um resistor rotulado com 5363 teria um valor de 536.000 Ω (ou 536 kΩ).*

» Código de cores para resistores

O valor de resistência e a tolerância de muitos resistores convencionais fixos são especificados por faixas ou anéis coloridos pintados ao redor do corpo de resistores. Tanto a resistência quanto a tolerância são indicadas por cores, números e posição das faixas. Veja na Figura 4-21 a correspondência entre as cores e os valores assumidos em cada faixa. A Figura 4-21 também detalha o significado da localização e a quantidade de faixas coloridas possíveis em resistores convencionais.

Conforme ilustra a Figura 4-21, a distribuição das faixas ao redor do corpo cilíndrico dos resistores é assimétrica, ou seja, ela fica concentrada mais próxima de uma das extremidades do

---

* N. de T.: O processo contínuo de miniaturização desses resistores está inviabilizando a impressão do código numérico sobre o corpo dos componentes. Para os resistores SMD, padrão atual da indústria eletrônica brasileira, não é possível mais imprimir os dígitos sobre os corpos dos componentes. No Brasil, atualmente, o tamanho padrão de montagem desses chips é o 0402 (o que corresponde a 0,04 pol = 1mm de comprimento por 0,02 pol = 0,5 mm de largura). Contudo, os celulares estão puxando este padrão para baixo e muitos dispositivos já incorporam como padrão os componentes em chip cujo tamanho é 0201 (0,5 mm de comprimento por 0,25 mm de largura). E, fora do Brasil, já despontam os chips cujo tamanho é 01005!

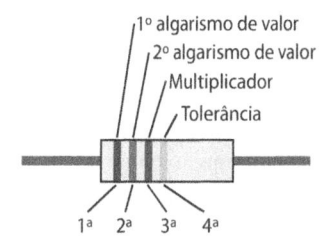

Resistores de 4 faixas de tolerância de 5 e 10%

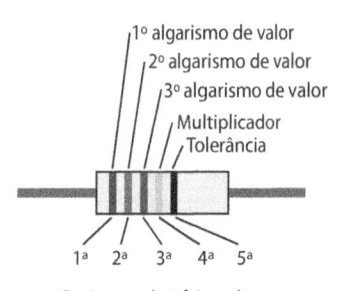

Resistores de 5 faixas de tolerância de 1 e 2%

Figura 4-21 Código de cores para resistores. As tolerâncias de 1 e 2% estão disponíveis apenas em resistores de 5 faixas.

resistor. A primeira faixa sempre é a mais próxima de uma das extremidades. Visto que os resistores de 5 e 10% de tolerância são produzidos com apenas duas faixas de algarismos significativos, eles estão disponíveis comercialmente em apenas 4 faixas. Resistores de 5 faixas são associados normalmente às tolerâncias de 1 e 2%, sendo que as três primeiras faixas representam os algarismos significativos, a quarta faixa representa o fator multiplicador e a quinta representa a tolerância propriamente dita. Exemplos de utilização do código de cores de resistores são vistos na tabela 4-1.

Tabela 4-1 *Exemplos de leituras de resistores comerciais*

Cores das faixas					Resistência (Ω)	Tolerância (%)
1ª	2ª	3ª	4ª	5ª		
Amarelo	Violeta	Laranja	Prata	–	47.000 (47 k)	10
Vermelho	Vermelho	Vermelho	Ouro	–	2.200 (2,2 k)	5
Marrom	Preto	Ouro	Ouro	–	1	5
Laranja	Branco	Prata	Prata	–	0,39	10
Verde	Azul	Vermelho	Vermelho	Marrom	56.200 (56,2 k)	1
Violeta	Cinza	Violeta	Prata	Vermelho	7,87	2

Para distinguir os resistores de fio dos outros tipos de resistores, muitos fabricantes fazem a largura da primeira faixa duas vezes maior que as larguras das outras faixas.

Alguns resistores possuem apenas três faixas coloridas. Estes são os resistores com valores de tolerâncias de ±20%. Contudo, hoje em dia eles não muito comuns no mercado.

Ainda, resistores de 5 e 10% de tolerância fabricados para atender aos padrões rígidos das aplicações militares possuem uma quinta faixa colorida. Neste caso, a leitura das quatro primeiras faixas é feita como antes (a quarta faixa ainda é ouro ou prata). A quinta faixa indica a confiabilidade do resistor. A **CONFIABILIDADE** de um resistor revela a probabilidade de falha do resistor num intervalo de operação de 1000h.

Uma análise cuidadosa da Figura 4-21 revela que o código de cores é capaz de especificar resistências na faixa de 0,10 a 999 $\times 10^9 \Omega$. Porém, como mostra a Figura 4-22, somente certos valores de resistência estão disponíveis comercialmente para cada percentual de tolerância. Assim, por exemplo, para resistores com 5 e 10% de tolerância estão disponíveis resistências de 0,22; 2,2; 22, 220, 2200, e assim por diante. Para resistores com 1 e 2% de tolerância estão disponíveis 0,226; 2,26; 22,6; 226 e assim por diante. Na Figura 4-22, note que somente 10% da série de valores de resistência encontra-se disponível em todas as faixas de tolerâncias.

» Redes resistivas

REDES RESISTIVAS são compostas de vários resistores integrados, como o cermet, sobre um único substrato. Os resistores são encapsulados num único componente que lembra os circuitos integrados. Os encapsulamentos mais comuns para as redes resistivas são o **DIP** (Dual in-line Package), o **SIP** (Single in-line Package) e os encapsulamentos SMD (0603 e 0402).

Os encapsulamentos DIP e SIP são mostrados na Figura 4-23. Redes resistivas integradas são bastante utilizadas em circuitos digitais sobre placas de circuito impresso.

» Resistores especiais

Vários resistores para finalidades especiais foram desenvolvidos por fabricantes de componentes. Três deles e suas aplicações típicas são explicadas a seguir.*

Fusistor Os fusistores possuem valores de resistência baixos (tipicamente menores que 200Ω) e se destinam à proteção de circuitos elétricos ou eletrônicos contra sobrecargas de corrente. Normalmente eles são construídos de fio. Estes resistores são utilizados em circuitos que requerem altas correntes iniciais, mas baixas correntes de regime de operação. Se a corrente circulante através dele permanecer em um valor acima do permitido, este resistor abre um elo fusível e protege o circuito da corrente potencialmente danosa.

Termistor Os termistores são resistores sensíveis às variações de temperatura. Existem dois tipos de termistores, aqueles de coeficiente de temperatura positivo (PTC – Positive Temperature Coefficient) e aqueles de coeficiente de temperatura negativo (NTC – Negative Temperature Coefficient). No PTC, a resistência aumenta com o aumento da temperatura (o NTC é o oposto). Os termistores são muito úteis nas medições de temperatura em circuitos eletrônicos. Eles também são bastante utilizados na compensação de parâmetros

---

* N. de T.: O autor citou três tipos importantes de resistores especiais. Gostaria de acrescentar um quarto resistor especial à lista, o resistor dependente de luz ou LDR – Light Dependent Resistor. Este é um tipo de resistor cuja resistência entre os terminais varia de acordo com a intensidade de luz visível incidente através uma janela de vidro transparente sobre o encapsulamento do componente.

±1%	±2%	±5%	±10%	±1%	±2%	±5%	±10%
100	100	10	10	316	316		
102				324			
105	105			332	332	33	33
107				340			
110	110	11		348	348		
113				357			
115	115			365	365	36	
118				374			
121	121	12	12	383	383		
124				392		39	39
127	127			407	407		
130		13		412			
133	133			422	422		
137				432		43	
140	140			442	442		
143				453			
147	147			464	464		
150		15	15	475		47	47
154	154			487	487		
158				499			
162	162	16		511	511	51	
165				523			
169	169			536	536		
174				549			
178	178			562	562	56	56
182		18	18	576			
187	187			590	590		
191				604			
196	196			619	619	62	
200		20		634			
205	205			649	649		
210				665			
215	215			681	681	68	68
221		22	22	698			
226	226			715	715		
232				732			
237	237			750	750	75	
243		24		765			
249	249			787	787		
255				806			
261	261			825	825	82	82
267				845			
274	274	27	27	866	866		
280				887			
287	287			909	909	91	
294				931			
301	301	30		953	953		
309				976			

Figura 4-22 Valores de resistores disponíveis comercialmente em 4 percentuais de tolerâncias diferentes. Os números colocados nas colunas para cada percentual de tolerância representam apenas os dígitos significativos dos valores comerciais de resistência. A tabela apresenta as séries de valores E12, E24, E48 e E96.

Figura 4-23 Redes resistivas. As duas primeiras imagens do lado esquerdo mostram o DIP (visto de cima e de baixo). O SIP é mostrado à direita.

de circuitos que são modificados termicamente pela ação da variação de temperatura sobre os circuitos eletrônicos.

Resistor dependente da tensão Também chamados *varistores*, estes dispositivos são utilizados na proteção de circuitos contra picos de tensão repentinos na rede elétrica. Se, por alguma razão, a tensão da rede elétrica sofrer um aumento repentino que dure uma fração de segundos, o varistor limita o valor da tensão da rede a valores seguros para o circuito conectado nele. Estes dispositivos são normalmente conectados diretamente na rede de entrada de tensão de dispositivos sensíveis aos picos de tensão (como os computadores).

Teste seus conhecimentos

Responda às seguintes questões.

33. Cite as quatro categorias de resistores.
34. Um resistor variável de dois terminais é denominado _____.
35. Um resistor variável de três terminais é denominado _____.
36. O tamanho físico de um resistor determina a _____ do resistor.
37. Faça a leitura de resistência e de tolerância dos resistores codificados em cores a seguir:
    a. Marrom, preto, laranja, prata
    b. Vermelho, vermelho, prata, ouro
    c. Azul, cinza, verde
    d. Amarelo, violeta, preto, prata
    e. Cinza, vermelho, verde, laranja, marrom
38. Quais são os valores (máximo e mínimo) permitidos para um resistor de 470 Ω e 5% de tolerância?
39. Cite quatro tipos de elementos resistivos utilizados em resistores variáveis.
40. Qual é a potência dissipada por um resistor de 270 Ω submetido a 6 V de tensão?
41. Que tipo de resistor é indicado para aplicações de alta potência?

≫ Chaves (interruptores)

Vimos que a função de uma chave (ou interruptor) em um circuito elétrico é abrir e fechar um circuito elétrico interrompendo ou permitindo o fluxo de corrente elétrica através dele. O tipo de chave utilizado numa dada aplicação está normalmente ligado ao estilo ou à conveniência de operação ou de projeto. Quando os requisitos de chaveamento são complexos, a escolha se restringe às chaves rotativas.

≫ Tipos, símbolos e aplicações

Alguns dos tipos mais comuns de chaves são mostrados na Figura 4-24. Estes tipos de chaves são tão simples que usualmente permitem somente o controle de um ou de dois circuitos. A Figura 4-25 ilustra os símbolos esquemáticos destas chaves. A linha tracejada nas Figuras 4-25(c) e (d) indicam apenas o acoplamento mecânico entre os dois polos, mas eletricamente isolados. A Figura 4-26 apresenta a estrutura

Figura 4-24 Alguns tipos comuns de chaves.

Liga/Desliga
(um polo,
uma posição)

(a)

Liga/Desliga
(um polo,
duas posições)

(b)

Liga/desliga
(dois polos,
uma posição)

(c)

Liga/desliga
(dois polos,
duas posições)

(d)

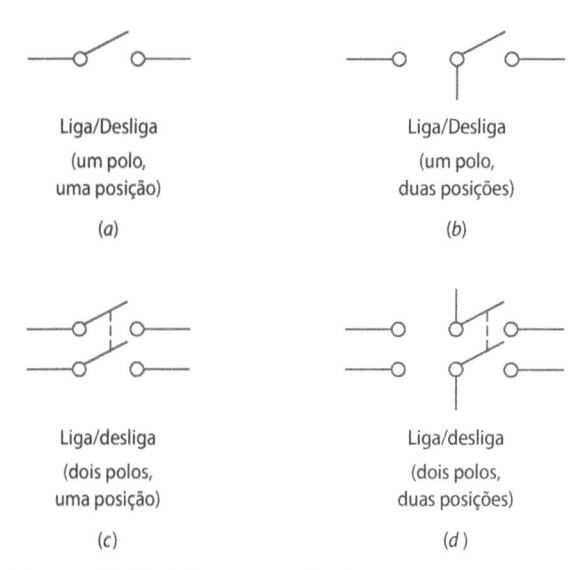

Figura 4-25 Símbolos e nomes das chaves.

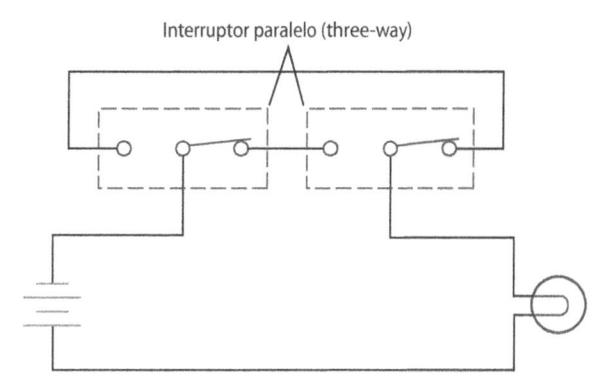

Figura 4-27 Controlando o estado de uma lâmpada de dois locais diferentes. A lâmpada pode ser ligada ou desligada por ambas as chaves.

interna de uma chave seletora similar a um interruptor de parede residencial.

Na Figura 4-27, é mostrada uma lâmpada sendo controlada de dois locais diferentes. Este circuito usa um **INTERRUPTOR PARALELO** (ou three-way) que consiste de duas chaves de polo único e dupla posição. Como mostrado na figura, a lâmpada deve estar desligada. Mudando a posição de qualquer uma das duas chaves a lâmpada é ligada. A lâmpada pode ser ligada ou desligada por qualquer chave, independentemente da posição da outra.

Algumas chaves são construídas de modo a retornar para a mesma posição quando liberadas pelo operador. Estas são conhecidas como *interruptores de contato momentâneo*. Elas podem ser do tipo **NORMALMENTE ABERTA** (NA) ou **NORMALMENTE FECHADA** (NF). Os símbolos esquemáticos para estas chaves são mostrados na Figura 4-28. Este tipo de chave é conhecido como **BOTOEIRA** porque ela possui uma mola que restabelece a chave à posição normal após a atuação do operador.

(a)

(b)

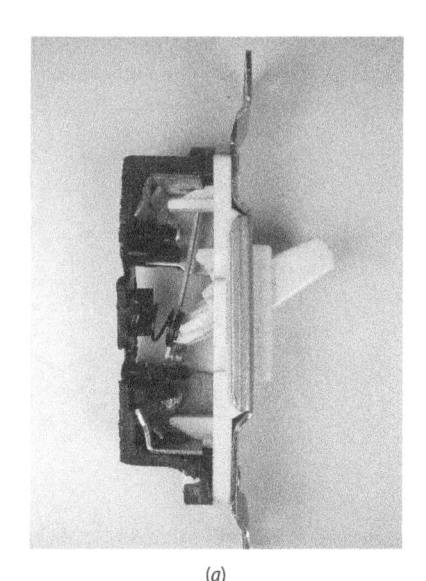

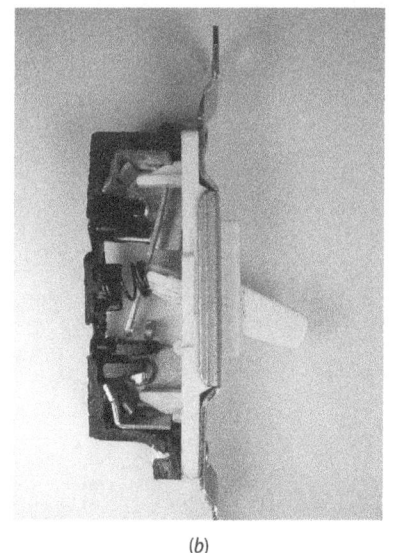

Figura 4-26 Estrutura interna de uma chave. (*a*) Chave ligada (fechada). (*b*) Chave desligada (aberta).

(a) Normalmente fechada (NF)   (b) Normalmente aberta (NA)

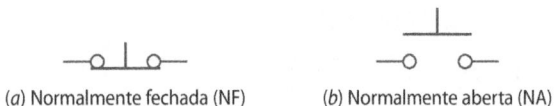

Figura 4-28 Símbolos para interruptores de contato momentâneo.

As **chaves rotativas** são ilustradas na Figura 4-29. Elas variam em complexidade, desde chave de polo único e 5 posições até a chave rotativa múltipla. A Figura 4-30 mostra alguns símbolos e a terminologia utilizada para as chaves rotativas.

As chaves rotativas podem vir ainda nas configurações **com curto** ou **sem curto** (Figura 4-31). A configuração de chave com curto é, às vezes, denominada chave tipo **fecha antes de abrir** (make-before-break). Isso significa que o polo da chave faz contato com a nova posição antes de desfazer contato com a posição antiga. O contato móvel na Figura 4-31(a) fecha contato com a nova posição 2 antes de perder contato com a posição antiga 1.

Um exemplo de utilização de uma chave rotativa é mostrado na Figura 4-32. Nesse exemplo, é utilizada uma chave rotativa sem curto. Na posição mostrada no desenho, o amplificador tem sua entrada alimentada pela saída do CD player.

» Especificações de chaves

Dada a natureza das cargas utilizadas nos circuitos elétricos, sempre que tentamos abri-lo surge um arco elétrico (ionização do ar) entre contatos das chaves. Quanto maiores forem a tensão e a corrente do circuito mais intenso é o arco elétri-

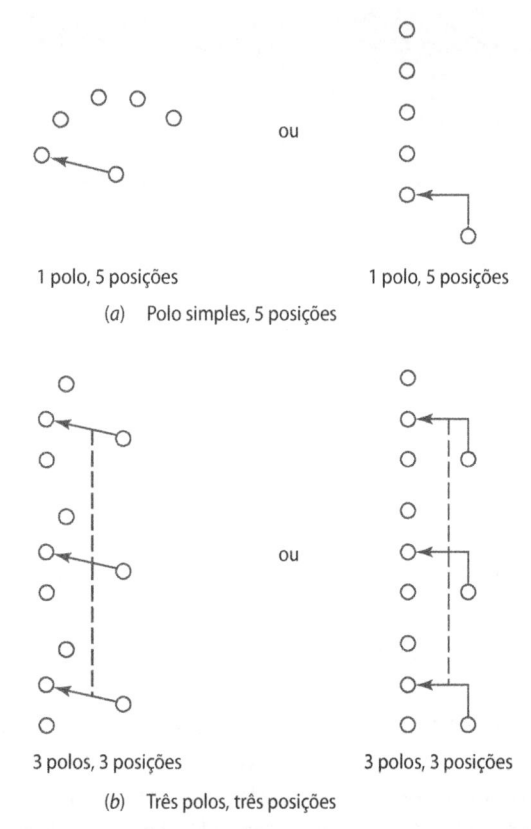

1 polo, 5 posições   1 polo, 5 posições
(a)   Polo simples, 5 posições

3 polos, 3 posições   3 polos, 3 posições
(b)   Três polos, três posições

Figura 4-30 Símbolos de chaves rotativas e suas designações.

co produzido. Um **arco elétrico** causa desgaste dos contatos de uma chave. Por esse motivo, toda chave possui especificação de tensão e corrente máximas. Exceder as especifica-

Figura 4-29 Chaves rotativas. Este tipo de chave oferece diversas funções de chaveamento.

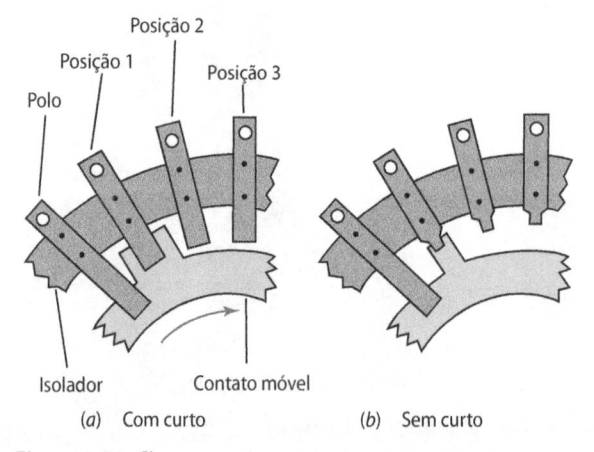

(a)   Com curto   (b)   Sem curto

Figura 4-31 Chaves rotativas com curto e sem curto.

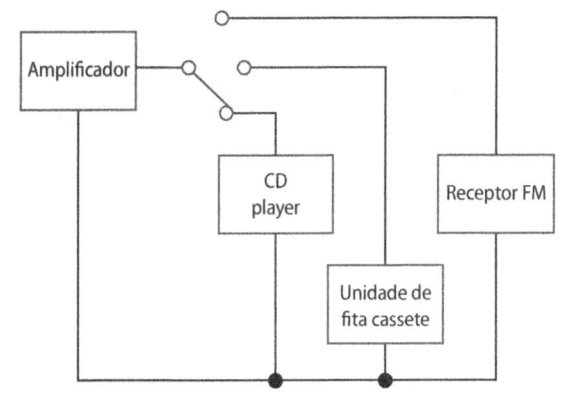

Figura 4-32 Utilizando uma chave rotativa para selecionar um dentre vários dispositivos de entrada

ções feitas pelos fabricantes significa encurtar o tempo de vida das chaves. Ainda, pode ser potencialmente perigoso para o operador que manobra uma chave caso ela esteja operando acima das suas especificações. Um arco elétrico muito intenso pode quebrar a isolação elétrica da chave e, assim, colocar o operador em contato direto com o circuito energizado.

Normalmente as chaves são especificadas em função da relação tensão/corrente que ela suporta. Por exemplo, uma chave pode ser especificada como 3 A a 250 Vca, 6 A a 125 Vca e 1 A a 120 Vcc. Em geral, uma chave pode lidar melhor com valores maiores de corrente alternada do que com corrente contínua.

Teste seus conhecimentos

Responda às seguintes questões.

42. O que as linhas tracejadas representam no símbolo de uma chave?
43. Cite pelo menos quatro tipos comuns de chaves.
44. As chaves são especificadas pela relação_____ e _____.
45. No universo das chaves, a sigla NA significa _____.
46. Uma chave tipo fecha antes de abrir também é denominada de chave _____.

» Fios e cabos

Um CABO é um conjunto de fios condutores organizados dentro de uma única capa. Os condutores dentro do cabo podem ser isolados eletricamente um dos outros. Um FIO é um condutor simples. Ele pode ou não ter isolação elétrica (ou capa isolante). Cabos típicos são mostrados na Figura 4-33.

Um fio elétrico pode ainda ser rígido ou flexível. Um FIO RÍGIDO é feito a partir de um único núcleo de material condutor de baixa resistência elétrica, tal como o cobre, o alumínio ou a prata. Já um FIO FLEXÍVEL é feito a partir de vários fios condutores (ou cordões) de baixa resistência elétrica trançados ou torcidos. Como sugere o nome, o fio flexível é bem mais maleável que o fio rígido.

Os pequenos cordões condutores utilizados em fios elétricos normalmente são estanhados com solda contra os efeitos da oxidação sobre os condutores nus que se oxidam relativamente rápido. O processo de estanhamento consiste em remover a fina camada de óxido em volta do condutor e aplicar solda líquida ao longo da porção do condutor que se deseja estanhar. Os fios estanhados desempenham conexões elétricas bem superiores aos fios nus.

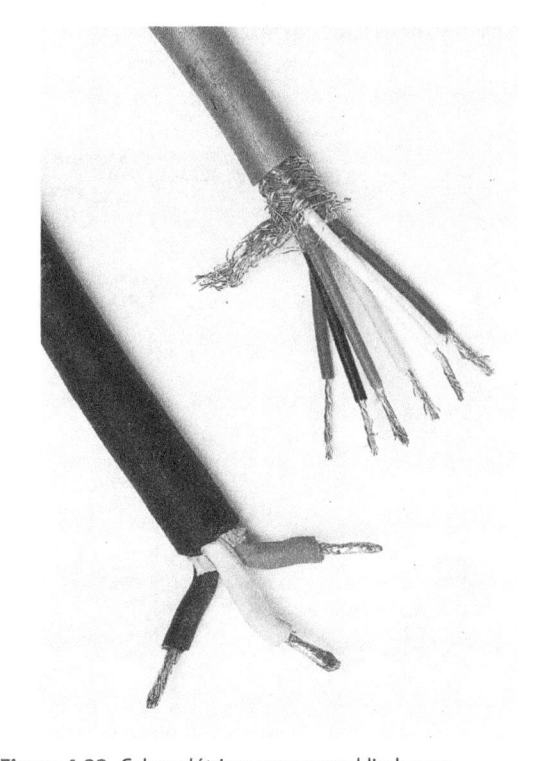

Figura 4-33 Cabos elétricos com e sem blindagem.

» Cabos elétricos

Cabos elétricos podem ser blindados ou sem blindagem (Figura 4-33). A **blindagem** ajuda a isolar os condutores dos campos eletromagnéticos na vizinhança do cabo. A blindagem pode ser feita de modo individual em cada condutor ou coletiva, ao redor de todos os condutores do cabo.

Uma enorme variedade de cabos é produzida e disponibilizada no mercado para propósito de uso geral ou para utilização em áudio. Cabos blindados são utilizados para interligar a saída de um CD player ou unidade de fita cassete. Cabos sem blindagem podem ser utilizados em telefones residenciais, cabos extensores e circuitos de campainha.

O **cabo coaxial** é um tipo especial blindado muito utilizado na conexão de antenas aos receptores ou transmissores de TV. Estes cabos são utilizados em rádios amadores, rádio banda cidadão, sistemas de antena de televisão ou TV/Internet a cabo.

Muitos dos cabos utilizados nos sistemas eletrônicos digitais estão disponíveis na forma de **cabo flexível plano**. A Figura 4-35 mostra um exemplo típico de cabo flexível plano (ou flat) e como este cabo se conecta aos conectores usados nas interligações entre placas de circuitos eletrônicos.

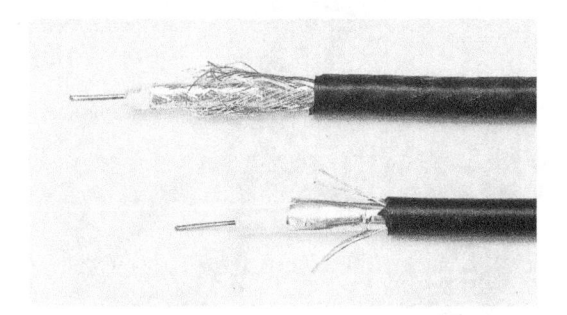

Figura 4-34 Cabos coaxiais.

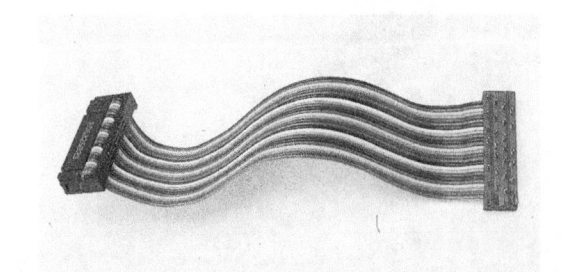

Figura 4-35 Cabo flexível plano (flat).

Cabos utilizados em circuitos de alta potência conduzem correntes elétricas muito elevadas e não raro eles são ocos para que algum fluido refrigerante (óleo ou água) possa circular no cabo para dissipação do calor gerado pelas altas correntes.

» Especificação de bitolas de fios

O cobre é o material mais utilizado na fabricação de fios condutores e cabos elétricos. Porém, algumas vezes encontramos o alumínio sendo utilizado. No Brasil, segundo a ABNT (Associação Brasileira de Normas Técnicas), o diâmetro do fio condutor é especificado através de um número em milímetro (mm) ou milímetro quadrado (mm^2) chamado **bitola**. Assim, especificar a bitola (em mm) de um fio significa referenciar o diâmetro do fio condutor segundo a tabela de fios da ABNT. Em outros países o padrão é diferente. Por exemplo, nos Estados Unidos, a unidade padrão de especificação de bitola de fios condutores é o mil. Um mil equivale a 0,001 pol. Assim, nos Estados Unidos, especificar a bitola em mil de um fio condutor significa referenciar o diâmetro do fio condutor em mil. O padrão americano utilizado na identificação de fios condutores é o **AWG (American Wire Gage)**.*

Seguindo o padrão AWG, quanto menor o número do fio condutor, maior é o diâmetro do fio. Um medidor de bitola de fios em AWG é mostrado na Figura 4-36(*a*). Ele indica tanto a bitola do fio quanto o seu diâmetro. Neste tipo de medidor de bitola, o diâmetro do fio e o número da bitola em AWG são impressos em escalas em sentidos reversos. A Figura 4-36(*b*) mostra como utilizar o medidor de bitola em AWG. Cada dente circular no medidor indica uma bitola diferente. O diâmetro do dente é ligeiramente maior que o diâmetro do condutor desencapado de modo que, quando inserido no dente apropriado, o fio move-se com uma pequena folga. O dente no medidor pode ser utilizado para medição apenas de fios rígidos. Fios flexíveis não podem ser medidos com este medidor de bitola.

No Brasil, a área de seção transversal de fios segue a norma IEC e deve ser indicada em milímetros quadrados (mm^2). No padrão americano AWG, a área da seção transversal é indicada em **circular mil** (cmil ou CM). Um circular mil corresponde à área de um círculo de diâmetro 1 mil (1 mil = 1 pol/1000). A área da seção transversal de um condutor no padrão AWG

---

* N. de T.: No Brasil, adotamos o padrão da IEC no qual os diâmetros dos condutores são expressos em milímetro. Por aqui, o AWG foi extinto como norma. Este livro foi traduzido do inglês para o português e, em respeito à obra original, foi mantida a tabela de fios em AWG.

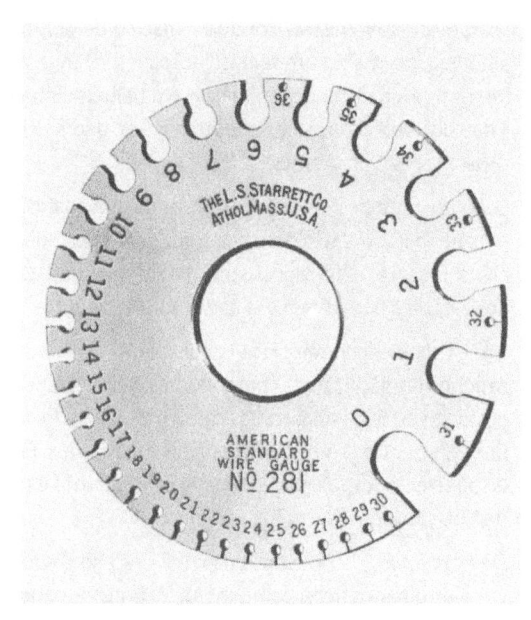

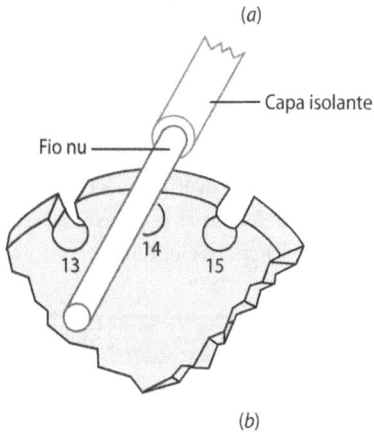

Figura 4-36 American Wire gage. (a) Medidor de bitola em AWG; (b) Exemplo de medição de fio em AWG.

é igual ao diâmetro (em mils) ao quadrado. Assim, o condutor que possui diâmetro de 30 mils teria uma área da seção transversal de 900 cmil (30 × 30 = 900).

Na Figura 4-37, observe que o circular mil não é igual ao square mil. Isso frequentemente torna o cálculo da resistência de condutores em AWG uma tarefa problemática. Entretanto, para minimizar este problema foram criadas tabelas de fios com uma lista de resistência por 1000 pés (305 m) de comprimento para várias bitolas de fios. Um exemplo de tabela pode ser vista no Apêndice D. Esta tabela também mostra diâmetro e área de fios de diferentes bitolas. Da tabela de fios observe

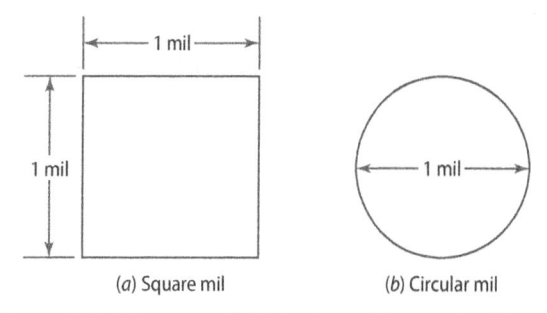

Figura 4-37 (a) square mil; (b) circular mil; Figura 4-37 Observe que 1 circular mil possui menos área da seção transversal se comparado ao 1 square mil.

que um aumento de três números na bitola em AWG resulta numa redução pela metade da área da seção transversal do condutor. Naturalmente, a resistência do condutor dobra quando a área da seção transversal cai pela metade. O fio de número AWG igual a 10 (bitola 2,5 mm) possui área da seção transversal de 10.000 cmil (5 mm^2), e a resistência elétrica por unidade comprimento de 1000 pés (305 m) é de 1 Ω/1000 pés (ou 1 Ω/305 m). Assim, o fio de número 13 (bitola 1,80 mm) possui área da seção circular de 5000 cmil (2,5 mm^2) e 2 Ω/1000 pés (ou 2 Ω/305 m). Diminuindo novamente em 3, o número da bitola para o fio 16 (bitola 1,25 mm) possui seção aproximada de 2500 cmil (1,26 mm^2) e 4 Ω/1000 pés (ou 4 Ω/305 m). Estes dados estão tabelados no Apêndice D (disponível no ambiente virtual de aprendizagem).

A quantidade de corrente que um condutor de cobre pode conduzir com segurança depende da área da seção transversal (ou da bitola do fio) e da quantidade de calor que o condutor é capaz de dissipar antes de a isolação elétrica ser danificada e ocorrer danos permanentes ao fio condutor. Isso também depende da aplicação e das condições ambientes de utilização do fio. Quando um condutor conduz corrente em ambiente arejado, sua capacidade de corrente é normalmente maior do que quando o condutor encontra-se confinado em um ambiente onde a circulação de ar é restrita. Por exemplo, o condutor de número AWG igual a 12 (bitola 2,00 mm) pode conduzir 20 A, sob certas condições, quando utilizado numa instalação residencial. O mesmo condutor, utilizado na confecção de um transformador, deve conduzir apenas 4 A. Na instalação residencial, o condutor possui relação área da seção divida pela capacidade de corrente de 325 cmil/A (ou 0,18 mm^2/A), e no transformador essa relação sobe para 1500 cmil/A (0,76 mm^2/A). Na instalação residencial, 100 pés (30 m) desse condutor, distribuídos retilineamente ao longo da instalação, possibilitam melhor transferência de calor para o ambiente, enquanto que num transformador, os mesmos 30m de condutor seriam enrolados em volta de um núcleo, num volume muito menor, dificultando a transferência de calor. Por essa razão a capacidade de condução de corrente de um condutor fica bastante comprometida quando utilizado em transformadores.

» Especificações de isolação elétrica

Os isolantes utilizados em fios e cabos elétricos possuem especificações importantes. Cada tipo de isolante elétrico possui uma especificação de TEMPERATURA MÁXIMA DE OPERAÇÃO. Este parâmetro revela que temperatura máxima o isolante do condutor pode ficar exposto em regime contínuo. Temperaturas máximas típicas vão desde 60°C, para alguns compostos termoplásticos, a 250°C para o polietileno extrudado (como o PTFE).

A tensão de isolação nominal depende do tipo de isolante utilizado e da espessura da camada isolante utilizada. A tensão de isolação nominal de um fio encapado é a tensão máxima que o condutor pode suportar continuamente sem que a rigidez dielétrica do condutor seja comprometida. Tipicamente, estas tensões podem variar de algumas centenas de volts a centenas de milhares de volts para cabos de alta tensão.

Os materiais isolantes também são classificados de acordo com a sua resistência relativa a danos por outros tipos de materiais e por condições ambientes. Eles são especificados para resistirem ao calor, à umidade, à corrosão por ácidos, à abrasividade, à resistência a chamas e ao tempo (exposição extrema à luz do Sol e ao frio, por exemplo).

Os materiais isolantes usados nos cabos e fios incluem neoprene, borracha, náilon, vinil, polietileno, polipropileno, poliuretano, cambraia envernizada, papel, borracha de silicone e vários outros.

» Fios elétricos

Além de fios condutores para instalações residenciais, os quais normalmente variam de 18 AWG (1,0mm) a 6 AWG (4mm), fios elétricos são produzidos numa variedade enorme de tamanhos, estilos e especificações para atenderem às diversas aplicações. Alguns dos tipos mais comuns de fios elétricos estão listados e definidos a seguir.

1. *Barramentos metálicos*. Condutor maciço de cobre ou alumínio, normalmente sem isolação elétrica (nu), para interligação de circuitos primários em painéis elétricos. Estão disponíveis em diferentes tamanhos, geometrias e capacidades de corrente.

2. *Cabos de teste de alta tensão*. Utilizados principalmente em terminais de teste. São produzidos para a alta isolação elétrica (de 5 a 10kV) e possuem cordões finos e bastante flexíveis para permitirem uso nas condições de teste.

3. *Fios e cabos de conexão*. Fios com isolação elétrica utilizados na interligação de componentes elétricos e outros dispositivos. São encontrados como fios, cabos rígidos e flexíveis, sendo também disponíveis estanhados. Estão disponíveis numa ampla variedade de tamanhos e tipos de isolação elétrica.

4. *Fio esmaltado*. Uso corrente na confecção de dispositivos eletromagnéticos, como motores, transformadores, alto-falantes e magnetos. São sempre isolados, sendo que o material isolante é uma fina camada de verniz ou esmalte cuja coloração lembra o cobre. Também estão disponíveis em diversos tamanhos e tipos de materiais isolantes.

5. *Fio Litz*. Fio fino, bastante flexível, de baixa resistência e isolado, utilizado na confecção de bobinas e de transformadores para uso em circuitos eletrônicos.

Visite o web site da ABNT (Associação Brasileira de Normas Técnicas) para obter informações adicionais sobre a padronização de fios e cabos.

Teste seus conhecimentos

Responda às seguintes questões.

47. A área da seção transversal ou o diâmetro de condutores circulares especifica a _____ do fio.
48. No Brasil, o padrão da _____ é utilizado como norma de medida de fios.
49. Cite pelo menos três tipos comuns de materiais isolantes utilizados em fios e cabos.
50. Onde os fios esmaltados são utilizados?
51. Segundo o padrão americano AWG, que fio pode conduzir mais corrente elétrica, o fio nº 20 ou o nº 18? Por quê?

» Fusíveis e disjuntores

A proteção de um circuito do excesso de corrente pode ser feita através de fusível ou disjuntor. Todo circuito elétrico deve ser protegido contra os efeitos danosos na carga ou na fonte de energia (ou ambos) causados pelo excesso de corrente. Correntes excessivas normalmente são provocadas por algum defeito, causado por uma súbita diminuição na resistência elétrica do circuito.

» Curto e aberto

Em Eletricidade, os termos *curto* ou CIRCUITO EM CURTO significam a mesma coisa, uma condição indesejável onde um caminho condutivo de baixa resistência surgiu entre duas ou mais partes do circuito. Um circuito em curto parcial apresenta apenas uma parte do circuito ou da carga em curto [Figura 4-38(*a*)], o que normalmente causa sobrecorrente no circuito. Estes circuitos apresentam resistência abaixo do valor nominal, mas ainda bem acima do valor de resistência zero. Quando o curto é total no circuito [Figura 4-38(*b*)], o circuito é dito estar em CURTO CATASTRÓFICO. Este tipo de curto se caracteriza por não possuir praticamente nenhuma resistência elétrica.

A Figura 4-38(*c*) ilustra outro modo de ocorrência de *curto*. Quando um caminho condutivo se forma entre o circuito elétrico e o chassi ou a carcaça metálica aterrada de um equipamento, dizemos que o circuito está em curto para a carcaça ou, dependendo do caso, que o circuito está ligado à terra por meio da carcaça.

As resistências da Figura 4-38 poderiam representar os elementos de aquecimento de uma torradeira ou cafeteira elétrica. A bateria poderia representar a rede elétrica de 127 V. Se não houver nenhum tipo de proteção no circuito, um curto qualquer pode causar perda total do equipamento, princípio de incêndio ou mesmo um choque elétrico letal.

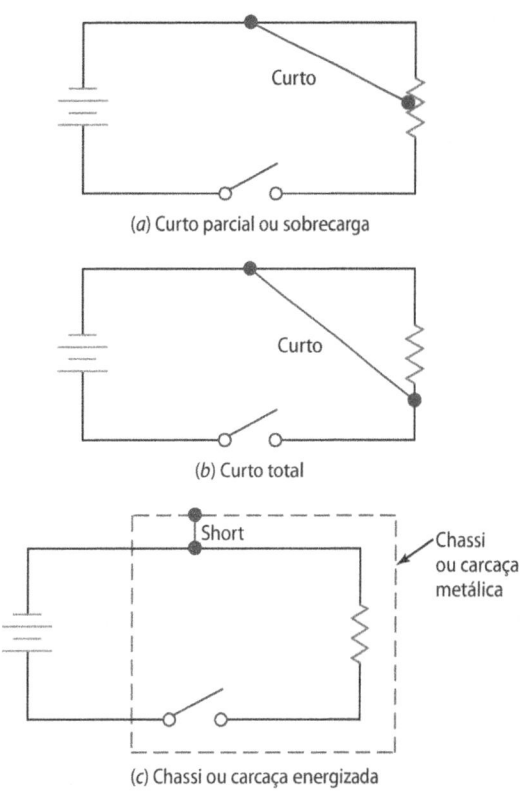

(*a*) Curto parcial ou sobrecarga

(*b*) Curto total

(*c*) Chassi ou carcaça energizada

Figura 4-38 Formas de curto-circuito.

Os circuitos da Figura 4-38 poderiam ser protegidos por fusível ou por disjuntor, como mostra a Figura 4-39. Observe as diferenças entre os símbolos do fusível e do disjuntor. Se um curto ocorrer em um dos circuitos da Figura 4-39, o fusível ou o disjuntor vai atuar abrindo e protegendo o circuito. Em eletricidade, um ABERTO representa um caminho interrompido para a circulação de corrente elétrica. Quando um fusível atua, interrompendo um circuito, normalmente dizemos "o fusível abriu". Já quando um disjuntor atua, normalmente dizemos "o disjuntor desarmou".

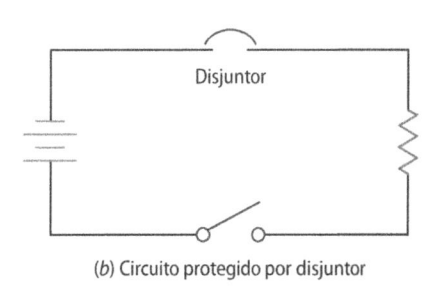

(*a*) Circuito protegido por fusível

(*b*) Circuito protegido por disjuntor

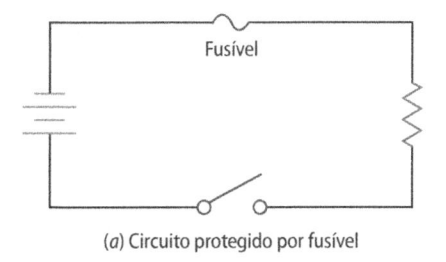

Figura 4-39 Proteções de circuitos contra corrente excessiva.

Fusíveis comuns

Um FUSÍVEL abre quando a corrente através do seu elemento ou elo fusível excede o valor da corrente nominal durante certo período de tempo. O fusível interrompe um circuito quando o elo condutor atinge uma temperatura alta o suficiente para causar a fusão do metal do elemento (elo) fusível (Figura 4-40). O que causa o aquecimento do elemento é a resistência elétrica do elo. Um típico fusível de 1A possui uma resistência aproximada de 0,13 Ω. Visto que $P = I^2R$, maior corrente significa maior potência e, consequentemente, maior energia térmica dissipada por unidade de tempo convertida em calor no elemento fusível.

Vários tipos de fusíveis e suportes de fusíveis são mostrados na Figura 4-41. Um fusível de vidro típico e sua base (ou suporte) são vistos na Figura 4-41(a). Muitos dos fusíveis de painel não possuem parafuso protetor de ajuste mostrado nesta figura. Um tipo comum de fusível miniatura SMD é visto no lado esquerdo da Figura 4-41(b). No lado direito da Figura 4-41(b) são vistos três fusíveis SMD colocados em seus suportes numa placa de circuito impresso. Estes fusíveis podem ser distribuídos em fitas em rolos ou tapes para montagem automatizada em processo de montagem de SMDs (para serem soldados diretamente nas ilhas de placas de circuito impresso). Um tipo de fusível miniatura radial e o seu suporte é visto na Figura 4-1(c). A extremidade superior do fusível é transparente para que, ao remover a tampa superior da base do fusível, a condição do elemento fusível seja vista imediatamente. Existe ainda porta fusível com lâmpada ou LED embutido que acende para indicar o estado aberto do elemento fusível. Os fusíveis da Figura 4-41(d) são do tipo axial com elemento fusível espiralado na forma de rabo de porco (pigtail). Quando o interior do fusível apresentar-se chamuscado é sinal de que o elo fusível abriu [Figura 4-41(d)].

Fusíveis possuem três especificações fundamentais para uma determinada aplicação. Estas especificações aplicam-se a todos os tipos de fusíveis, não importando o tamanho, o formato ou o estilo. Estas especificações são (1) corrente nominal, (2) tensão nominal e (3) tempo de atuação.

Corrente nominal de fusíveis já foi mencionada anteriormente. A corrente nominal de um fusível é especificada para uma dada condição ambiente de operação, como circulação de ar e temperatura ambiente. Estas condições são obtidas a partir de dados técnicos de fusíveis, mas raramente são observadas quando da aplicação do fusível. Entretanto, os fusíveis comportam-se tipicamente muito bem fora das condições ideais de operação evitando-se a atuação indevida, antes que a condição de curto circuito seja atingida.

TENSÃO NOMINAL para fusíveis deve ser observada pela mesma razão que a tensão nominal é indicada para as chaves. Quando um fusível abre, ocorre a fusão do elo fusível e um arco elétrico é formado no interior do fusível, interrompendo o circuito entre dois pontos. Se a corrente e a tensão forem altas demais, o arco elétrico pode permanecer, potencializando a destruição de outros elementos do circuito que deveriam ser protegidos pelo fusível. Desse modo, a especificação de tensão nominal deve ser observada na escolha do fusível. Normalmente, a tensão nominal de um fusível especifica a capacidade de isolação do fusível para uma dada corrente de curto. Por exemplo, um fusível de 250 V protege qualquer fonte de energia de 250 V e o restante do circuito, caso a corrente nominal do elo fusível seja excedida. Muitas fontes de energia (como pequenas baterias e transformadores) podem fornecer poucos ampères de corrente quando curto-circuitados. Quando a fonte de energia possuir capacidade de corrente limitada, frequentemente a especificação de tensão nominal pode ser excedida sem prejuízos. Por essa razão, é comum vermos circuitos eletrônicos alimentados com tensões maiores que 400 V serem protegidos por fusíveis de 250 V nominais.

O TEMPO DE ATUAÇÃO de um fusível indica o quão rapidamente o elo fusível abrirá quando uma condição de sobrecarga ou curto acontecer. Existem três categorias gerais quanto ao tempo de atuação de fusíveis. Estas categorias são: atuação *rápida, média e lenta*. Estas categorias são denominadas no meio técnico como *tempo de atuação curto, tempo de atuação médio* e *tempo de atuação lento*. Todas as três características respondem rapidamente no caso de sobrecarga extrema ($10\times$ a corrente nominal do elo fusível). Da mesma forma, todas as três características respondem no mesmo tempo para pequenas sobrecargas ($1,35\times$ a corrente nominal do

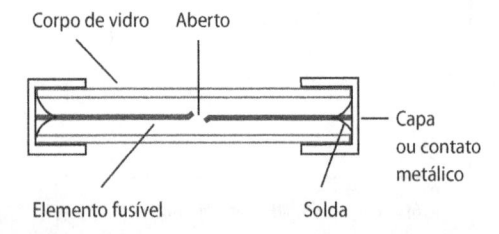

Figura 4-40 Fusível aberto.

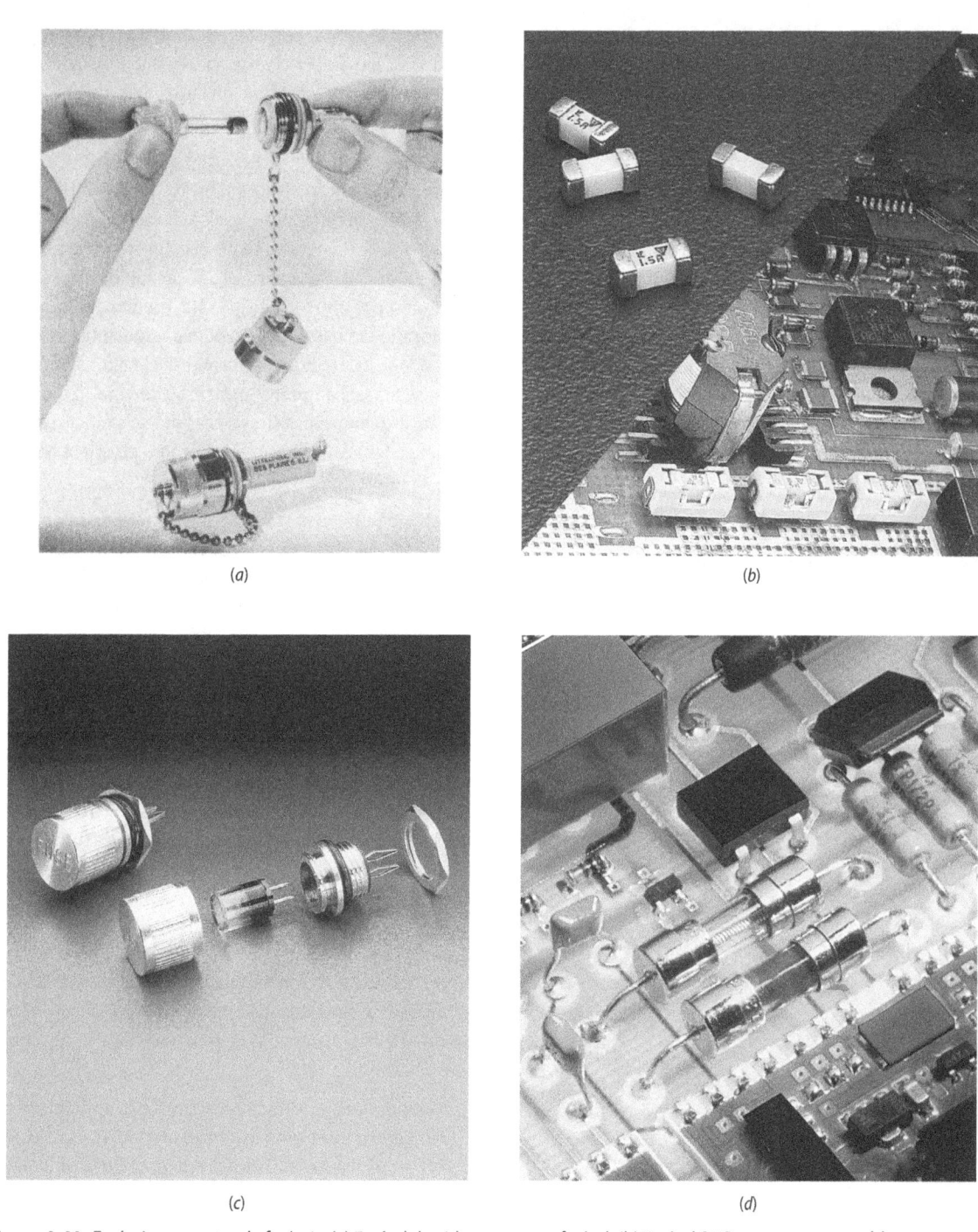

Figure 4-41 Fusíveis e suportes de fusíveis. (a) Fusível de vidro e suporte-fusível; (b) Fusível SMD e suporte para soldagem em placa de circuito impresso; (c) Fusível miniatura e suporte tipo parafuso; (d) Fusível rabo de porco (pigtail).

fusível, eles levam cerca de 1 a 2 minutos para abrirem). Entre estes dois limites (1,35× e 10×) suas características diferem drasticamente. Por exemplo, para 5× a corrente nominal do fusível, o fusível de ação lenta pode levar mais de 1s para abrir o elo, enquanto o fusível de ação rápida leva menos de 1 ms para abrir. Sob a mesma condição, um fusível de ação média levaria cerca de 10 ms.

Muitas vezes os FUSÍVEIS DE AÇÃO RÁPIDA são chamados de FUSÍVEIS DE INSTRUMENTO, pois são normalmente utilizados para proteger dispositivos sensíveis, tais como os utilizados em medidores elétricos. A aparência física de um fusível rápido não difere muito da aparência de um fusível de ação retardada.

Os FUSÍVEIS DE AÇÃO MÉDIA (Figura 4-42) são de uso geral. Eles são adotados sempre que a corrente inicial de um dispositivo é próxima da corrente de operação normal do dispositivo.

Os FUSÍVEIS DE AÇÃO LENTA são utilizados sempre que correntes de surto de curta duração são previstas no circuito. Um motor elétrico é um bom exemplo de um dispositivo elétrico que requer mais corrente inicial do que na sua operação normal. A corrente de partida de um motor é cerca de cinco ou seis vezes a corrente nominal. Assim, um motor é protegido normalmente por fusíveis de ação lenta. Um fusível de ação lenta é mostrado na Figura 4-42. Quando submetido a uma sobrecarga extrema (por exemplo, curto circuito), a parte mais fina do elo fusível funde e abre o circuito. Quando a sobrecarga é menos severa que um curto, e de longa duração, a solda que une a mola e o elemento fusível funde-se e abre o circuito.

Quanto à substituição, sempre substitua um fusível por outro de mesmas especificações e estilos, conforme especificado pelo fabricante do equipamento. Não ignore as tensões nominais de fusíveis. Se um fusível de ação rápida ou média for substituído por outro de ação lenta, o equipamento pode ser colocado em risco de dano permanente antes de o fusível responder. Quando especificar fusível para compra, leve em consideração: a corrente e a tensão nominal, o tempo de atuação, as dimensões físicas e o estilo. Se souber o código original do fabricante, você estará seguro quanto à especificação do fusível.

Fusíveis podem ser testados para continuidade com um ohmímetro. Se o elo fusível estiver rompido ou aberto, a indicação de resistência do instrumento será infinita. O instrumento indicará baixa resistência (próxima a zero) se o fusível estiver em boas condições. Fusível de baixas correntes nominais (como os de 250 mA) não devem ser testados em escalas $R \times 1$ de instrumentos analógicos. Nestas escalas o instrumento pode fornecer corrente suficiente para queimar um fusível para baixas correntes. Mesmo em escalas maiores de resistência, o teste de continuidade funciona bem, pois a indicação de baixa resistência vai existir caso o fusível esteja bom. Por fim, quando testar a continuidade de fusíveis com um ohmímetro lembre-se de remover o fusível do circuito.

» Fusíveis resetáveis

Um FUSÍVEL RESETÁVEL (encapsulado para montagem SMD) e seu símbolo esquemático são mostrados na Figura 4-43. Fusíveis resetáveis diferem dos fusíveis tradicionais nos seguintes aspectos:

1. Quando age, um fusível resetável não rompe um elo fusível e produz um circuito aberto; ao invés disso, ele eleva sua resistência elétrica em função da corrente circulante. Quando ativado, sua resistência interna aumenta em muitas ordens de grandeza e isso reduz a corrente do circuito para um valor seguro, protegendo a carga e/ou a fonte de energia.

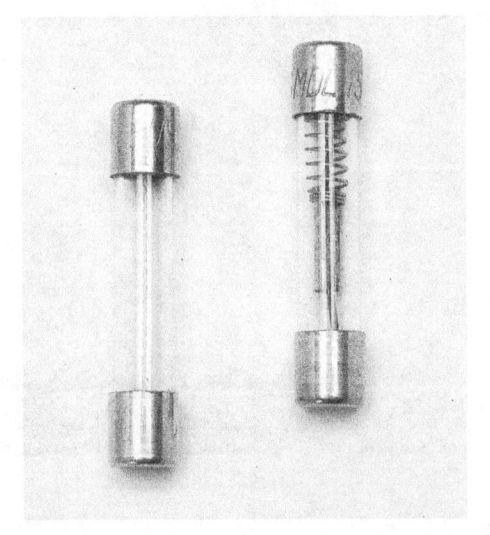

Figure 4-42 Tipos de fusíveis. À esquerda um fusível de ação média e à direita um fusível de ação lenta.

Figura 4-43 Fusível resetável. (a) Fusível resetável SMD; (b) Símbolo norma ANSI para um fusível resetável.

2. Uma vez que a falha do circuito que originou o excesso de corrente é corrigida, esse fusível produz um auto-reset e sua resistência interna retorna aos valores normais.
3. Após a correção da falha do circuito, este fusível não necessita ser substituído, como ocorre para os fusíveis tradicionais.

Fusíveis resetáveis estão disponíveis comercialmente com tempos de atuação rápida e média. Da mesma que os fusíveis comuns, este fusível é especificado por corrente e tensão nominal. Ainda, eles estão disponíveis para montagens axiais ou radiais na tecnologia PTH (Pin Through Hole), assim como em encapsulados para montagens SMD, como ilustra a Figura 4-43. Observe o quão pequeno é este dispositivo SMD.

» Disjuntores

Os disjuntores possuem uma grande vantagem sobre os fusíveis tradicionais: eles são sempre resetáveis. Assim, quando eles atuam, abrindo um circuito, não é necessário substituí-los a cada operação. Uma vez que a sobrecarga que causou o desarme do disjuntor cesse, basta atuar na chave para religá-lo e restabelecer a operação do circuito. Existem dois mecanismos físicos controladores da ação de um disjuntor: térmico e magnético.

Os **disjuntores térmicos** são os mais comuns no mercado, bastante empregados em pequenos motores, circuitos residenciais e carregadores de baterias. Esses disjuntores podem ser religados de forma manual ou automática. O reset automático ocorre quando o disjuntor esfria e atinja uma temperatura de segurança para religar o circuito. O tempo necessário para o resfriamento de um disjuntor térmico normalmente é inferior a 10 minutos. O reset automático é indicado para as aplicações onde as sobrecargas de corrente são corrigidas automaticamente pelo circuito. Os disjuntores térmicos usam elementos ou discos bimetálicos como sensores de corrente. Assim, eles possuem tempo característico de atuação lenta.

> **LEMBRE-SE**
>
> ... o princípio de operação de uma lâmina bimetálica foi explicado na pág. 78 e é ilustrado na Figura 4-13.

Para o reset manual de disjuntores, um mecanismo mecânico trava o elemento bimetálico na posição aberta uma vez que o disjuntor desarme.

Dois tipos de resets manuais para disjuntores térmicos podem ser vistos na Figura 4-44. O disjuntor da Figura 4-44(b)

(a)

(b)

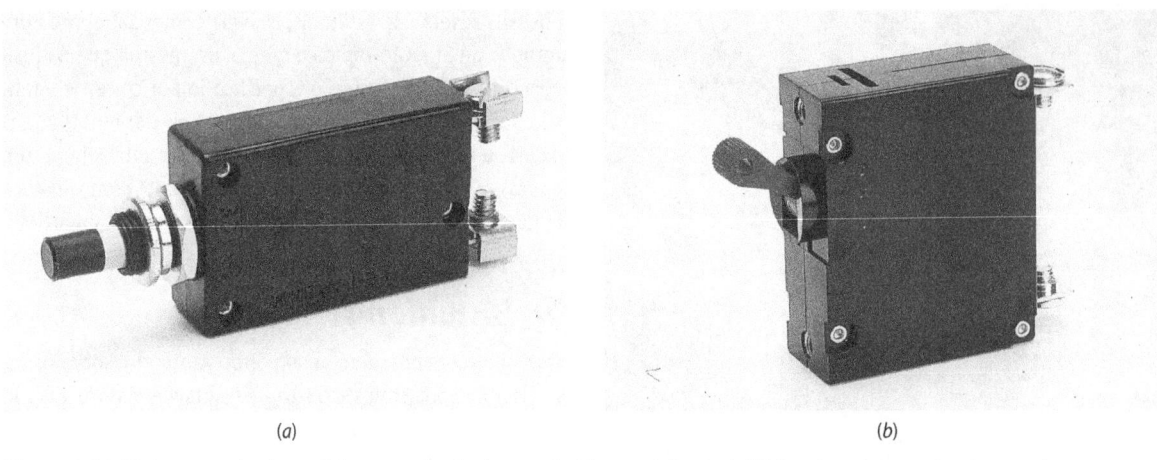

Figura 4-44 Disjuntores térmicos. (a) Reset por botão de pressão (tipo push-botton); (b) Reset por interruptor de manobra.

combina uma chave e um disjuntor num único dispositivo. Neste disjuntor, o rearme é feito atuando-se na chave e alternando a posição de *desligado* (*off*) para a posição *ligado* (*on*). O disjuntor da Figura 4-44(a) possui botão de reset de pressão tipo push-botton. Quando esse disjuntor desarmar, o botão salta para fora da caixa de modo a exibir uma tarja branca na base do botão. Basta pressionar o botão e rearmar o disjuntor para a operação normal.

Uma conexão solta e/ou corroída em um disjuntor térmico pode gerar calor suficiente para o desarme do dispositivo, embora a corrente no condutor esteja provavelmente abaixo do valor nominal do disjuntor. É claro que, se a conexão defeituosa estiver em algum outro lugar fora do disjuntor, o calor excessivo pode derreter o isolamento do condutor e começar um incêndio em materiais inflamáveis que estiverem por perto, sem que o disjuntor desarme.

A aparência externa de um DISJUNTOR MAGNÉTICO é idêntica à de um disjuntor térmico. Contudo, o princípio de atuação e de funcionamento, a estrutura interna e as características dos dois disjuntores são muito diferentes. Disjuntores magnéticos podem ser fabricados com tempos de atuação variando de poucos milissegundos a muitos segundos.

A Figura 4-45 ilustra em corte transversal um disjuntor magnético na posição desarmado (OFF). As quatro blindagens entre os contatos do disjuntor ajudam a extinguir os arcos elétricos ocorridos durante a abertura dos contatos. Os três terminais pequenos localizados entre os dois terminais do disjuntor conectam-se a uma chave de polo simples e duas posições. Embora a chave seja operada por um mecanismo de interrupção, ela é eletricamente isolada do circuito protegido pelo disjuntor. Assim, esta chave pode ser utilizada para controlar um circuito auxiliar que indique remotamente a condição de funcionamento do disjuntor (ou seja, se ele está desarmado ou não). Disjuntores grandes que protegem circuitos de correntes mais elevadas possuem ambas as

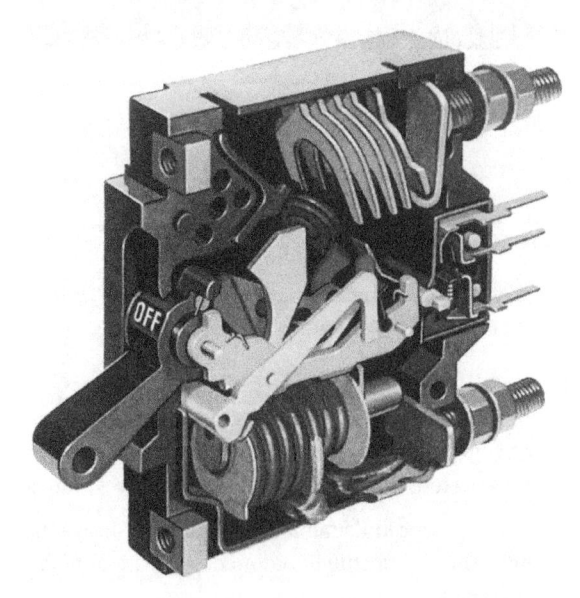

Figura 4-45 Seção transversal de um disjuntor magnético.

proteções embutidas num único dispositivo. A parte térmica do disjuntor atua em sobrecargas de corrente ligeiramente acima do valor nominal do disjuntor, duradouras o suficiente para atuarem no disjuntor, e que não são capazes de atuarem no mecanismo magnético de desarme. Quando picos ou surtos de corrente ocorrerem a parte magnética do disjuntor atua rapidamente para causar o desarme e proteger o circuito.

≫ Outros componentes

Capacitores, indutores e transformadores são outros dispositivos elétricos comumente encontrados em circuitos eletroeletrônicos. Porém, estes dispositivos não podem ser explicados de modo adequado sem o desenvolvimento dos conceitos relacionados ao magnetismo e da corrente alternada. Por isso, os capacitores, os indutores e os transformadores serão explicados oportunamente nos próximos capítulos.

Teste seus conhecimentos

Responda às seguintes questões.

52. Defina os seguintes termos:
    a. Circuito aberto
    b. Curto-circuito
    c. Atuação lenta
53. O que é um porta-fusível com indicação de fusível queimado?
54. As três especificações principais de um fusível são _____, _____ e _____.
55. Fusíveis protegem circuitos contra _____.
56. Os dois tipos de disjuntores são _____ e o _____.
57. O que é um fusível de instrumento?
58. Um fusível _____ não abre um elo fusível para interromper um circuito quando a corrente supera os limites de segurança do circuito.

Respostas

1. Uma célula é um dispositivo que converte energia química em energia elétrica. Uma célula também é conhecida como fonte de energia CC.
2. Uma bateria é um dispositivo elétrico formado por duas ou mais células.
3. Uma célula ou pilha é composta de dois eletrodos e um composto eletrólito.
4. a. Célula primária é uma célula não recarregável.
   b. Célula secundária é uma célula recarregável.
   c. Célula seca pode funcionar em qualquer posição de montagem. Ela é selada contra vazamentos.
   d. Célula eletrolítica deve funcionar em uma posição definida, normalmente com os polos voltados para cima.
   e. Ampère-hora indica a capacidade de armazenamento de energia de uma célula.
5. Alcalina recarregável, chumbo-ácido, níquel-cádmio, Níquel-ferro e íons de lítio
6. Alcalina, zinco-carbono, mercúrio, óxido de prata, cloreto de zinco e lítio
7. Diminui
8. Polarização
9. Chumbo e peróxido de chumbo são convertidos em sulfato de chumbo enquanto que o ácido sulfúrico é convertido em água. Este processo deixa uma das placas com deficiência de elétrons e a outra placa com excesso de elétrons.
10. A bateria descarregada torna-se carga para uma fonte externa de tensão CC maior. Elétrons são forçados para o terminal negativo e para fora do terminal positivo. Assim, as reações químicas da bateria são revertidas e uma nova carga é recebida pela bateria.
11. Carregar de acordo com ou abaixo das recomendações do fabricante da bateria e não sobrecarregar a bateria.
12. A *densidade relativa* de uma substância é a razão entre a sua densidade e a densidade da água.
13. Densímetro de bateria
14. Descarregada
15. Ácido sulfúrico
16. Usar luvas de borracha, evitar o derramamento do eletrólito e fazer o carregamento em ambientes ventilados.
17. Não

18. a. A célula de níquel-cádmio possui a tensão de saída mais constante.
    b. A célula de níquel-cádmio suporta de 3 a 30 vezes mais ciclos de carga/descarga.
    c. A célula alcalina é a de menor custo inicial.
19. a. A célula alcalina é a mais indicada para as aplicações que requerem maiores correntes.
    b. As células alcalinas mantêm a tensão de saída próxima a tensão nominal mesmo com consumo de corrente de carga maiores.
    c. Para um dado peso, as células alcalinas armazenam mais energia.
20. Zinco-carbono
21. Níquel-cádmio e íons de lítio
22. Lítio
23. Tungstênio
24. Incandescente e brilho neon
25. Uma lâmina bimetálica que atua como chave temporizada à medida que ela aquece e esfria.
26. 0,25 A
27. LED
28. Positivo
29. CC
30. O resistor limita a corrente na lâmpada.
31. Não dobrar e nem soldar os terminais a uma distância menor que 3mm do bulbo.
32. A lâmpada pode explodir.
33. Variável, ajustável, com derivação e fixo.
34. Reostato
35. Potenciômetro
36. Potencia nominal
37. a. $10.000\ \Omega \pm 10\% = 10k\Omega \pm 10\%$
    b. $0,22\ \Omega \pm 5\%$
    c. $6.800.000\ \Omega \pm 20\% = 6,8\ M\Omega \pm 20\%$
    d. $47\ \Omega \pm 10\%$
    e. $825.000\ \Omega \pm 1\% = 825\ k\Omega \pm 1\%$
38. Resistência mínima de $446,5\ \Omega$ e máxima de $493,5\ \Omega$.
39. Carbono, plástico condutivo, cermet, filme de carbono e de fio.
40. 0,133 W
41. Fio
42. As linhas tracejadas indicam o intertravamento mecânico entre os dois polos, mas a isolação elétrica permanece.
43. Rotativa, contatos deslizantes, liga/desliga e botão de pressão (push-botton).
44. Tensão, corrente.
45. Normalmente aberto.
46. Curto-circuitado.
47. Bitola
48. AWG
49. Vinil, borracha, neoprene, asbestos e outros materiais plásticos.
50. Eletroímãs, motores, geradores, alto-falantes, transformadores.
51. Fio nº 18
52. a. Circuito aberto significa ausência de percurso condutivo entre dois pontos.
    b. Curto-circuito é uma condição de súbita redução de resistência elétrica de um circuito. O caso catastrófico ocorre quando a resistência reduzida para valores próximos de zero.
    c. Ação lenta é um termo utilizado para fusíveis capazes de suportar sobrecargas momentâneas sem ruptura do elo fusível.
53. É uma base de fusível com lâmpada ou LED para indicação de estado físico do fusível.
54. Corrente, tensão e tempo de atuação.
55. Corrente excessiva.
56. Térmico, magnético.
57. Fusível de ação rápida
58. Resetável

Para resumo do capítulo, questões de revisão e problemas para formação de pensamento crítico, acesse www.grupoa.com.br/tekne

capítulo 5

Associações de cargas

A grande maioria dos circuitos elétricos é mais complexa do que os circuitos estudados até o momento. Circuitos compostos de duas ou mais cargas são denominados *associações de cargas*. As cargas num circuito elétrico podem ser associadas em série, em paralelo ou em um mix de série e paralelo, que muitas vezes chamaremos de misto.

OBJETIVOS

Neste capítulo você será capaz de:

» *Identificar e classificar* três tipos de associações de cargas.

» *Listar e compreender* as características dos circuitos série, paralelo e misto.

» *Medir* corretamente a corrente, a tensão e/ou a resistência em qualquer parte de um circuito com cargas associadas.

» *Calcular* a potência, a tensão, a corrente e/ou a resistência para um circuito resistivo completo ou para qualquer um dos seus componentes individuais.

» *Compreender* as leis de Kirchhoff e usá-las em conjunto com a lei de Ohm para resolver problemas em circuitos elétricos.

» *Converter* resistências em condutâncias e vice-versa.

» *Compreender* o princípio da transferência máxima de potência.

≫ Notação: uso de subscritos

Olhe para o circuito da Figura 5-1 e note os símbolos R_1, R_2 e R_3. Os SUBSCRITOS "1", "2" e "3" são utilizados para identificar de forma única os diferentes resistores do circuito. Dois níveis diferentes de subscritos são utilizados neste tipo de circuito. Por exemplo, I_{R_2} é utilizado para indicar a corrente fluindo através do resistor R_2. O símbolo V_{R_1} identifica a queda de tensão através do resistor R_1. Igualmente, P_{R_3} é a potência dissipada pelo resistor R_3.

Cabe salientar que, na literatura dos circuitos elétricos e eletrônicos, é possível encontrar a utilização de apenas um nível de subscrito. Por exemplo, V_{R_1} poderia ser escrita como V_{R1}. Ambas as referências indicam a queda de tensão através do resistor R_1. Contudo, neste livro, usaremos dois níveis de subscrito.

Quando calcularmos as quantidades totais em circuitos elétricos adicionaremos o subscrito T. Assim, a tensão da bateria da Figura 5-1 é indicada pelo símbolo V_T. O símbolo I_T indica a corrente total fornecida pela bateria e R_T representa a resistência total do circuito. Da mesma forma, a potência fornecida pela bateria ou por uma fonte CC é identificada como P_T.

≫ Potência elétrica em circuitos com associações de cargas

A potência total fornecida por uma fonte, tal como uma bateria, é igual à soma das potências individuais das cargas que compõem o circuito. Quando escrita numa fórmula esta sentença torna-se:

$$P_T = P_{R_1} + P_{R_2} + P_{R_3} + \text{etc.}$$

O "+ etc." ao final da fórmula significa que a fórmula é válida para qualquer número de cargas associadas. Independentemente de quão complexo o circuito seja, essa fórmula permanece válida.

≫ Circuito série

Um CIRCUITO SÉRIE possui cargas conectadas de modo a serem percorridas pela mesma corrente elétrica. A Figura 5-1 ilustra o desenho típico de um circuito elétrico série.

≫ Corrente do circuito série

Na Figura 5-1, a corrente da bateria I_T atravessa a primeira carga R_1, a segunda carga R_2 e a terceira carga R_3. Por exemplo, se o valor dessa corrente for 1A, teremos 1A através de R_1, e o mesmo valor 1A fluindo através de R_2 e R_3. Também, 1A é a corrente que deixa o polo positivo (+) da bateria e retorna ao polo negativo (−). Na forma simbólica, a relação entre as correntes num circuito série pode ser expressa por

$$I_T = I_{R_1} = I_{R_2} = I_{R_3} = \text{etc.}$$

A corrente do circuito série pode ser medida introduzindo-se um amperímetro em série com qualquer dos elementos do circuito. Já que existe apenas UM CAMINHO PARA A CORRENTE qualquer parte do circuito pode ser interrompida para inserção do medidor. Todos os amperímetros mostrados na Figura 5-2 medem a mesma corrente, não importando os valores das resistências do circuito ou o valor da fonte de tensão CC.

≫ Resistências em série

A RESISTÊNCIA TOTAL do circuito série é igual à soma das resistências individuais ao longo do circuito série. Esta afirmação pode ser escrita como

$$R_T = R_1 + R_2 + R_3 + \text{etc.}$$

Esta relação fica bastante evidente se você lembrar dois conceitos ensinados em capítulos anteriores: (1) a resistência elétrica é a oposição à passagem de corrente e (2) todo

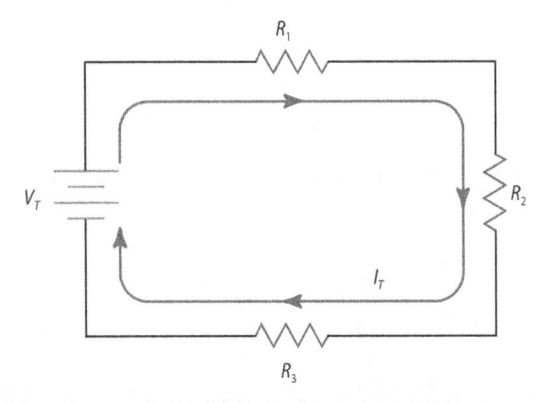

Figura 5-1 Circuito série. Todos os resistores do circuito são percorridos pela mesma corrente elétrica.

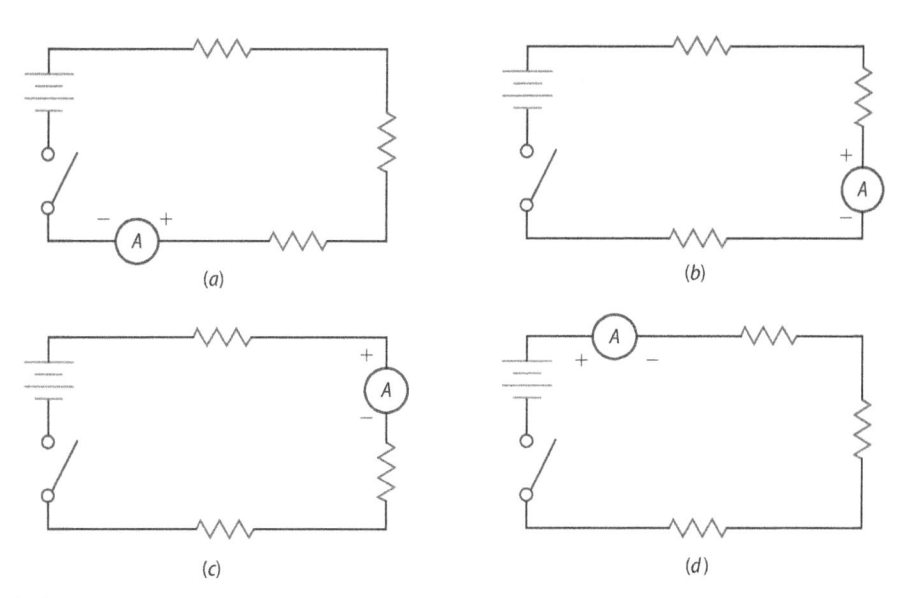

Figura 5-2 Medindo corrente em um circuito série. O amperímetro indica o mesmo valor de corrente em todas as posições mostradas nos diagramas de (a) a (d).

o fluxo de corrente é forçado atravessar cumulativamente as resistências do circuito série antes de retornar à fonte.

A resistência total R_T pode ser determinada pela Lei de Ohm, se forem conhecidas a tensão da fonte V_T e a corrente total I_T. Ambos os métodos de determinação de R_T podem ser vistos no circuito da Figura 5-3. Nesta figura, os "2 A" ao lado do símbolo do amperímetro indicam que esse medidor está medindo 2 A. O valor de resistência de cada resistor do circuito é fornecido próximo ao símbolo da resistência. Utilizando a Lei de Ohm, a resistência total será

$$R_T = \frac{V_T}{I_T} = \frac{90\ V}{2\ A} = 45\ \Omega$$

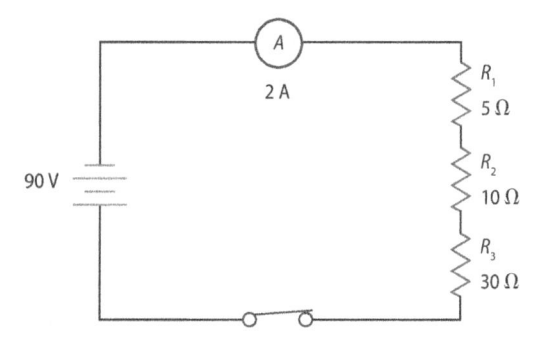

Figura 5-3 A resistência total pode ser encontrada pela Lei de Ohm ou pela soma das resistências individuais do circuito.

Utilizando-se a fórmula para o cálculo de resistência série temos

$$R_T = R_1 + R_2 + R_3$$
$$= 5\ \Omega + 10\ \Omega + 30\ \Omega$$
$$= 45\ \Omega$$

No circuito 5-4(a), para a medição da resistência total de um circuito série é necessário desconectar a fonte de tensão, ou abrir a chave liga/desliga do circuito e inserir um ohmímetro numa posição onde o ohmímetro leia todas as resistências simultaneamente. Neste caso, o ohmímetro fornece corrente para leitura das resistências R_1 e R_2, pois elas demandam corrente da bateria interna do instrumento. As resistências individuais do circuito são medidas conforme as Figuras 5-4(b) e (c).

» Tensões do circuito série

A tensão da fonte do circuito da Figura 5-3 divide-se entre as três resistências de carga. Essa divisão ocorre de forma que a soma das tensões individuais de cada elemento é numericamente igual à tensão da fonte. Isto é,

$$V_T = V_{R_1} + V_{R_2} + V_{R_3} + \text{etc.}$$

Esta relação entre as tensões de cada elemento do circuito série e a tensão total é conhecida como **Lei de Kirchhoff das**

Tensões, que abreviaremos por LKT. A LKT afirma que "a soma das quedas de tensão ao longo de um circuito série é igual à tensão aplicada".*

Podemos verificar que esta relação para o circuito da Figura 5-3 está correta se, antes, utilizarmos a Lei de Ohm para determinar as tensões individuais de cada resistor:

$$V_{R_1} = I_{R_1} \times R_1 = 2\,A \times 5\,\Omega = 10\,V$$

$$V_{R_2} = I_{R_2} \times R_2 = 2\,A \times 10\,\Omega = 20\,V$$

$$V_{R_3} = I_{R_3} \times R_3 = 2\,A \times 30\,\Omega = 60\,V$$

$$V_T = V_{R_1} + V_{R_2} + V_{R_3}$$

$$= 10\,V + 20\,V + 60\,V$$

$$= 90\,V$$

Os cálculos acima mostram que, como resultado imediato da Lei de Ohm, a tensão individual de cada uma das resistências é diretamente proporcional ao valor da resistência. A tensão através do resistor R_2 é duas vezes o valor da tensão em R_1 porque o resistor R_2 tem duas vezes o valor de resistência de R_1. Um raciocínio semelhante pode ser feito entre a tensão em R_3 e as tensões dos outros dois resistores.

» Queda de tensão e polaridade

A tensão elétrica (ou diferença de potencial) através de um resistor é tratada como uma QUEDA DE TENSÃO. É frequente dizermos que ela é uma tensão desenvolvida através do resistor. Isto é, parte da diferença de energia potencial da fonte desenvolve-se ou "surge" através de cada resistor como uma parcela da diferença de potencial da fonte. Perceba que há uma distinção entre a tensão gerada pela fonte e a tensão desenvolvida em cada resistor de carga, que naturalmente não foi gerada pelo resistor. A fonte de tensão fornece energia elétrica ao circuito e a tensão desenvolvida nas cargas indica que parte dessa energia foi convertida em outra forma, como calor ou luz.

Uma consequência da queda de tensão através de um resistor é o surgimento de uma POLARIDADE entre seus terminais. Entretanto, neste caso, essas polaridades não indicam deficiência ou excesso de elétrons em cada terminal, como ocorre na fonte CC. Em vez disso, ela indica qual é a direção

(a) Medindo R_T

(b) Medindo R_1

(c) Medindo R_2

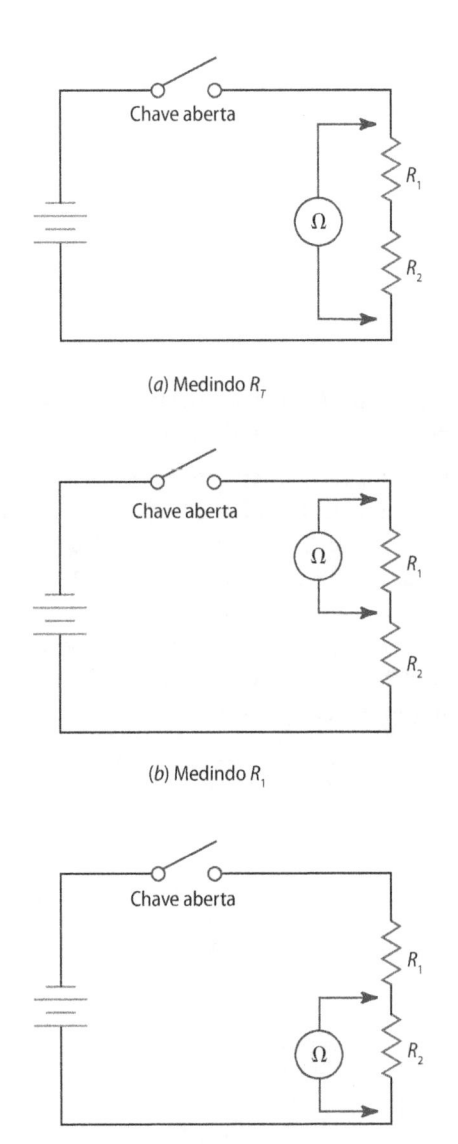

Figura 5-4 Possibilidades de medição de resistências de um circuito série com duas resistências.

---

* N. de T.: Não é raro a LKT ser enunciada da seguinte forma: "*A soma algébrica das tensões ao longo de qualquer percurso fechado de um circuito é numericamente zero.*" Esse enunciado não se parece em nada com o enunciado apresentado no texto, mas, de fato, é a mesma coisa.

Por exemplo, vamos reescrever a LKT original apresentada no texto $V_T = V_{R_1} + V_{R_2} + V_{R_3} + $ etc., colocando todas as tensões do lado esquerdo da igualdade. Assim, $V_T - V_{R_1} - V_{R_2} - V_{R_3} - $ etc. $= 0$. Agora, lembrando que $-X = +(-X)$, temos $V_T + (-V_{R_1}) + (-V_{R_2}) + (-V_{R_3}) + (-$etc.$) = 0$. Esta última expressão foi escrita de modo que a soma algébrica das tensões ao longo do circuito série é numericamente igual a zero.

Para algumas análises de circuitos em eletricidade e eletrônica é melhor utilizar essa forma da LKT.

do fluxo de corrente eletrônica ao cruzar uma carga e sugere que parte da energia elétrica da fonte é convertida para outra forma de energia. A corrente elétrica move-se através de uma carga do ponto de potencial elétrico mais positivo (+) para o ponto de potencial elétrico mais negativo (−). Nas cargas, essa tensão desenvolvida significa conversão de energia elétrica para outra forma. No sentido convencional, a corrente que *atravessa* internamente uma bateria move-se do negativo (−) para o positivo (+). Desse modo, interpretamos que a bateria está fornecendo energia elétrica ao circuito.

Os sinais de polaridade são mostrados ao lado dos símbolos dos resistores da Figura 5-5. A corrente deixa o positivo da bateria, entra em R_1 pelo ponto A, que recebe a polaridade de entrada (+), sai pelo ponto B, que recebe a polaridade de saída (−). Estes são os sinais de polaridade em R_1. O raciocínio é idêntico para R_2, sendo que a corrente entra pelo ponto B, que recebe o positivo (+), e sai pelo ponto C, que recebe o negativo (−), retornando em seguida ao negativo da bateria. O fluxo de corrente dentro da bateria segue do negativo para o positivo. Externamente à bateria, a corrente sai do positivo, percorre o circuito formado por R_1 e R_2 e volta ao negativo da bateria.

Observe na Figura 5-5 que o ponto B recebe tanto o negativo (−) como o positivo (+). Isso pode parecer contraditório, mas não é. O ponto B é *negativo em relação ao ponto A*, mas *positivo em relação ao ponto C*. É muito importante que você compreenda a expressão "em relação ao". Lembre-se que a tensão é definida como a "diferença de energia potencial entre dois pontos". Assim, não há sentido falar em tensão ou polaridade de um único ponto isolado, como o ponto B. Isoladamente, o ponto B em si não possui nenhuma tensão ou polaridade. Porém, quando o comparamos com os pontos A ou C, a situação muda e o ponto B assume essa condição de estar negativo ou positivo em relação a A e C, respectivamente. O ponto B é negativo em relação ao ponto A; eletricamente falando, significa dizer que o potencial em B é menor que o potencial em A. Também simboliza que a energia elétrica é convertida em calor, quando cargas movem-se do ponto A ao ponto B.

» Medindo as tensões do circuito série

A tensão total de um circuito série deve ser medida através dos terminais da fonte de tensão, como sugere a Figura 5-6. As quedas de tensão desenvolvidas nos resistores em série são também medidas com facilidade. As formas corretas de conexão dos voltímetros para medição das quedas de tensão ao longo de um circuito série contendo três resistências são ilustradas na Figura 5-7. O procedimento de medição consiste em primeiro determinar a função de medição correta (no caso tensão), a faixa de tensão a ser medida e posicionar as pontas de provas com as polaridades corretas nos bornes do instrumento. Em seguida, basta posicionar as pontas de prova em paralelo com os terminais do resistor onde a queda de tensão foi desenvolvida. Normalmente, conectar um voltímetro em paralelo com circuitos energizados não é um problema. Os voltímetros possuem uma resistência interna muito elevada. De fato, ela é tão alta que o ato de conectar as pontas de prova em paralelo com os resistores não causa nenhuma mudança significativa nas grandezas elétricas do circuito. Para o momento, assuma que os medidores como voltímetros e amperímetros não interferem nas quantidades que eles estão medindo. Ainda, considere que a fonte de tensão não possui resistência interna que seja julgada significativa.

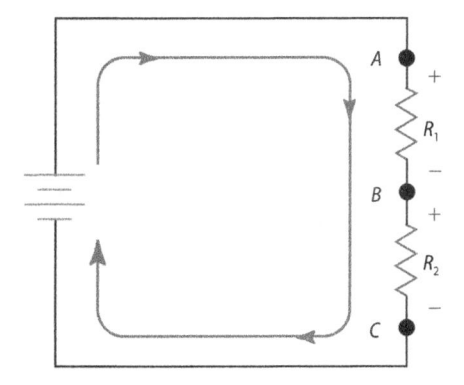

Figura 5-5 Polaridade das tensões no circuito série.

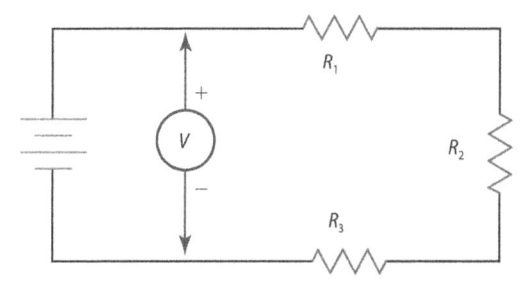

Figura 5-6 Medindo a tensão total de um circuito série.

(a) Medindo a queda V_{R_1}

(b) Medindo a queda V_{R_2}

(c) Medindo a queda V_{R_3}

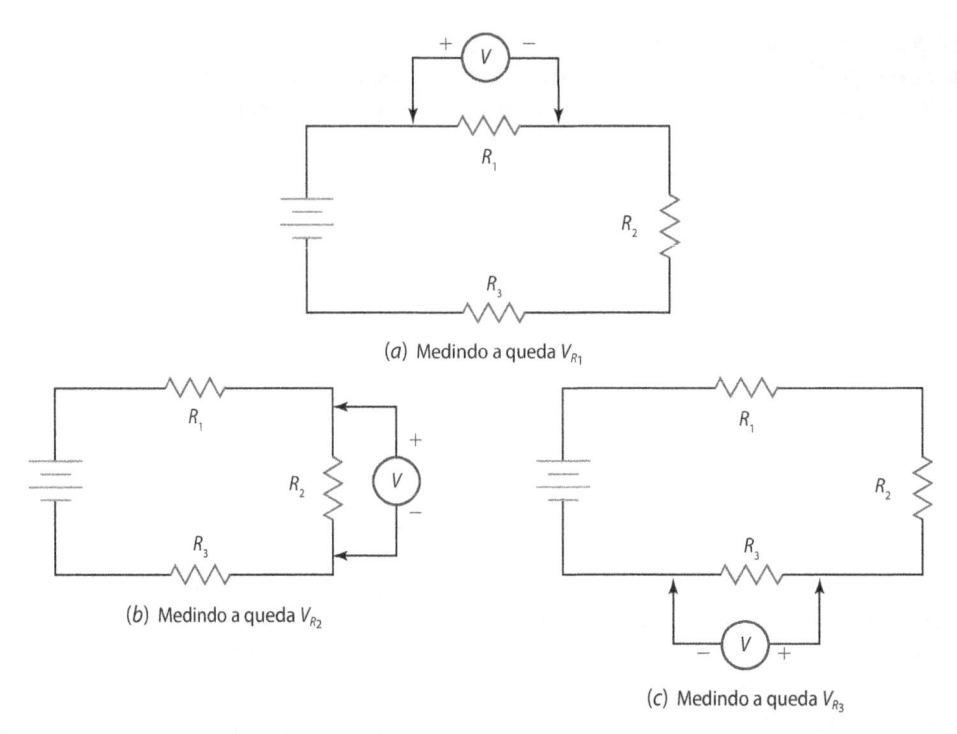

Figuras 5-7 Medindo as quedas de tensão de cada resistor de um circuito série com três resistores *(a)* Medindo a queda V_{R_1}; *(b)* Medindo a queda V_{R_2}; *(c)* Medindo a queda V_{R_3}.

» Circuito série aberto

Em um circuito série, a corrente deixa de circular no circuito se em alguma parte do circuito é colocada em **ABERTO**. Ainda, ao ser aberto, as tensões e as potências deixam de existir em cada uma de suas cargas. Alguns julgam que esta é uma característica ruim do circuito série. Por exemplo, um circuito em série contendo várias lâmpadas para de funcionar totalmente se uma das lâmpadas tiver o filamento queimado, o que naturalmente abre o circuito.

É fácil determinar qual é a carga do circuito série que está aberta: para isso meça as tensões individuais de cada carga. A carga que estiver aberta terá uma queda de tensão numericamente igual ao valor da fonte de tensão. Na Figura 5-8(*a*), o voltímetro indica 0 V quando é conectado em paralelo com os resistores não defeituosos. A figura sugere um aberto no resistor R_2 e, assim, nenhuma corrente pode percorrer o circuito série. Na Figura 5-8(*b*), o medidor é deslocado para medir a queda de tensão em R_2, que está aberto, e ele indica uma queda de tensão de 50 V. Quando o voltímetro é conectado através de R_2, como na Figura 5-8(*b*), circula uma corrente pequena através de R_1, do voltímetro e de R_3. Na maioria dos circuitos, a resistência interna do voltímetro é muito alta, quando comparada com resistências normalmente empregadas em circuitos. O resultado disso é que aproximadamente toda a tensão da bateria é desenvolvida no R_2 e medida pelo voltímetro. Deve ser observado que os mesmos 50 V estão através de R_2 em aberto, mesmo sem o voltímetro conectado em paralelo com o resistor [Figura 5-8(*a*)]. Esta condição satisfaz perfeitamente a LKT, pois $V_{R_1} + V_{R_2} + V_{R_3}$ perfaz os 50 V da fonte.

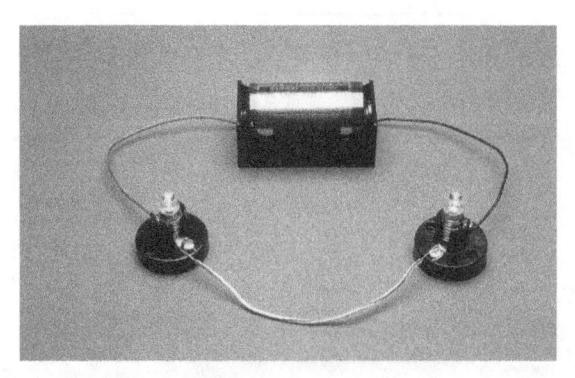

Um exemplo de circuito série.

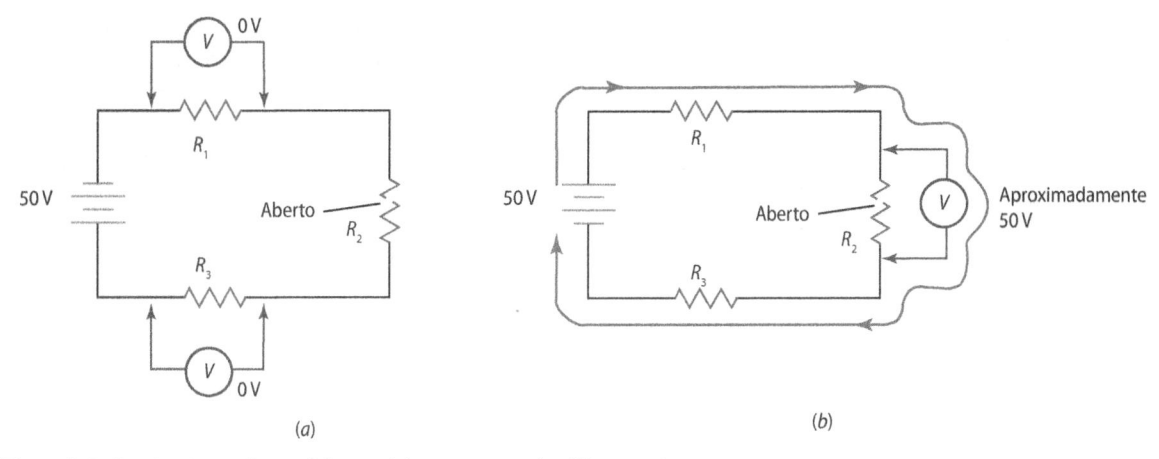

Figura 5-8 Quedas de tensão medidas em (a) cargas normais e (b) carga aberta.

Os circuitos da Figura 5-8 mostram um circuito aberto exatamente na posição do resistor R_2. Num circuito elétrico real, o resistor R_2 poderia ser parecido com os resistores R_1 e R_3, e poderia não haver nenhuma evidência física visual de que o resistor aberto é o R_2. Em alguns casos, o evento que causa o aberto num resistor é tão violento que ele fica totalmente carbonizado. Neste caso é simples a determinação visual, mas um técnico de reparação deve estar preparado para não contar com sorte tão grande de modo que, utilizar instrumentos de medida, como um voltímetro, para identificar um resistor aberto num circuito série é um requisito obrigatório esperado de um técnico.

❯❯ Circuito série em curto

Quando uma carga do circuito série entra *em* curto, normalmente as outras cargas *continuam funcionando*. Nesse caso, ocorre que algumas das outras cargas remanescente do circuito potencialmente podem *abrir* devido ao súbito aumento de tensão, de corrente e/ou de potência provocados pelo curto inicial. A Figura 5-9(a) mostra um circuito série composto de três lâmpadas iguais de 10 V e 1 A. Nessas condições normais, cada lâmpada dissipa 10 W de potência ($P = V \cdot I = 10\,V \times 1\,A$). Supondo que, por alguma razão, a lâmpada L_2 entre em curto repentino, como mostrado na Figura 5-9(b), a tensão da fonte 30 V é imediatamente redistribuída de forma igual para as duas lâmpadas restantes (já que L_2 está em curto). Isso significaria que cada uma das lâmpadas remanescentes do circuito desenvolveria uma queda de tensão de 15 V. Logo, o aumento da queda de tensão em cada lâmpada seria de 50%, o que aumentaria em 50% a corrente da lâmpada, passando a 1,5 A (supondo que as resistências elétricas individuais das lâmpadas permaneçam as mesmas).

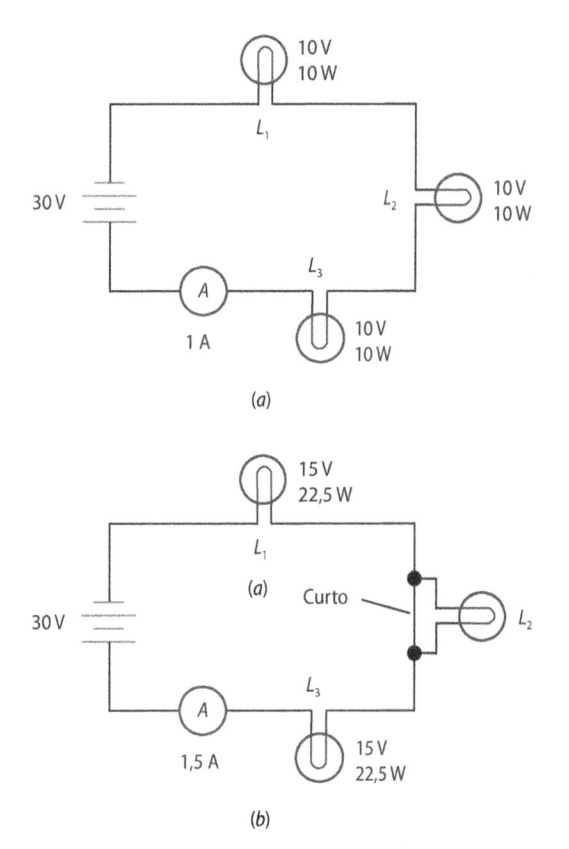

Figura 5-9 Efeitos de uma carga em curto sobre um circuito em série.

> **Sobre a eletrônica**
>
> **Reações nucleares**
> Existem 110 plantas nucleares nos Estados Unidos que fornecem cerca de 20% da energia elétrica consumida no país. Desde 1986 nenhuma planta nova foi autorizada pelo governo dos EUA. Por outro lado, no Japão existem 49 plantas nucleares que suprem cerca de 30% das necessidades de energia elétrica atuais dos japoneses, e há outras 40 novas plantas em construção. Em outros lugares da Ásia, como na Coréia do Sul, existem 11 plantas, com outras 19 em progresso; em Taiwan são seis; a Indonésia possui 12 em construção e a China possui três, com outras três em progresso. O Brasil possui duas usinas nucleares (Angras I e II) e outras quatro estão em fase de estudos para serem construídas até 2030.

Com 15 V e 1,5 A cada lâmpada dissiparia 22,5 W. Isso certamente causaria danos em uma ou ambas as lâmpadas restantes do circuito.

Os efeitos de uma carga em curto sobre um circuito série podem ser resumidos da seguinte forma:

1. A resistência total do circuito diminui.
2. A corrente total do circuito aumenta.
3. As quedas de tensão nas cargas remanescentes do circuito aumentam.
4. A dissipação de potência de cada uma das cargas restantes aumenta.
5. A potência total do circuito aumenta.
6. A resistência, a tensão e a potência da carga em curto diminuem. Se a carga é colocada em curto total, estas quantidades são reduzidas a zero.

» Resolvendo problemas em circuitos séries

O uso adequado da Lei de Ohm e das relações entre a corrente, as tensões, as resistências e as potências resolve a maioria dos problemas em circuitos séries. Ao utilizar a Lei de Ohm lembre-se que USANDO SUBSCRITOS adequados para as tensões, as correntes e as resistências você manterá o raciocínio necessário que não te deixará cair em armadilhas.

Você deve desenvolver esse hábito de identificar bem as grandezas do circuito. Sem as identificações adequadas é fácil esquecer sobre quais tensões, correntes ou resistências são consideradas em cada fórmula. Se você estiver usando a Lei de Ohm para determinar a queda de tensão através de R_1 escreva:

$$V_{R_1} = I_{R_1} R_1$$

Já se você estiver calculando a tensão total do circuito série, trate de escrever:

$$V_T = I_T R_T$$

EXEMPLO 5-1

Considere o circuito da Figura 5-10 para este exemplo. Nele, uma lâmpada de 8 V/ 0,5 A deve ser ligada a partir de uma bateria de 12,6 V. Especifique o valor de resistência e potência do resistor R_1 a ser conectado em série com a lâmpada para permitir o correto funcionamento da lâmpada.

Dados:
$V_T = 12,6$ V
$V_{L_1} = 8$ V
$I_{L_1} = 0,5$ A

Especificar: R_1, P_{R_1}

Conhecidos:
$R_1 = \dfrac{V_{R_1}}{I_{R_1}}$
$V_T = V_{L_1} + V_{R_1}$
$I_T = I_{R_1} = I_{L_1}$
$P_{R_1} = V_{R_1} I_{R_1}$

Solução:
$I_{R_1} = I_{L_1} = 0,5$ A
$V_T = V_{L_1} + V_{R_1}$
Assim,
$V_{R_1} = V_T - V_{L_1}$
$V_{R_1} = 12,6$ V $- 8$ V $= 4,6$ V
$R_1 = \dfrac{4,6 \text{ V}}{0,5 \text{ A}} = 9,2 \, \Omega$
$P_{R_1} = V_{R_1} I_{R_1}$
$= 4,6$ V $\times 0,5$ A
$= 2,3$ W

Resposta: O resistor R_1 para conexão série com a lâmpada deve ter resistência mais próxima possível de 9,2 Ω e potência 2,3 W. Assumindo um fator de segurança de 2x, escolha um resistor de 5 W.

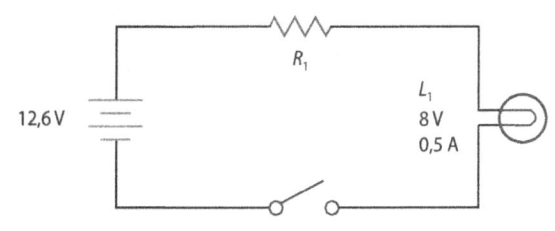

Figura 5-10 Circuito para o Exemplo 5-1.

EXEMPLO 5-2

Determine a corrente e a resistência total do circuito da Figura 5-11. Determine também as quedas de tensão em cada resistor.

Dados:
$V_T = 90$ V
$R_1 = 35\ \Omega$
$R_2 = 70\ \Omega$
$R_3 = 45\ \Omega$

Determinar: $I_T, R_T, V_{R_1}, V_{R_2}, V_{R_3}$

Conhecidos:
$I_T = \dfrac{V_T}{R_T}$
$R_T = R_1 + R_2 + R_3$
$V_{R_1} = I_{R_1} R_1$
$I_T = I_{R_1} = I_{R_2} = I_{R_3}$

Solução:
$R_T = 35\ \Omega + 70\ \Omega + 45\ \Omega$
$= 150\ \Omega$
$I_T = \dfrac{90\ V}{150\ \Omega} = 0{,}6$ A
$V_{R_1} = 0{,}6\ A \times 35\ \Omega = 21$ V
$V_{R_2} = 0{,}6\ A \times 70\ \Omega = 42$ V
$V_{R_3} = 0{,}6\ A \times 45\ \Omega = 27$ V

Resposta:
$I_T = 0{,}6$ A; $R_T = 150\ \Omega$
$V_{R_1} = 21$ V
$V_{R_2} = 42$ V
$V_{R_3} = 27$ V

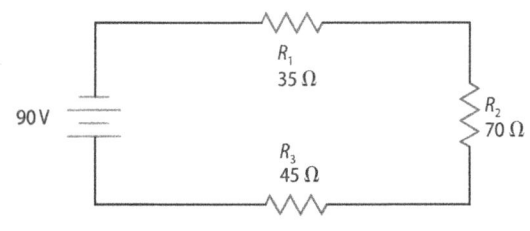

Figura 5-11 Circuito para o Exemplo 5-2.

Finalizada a solução de um problema elétrico dessa natureza é uma boa ideia TIRAR A PROVA para erros matemáticos cometidos durante a resolução do problema. Isso pode ser feito usualmente utilizando-se relações *não utilizadas* na solução do problema original. O problema do Exemplo 5-2 pode ser verificado através da LKT:

$$V_T = V_{R_1} + V_{R_2} + V_{R_3}$$
$$= 21\ V + 42\ V + 27\ V$$
$$= 90\ V$$

Visto que 90 V é a tensão V_T da fonte, tirar a prova pela LKT mostrou que o problema está correto, pelo menos para a soma das tensões individuais do circuito.

» Fórmula do divisor de tensão

O Exemplo 5-2 ilustrou uma propriedade singular do circuito série: a tensão da fonte se divide entre as resistências do circuito série. Existe um modo mais rápido e prático de se determinas as quedas de tensão de um circuito série. Quando você quiser determinar a tensão através de um dos resistores de um circuito série, você pode utilizar a FÓRMULA DO DIVISOR DE TENSÃO. A fórmula geral do divisor de tensão é:

$$V_{R_n} = \dfrac{V_T R_n}{R_T}$$

Onde R_n é a resistência em que a queda de tensão deve ser calculada. A lógica por trás dessa fórmula é bastante simples se ela for reescrita:

$$V_{R_n} = \dfrac{V_T}{R_T} \times R_n = I_T \times R_n = I_{R_n} \times R_n$$

Para ilustrar a utilidade da fórmula do divisor de tensão, vamos utilizá-la para resolver o problema de encontrar V_{R_2} no circuito da Figura 5-11. Lembrando que $R_T = R_1 + R_2 + R_3$ para o circuito da Figura 5-11, podemos escrever a fórmula do divisor de tensão como:

$$V_{R_2} = \dfrac{V_T R_2}{R_1 + R_2 + R_3}$$
$$= \dfrac{90\ V \times 70\ \Omega}{35\ \Omega + 70\ \Omega + 45\ \Omega} = 42\ V$$

» Estimativas, aproximações e tolerâncias

Num circuito série, o resistor de maior resistência domina o circuito. Isto é, a maior queda de tensão do circuito ocorre na resistência de maior valor, assim como o maior efeito sobre a corrente total do circuito advém dela e, muitas vezes, a maior potência dissipada normalmente é consumida nessa resistência. Algumas vezes, ocorre que um dos resistores do circuito série é muito maior que todos os demais de modo que essa resistência individual contribui enormemente para o valor final da corrente do circuito. Por exemplo, o resistor R_1 do circuito da Figura 5-12 é dominante. Supondo que R_2 seja colocado em curto, a corrente no circuito série aumenta de 18 mA para cerca 20 mA. Suponha que R_1 e R_2 são resistores de tolerância $\pm 10\%$. Então, o valor mínimo de R_1 é 90 kΩ, e R_2 mínimo seria 9 kΩ. Se este for o caso, a corrente do circuito da Figura 5-12 ainda seria próxima de 20 mA. A presença ou ausência de R_2 não tem um efeito apreciável sobre o valor da corrente do circuito diferente do que a própria tolerância de R_1 já desempenha. Assim, uma boa ESTIMATIVA da corrente do circuito da Figura 5-12 seria obtida simplesmente ignorando o valor de R_2 do circuito. Esta estimativa seria suficientemente boa para coisas como:

1. Determinar a dissipação de potência de cada resistor pelo uso de $P = I^2R$.
2. Determinar a escala do amperímetro a ser utilizada na medição da corrente do circuito.
3. Estimar a potência requerida da bateria pelo circuito.

Portanto, quando for estimar corrente num circuito série, ignore as resistências menores casos elas sejam menores que a tolerância da resistência mais alta.

» Aplicações do circuito série

Uma das aplicações do circuito série já foi abordada no Exemplo 5-1 – operação de uma lâmpada a partir de uma fonte CC de tensão mais alta que a tensão nominal da lâmpada. Inúmeras outras aplicações podem ser mencionadas; dentre elas podemos citar: (1) controles de velocidade de motores CC, (2) controle de luminosidade de lâmpadas incandescentes de baixa potência e (3) acionamentos em circuitos eletrônicos.

Um circuito de CONTROLE DE VELOCIDADE DE MOTOR CC simplificado é mostrado na Figura 5-13. Este tipo de controle de velocidade é utilizado em pequenos motores CC, tal como o motor de uma máquina de costura. Na máquina de costura, a variação da resistência ocorre ao pisar num pedal. O circuito proporciona controles de velocidade contínuos e suaves de motores de pequeno porte. Quanto menor for o valor da resistência em serie, maior será a velocidade do motor. A maior desvantagem desse tipo de controle de velocidade é a sua ineficiência energética. Às vezes, a resistência em série converte em calor mais energia elétrica da fonte do que o motor converte em energia mecânica.

A intensidade de uma lâmpada incandescente é controlada frequentemente por um RESISTOR VARIÁVEL ligado em série. Tais circuitos são úteis para iluminar painéis de rádios e medidores de equipamentos de radiocomunicação ou equipamentos de navegação de aviões. Um circuito típico é ilustrado na Figura 5-14. Neste circuito, aumentos de resistência do resistor provocam diminuições na intensidade da corrente do circuito e, naturalmente, na intensidade da lâmpada. Note que o símbolo utilizado para o resistor variável da Figura 5-14 é diferente daquele utilizado na Figura 5-13. Ambos os símbolos estão corretos. Ambos são símbolos reconhecidamente válidos para um REOSTATO.

Por fim, parte de um circuito de controle de corrente a TRANSISTOR é visto na Figura 5-15. O resistor R_1 foi coloca-

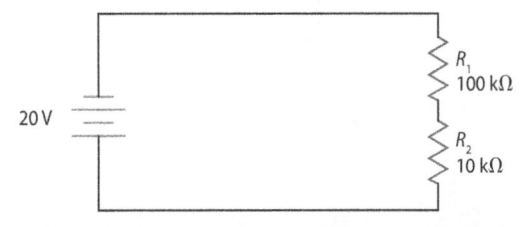

Figura 5-12 Resistência dominante. Corrente e potência do circuito são fortemente determinadas pela resistência R_1.

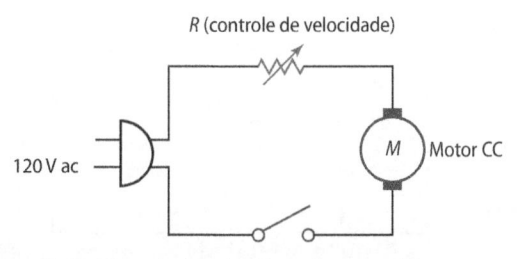

Figura 5-13 Controle de velocidade do motor CC.

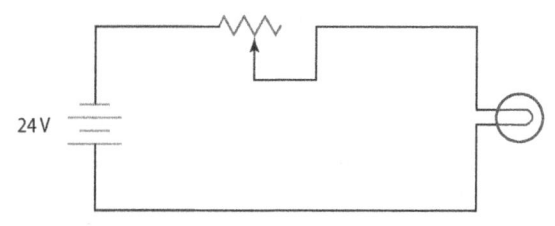

Figura 5-14 Controle de intensidade luminosa de lâmpadas incandescentes de baixa potência.

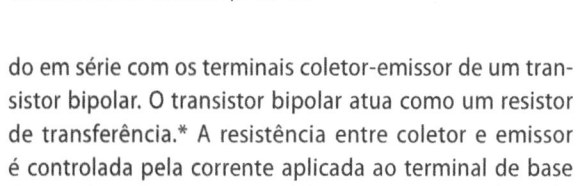

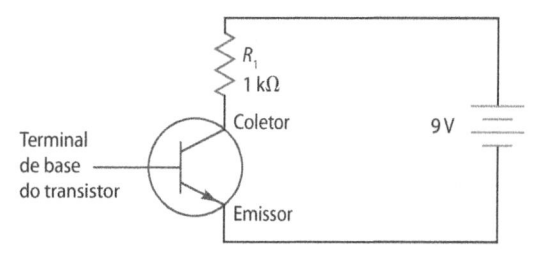

Figura 5-15 Resistor série de coletor do circuito de controle transistorizado.

do em série com os terminais coletor-emissor de um transistor bipolar. O transistor bipolar atua como um resistor de transferência.* A resistência entre coletor e emissor é controlada pela corrente aplicada ao terminal de base do transistor. Logo, controlando-se a corrente de base do transistor controla-se a corrente entre os terminais coletor-emissor do transistor. Isso torna possível para um transistor AMPLIFICAR uma pequena corrente que normalmente é aplicada à base.

Teste seus conhecimentos

Responda às seguintes questões.

1. Utilize notação de subscritos para escrever o símbolo para:
    a. Tensão no resistor R_4
    b. Corrente da fonte
    c. Corrente no resistor R_2
2. Falso ou verdadeiro? Num circuito com muitas cargas associadas a potência total é a soma das potências individuais das cargas que compõem o circuito.
3. Falso ou verdadeiro? Quando resistores são associados em série eles compartilham a mesma corrente.
4. Falso ou verdadeiro? Num circuito série, a corrente da fonte é igual à corrente em qualquer carga do circuito.
5. Escreva as duas fórmulas para a determinação da resistência total de um circuito série.
6. Num circuito série, a resistência de um resistor pode ser medida sem que o resistor seja completamente removido do circuito?
7. Escreva a fórmula que mostra a relação entre a tensão total do circuito e as quedas de tensão de um circuito série.
8. Num circuito série, onde incidirá a maior queda de tensão, num resistor de 100 Ω ou num resistor de 56 Ω?
9. A marca de polaridade negativa da queda de tensão em um ponto de um resistor indica um excesso de elétrons neste ponto?
10. Um circuito série possui dois resistores. Um dos resistores está perfeito e o outro está aberto. Em qual dos resistores será medida a maior queda de tensão?
11. Um circuito série é composto de três resistores: R_1, R_2 e R_3. Se R_2 entrar em curto, o que acontece com cada uma das seguintes quantidades:
    a. Corrente em R_1
    b. Potência total do circuito
    c. Tensão através de R_3
12. Um resistor de 125 Ω (R_1) e outro de 375 Ω (R_2) são ligados em série com uma fonte de 100 V. Determine as seguintes grandezas do circuito:
    a. Resistência total
    b. Corrente total
    c. Queda de tensão em R_1
    d. Potência dissipada pelo R_2
13. Refira-se ao circuito da Figura 5-10. A lâmpada L_1 tem suas especificações alteradas para 7 V/150 mA. Neste caso, qual é o novo valor de resistência a ser conectada em série com a lâmpada? Que potência é exigida da bateria pelo circuito?
14. Se a resistência do circuito da Figura 5-14 for reduzida, o que acontece com a intensidade de brilho da lâmpada?
15. Se o transistor do circuito da Figura 5-15 abrir entre coletor e emissor, que tensão seria medida no resistor R_1?
16. Se o transistor do circuito da Figura 5-15 entrar em curto entre coletor e emissor, que corrente circularia no resistor R_1?

---

* N. de T.: O termo transistor é a elisão de duas palavras, a saber, **Trans**fer e Res**istor**. Assim, o transistor foi concebido para ser um "resistor de transferência" desde os primeiros dias da sua concepção.

≫ Transferência máxima de potência

A TRANSFERÊNCIA MÁXIMA DE POTÊNCIA define o quão eficientemente é a transferência de potência entre uma fonte e uma carga. A fonte poderia ser uma bateria e a carga uma lâmpada, ou a fonte poderia ser um amplificador e a carga um alto-falante.

A transferência máxima de potência entre uma fonte e uma carga ocorre quando se verifica a paridade entre a oposição da carga à passagem de corrente e a oposição interna da fonte. Resistência elétrica é apenas uma das formas de oposição à passagem de corrente elétrica; IMPEDÂNCIA é uma forma de oposição mais geral que a resistência, pois normalmente já contempla todos os efeitos de oposição à circulação de corrente. Você aprenderá muito mais sobre a impedância quando estudarmos circuitos em corrente alternada. Nos circuitos em corrente contínua, a transferência máxima de potência ocorre quando se verifica a igualdade entre as resistências interna da fonte e de carga.

Referindo-se ao circuito da Figura 5-16 faremos uma análise que te ajudará a compreender esse resultado surpreendente. Nesta figura, a resistência interna da bateria é representada por R_B. A bateria B_1 representa uma FONTE DE TENSÃO CONSTANTE ou *fonte de tensão ideal*. Isto é, ela representa uma fonte de tensão sem nenhuma resistência interna. A linha tracejada envolvendo R_B e B_1 é a representação de uma fonte real, composta da tensão gerada internamente e da resistência interna da bateria. Estes dois componentes não possuem existência isolada, pois não podem existir separadamente como componentes isolados. Entenda que eles foram encerrados pela linha tracejada para formarem a fonte real do nosso exemplo. A carga é representada por R_1. Se o princípio da transferência máxima de potência for correto, quando R_1 for igual a R_B ocorrerá a transferência máxima de potên-

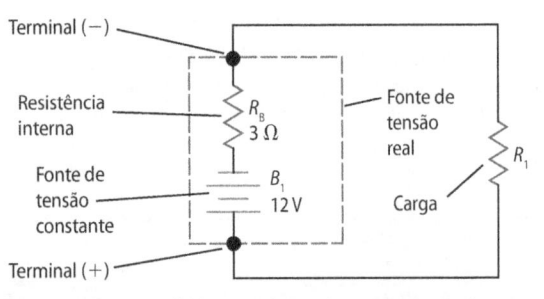

cia da bateria para a carga R_1. Vamos justificar o princípio da transferência máxima de potência propondo um exercício de repetição. Primeiramente, vamos atribuir valores constantes para R_B e B_1. Então, vamos calcular a potência dissipada pela carga para diversos valores de R_1. Por exemplo, quando R_1 for 9 Ω, a rotina de cálculos a serem realizados é a seguinte:

$$R_T = R_1 + R_B = 9\,\Omega + 3\,\Omega = 12\,\Omega$$

$$I_T = \frac{V_T}{R_T} = \frac{12\,V}{12\,\Omega} = 1\,A$$

$$P_{R_1} = I_{R_1}^{2} R_1 = (1\,A)^2 \times 9\,\Omega = 9\,W$$

$$P_{R_B} = I_{R_B}^{2} R_B = (1\,A)^2 \times 3\,\Omega = 3\,W$$

$$P_T = P_{R_1} + P_{R_B}$$
$$= 9\,W + 3\,W = 12\,W$$

Os cálculos para outros valores de R_1 foram realizados de modo equivalente e foram registrados na Tabela 5-1. Note que a transferência máxima de potência ocorre quando R_1 assume o valor 3 Ω, que é a mesma resistência da bateria. É claro que foram testados apenas seis valores de resistência para R_1 e isso, por si só, não prova que o princípio da transferência máxima de potência é correto. Você pode sugerir muitos outros valores de resistência para R_1 e repetir os cálculos, mas para cada novo valor você ficará mais convencido de que o princípio é correto. Uma prova analítica do princípio foge ao escopo deste livro.

A Tabela 5-1 também mostra as potências dissipadas internamente na resistência da fonte e a potência total fornecida por ela. Observe que, na condição de transferência máxima de potência, a eficiência é somente 50%, isto é, dos 24 W fornecidos pela fonte, somente 12 W foram utilizados pela carga. Na medida em que a resistência de carga aumenta, a eficiência melhora e a potência transferida diminui.

Tabela 5-1 *Valores calculados para o circuito da Figura 5-16*

R_1 (Ω)	R_T (Ω)	I_T (A)	P_{R_1} (W)	P_{R_B} (W)	P_T (W)
1	4	3,00	9,00	27,00	36,00
2	5	2,40	11,52	17,28	28,80
3	6	2,00	12,00	12,00	24,00
4	7	1,71	11,76	8,82	20,57
5	8	1,50	11,25	6,75	18,00
6	9	1,33	10,67	5,33	16,00

Figura 5-16 A transferência máxima de potência ocorre quando R_B e R_1 são iguais.

Teste seus conhecimentos

Responda às seguintes questões.

17. Em que condição ocorre a transferência máxima de potência de uma fonte para uma carga?

18. Para maior eficiência, a resistência de carga deve ser maior, menor ou igual à resistência interna da fonte?

>> Circuito paralelo

Os **circuitos paralelos** são circuitos onde as cargas são associadas de maneira a formarem **múltiplos caminhos** para as correntes elétricas circularem. Um nó de circuito é um ponto de conexão entre duas ou mais cargas. Cada um dos caminhos diferentes que liga dois nós é chamado de **ramo**. Logo, o circuito da Figura 5-17 possui três ramos. A corrente da bateria divide-se entre os três ramos que compõem este circuito. Cada um dos ramos possui uma carga própria que é independente das cargas dos demais ramos. Portanto, a corrente e a potência em um ramo não dependem de corrente, resistência ou potência dos outros ramos.

Na Figura 5-18, a chave S_2 do ramo central controla a lâmpada L_2. Essa chave não tem nenhum efeito sobre as lâmpadas colocadas nos outros ramos. A Figura 5-18 ilustra o modo exato de conexão de lâmpadas e outros dispositivos elétricos presentes em nossas residências. Nas instalações elétricas residenciais, os circuitos elétricos são sempre circuitos paralelos. O fusível da Figura 5-18 protege toda a instalação formada por três ramos, visto que a corrente total deve cruzar o fusível antes de alimentar os três ramos em paralelo. Se ocorrer algum defeito em um dos ramos, tais como um curto-circuito ou sobrecarga, a corrente do ramo onde o defeito aconteceu terá um pico e isso será refletido na corrente total que cruza o fusível. Nesse caso, o elo fusível se romperá interrompendo a circulação de corrente. Também, por alguma razão, se os três ramos drenarem mais corrente do que o esperado, o fusível atuará. Naturalmente, quando o fusível abre todo o circuito deixa de funcionar até que o problema seja diagnosticado, o reparo realizado e o fusível substituído.

>> Tensão do circuito paralelo

Todas as tensões do circuito paralelo são as mesmas. Em outras palavras, a tensão da fonte é compartilhada para cada ramo do circuito paralelo. Na Figura 5-19(a), cada um dos voltímetros mede a mesma tensão. Rearranjando o circuito da Figura 5-19(a), chegamos ao circuito da Figura 5-19(b).

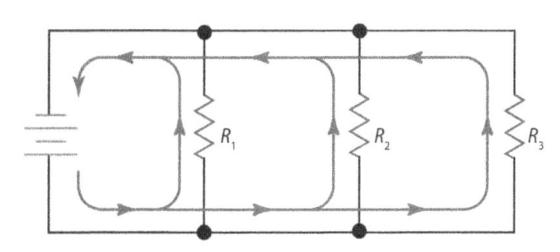

Figura 5-17 Circuito paralelo. Há múltiplos caminhos para circulação de corrente elétrica.

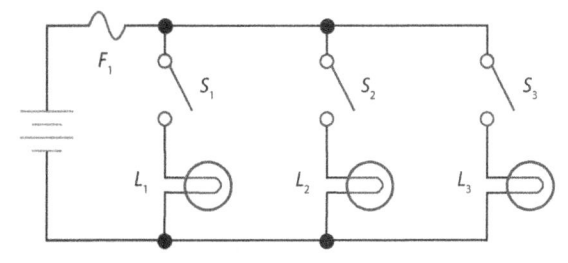

Figura 5-18 Independência dos ramos em paralelo. A abertura ou fechamento de S_2 não tem nenhum efeito prático nas lâmpadas L_1 e L_3.

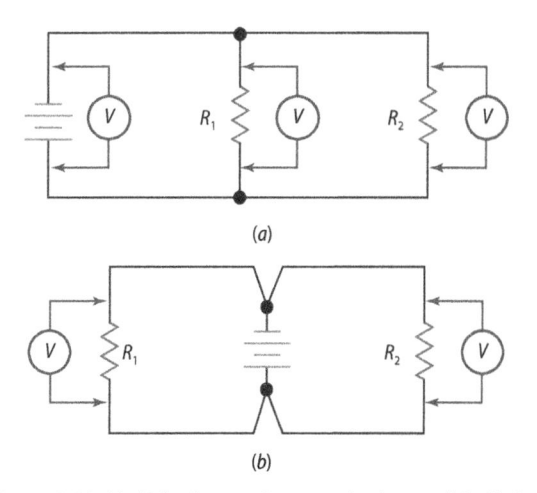

Figura 5-19 Medição das tensões num circuito paralelo. Todos os voltímetros indicam o mesmo valor de tensão.

História da eletrônica

Gustav R. Kirchhoff

Físico alemão famoso pelas duas leis básicas que regem o comportamento das correntes e das tensões em circuitos elétricos e eletrônicos. Desenvolvidas em 1847 estas leis permitiram aos cientistas aprofundarem-se no entendimento da natureza dos circuitos e desenvolverem uma série de outros métodos de análise de circuitos.

Nele, é mais fácil perceber que ambos os ramos tem a mesma tensão aplicada idêntica à tensão da fonte. Também note que um circuito paralelo pode ser desenhado de diversas formas. Para um circuito paralelo a relação entre a tensão da fonte e as tensões das cargas é expressa por:

$$V_T = V_{R_1} = V_{R_2} = V_{R_3} = \text{etc.}$$

Em um circuito paralelo, a tensão medida através de uma carga não sofre variações caso essa carga seja retirada do circuito ou mesmo seja danificada produzindo um circuito aberto. Se o resistor R_2 da Figura 5-19(a) abrir, a tensão através dos seus terminais ainda será igual à tensão da bateria.

»» Correntes do circuito paralelo

O relacionamento das correntes em um circuito paralelo é mostrado a seguir:

$$I_T = I_{R_1} + I_{R_2} + I_{R_3} + \text{etc.}$$

Ou seja, a corrente total do circuito é igual a soma das **correntes dos ramos**. A Figura 5-20 ilustra todas as posições onde amperímetros poderiam ser inseridos para medirem correntes do circuito paralelo. A corrente sob medição em cada ponto do circuito está indicada dentro de um círculo mostrando a posição do medidor. Na Figura 5-20, o nó 1 divide a corrente total da fonte em duas correntes menores – simbolizadas por I_{R_1} e I_A. O nó 2 também divide a corrente I_A em duas correntes, rotuladas por I_{R_2} e I_{R_3}. Quando as correntes I_{R_2} e I_{R_3} chegam ao nó 3, elas se juntam formando a corrente I_B. Finalmente, chegando ao nó 4, as correntes I_B e I_{R_1} se unem para formarem a corrente da fonte, que retorna ao negativo da bateria.

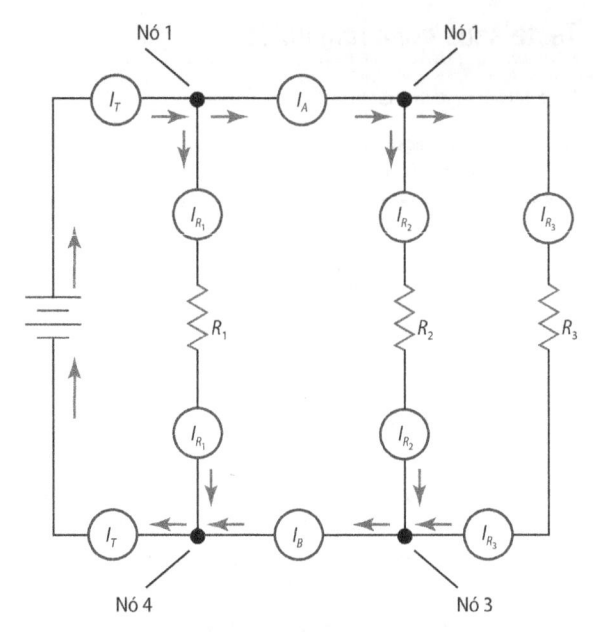

Figura 5-20 Medindo correntes no circuito paralelo.

As muitas correntes entrando e saindo de um nó estão relacionadas entre si pela **Lei de Kirchhoff das Correntes** (LKC). Esta lei afirma que "a soma das correntes que entram em um nó é igual a soma das correntes que dele saem".* Não importando quantas conexões existirem para um nó, a LKC ainda se aplica. Assim, da Figura 5-20 seguem os relacionamentos entre as correntes do circuito:

$$I_T = I_{R_1} + I_A$$
$$I_A = I_{R_2} + I_{R_3}$$
$$I_{R_2} + I_{R_3} = I_B$$
$$I_{R_1} + I_B = I_T$$
$$I_B = I_A$$

Na Figura 5-21 cinco fios condutores foram conectados em um único nó. Se três destes condutores conduzem 8 A de corrente em direção ao nó, os outros dois condutores devem conduzir corrente para fora do nó, e os mesmos 8 A que entraram. Portanto, na Figura 5-21, o fio condutor não rotulado deve conduzir para fora do nó uma corrente de 3 A.

---

* N. de T.: Outra forma de se interpretar a LKC é: um nó de circuito não é um ralo para correntes elétricas, ou seja, um nó <u>não</u> acumula ou absorve correntes elétricas; ele age apenas como um divisor de correntes, tal qual um guarda de trânsito que controla o fluxo de automóveis num cruzamento movimentado.

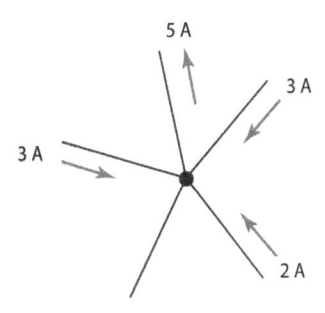

Figura 5-21 Correntes em um nó. O condutor não identificado conduz uma corrente de 3 A para fora do nó (afastando-se dele).

Como sugere a Figura 5-22, o ramo de menor resistência em paralelo domina o circuito. Isto é, o ramo de resistência mais baixa drena a maior parte da corrente que chega ao nó, no exemplo, a corrente da fonte. A Lei de Ohm mostra porque isso funciona dessa maneira:

$$I = \frac{V}{R}$$

Visto que a tensão V é a mesma em todos os ramos, o ramo de menor resistência R terá o maior valor de corrente I. Também, porque V é a mesma nos ramos em paralelo, o ramo que tiver maior corrente consumirá a maior parte da potência da fonte ($P = V \cdot I$).

Na Figura 5-22, removendo-se o resistor de 10 kΩ, a corrente e a potência total do circuito seriam reduzidas em cerca de 10%. Seguindo o mesmo raciocínio utilizado para o circuito série, os engenheiros desenvolveram uma REGRA DE OURO PARA CIRCUITOS PARALELOS. Quando estiver *estimando* a corrente e a potência total de um circuito paralelo, ignore o resistor do ramo cuja resistência seja pelo menos 10 vezes maior que a resistência de menor valor de outro ramo. Esta regra assume que os resistores possuem tolerância de 10%. Se a tolerância for 5%, a regra deve ser modificada para "pelo menos 20 vezes maior". Na Figura 5-22, ignorar o resistor de 10kΩ resulta numa estimativa de corrente total de 10mA. Se ambas as resistências dos resistores estiverem próximas dos limites máximos permitidos pelos percentuais de tolerância, a corrente total real ainda seria próxima dos 10mA. Por outro lado, se as resistências dos resistores estiverem próximas aos limites mínimos de tolerância, a corrente total real seria de 12,2 mA.

≫ Resistências em paralelo

A RESISTÊNCIA TOTAL de um circuito paralelo se caracteriza por ser sempre MENOR QUE A MENOR RESISTÊNCIA INDIVIDUAL dos ramos paralelos. À primeira vista esta afirmação pode parecer ilógica: o ato de adicionar resistências em paralelo diminui a resistência total do circuito. Vamos usar os circuitos da Figura 5-23 e a Lei de Ohm para explicar a lógica por trás dessa afirmação. Na Figura 5-23(a) a corrente do circuito é:

$$I = \frac{V}{R} = \frac{10V}{10.000\ \Omega}$$
$$= 0{,}001\ A = 1mA$$

Adicionar R_2 ao paralelo, como na Figura 5-23(b), não provoca nenhuma mudança na resistência ou na tensão através de R_1. Assim, o resistor R_1 continuará drenando a mesma corrente (1 mA). A corrente do resistor R_2 também pode ser calculada pela Lei de Ohm:

$$I = \frac{V_2}{R_2} = \frac{10\ V}{100.000\ \Omega}$$
$$= 0{,}0001\ A = 0{,}1\ mA$$

Pela LKC, a corrente total no circuito da Figura 5-23(b) é a soma das duas correntes, ou seja, $I_T = I_{R_1} + I_{R_2} = 1{,}1$ mA. Visto que a tensão do circuito paralelo é a constante e igual a 10V e a corrente do circuito aumentou, passou de 1 mA para 1,1 mA, a resistência total do circuito deve diminuir. Utilizando a Lei de Ohm podemos determinar qual é a resistência total equivalente do circuito da Figura 5-23(b).

$$R_T = \frac{V_T}{I_T} = \frac{10\ V}{0{,}0011\ A}$$
$$= 9.091\ \Omega = 9{,}09\ k\Omega$$

Note que a colocação do resistor de 100 kΩ em paralelo com o resistor de 10 kΩ *reduz* a resistência total do circuito. Observe também que a resistência total é menor que a me-

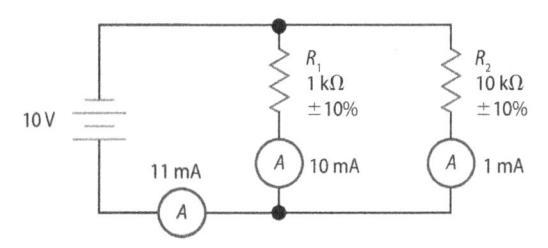

Figura 5-22 Tolerâncias de resistências e corrente total estimada. Observe que a resistência de menor valor conduz praticamente toda a corrente total do circuito.

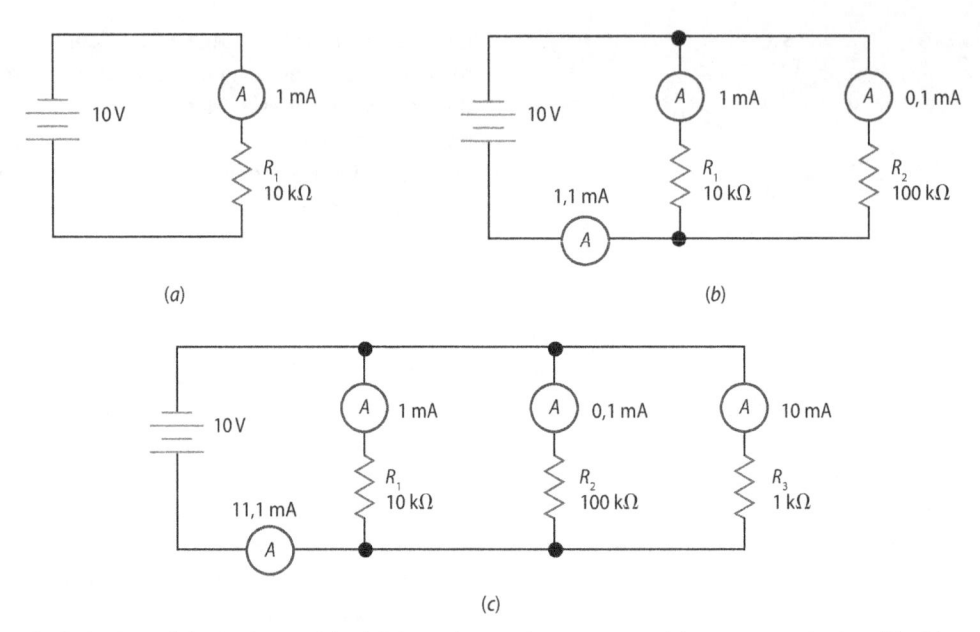

Figura 5-23 Resistência total do circuito paralelo. Adicionando-se resistores em paralelo, como nos circuitos (b) e (c), a corrente total do circuito aumenta e faz com que a resistência total diminua.

nor das resistências do circuito paralelo (10 kΩ). Na Figura 5-23(c) foi adicionado ao paralelo da Figura 5-23(b) um resistor de 1 kΩ. Neste caso, a resistência total é:

$$R_T = \frac{V_T}{I_T} = \frac{10\,V}{0{,}0111\,A}$$
$$= 900{,}9\,\Omega = 0{,}901\,k\Omega$$

Novamente, o efeito provocado pela inserção de um resistor em paralelo fez com a resistência R_T diminuísse e fosse menor que a menor resistência do paralelo (1kΩ).

Nos exemplos anteriores, a resistência total foi determinada através da Lei de Ohm, utilizando a corrente e a tensão total do circuito. A fórmula para determinar a resistência equivalente de um circuito paralelo genérico pode ser desenvolvida através da Lei de Ohm e das relações entre as correntes e as tensões do circuito paralelo. Da LKC sabemos que a corrente total I_T num circuito paralelo é escrita como $I_1 + I_2 + I_3 +$ etc., e que as tensões em cada resistência de ramo (V_{R_1}, V_{R_2}, etc.) são as iguais à tensão da fonte V_T. Pela Lei de Ohm, visto que I_{R_1} é expressa como V_{R_1}/R_1 e que, no circuito paralelo, V_{R_1} é igual a V_T, podemos concluir que V_T/R_1 é a corrente I_{R_1}. Raciocínios semelhantes levam as expressões equivalentes para os outros resistores do circuito. Agora, partindo da Lei de Ohm para o cálculo da resistência total escrevemos:

$$R_T = \frac{V_T}{I_T} = \frac{V_T}{I_{R_1} + I_{R_2} + I_{R_3} + \text{etc.}}$$
$$= \frac{V_T}{\dfrac{V_T}{R_1} + \dfrac{V_T}{R_2} + \dfrac{V_T}{R_3} + \text{etc.}}$$

Finalmente, no lado direito da igualdade, tanto o numerador como o denominador podem ser divididos por V_T para produzir:

$$R_T = \frac{1}{\dfrac{1}{R_1} + \dfrac{1}{R_2} + \dfrac{1}{R_3} + \text{etc.}}$$

Esta é a fórmula para o cálculo da resistência equivalente do circuito paralelo que é conhecida como **FÓRMULA DOS INVERSOS DAS RESISTÊNCIAS** porque o inverso da resistência de cada ramo é adicionado aos inversos das resistências dos demais ramos e, então, é realizado o inverso dessa soma para obtenção da resistência total equivalente do circuito.

EXEMPLO 5-3

Qual é a resistência total de um circuito paralelo composto de três resistores de 20 Ω, 30 Ω e 60 Ω?

Dados: $R_1 = 20\ \Omega$
$R_2 = 30\ \Omega$
$R_3 = 60\ \Omega$

Determinar: R_T

Conhecidos: $R_T = \dfrac{1}{\dfrac{1}{R_1} + \dfrac{1}{R_2} + \dfrac{1}{R_3}}$

Solução: $R_T = \dfrac{1}{\dfrac{1}{20} + \dfrac{1}{30} + \dfrac{1}{60}}$

$= \dfrac{1}{\left(\dfrac{6}{60}\right)} = 10\ \Omega$

Resposta: A resistência total do circuito é 10 Ω.

EXEMPLO 5-4

Qual é a resistência total de um circuito paralelo composto de dois resistores de 27 Ω e 47 Ω?

Dados: $R_1 = 27\ \Omega$
$R_2 = 47\ \Omega$

Determinar: R_T

Conhecidos: $R_T = \dfrac{R_1 \times R_2}{R_1 + R_2}$

Solução: $R_T = \dfrac{27 \times 47}{27 + 47} = \dfrac{1.269}{74}$
$= 17{,}1\ \Omega$

Resposta: A resistência total do circuito é 17,1 Ω.

Em vez de utilizar frações para calcular a resistência total, você pode calcular os inversos e obter suas REPRESENTAÇÕES DECIMAIS. Vamos resolver o Exemplo 5-3 novamente utilizando a representação decimal:

$$R_T = \dfrac{1}{\dfrac{1}{20} + \dfrac{1}{30} + \dfrac{1}{60}}$$

$$= \dfrac{1}{0{,}05 + 0{,}033 + 0{,}017}$$

$$= \dfrac{1}{0{,}100} = 10\ \Omega$$

No caso especial do PARALELO DE DOIS RESISTORES, a fórmula dos inversos das resistências é simplificada consideravelmente para resolver os problemas de paralelo de dois resistores. A fórmula específica para o problema de dois resistores é derivada a partir da fórmula geral dos inversos. A fórmula é:

$$R_T = \dfrac{R_1 \times R_2}{R_1 + R_2}$$

Ressaltamos que essa fórmula fornece a resistência total apenas do paralelo de dois resistores. É possível utilizá-la múltiplas vezes num circuito em paralelo contendo mais de dois resistores, através de um processo chamado de cálculo de RESISTÊNCIA EQUIVALENTE, onde os resistores de um circuito são agrupados dois a dois, sem repetição, e à resistência equivalente do paralelo é dada uma referência única para distingui-la das outras resistências. Por exemplo, vamos utilizar a fórmula no paralelo de três resistores R_1, R_2 e R_3. Já que a fórmula só se aplica ao caso de dois resistores, vamos associar R_1 e R_2 e denotar o resultado da associação por $R_{1,2}$. Em seguida, associamos $R_{1,2}$ com R_3 para acharmos a resistência total R_T. Vamos utilizar novamente os valores dos resistores do Exemplo 5-3 para exemplificar o uso repetido da fórmula de dois resistores em paralelo:

$$R_{1,2} = \dfrac{R_1 \times R_2}{R_1 + R_2} = \dfrac{20 \times 30}{20 + 30} = \dfrac{600}{50}$$
$$= 12\ \Omega$$

$$R_T = \dfrac{R_{1,2} \times R_3}{R_{1,2} + R_3} = \dfrac{12 \times 60}{12 + 60} = \dfrac{720}{72}$$
$$= 10\ \Omega$$

Um mnemônico simples para ajudá-lo a se lembrar da fórmula da resistência equivalente de um circuito paralelo com dois resistores é "o equivalente de dois resistores em paralelo é o produto de suas resistências dividido pela soma das resistências".

Existe outro caso ainda mais especial, que simplifica em muito os cálculos da resistência equivalente. É o caso em que todas as resistências de um circuito paralelo possuem o mesmo valor. Neste caso, basta dividir o valor de um dos resistores pela quantidade total de resistores associados. Ou seja, $R_T = R/n$, onde n representa a quantidade de resistores do paralelo. Por exemplo, três resistores de 1000Ω em paralelo produzem uma resistência total de:

$$R_T = \frac{R}{n} = \frac{1000}{3}$$
$$= 333,3 \ \Omega$$

Já dois resistores de 100 Ω em paralelo produzem uma resistência equivalente de:

$$R_T = \frac{R}{n} = \frac{100}{2} = 50 \ \Omega$$

» Medindo resistências em paralelo

A resistência total de um circuito paralelo é medida da mesma forma que nos outros tipos de circuitos: desconecta-se a fonte de tensão e insere-se um ohmímetro entre os terminais onde a fonte era aplicada.

Para medir uma resistência individual de um circuito paralelo é necessário desconectar ou abrir um dos dois terminais do resistor a ser medido. A técnica correta é ilustrada na Figura 5-24(a). Quando a resistência não é desconectada, como ilustrado na Figura 5-24(b), o instrumento medirá a resistência de todo o circuito paralelo com a resistência onde o medidor foi conectado. No caso da Figura 5-24(b), a resistência medida é novamente a resistência total.

» Resolvendo problemas no circuito paralelo

Agora que conhecemos quais são as relações entre as resistências individuais e a resistência total, a relação entre as correntes e as tensões do circuito paralelo, e sabemos como determinar a potência de cada resistor podemos resolver problemas em circuitos paralelos. De fato, estas relações juntamente com a Lei de Ohm nos habilitam a resolver problemas de quaisquer naturezas na maioria dos circuitos paralelos. As fórmulas listadas a seguir serão tratadas como "Fórmulas Conhecidas do Circuito Paralelo" para os próximos exemplos:

» Fórmulas do circuito paralelo

$$I_T = I_{R_1} + I_{R_2} + I_{R_3} + \text{etc.}$$
$$V_T = V_{R_1} = V_{R_2} = V_{R_3} = \text{etc.}$$
$$R_T = \frac{1}{\frac{1}{R_1} + \frac{1}{R_2} + \frac{1}{R_3} + \text{etc.}}$$
$$P_T = P_{R_1} + P_{R_2} + P_{R_3} + \text{etc.}$$
$$I = \frac{V}{R}$$
$$P = VI = I^2R = \frac{V^2}{R}$$

(a) Medindo R_2

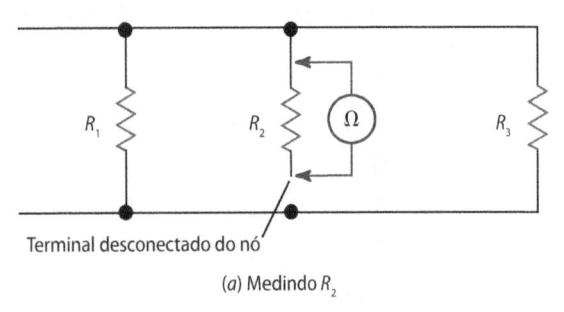

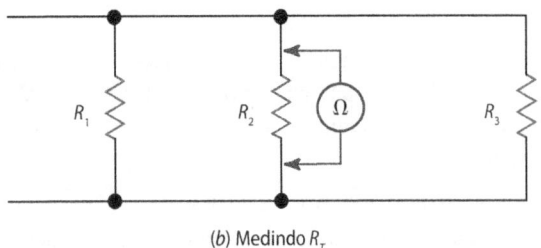

(b) Medindo R_T

Figura 5-24 Medindo uma resistência individual do circuito paralelo.

EXEMPLO 5-5

Para o circuito da Figura 5-25 determine I_T, R_T e P_T.

Dados: $V_T = 10$ V $R_1 = 100 \ \Omega$
$P_{L_1} = 2$ W $I_{R_2} = 0,5$ A

Determinar: I_T, R_T, P_T

Conhecidos: Fórmulas do circuito paralelo

Solução: Para o ramo I:

$$I_{L_1} = \frac{P_{L_1}}{V_{L_1}} = \frac{2 \ W}{10 \ V} = 0,2 \ A$$

Para o ramo II:
$$I_{R_1} = \frac{V_{R_1}}{R_1} = \frac{10\text{ V}}{100\text{ }\Omega} = 0,1\text{ A}$$
Para todo o circuito:
$$I_T = I_{L_1} + I_{R_1} + I_{R_2}$$
$$I_T = 0,2\text{ A} + 0,1\text{ A} + 0,5\text{ A}$$
$$= 0,8\text{ A}$$
$$R_T = \frac{V_T}{I_T} = \frac{10\text{ V}}{0,8\text{ A}} = 12,5\text{ }\Omega$$
$$P_T = V_T I_T = 10\text{ V} \times 0,8\text{ A} =$$
$$= 8\text{ W}$$

Resposta: A corrente, resistência e tensão total do circuito são: 0,8 A, 12,5 Ω e 8 W, respectivamente.

EXEMPLO 5-6

Partindo dos dados do Exemplo 5-5, determine a resistência total a partir da fórmula dos inversos das resistências.

Solução:
$$R_{L_1} = \frac{V_{L_1}}{I_{L_1}} = \frac{10\text{ V}}{0,2\text{ A}} = 50\text{ }\Omega$$
$$R_2 = \frac{V_{R_2}}{I_{R_2}} = \frac{10\text{ V}}{0,5\text{ A}} = 20\text{ }\Omega$$
$$R_T = \frac{1}{\frac{1}{50} + \frac{1}{100} + \frac{1}{20}}$$
$$= \frac{1}{0,02 + 0,01 + 0,05}$$
$$= \frac{1}{0,08} = 12,5\text{ }\Omega$$

Resposta: A resistência total do circuito é 12,5 Ω.

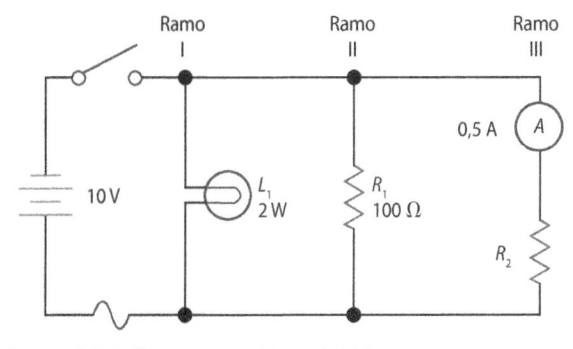

Figura 5-25 Circuito para o Exemplo 5-5.

Algumas vezes, usar a fórmula do inverso das resistências pode ser uma tarefa bastante trabalhosa, especialmente quando as resistências não possuem um denominador comum facilmente determinável. Esta tarefa pode ser enormemente simplificada utilizando-se uma calculadora científica com a função 1/x ou algum programa simulador de circuitos ou de cálculo de resistências.

» Fórmula do divisor de corrente

Da mesma forma que o circuito série é um divisor de tensão, o circuito paralelo é um divisor de corrente. Toda vez que você desejar dividir uma corrente em duas ou mais correntes, você terá de lançar mão de um divisor de corrente, ou seja, de um circuito paralelo.

Num circuito paralelo com dois resistores, quando você estiver interessado em determinar a corrente em um dos resistores você pode utilizar a **FÓRMULA DO DIVISOR DE CORRENTE**.* Esta fórmula aplica-se apenas ao circuito paralelo com dois resistores (R_1 e R_2) e suas expressões neste caso são:

$$I_{R_1} = \frac{I_T R_2}{R_1 + R_2} \quad \text{ou} \quad I_{R_2} = \frac{I_T R_1}{R_1 + R_2}$$

Estas fórmulas são deduzidas facilmente a partir da Lei de Ohm, da resistência equivalente de dois resistores em paralelo e do fato de que todas as tensões são iguais no circuito paralelo. Por exemplo, vamos demonstrar a fórmula do divisor de corrente para I_{R_1}:

$$I_{R_1} = \frac{V_{R_1}}{R_1} = \frac{I_T R_T}{R_1} = \frac{I_T \left(\frac{R_1 \times R_2}{R_1 + R_2}\right)}{R_1}$$
$$= \frac{R_1 R_2 I_T}{(R_1 + R_2) R_1} = \frac{R_2 I_T}{R_1 + R_2} = \frac{I_T R_2}{R_1 + R_2}$$

---

* N. de T.: As fórmulas do divisor de corrente apresentadas não se aplicam aos circuitos paralelos com três ou mais resistores (Por quê?). Um bom exercício para você estudante é escrever a fórmula para um dos ramos do circuito do divisor de corrente com três resistores em paralelo (R_1, R_2 e R_3). Por exemplo, demonstre a expressão para a corrente I_{R_1} e deduza logicamente quais seriam as outras duas expressões para I_{R_2} e I_{R_3} sem ter que deduzi-las. Estas três fórmulas não se aplicarão ao circuito paralelo com quatro ou mais resistências e assim por diante.

Sobre a eletrônica

O céu é o limite

Até pouco tempo atrás, a maioria dos elevadores não podia subir mais que 600 metros devido às limitações dos cabos trançados de aço que suportam as cabines de transporte de pessoas. A Otis, um grande fabricante de elevadores desde o ano 1853, desenvolveu um sistema de movimentação para atender aos modernos e mais altos arranha-céus hoje em construção. Esse sistema usa uma série de shafts que permitem o transporte de pessoas tanto na vertical quanto na horizontal, sem a necessidade de mudança de cabine. Isto tudo é controlado por software e sistemas sem engrenagens que mudam as decisões de movimentação de cabines em resposta às demandas de tráfego de pessoas dentro do prédio. A Otis, que também inventou a escada rolante, foi a primeira empresa do segmento a fabricar elevadores totalmente controlados por microprocessadores.

Vamos mostrar a utilidade da fórmula do divisor de corrente resolvendo o circuito da Figura 5-26 para I_{R_1}:

$$I_{R_1} = \frac{I_T R_2}{R_1 + R_2} = \frac{2\,A \times 47\,\Omega}{22\,\Omega + 47\,\Omega} = 1{,}36\,A$$

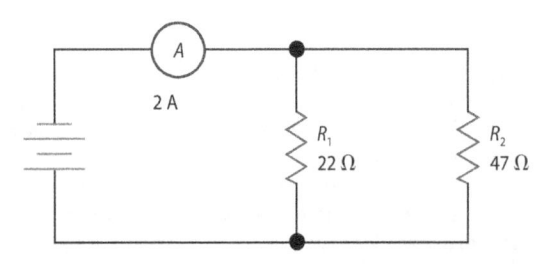

Figura 5-26 A fórmula do divisor de corrente pode resolver o problema para I_{R_1} sem a necessidade de determinar R_T ou V_T.

No circuito da Figura 5-26, para calcular a mesma corrente I_{R_1} sem lançar mão da fórmula do divisor de corrente são necessárias as seguintes etapas:

1. Encontrar a resistência total do circuito (R_T).
2. Calcular a tensão da fonte (V_T) através da Lei de Ohm.
3. Calcular a corrente I_{R_1} através da Lei de Ohm.

» Aplicações dos circuitos paralelos

Qualquer sistema elétrico ou eletrônico onde uma seção falha não cause a interrupção de outras seções do circuito deve conter na estrutura circuitos paralelos. A isso damos o nome de redundância. Como já mencionamos anteriormente, as instalações elétricas residenciais consistem de muitos circuitos paralelos de modo a permitirem que todas as partes funcionem a partir de uma mesma rede elétrica, ainda assim preservando a independência entre elas.

Um sistema elétrico de automóvel usa circuitos paralelos para lâmpadas, aquecedor elétrico, rádio, etc. Cada um desses dispositivos funciona de forma totalmente independente dos demais e, mesmo que falhe algum destes dispositivos, os demais funcionarão normalmente.

Os circuitos individuais de televisores são bastante complexos. Porém, alguns desses circuitos são conectados em paralelo à fonte CC principal. Isso explica, por exemplo, porque os sistemas de áudio de uma TV operam normalmente quando ocorre algum problema com o sistema de vídeo.

» Condutância

Até o momento temos considerado apenas o modo como um resistor se opõe à circulação de corrente elétrica. Porém, nenhum resistor se opõe completamente à passagem de corrente. Desse modo, poderíamos inverter o raciocínio e considerar a capacidade de um resistor de *conduzir* corrente. Logo, em vez de lidarmos com a resistência de um resistor, temos que considerar outra característica elétrica do mesmo: sua condutância. A CONDUTÂNCIA é uma medida de quão prontamente um resistor permite o fluxo de corrente. Ela é simbolizada pela letra *G*. A unidade básica de medida para a condutância é o SIEMENS, abreviado por S, em homenagem ao engenheiro e inventor alemão Ernst Werner von Siemens.

A condutância é o oposto de resistência. De fato, as duas estão matematicamente relacionadas por uma lei de reciprocidade. Isto é,

$$G = \frac{1}{R} \quad \text{e} \quad R = \frac{1}{G}$$

Dito assim, um resistor de 100Ω possui uma condutividade elétrica de 1/100 ou 0,01 Siemens (S).

Utilizando a relação $R = 1/G$ e a fórmula de resistência total do circuito série podemos determinar a condutância total série:

$$R_T = R_1 + R_2 + R_3 + \text{etc.}$$

Então,

$$\frac{1}{G_T} = \frac{1}{G_1} + \frac{1}{G_2} + \frac{1}{G_3} + \text{etc.}$$

Tomando os inversos em ambos os lados da fórmula produz:

$$G_T = \frac{1}{\frac{1}{G_T} = \frac{1}{G_1} + \frac{1}{G_2} + \frac{1}{G_3} + \text{etc.}}$$

Note que a fórmula para condutância total do circuito série nos faz lembrar a fórmula de cálculo de resistência total do circuito paralelo.

A fórmula para a condutância total do circuito paralelo pode ser determinada de forma similar. Comecemos reescrevendo a fórmula geral de cálculo da resistência total do circuito paralelo:

$$R_T = \frac{1}{\frac{1}{R_1} + \frac{1}{R_2} + \frac{1}{R_3} + \text{etc.}}$$

Tomando o inverso em ambos os lados da fórmula, resulta:

$$\frac{1}{R_T} = \frac{1}{R_1} + \frac{1}{R_2} + \frac{1}{R_3} + \text{etc.}$$

Visto que $G_T = \frac{1}{R_T}$; $G_1 = \frac{1}{R_1}$; $G_2 = \frac{1}{R_2}$, e assim por diante, temos:

$$G_T = G_1 + G_2 + G_3 + \text{etc.}$$

A Lei de Ohm reescrita em função da condutância G é obtida tomando-se o recíproco de ambos os lados de $R = V/I$. Isso produz $G = I/V$, $I = GV$ ou $V = I/G$. Outra relação que pode ser reescrita é a fórmula do divisor de tensão do circuito série, rescrita em função das condutâncias do mesmo:

$$V_{G_n} = \frac{I_{G_n}}{G_n} = \frac{G_T V_T}{G_n}, \quad \text{então} \quad V_{G_n} = \frac{G_T V_T}{G_n}$$

Para condutâncias em paralelo, a fórmula do divisor de corrente é rescrita como:

$$I_{G_n} = G_n V_{G_n} = G_n \times \frac{I_T}{G_T}, \quad \text{então} \quad I_{G_n} = \frac{G_n I_T}{G_T}$$

EXEMPLO 5-7

Determine as condutâncias individuais (G_1 e G_2) e a condutância total (G_T) de um circuito série de dois resistores $R_1 = 25\Omega$ e $R_2 = 50\Omega$.

Dados: $R_1 = 25\Omega$
$R_2 = 50\Omega$

Determinar: G_1, G_2 e G_T

Conhecidos: $G = \dfrac{1}{R}$

$G_T = \dfrac{1}{\dfrac{1}{G_1} + \dfrac{1}{G_2}}$

Solução: $G_1 = \dfrac{1}{25} = 0{,}04 \text{ S}$

$G_2 = \dfrac{1}{50} = 0{,}02 \text{ S}$

$G_T = \dfrac{1}{\dfrac{1}{0{,}04} + \dfrac{1}{0{,}02}}$

$= \dfrac{1}{75} = 0{,}0133 \text{ S}$

Resposta: As condutâncias são, respectivamente, 0,04S, 0,02S e 0,0133S. Observe que a condutância total poderia ter sido calculada determinando-se R_T e em seguida tomando-se o inverso dela.

EXEMPLO 5-8

Determine a condutância total dos resistores do Exemplo 5-7 conectados em paralelo.

Dados: $G_1 = 0{,}04 \text{ S}$
$G_2 = 0{,}02 \text{ S}$

Determinar: G_T

Conhecidos: $G_T = G_1 + G_2$

Solução: $G_T = 0{,}04 + 0{,}02 = 0{,}06 \text{ S}$

Resposta: A condutância total é 0,06 S.

EXEMPLO 5-9

Determine a corrente em G_2 quando $G_1 = 0,5S$, $G_2 = 0,25S$, $G_3 = 0,20S$, $I_T = 19A$ e as três condutâncias são conectadas em paralelo.

Dados:	$G_1 = 0,5\ S$
	$G_2 = 0,25\ S$
	$G_3 = 0,20\ S$
	$I_T = 19\ A$
Determinar:	I_{G_2}

Conhecidos: $G_T = G_1 + G_2 + G_3$

$$I_{G_2} = \frac{G_2 I_T}{G_T}$$

Solução: $G_T = 0,5 + 0,25 + 0,20 = 0,95\ S$

$$I_{G_2} = \frac{0,25\ S \times 19\ A}{0,95\ S}$$

$$= \frac{4,75\ SA}{0,95\ S} = 5\ A$$

Resposta: A corrente através de G_2 é 5 A.

Teste seus conhecimentos

Responda às seguintes questões.

19. Defina *circuito paralelo*.
20. De que forma a tensão total é distribuída num circuito paralelo?
21. De que forma a corrente total é distribuída num circuito paralelo?
22. Que resistência de ramo domina um circuito paralelo, aquela de maior ou de menor valor?
23. Apresente as duas fórmulas que permitem determinar a resistência total de um circuito paralelo.
24. Falso ou verdadeiro? A unidade básica de condutância é o Siemens.
25. Falso ou verdadeiro? O ato de adicionar um resistor em paralelo faz a resistência total aumentar.
26. Falso ou verdadeiro? A resistência total de um circuito paralelo de dois resistores, um de 15 Ω e outro de 39 Ω, é menor que 15 Ω.
27. Falso ou verdadeiro? A resistência total de dois resistores de 100 Ω em paralelo é 200 Ω.
28. Falso ou verdadeiro? Num circuito paralelo, um resistor de 50 Ω dissipa mais potência que um resistor de 150 Ω.
29. Falso ou verdadeiro? A resistência de um resistor individual do paralelo pode ser medida com o resistor totalmente conectado ao circuito.
30. Falso ou verdadeiro? Medidas de tensão podem ser utilizadas para determinar se uma carga do circuito paralelo está aberta ou não.
31. Se uma das cargas de um circuito paralelo abrir, o que acontece a cada uma das quantidades abaixo?
    a. Resistência total
    b. Corrente total
    c. Potência total
    d. Tensão total

Considere o circuito da Figura 5-27 para as questões de 32 a 35.

32. Quais são os valores de I_{R_1} e I_{R_2}?
33. Qual é o valor de tensão da bateria B_1?
34. Qual é o valor de tensão da bateria R_2?
35. Determine as seguintes quantidades:
    a. Resistência total
    b. Condutância total
    c. Corrente em R_2
    d. Potência em R_1

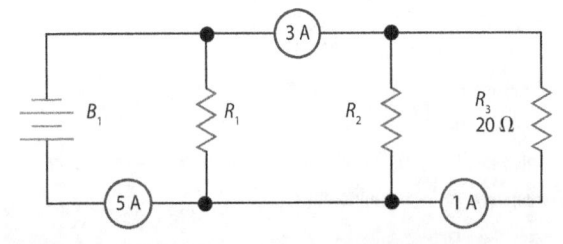

Figura 5-27 Circuito teste para as questões de 32 a 35.

>> Circuitos mistos

Algumas das características de circuitos série e paralelo são incorporadas num único circuito denominado CIRCUITO MISTO (ou circuito série-paralelo). Por exemplo, na Figura 5-28(a), os resistores R_2 e R_3 estão em paralelo. Tudo o que foi estudado para o circuito paralelo aplica-se a estes dois resistores. Na Figura 5-28(d), os resistores R_7 e R_8 estão em série. Todas as relações do circuito série aplicam-se a estes dois resistores.

Os resistores R_1 e R_2 na Figura 5-28(a) não estão ligados diretamente em série, pois, em condições normais, não é a mesma corrente que percorre esses resistores. Contudo, efetuando-se o paralelo equivalente de R_2 e R_3 [para formar a resistência $R_{2,3}$ da Figura 5-28(b)] resulta num circuito série R_1 e $R_{2,3}$. Combinar R_2 e R_3 em paralelo é a primeira das etapas que permitem determinar a resistência total deste circuito. O resultado da associação de R_2 e R_3 é $R_{2,3}$. Naturalmente, $R_{2,3}$ não é um resistor real; ele representa meramente o equivalente paralelo de R_2 e R_3. A etapa final consiste em associar de R_1 e $R_{2,3}$, como mostra a Figura 5-28(c). De volta ao circuito da Figura 5-28(a), considere que $R_1 = 15$, $R_2 = 20\ \Omega$ e $R_3 = 30\ \Omega$. Associando R_2 e R_3 em paralelo, obtemos o equivalente:

$$R_{2,3} = \frac{R_2 \times R_3}{R_2 + R_3} = \frac{20 \times 30}{20 + 30} = \frac{600}{50} = 12\ \Omega$$

Assim, a resistência total do circuito é:

$$R_T = R_1 + R_{2,3} = 15 + 12 = 27\ \Omega$$

Na Figura 5-28(d), os resistores R_7 e R_8 não estão conectados em paralelo com R_9, pois nenhum dos dois recebe diretamente a tensão da fonte, como é o caso de R_9. Logo, neste circuito misto a primeira etapa é associar em série os resis-

(a) Circuito misto 1

(d) Circuito misto 2

(b) Redução do circuito misto 1 a um circuito série

(e) Redução do circuito misto 2 a um circuito paralelo

(c) Redução do circuito misto 1 a um circuito simples

(f) Redução do circuito misto 2 a um circuito simples

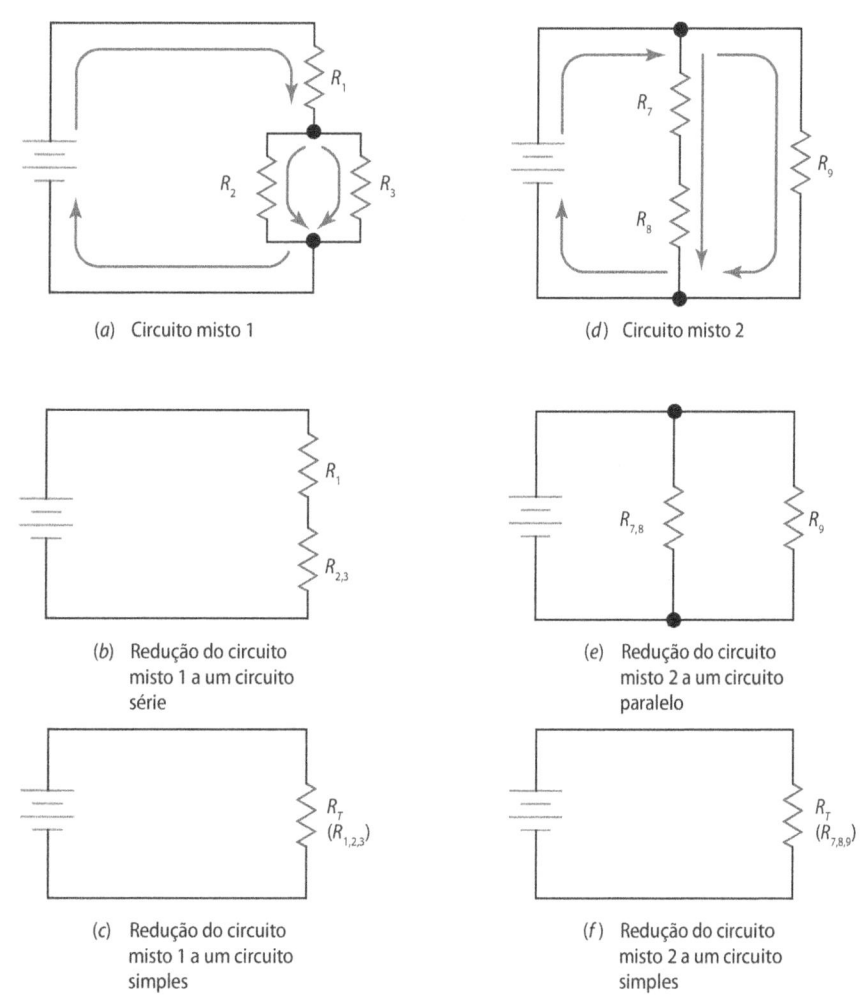

Figura 5-28 Reduzindo dois circuitos mistos ao circuito equivalente simples (a) Circuito misto 1; (b) Redução do circuito misto 1 a um circuito série; (c) Redução do circuito misto 1 a um circuito simples; (d) Circuito misto 2; (e) Redução do circuito misto 2 a um circuito paralelo; (f) Redução do circuito misto 2 a um circuito simples.

tores R_7 e R_8. Isso resulta no circuito apresentado na Figura 5-28(e). Já o circuito da Figura 5-28(e) é um circuito paralelo passível de redução ao circuito simples da Figura 5-28(f) pela aplicação da fórmula de resistência paralela de dois resistores. Voltando à Figura 5-28(d) e assumindo $R_7 = 40\ \Omega$, $R_8 = 60\ \Omega$ e $R_9 = 20\ \Omega$, obtemos:

$$R_{7,8} = R_7 + R_8 = 40 + 60 = 100\ \Omega$$

$$R_T = \frac{R_{7,8} \times R_9}{R_{7,8} + R_9}$$

$$= \frac{100 \times 20}{100 + 20} = \frac{2000}{120} = 16{,}7\ \Omega$$

Um circuito misto um pouco mais complexo* é mostrado na Figura 5-29(a). As etapas para a determinação da resistência equivalente do circuito são ilustradas nas Figuras 5-29(b) a 5-29(e). Os cálculos necessários para se chegar à resistência total são:

$$R_{3,5} = R_3 + R_5 = 50 + 30 = 80\ \Omega$$

$$R_{3,4,5} = \frac{R_4\ \text{ou}\ R_{3,5}}{2} = \frac{80}{2} = 40\ \Omega$$

$$R_{2,3,4,5} = R_2 + R_{3,4,5} = 60 + 40 = 100\ \Omega$$

$$R_T = \frac{R_1 \times R_{2,3,4,5}}{R_1 + R_{2,3,4,5}} = \frac{200 \times 100}{200 + 100}$$

$$= \frac{20.000}{300}$$

$$= 66{,}7\ \Omega$$

» Usando as Leis de Kirchhoff em circuitos mistos

As correntes e as tensões de circuitos mistos podem frequentemente ser determinadas pelas Leis de Kirchhoff. Na Figura

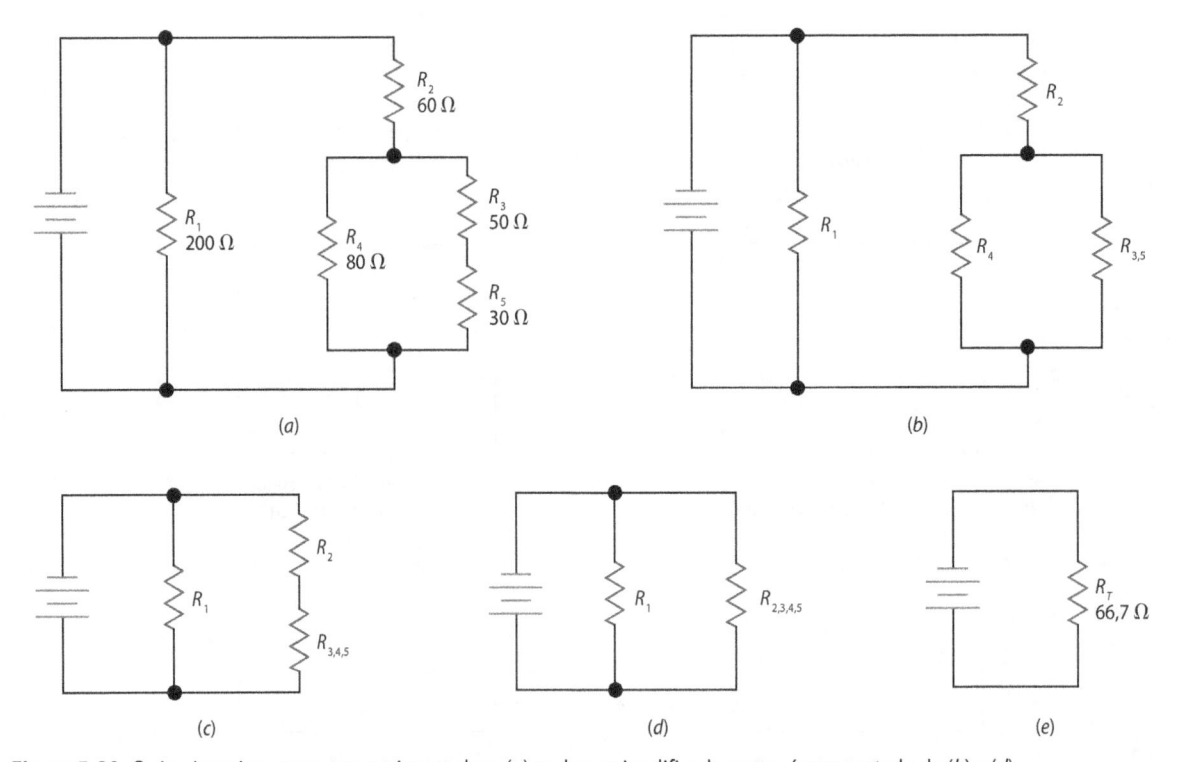

Figura 5-29 O circuito misto um pouco mais complexo (a) pode ser simplificado, como é apresentado de (b) a (d).

---

* N. de T.: Os três exemplos de circuitos mistos ilustrados nas Figuras 5-28 e 5-29 permitem-nos fazer uma afirmação forte: a quantidade de circuitos mistos diferentes é infinita.

5-30, as correntes de alguns resistores do circuito são conhecidas. As correntes restantes do circuito são determinadas através da LKC. Uma vez que 0,6 A entra no polo (−) da bateria, a mesma quantidade de corrente deve sair pelo polo (+). Assim, $I_T = 0{,}6$ A. Visto que R_3 e R_4 estão em série, a corrente que entra em R_3 deve ser a mesma que deixa R_4. Logo, $I_2 = 0{,}2$ A. A corrente que chega ao nó A é 0,6 A e as correntes que saem desse nó são I_1 e I_2. Logo, a LKC permite-nos afirmar que $I_1 + I_2 = 0{,}6$ A. Já que $I_2 = 0{,}2$ A implica que $I_1 + 0{,}2$ A $= 0{,}6$ A, o que resulta em $I_1 = 0{,}4$ A. Podemos checar os resultados obtidos para I_1 e I_2 observando o nó B. Nele, $I_1 + 0{,}2$ A $= 0{,}6$ A. Uma vez que o valor encontrado para I_1 foi 0,4 A, temos que 0,4 A $+$ 0,2 A $=$ 0,6 A, o que concorda com a LKC aplicada ao nó A.

Por outro lado, algumas das quedas de tensão do circuito da Figura 5-30 foram indicadas ao lado dos símbolos dos resistores. As tensões desconhecidas dos outros resistores são obtidas pela aplicação repetida da LKT. Num circuito misto, a LKT aplica-se dentro das malhas, ou caminhos de corrente do circuito. Assim, para o circuito da Figura 5-30, podemos escrever duas relações entre as tensões.

$$V_T = V_{R_1} + V_{R_2}$$
$$V_T = V_{R_1} + V_{R_3} + V_{R_4}$$

Analisando este par de equações concluímos que

$$V_{R_2} = V_{R_3} + V_{R_4}$$

Em outras palavras, a diferença de potencial entre os pontos A e B é 40 V, não importando que caminho fosse seguido dentro do circuito misto. Rearranjando a primeira equação podemos resolvê-la para encontrar a queda de tensão em R_1:

$$V_{R_1} = V_T - V_{R_2} = 100 \text{ V} - 40 \text{ V} = 60 \text{ V}$$

A queda de tensão em R_3 é encontrada rearranjando-se a segunda equação:

$$V_{R_3} = V_T - V_{R_1} - V_{R_4}$$
$$= 100 \text{ V} - 60 \text{ V} - 30 \text{ V}$$
$$= 10 \text{ V}$$

Ainda, outra forma de se determinar a queda de tensão em R_3 é utilizar $V_{R_2} = V_{R_3} + V_{R_4}$, que não leva em consideração que a queda de tensão em R_1 é conhecida de antemão:

$$V_{R_3} = V_{R_2} - V_{R_4} = 40 \text{ V} - 30 \text{ V} = 10 \text{ V}$$

» Resolvendo problemas mistos

Vários problemas são resolvidos nos exemplos a seguir. Estes problemas ilustram bem a utilização da Lei de Ohm e as duas Leis de Kirchhoff para solucionar circuitos mistos.

EXEMPLO 5-10

Para o circuito da Figura 5-31(a), encontre todas as tensões e correntes desconhecidas.

Dados:
$V_T = 60$ V
$V_{R_2} = 40$ V
$I_T = 4$ A
$R_3 = 20\ \Omega$

Determinar: $V_{R_1}, V_{R_3}, I_{R_1}, I_{R_2}, I_{R_3}$
Conhecidos: Lei de Ohm e Leis de Kirchhoff
Solução:
$V_{R_3} = V_T - V_{R_2}$
$= 60 \text{ V} - 40 \text{ V}$
$= 20 \text{ V}$
$V_{R_1} = V_T = 60 \text{ V}$
$I_{R_3} = \dfrac{V_{R_3}}{R_3}$
$= \dfrac{20 \text{ V}}{20\ \Omega} = 1 \text{ A}$
$I_{R_2} = I_{R_3} = 1 \text{ A}$
$I_{R_1} = I_T - I_{R_2}$
$= 4 \text{ A} - 1 \text{ A} = 3 \text{ A}$

Resposta: $V_{R_1} = 60$ V; $V_{R_3} = 20$ V; $I_{R_1} = 3$ A; $I_{R_2} = 1$ A; $I_{R_3} = 1$ A

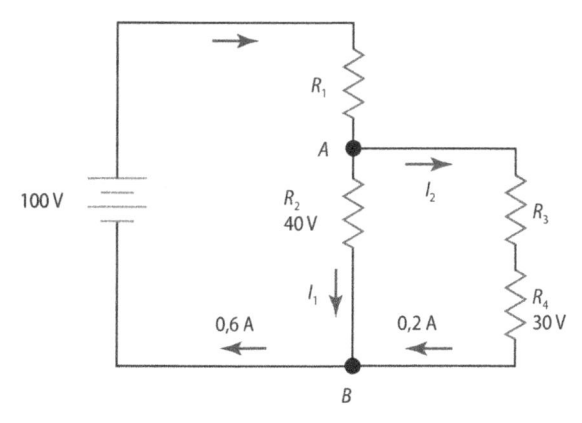

Figura 5-30 Correntes e tensões do circuito misto. As Leis de Kirchhoff podem ser utilizadas para determinar as correntes desconhecidas do circuito.

EXEMPLO 5-11

Considere o circuito da 5-31(b). Para este circuito calcule a resistência de R_3, a potência dissipada em R_4 e a queda de tensão em R_1.

Dados:
$V_T = 100\text{ V}$
$I_{R_1} = 0{,}8\text{ A}$
$I_{R_3} = 0{,}3\text{ A}$
$R_2 = 100\text{ }\Omega$
$V_{R_4} = 30\text{ V}$

Determinar: R_3, P_{R_4}, V_{R_1}
Conhecidos: Lei de Ohm e Leis de Kirchhoff
Solução:
$I_{R_2} = I_{R_1} - I_{R_3}$
$\phantom{I_{R_2}} = 0{,}8\text{ A} - 0{,}3\text{ A}$
$\phantom{I_{R_2}} = 0{,}5\text{ A}$
$V_{R_2} = I_{R_2} R_2$
$\phantom{V_{R_2}} = 0{,}5\text{ A} \times 100\text{ }\Omega$
$\phantom{V_{R_2}} = 50\text{ V}$
$V_{R_1} = V_T - V_{R_2} - V_{R_4}$
$\phantom{V_{R_1}} = 100\text{ V} - 50\text{ V} - 30\text{ V}$
$\phantom{V_{R_1}} = 20\text{ V}$
$V_{R_3} = V_{R_2} = 50\text{ V}$
$R_3 = \dfrac{V_{R_3}}{I_{R_3}} = \dfrac{50\text{ V}}{0{,}3\text{ A}}$
$ = 166{,}7\text{ }\Omega$
$P_{R_4} = I_{R_4} V_{R_4}$
$\phantom{P_{R_4}} = 0{,}8\text{ A} \times 30\text{ V} = 24\text{ W}$

Resposta: $R_3 = 166{,}7\text{ }\Omega$, $P_{R_4} = 24\text{ W}$, $V_{R_1} = 20\text{ V}$

Para o circuito da Figura 5-31(a) todas as correntes e tensões foram calculadas. Assim, através da Lei de Ohm e da fórmula de potência todos os valores de resistências e as potências dos resistores podem ser facilmente determinados.

» Relações entre as grandezas elétricas em circuitos mistos

De maneira semelhante ao que fizemos para os circuitos séries, as correntes, as tensões e as potências nos circuitos mistos guardam dependência umas com as outras. Isto é, exceto para a tensão da fonte, a variação de uma resistência do circuito misto normalmente provoca variações em todas as correntes, tensões e potências dissipadas no circuito. Por

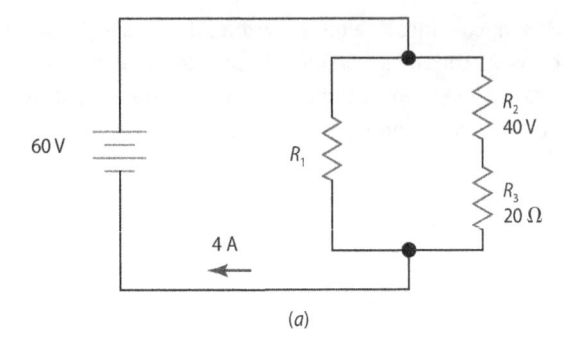

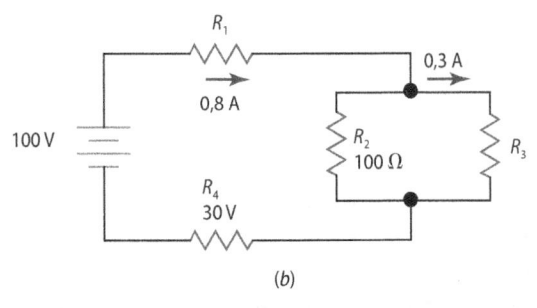

Figura 5-31 Circuitos para os Exemplos 5-10 e 5-11.

exemplo, um aumento da resistência R_3 de 40 para 90 Ω no circuito da Figura 5-32(a) provoca às seguintes mudanças no circuito:

1. Aumento em R_T (visto que $R_{3,4}$ aumentou).
2. Redução em I_T (visto que R_T aumentou).
3. Redução em V_{R_1} (visto que $I_T = I_{R_1}$).
4. Aumento em V_{R_2} (visto que $V_{R_2} = V_T - V_{R_1}$).
5. Aumento em I_{R_2} (visto que $I_{R_2} = V_{R_2} - R_2$).
6. Redução em I_{R_4} (visto que $I_{R_4} = I_{R_1} - I_{R_2}$).
7. Redução em V_{R_4} (visto que $V_{R_4} = I_{R_4} - R_4$).
8. Aumento em V_{R_3} (visto que $V_{R_3} = V_{R_2} - V_{R_4}$).
9. Redução em P_{R_1}, P_{R_4} e P_T (devido às variações em I e V apontadas acima); Aumento em P_{R_2}.
10. Aumento em P_{R_3} (visto que V_{R_3} aumenta mais que I_{R_3} diminui).

As intensidades dessas mudanças são apresentadas no circuito da Figura 5-32(b).

No circuito da Figura 5-32(a) qualquer resistor que sofra alguma variação de resistência afetará todos os parâmetros do circuito. No caso do circuito da Figura 5-29(a) o resistor R_1 é

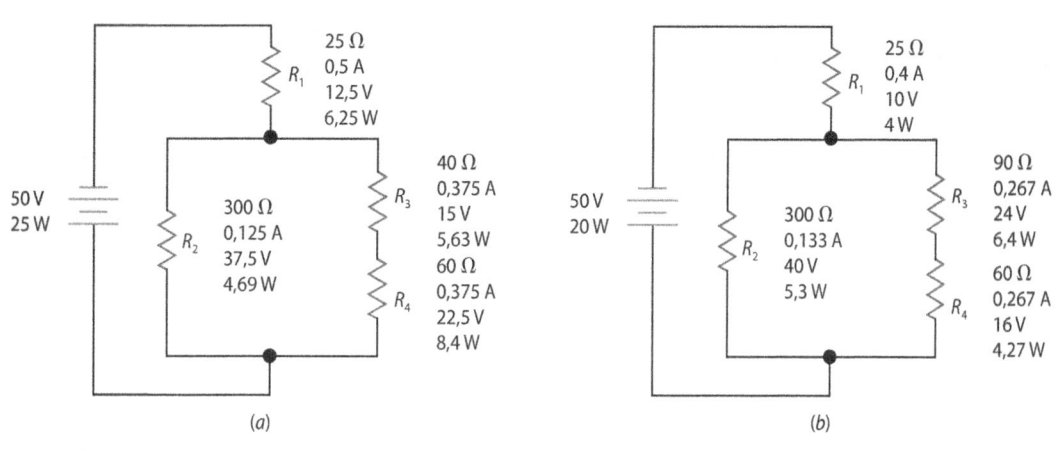

Figura 5-32 Efeitos da variação do resistor R_3. (a) Valores originais do circuito; (b) Valores após o aumento da resistência R_3.

uma exceção, pois este resistor está em paralelo com a bateria, e qualquer alteração nesta resistência afetará apenas a corrente e a potência do ramo onde o R_1 está inserido. A combinação formada por R_2, R_3, R_4 e R_5 está em paralelo com a fonte de tensão e com o resistor R_1 [Figura 5-29(d)] e, por isso, não são afetados por qualquer evento que aconteça em R_1.

Teste seus conhecimentos

Responda às seguintes questões.

36. Considere o circuito da Figura 5-29(a). Se houver, que resistores estão ligados diretamente:
    a. Em série?
    b. Em paralelo?

37. Ainda considerando o circuito da Figura 5-29(a), determine se cada uma das afirmações é falsa ou verdadeira.
    a. $I_{R_2} = I_{R_3} + I_{R_5}$
    b. $I_{R_2} = I_{R_4} + I_{R_5}$
    c. $I_{R_1} = I_T - I_{R_2}$
    d. $V_{R_3} = V_{R_5}$
    e. $V_{R_4} = V_{R_1} - V_{R_2}$

38. Considere agora o circuito da Figura 5-31(a) e calcule as seguintes grandezas do circuito:
    a. R_1
    b. P_{R_2}
    c. P_T

39. Considere o circuito da Figura 5-28(a) para responder às questões abaixo. Se o valor da resistência R_2 diminuir, indique se cada uma das seguintes grandezas aumenta ou diminui:
    a. I_{R_1}
    b. V_{R_3}
    c. P_{R_3}
    d. V_{R_1}

40. Considere o circuito da Figura 5-32(a). O valor da resistência de R_1 aumenta para 50Ω. Partindo desse pressuposto, determine os valores de:
    a. R_T
    b. V_{R_1}
    c. I_{R_4}
    d. P_{R_3}

41. Para o circuito da Figura 5-33 determine as seguintes quantidades:
    a. R_1
    b. I_{R_2}
    c. P_{R_3}
    d. I_T
    e. R_T

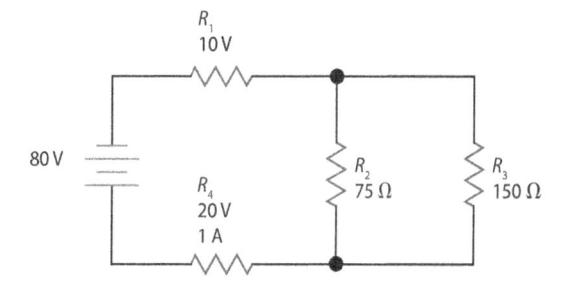

Figura 5-33 Diagrama do circuito da questão 41.

» Divisores resistivos e reguladores de tensão

Vimos que um circuito série é um divisor de tensão. Vamos afirmar agora que um circuito série é um divisor de tensão a vazio, ou seja, sem carga conectada à saída. O circuito da Figura 5-34 mostra como é possível, a partir de uma fonte de tensão, obter outras duas tensões. Nesta figura, os valores das tensões incluem um sinal de polaridade, que indicam a tensão num dado ponto (A, B ou C) em relação ao referencial de terra. As tensões nos pontos A e B podem ser determinadas facilmente através da fórmula do divisor de tensão apresentada na pág. 106 (Circuitos Série). Os cálculos necessários são:

$$V_A = \frac{V_{B_1} R_3}{R_T} = \frac{50\,V \times 2\,k\Omega}{10\,k\Omega} = 10\,V$$

$$V_B = \frac{V_{B_1} (R_3 + R_2)}{R_T} = \frac{50\,V \times 5\,k\Omega}{10\,k\Omega} = 25\,V$$

O problema com este tipo de divisor de tensão é que as tensões em ambos os pontos A e B variam quando conectamos cargas no ponto A ou no ponto B. Ao carregar o divisor de tensão o convertemos de série em um circuito misto. Dizemos, nestes casos, que o divisor de tensão está a plena carga. Por exemplo, se uma carga de 5 kΩ é conectada ao ponto B, a resistência do ponto B ao referencial de terra é reduzida pela metade, isto é, 2,5 kΩ, e a resistência total reduz-se para 7,5 kΩ. Neste caso, a tensão do ponto B será:

$$V_B = \frac{50\,V \times 2,5\,k\Omega}{7,5\,k\Omega} = 16,67\,V$$

E a tensão no ponto A será reduzida a:

$$V_A = \frac{16,67\,V \times 2\,k\Omega}{5\,k\Omega} = 6,67\,V$$

Variações significativas das tensões em A e B podem ser minimizadas utilizando-se valores de resistências menores para R_1, R_2 e R_3. Naturalmente, ao reduzir as resistências do divisor de tensão, a corrente total da fonte eleva-se, e isso faz aumentar a potência dissipada nas resistências do divisor, reduzindo a eficiência do circuito. Quando a corrente de carga é insignificante, se comparada com a corrente através do divisor resistivo, então as variações das tensões do divisor não serão sentidas pela carga. A corrente através do circuito divisor sem carga é chamada frequentemente de corrente a vazio. Quanto menor for a razão entre a corrente a plena carga e a corrente a vazio, menor será a variação de tensão do divisor com e sem carga.

Ao se iniciar o projeto de um divisor de tensão resistivo, caso conheçamos bem os requisitos de funcionamento de tensão e de corrente da carga (ou cargas) podemos usar os conhecimentos adquiridos para os circuitos mistos e projetar um circuito divisor que forneça a tensão exata quando o divisor estiver com carga. Contudo, os requisitos exatos de corrente de funcionamento da maioria das cargas variam bastante, tal que a tensão de saída do divisor pode variar muito.

A REGULAÇÃO DE CARGA expressa a variação entre a tensão de saída a vazio e a tensão de saída a plena carga. A regulação de carga pode ser determinada pela fórmula*:

$$\%\,LR = \frac{V_{NL} - V_{FL}}{V_{NL}} \times 100$$

Onde: V_{NL} = tensão de saída a vazio (sem carga)

V_{FL} = tensão de saída a plena carga

$\%\,LR$ = Regulação de carga

As regulações de carga para o circuito da Figura 5-34, considerando-se o divisor a vazio e a plena carga (5kΩ) conectada ao ponto B, são dadas por:

$$\%\,LR\,(\text{ponto A}) = \frac{10\,V - 6,67\,V}{6,67\,V} \times 100 = 50\,\%$$

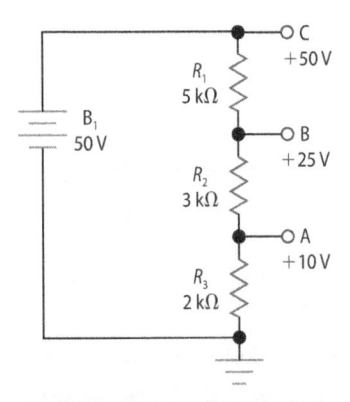

$$\%\,LR\,(\text{ponto B}) = \frac{25\,V - 16,67\,V}{16,67\,V} \times 100 = 50\,\%$$

Figura 5-34 Um divisor de tensão fornecendo duas tensões de saída a partir de uma fonte de tensão.

---

* N. de T.: Mantivemos os símbolos de tensão a vazio (V_{NL}), a plena carga (V_{FL}) e a regulação de carga (%LR) como são encontrados originalmente em inglês por se tratarem de termos consagrados no meio técnico.

Quando uma resistência de carga de 5 kΩ é conectada em B, os resistores do circuito divisor de tensão da Figura 5-34 teriam de ser redimensionados se desejássemos que a tensão de saída com carga fornecida no ponto B se mantivesse próxima dos 25 V (sem carga).

Para a maioria das aplicações modernas, os divisores de tensão resistivos foram substituídos por circuitos contendo dispositivos de estado sólido capazes de fornecerem regulações de carga muito melhores do que àquelas encontradas em divisores contendo apenas resistores. O DIODO ZENER é um dispositivo de estado sólido usado em série com um resistor limitador de corrente para fornecer uma tensão regulada. O símbolo do diodo zener é mostrado na Figura 5-35. Assim como o LED, o diodo zener é um dispositivo polarizado e polarizá-lo incorretamente fará com que ele não desempenhe o papel que se espera dele ou até mesmo que seja destruído. Conforme mostrado na Figura 5-36(a), a forma de polarização correta do diodo zener para regulação de tensão é aplicar tensão positiva ao catodo (K) em relação ao terminal de anodo (A). Este modo de polarização é conhecido como *polarização reversa*. Polarizado reversamente, o diodo zener impede a circulação de corrente até que a tensão entre os terminais A-K atinja um patamar de tensão igual ou maior que uma determinada tensão crítica, denominada tensão zener. Após atingir a tensão zener, a corrente do diodo zener aumenta vertiginosamente, mas a tensão entre os terminais A-K permanece praticamente constante. Assim, o diodo zener é um bom candidato a fornecer boa regulação de tensão de carga.

Colocamos na Tabela 5-2 uma comparação em termos de regulação de tensão e eficiência para os dois circuitos divisores da Figura 5-36. Os dados foram tabelados considerando-se que o valor de resistência de carga sai do seu valor nominal 1 kΩ, desce para 500 Ω e depois sobe para 2 kΩ. Os dados colocados na tabela para o circuito regulador zener foram obtidos através de um software simulador. Os dados para o divisor resistivo foram calculados a partir dos valores do circuito da Figura 5-36(b). Ambos os circuitos foram projetados para fornecerem 5 V para um resistor de carga de 1 kΩ. Os cálculos necessários para determinar parte dos dados tabelados do divisor resistivo com resistor de carga de 500Ω são:

$$R_{2,L} = \frac{1000\ \Omega \times 500\ \Omega}{1000\ \Omega + 500\ \Omega} = 333{,}3\ \Omega$$

$$R_T = 500\ \Omega + 333{,}3\ \Omega = 833{,}3\ \Omega$$

$$V_L = \frac{R_{2,L} \times V_T}{R_T} = \frac{333{,}3\ \Omega \times 10\ V}{833{,}3\ \Omega} = 4{,}00\ V$$

$$I_T = \frac{B_1}{R_T} = \frac{10\ V}{833{,}3\ \Omega} = 12\ mA$$

$$\%\ ef = \frac{P_L}{P_T} \times 100 = \frac{4\ V \times 8\ mA}{10\ V \times 12\ mA} \times 100$$

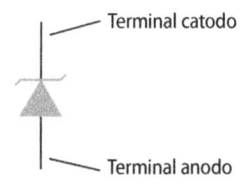

$$= \frac{32\ mW}{120\ mW} \times 100 = 26{,}7\ \%$$

Figura 5-35 Símbolo para um diodo zener.

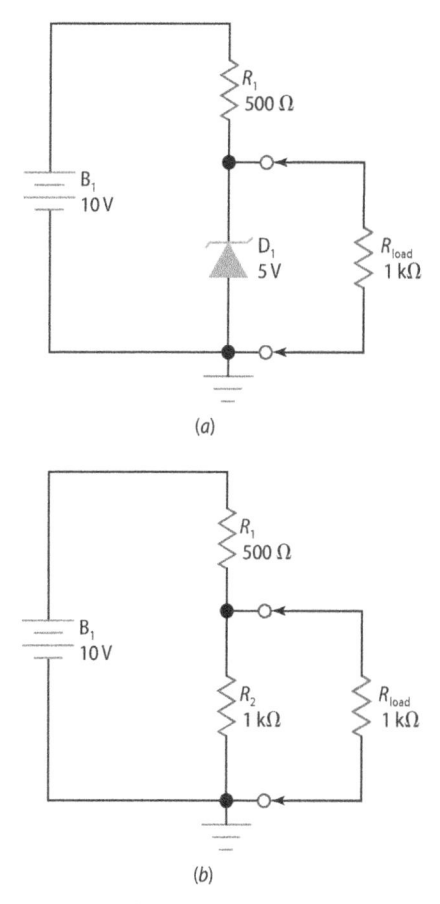

Figura 5-36 Divisor de tensão resistivo e regulador de tensão com diodo zener. O circuito do diodo zener apresenta uma tensão de saída bem regulada. (a) Circuito regulador de tensão com diodo zener; (b) Divisor de tensão resistivo.

Tabela 5-2 Comparação entre divisor de tensão resistivo e regulador de tensão zener

Resistência de carga	V_L		I_L		I_T		Regulação de carga (%LR)		Eficiência %	
	Regulador zener	Divisor resistivo	Regulador zener	Divisor resistivo	Regulador zener	Divisor resistivo	Regulador zener	Divisor resistivo	Regulador zener	Divisor resistivo
500 V	4,92 V	4,00 V	9,84 mA	8,00 mA	10,16 mA	12,00 mA			47,6	26,7
1 kV	4,97 V	5,00 V	4,97 mA	5,00 mA	10,05 mA	10,00 mA			24,6	25,0
2 kV	4,98 V	5,71 V	2,49 mA	2,86 mA	10,03 mA	8,57 mA			12,4	19,1
Aumenta de 1 kV para 2 kV							0,2	14,3		
Diminui de 1 kV para 500 V							1,0	25,0		
Aumenta de 500 V para 2 kV							1,2	42,8		

A comparação da Tabela 5-2 mostra que o circuito regulador zener é muito mais eficiente que o circuito divisor resistivo quando é exigida mais corrente de carga do que o circuito foi projetado para fornecer. Entretanto, quando a carga exige menos corrente do que o circuito foi projetado para fornecer, o circuito resistivo é ligeiramente mais eficiente que o regulador zener.

Olhe cuidadosamente para a coluna regulação de carga na Tabela 5-2. Ela mostra por que um regulador zener é muito mais vantajoso do que o circuito divisor resistivo quando o quesito é obter uma tensão de carga praticamente constante mesmo para variações da corrente de carga.

Teste seus conhecimentos

Responda às seguintes questões.

42. O que acontece à tensão de carga de um divisor de tensão resistivo ao conectar-se uma carga entre seus terminais de saída?
43. Calcule a tensão do ponto B, relativamente ao referencial terra, no circuito da Figura 5-34 quando um resistor de carga de 15 kΩ é conectado entre esses pontos.
44. Determine a regulação de carga para o circuito da Figura 5-34 sujeito às condições da questão 43.
45. O que acontece ao circuito regulador de tensão zener da Figura 5-36(a) quando valor da resistência de carga é reduzido para 750 Ω?
46. Apresente os cálculos necessários para se determinar as eficiências percentuais listadas na Tabela 5-2 para o circuito regulador zener com carga de 2 kΩ conectada à saída.

Fórmulas e expressões relacionadas

$P_T = P_{R_1} + P_{R_2} + P_{R_3} +$ etc.

$G = \dfrac{1}{R}$

Para circuitos em série:

$I_T = I_{R_1} = I_{R_2} = I_{R_3} =$ etc.

$V_T = V_{R_1} + V_{R_2} + V_{R_3} +$ etc.

$R_T = R_1 + R_2 + R_3 +$ etc.

$G_T = \dfrac{1}{\dfrac{1}{G_1} + \dfrac{1}{G_2} + \dfrac{1}{G_3} +}$ etc.

Para circuitos paralelos:

$I_T = I_{R_1} + I_{R_2} + I_{R_3} +$ etc.

$V_T = V_{R_1} = V_{R_2} = V_{R_3} =$ etc.

$R_T = \dfrac{1}{\dfrac{1}{R_1} + \dfrac{1}{R_2} + \dfrac{1}{R_3} +}$ etc.

$G_T = G_1 + G_2 + G_3 +$ etc.

$R_T = \dfrac{R_1 \times R_2}{R_1 + R_2}$

$R_T = \dfrac{R}{n}$

Respostas

1. a. V_{R_4}
   b. I_T
   c. I_{R_2}
2. V
3. V
4. V
5. $R_T = R_1 + R_2 + R_3 +$ etc.
6. Sim.
7. $V_T + V_{R_1} + V_{R_2} + V_{R_3} +$ etc.
8. Resistor de 100 Ω.
9. Não.
10. Através do resistor aberto.
11. a. Aumenta
    b. Aumenta
    c. Aumenta
12. a. 500
    b. 0,2 A
    c. 25 V
    d. 15 W

13. R_1 deve ser 37,3 Ω. A bateria tem que fornecer 1,89 W.
14. Aumentaria
15. 0 V
16. 9 mA
17. Quando a resistência de carga é igual à resistência interna da fonte.
18. Maior que
19. Um circuito paralelo é aquele que possui duas ou mais cargas e dois ou mais caminhos de corrente independentes.
20. A tensão total (fonte) é a mesma através de cada uma das cargas:

$$V_T = V_{R_1} = V_{R_2} = V_{R_3}$$

21. A corrente total é dividida entre os ramos do circuito tal que:

$$I_T = I_{R_1} + I_{R_2} + I_{R_3} + \text{etc.}$$

22. A menor
23. $R_T = \dfrac{1}{\dfrac{1}{R_1} + \dfrac{1}{R_2}}$

    $R_T = \dfrac{R_1 \times R_2}{R_1 + R_2}$
24. V
25. F
26. V
27. F
28. V
29. F
30. F
31. a. Aumenta
    b. Diminui
    c. Diminui
    d. Permanece constante
32. $I_{R_1} = I_T - (I_{R_2} + I_{R_3})$
    $= 5\,A - 3\,A$
    $= 2\,A$
    $I_{R_2} = (I_{R_2} + I_{R_3}) - I_{R_3}$
    $= 3\,A - 1\,A$
    $= 2\,A$
33. $V_{B_1} = V_{R_3} = I_{R_3} R_3$
    $= 1\,A \times 20\,\Omega$
    $= 20\,V$
34. $V_{R_2} = V_{R_3} = 20\,V$
    $R_2 = \dfrac{V_{R_2}}{I_{R_2}} = \dfrac{20\,V}{2\,A}$
    $= 10\,\Omega$

35. a. 4 Ω
    b. 0,25 S
    c. 2 A
    d. 40 W
36. a. R_3 e R_5
    b. Nenhum
37. a. F
    b. V
    c. V
    d. F
    e. V
38. a. 20 Ω
    b. 40 W
    c. 240 W
39. a. Aumenta
    b. Diminui
    c. Diminui
    d. Aumenta
40. a. 125 Ω
    b. 20 V
    c. 0,3 A
    d. 3,6 W
41. a. 10 Ω
    b. 0,67 A
    c. 16,7 W
    d. 1 A
    e. 80 Ω
42. A tensão diminui. A magnitude da redução é função da razão entre a corrente a vazio e a corrente a plena carga.
43. 21,4 V
44. 16,8%
45. Diminuirá levemente. Os dados da Tabela 5-2 indicam que essa redução é menor que 0,05 V.
46. $P_{\text{entrada}} = 10\,V \times 10\,mA$
    $= 100\,mW$
    $P_{\text{saída}} = P_L$
    $= 4,98\,V \times 2,49\,mA$
    $= 12,4\,mW$
    % ef. $= \dfrac{12,4\,mW}{100\,mW}$
    $\times 100 = 12,4\,\%$

Para resumo do capítulo, questões de revisão e problemas para formação de pensamento crítico, acesse www.grupoa.com.br/tekne

capítulo 6

Técnicas de análise de circuitos

Muitos dos circuitos práticos são organizados de modo que seus componentes não são conectados diretamente em série nem muito menos em paralelo. Estes circuitos normalmente não permitem que utilizemos as técnicas de resolução de circuitos série e paralelo estudadas no capítulo anterior. Tais circuitos são denominados *circuitos multimalhas* ou *redes*. Alguns dos circuitos multimalhas (redes) contêm duas ou mais fontes de tensão ou de corrente. A operação de reduzir circuitos multimalhas a circuitos mais simples, que apresentem apenas uma "resistência equivalente" e uma fonte, requer mais poder de fogo do que foi ensinado no Capítulo 5.

OBJETIVOS

Neste capítulo você será capaz de:

>> *Utilizar* sistemas de equações simultâneas para resolver equações com uma ou mais variáveis desconhecidas (incógnitas).

>> *Escrever* equações de malhas utilizando a Lei de Kirchhoff das Tensões (LKT).

>> *Determinar* os valores de grandezas elétricas em circuitos multimalhas, contendo uma ou mais fontes, utilizando diferentes técnicas de análise de circuitos.

>> *Usar* o Teorema da Superposição para resolver circuitos contendo mais de uma fonte.

>> *Compreender* as vantagens de se visualizar um circuito como uma rede de 2-terminais.

>> *Aplicar* os Teoremas de Thévenin e de Norton para reduzir circuitos multimalhas a uma rede de 2-terminais, constituída por uma fonte de tensão ou corrente e uma resistência série.

≫ Sistemas de equações lineares

Equações envolvendo duas ou mais variáveis desconhecidas (ou incógnitas) são resolvidas rapidamente se houver um número mínimo de equações independentes relacionando suas variáveis. Tais conjuntos de equações quando agrupadas são amplamente conhecidos como SISTEMA DE EQUAÇÕES SIMULTÂNEAS. O método de ELIMINAÇÃO DE VARIÁVEL é um modo prático de resolvermos estes sistemas de equações. Este método é simples, direto e envolve apenas três operações algébricas: (1) multiplicação membro a membro por uma constante, (2) adição de equações e (3) substituição das variáveis pelos seus valores numéricos.

> **LEMBRE-SE**
> ... na solução de problemas nos capítulos anteriores, você realizou todas estas operações, exceto a segunda.

≫ Somando equações*

A adição de equações pode ser explicada mais rapidamente através de alguns exemplos. Suponha que você queira adicionar as equações $A = 7$ e $B = 7$. O primeiro passo é alinhar verticalmente as variáveis A e B de modo que A esteja numa coluna e B em outra:

$$\begin{array}{r} A = 4 \\ B = 7 \\ \hline A + B = 11 \end{array}$$

Observe que a adição de equações de variáveis diferentes produz "A mais B" e não "A vezes B".

A seguir vamos somar as equações $2A + B = 13$ e $2B = 16$. Novamente, o primeiro passo é alinhar verticalmente as variáveis:

$$\begin{array}{r} 2A + B = 13 \\ 2B = 6 \\ \hline 2A + 3B = 19 \end{array}$$

---

* N. de T.: Em matemática, define-se uma **equação** como uma igualdade envolvendo expressões matemáticas. Por exemplo, $A = 4$ e $B = 7$ são dois exemplos de equações. Outro exemplo de equação seria $A + B = 11$. Portanto, qualquer relação matemática conectada por um sinal de igualdade é uma equação.

Teste seus conhecimentos

Adicione as seguintes equações:

1. $2A + 5B = 43{,}2$ e $4A + B = 16{,}4$
2. $3R - 2S - 4T = -23$ e $R + 3S - 2T = 48$
3. $-2A + 3B = 10$ e $-3B + 4C = -2$

Finalmente, vamos adicionar a equação $2A - 6B + 3C = -25$ com $A + B - 2C = 2$:

$$\begin{array}{r} 2A - 6B + 3C = -25 \\ A + B - 2C = 2 \\ \hline 3A - 5B + C = -23 \end{array}$$

≫ Eliminação de variável em sistemas de equações a duas incógnitas

Resolver sistemas de equações simultâneas a DUAS INCÓGNITAS (ou variáveis desconhecidas) requer duas equações independentes, cada qual envolvendo as variáveis desconhecidas. O procedimento consiste em multiplicar uma das equações por CONSTANTE apropriada para obter uma nova equação. Em seguida, a nova equação e a equação multiplicada membro a membro por uma constante são adicionadas. A constante é escolhida de modo que as duas equações, ao serem somadas, eliminam pelo uma das variáveis da equação, reduzindo o número de variáveis na equação resultante da adição. Por exemplo, o membro $2A$ numa equação cancela $-2A$ na outra equação ao serem adicionados. A constante é obtida dividindo-se o termo da primeira equação que se deseja eliminar pelo termo correspondente da segunda equação e, muitas vezes, multiplica-se o resultado da divisão por -1 para possibilitar o cancelamento (deve-se verificar quando é necessário inverter o sinal da constante). Sendo assim, quando a segunda equação for multiplicada pela constante (com ou sem sinal) um dos novos termos da equação multiplicada será igual em módulo, mas contrário em sinal, ao coeficiente do termo que se desejava eliminar. Assim, quando as equações forem adicionadas, o termo desejado não aparecerá na equação somada e o valor da variável que permaneceu na equação final pode ser determinado.

Vamos exemplificar o método de eliminação de variáveis resolvendo o seguinte sistema de equações simultâneas: $6A + 5B = 45$ e $2A + 3B = 19$. Vamos eliminar a variável A da equação final. Inicialmente, divida 6A por 2A. O resultado é +3. Neste caso, necessitaremos inverter o sinal da constante multiplicando-o por −1 para que o cancelamento seja possível. Assim:

$$\frac{6A}{2A} \times (-1) = 3 \times (-1) = -3$$

Em seguida, multiplique membro a membro a segunda equação pela constante −3.

$$-3(2A + 3B) = -3(19)$$
$$-6A - 9B = -57$$

Então, adicione a primeira equação e a equação multiplicada pela constante para obter uma equação final onde a variável A não apareça:

Primeira equação: $\quad\quad\quad\quad 6A + 5B = 45$
Nova equação: $\quad\quad\quad\quad\quad -6A - 9B = -57$
Soma das duas equações: $\quad\quad\quad -4B = -12$

Resolvendo a equação final para B obtemos:

$$B = \frac{-12}{-4} = 3$$

Poderíamos ter eliminado uma variável sem ter de multiplicá-la por 1. Neste caso, em vez de adicionarmos a primeira equação com a equação multiplicada membro a membro para produzir os cancelamentos, efetuaríamos subtrações termo a termo e o cancelamento ocorreria de modo natural:

$$6A + 9B = 57$$

Voltando ao exemplo anterior, agora para realizar subtração termo a termo em vez de adicioná-los, subtraindo a nova equação da primeira equação resulta:

$$6A + 5B = 45$$
$$6A + 9B = 57$$
$$\overline{\quad\quad -4B = -12}$$
$$B = 3$$

De posse do valor de B podemos retornar à primeira equação, à segunda ou mesmo na equação obtida pela multiplicação da constante para determinarmos o valor de A:

$$6A + 5B = 45$$
$$6A + 5(3) = 45$$
$$6A + 15 = 45$$
$$6A = 30$$
$$A = 5$$

Finalmente, é sempre recomendável *tirar a prova* da solução para verificar a ocorrência de erro aritmético durante a realização dos cálculos. Substitua os valores de A e B na equação que não utilizamos em nenhum momento da solução para tirar a prova:

$$2A + 3B = 19$$
$$2(5) + 3(3) = 19$$
$$10 + 9 = 19$$
$$19 = 19 \text{ (solução correta)}$$

EXEMPLO 6-1

Determine os valore de A e B para o sistema de equações formado por $4A + 3B = 36,9$ e $A + 2B = 17,1$.

Dados: $\quad\quad 4A + 3B = 36,9$
$\quad\quad\quad\quad\quad A + 2B = 17,1$

Encontrar: $\quad A$ e B

Conhecido: $\quad$ Método de eliminação de variáveis

$$\frac{4A}{A} \times (-1) = -4$$

Solução: $\quad\quad -4(A + 2B) = -4(17,1)$
Primeira equação: $\quad -4A - 8B = -68,4$
Nova equação: $\quad\quad 4A + 3B = 36,9$
Soma das duas equações: $\quad -4A - 8B = -68,4$
$$\overline{\quad\quad -5B = -31,5}$$
$$B = 6,3$$
$$4A + 3(6,3) = 36,9$$
$$4A + 18,9 = 36,9$$
$$4A = 18$$
$$A = 4,5$$

Resposta: $\quad A = 4,5$ e $B = 6,3$.

Teste seus conhecimentos

Resolvas os seguintes sistemas de equações:

4. $3X + 4,2Y = 38,1$ e $2,5X + 3Y = 28,75$.
5. $4C + 5D = 42$ e $-3C + 7D = 26$.
6. $3A - 4B = 6$ e $-2A - 2B = -18$.

» Eliminação de variáveis em sistemas de equações a três incógnitas

Resolver sistemas de equações lineares para três incógnitas requer três EQUAÇÕES INDEPENDENTES envolvendo as TRÊS VARIÁVEIS. Por exemplo, suponha que as três equações sejam:

(1) $\qquad 2X + 4Y - 5Z = -1$

(2) $\qquad -4X - 2Y + 6Z = -2$

(3) $\qquad 3X + 5Y + 7Z = 96$

O passo a passo do processo de solução do sistema de equações para X, Y e Z é o seguinte:

1. Tome duas das três equações de modo a eliminar uma das três variáveis. Por exemplo, vamos combinar as Equações (1) e (3) para eliminar a variável Y:

Determinando a constante: $\dfrac{4Y}{5Y} \times (-1) = -0{,}8$

Multiplicação de (3) pela constante:

$$-0{,}8(3X + 5Y + 7Z) = -0{,}8(96)$$
$$-2{,}4X - 4Y - 5{,}6Z = -76{,}8 \qquad (4)$$

Adição de (1) e (4):

$$\begin{array}{rl} 2X + 4Y - 5Z = -1 & (1) \\ -2{,}4X - 4Y - 5{,}6Z = -76{,}8 & (4) \\ \hline -0{,}4X \qquad -10{,}6Z = -77{,}8 & \end{array}$$

Para simplificar esta equação e eliminar os números decimais vamos multiplicá-la por 5:

$$5(-0{,}4x - 10{,}6z) = 5(-77{,}8)$$
$$-2X - 53Z = -389 \qquad (5)$$

2. Tome novamente duas das três equações originais para eliminar Y e produzir mais uma equação envolvendo apenas X e Z, como na equação (5). Dessa vez, vamos combinar as equações (1) e (2) e proceder da mesma forma que no passo 1 para eliminar Y:

Determinando a constante: $\dfrac{4Y}{-2Y} \times (-1) = 2$

Multiplicação de (2) pela constante:

$$2(-4X - 2Y + 6Z) = 2(-2)$$
$$-8X - 4Y + 12Z = -4 \qquad (6)$$

Adição de (1) e (6):

$$\begin{array}{rl} 2X + 4Y - 5Z = -1 & (1) \\ -8X - 4Y + 12Z = -4 & (6) \\ \hline -6X \qquad + 7Z = -5 & (7) \end{array}$$

3. Vamos combinar as equações reduzidas dos passos 1 e 2 para eliminar uma das duas variáveis remanescentes. Vamos usar as equações (5) e (7) para eliminar X e resolver para Z:

Determinando a constante: $\dfrac{-6X}{-2X} \times (-1) = -3$

Multiplicação de (5) pela constante:

$$-3(-2X - 53Z) = -3(-389)$$
$$6X + 159Z = 1167 \qquad (8)$$

Adição de (7) e (8):

$$\begin{array}{rl} -6X + 7Z = -5 & (7) \\ 6X + 159Z = 1167 & (8) \\ \hline 166Z = 1162 & \\ Z = 7 & \end{array}$$

4. Vamos substituir o valor de Z encontrado no passo 3 na equação (5) ou (7) para encontrar o valor de X. Tomemos a equação (5) para este fim:

$$-2X - 53Z = -389$$
$$-2X - 53(7) = -389$$
$$-2X = -389 + 371$$
$$-2X = -18 (\times -1)$$
$$2X = 18$$
$$X = 9$$

5. Por último, vamos utilizar, por exemplo, a equação (1) e os valores de X e Z para determinarmos o valor de Y.

$$2(9) + 4Y - 5(7) = -1$$
$$18 + 4Y - 35 = -1$$
$$4Y - 17 = -1$$
$$4Y = 16$$
$$Y = 4$$

Você vai precisar realizar os cinco passos anteriores somente se as três equações estiverem completas, isto é, se as três equações contiverem as três variáveis. Se uma ou duas equações contiverem apenas duas variáveis, então a etapa número 2 pode ser omitida.

EXEMPLO 6-2

Determine os valores de A, B e C para o sistema de equações formado por:

Dados:		
	$2A + 4C = 40$	(1)
	$-4B + 3C = -4$	(2)
	$5A + 3B - 7C = -15$	(3)

Encontrar: A, B e C

Conhecido: Método de eliminação de variáveis

Solução: Dividindo o termo na variável B da equação (2) pelo termo equivalente na equação (3) e utilizando o valor da constante para multiplicar por (3) resulta:

$$\frac{-4B}{3B} \times (-1) = \frac{4}{3}$$

$$\frac{4}{3}(5A + 3B - 7C) = \frac{4}{3}(-15)$$

$$6{,}6A + 4B - 9{,}3C = -20$$

$$-4B + 3C = -4$$

$$\overline{6{,}6A \quad\quad -6{,}3C = -24} (\times 10)$$

$$10(6{,}6A) - 10(6{,}3C) = 10(-24)$$

$$66A - 63C = -240 \quad\quad (4)$$

Equação (1): $\quad 2A + 4C = 40$

Equação (4): $\quad 66A - 63C = -240$

Vamos eliminar a variável A de (1) para determinarmos C.

$$\frac{66A}{2A} \times (-1) = -33$$

$$-33(2A + 4C) = -33(40)$$

$$-66A - 132C = -1320 \quad\quad (5)$$

Adicionando-se (4) e (5) eliminamos a variável A para calcularmos C.

$$-66A - 132C = -1320$$
$$\underline{66A - 63C = -240}$$
$$-195C = -1560 \; (\times -1)$$
$$C = 8$$

Com o valor C obtido acima, voltamos à equação (1) e encontramos o valor de A.

$$2A + 4(8) = 40$$
$$2A + 32 = 40$$
$$2A = 8$$
$$A = 4$$

Para finalizar, da equação (2) determinamos o valor de B:

$$-4B + 3(8) = -4$$
$$-4B + 24 = -4$$
$$-4B = -28$$
$$B = 7$$

Resposta: $\quad A = 4, B = 7 \text{ e } C = 8.$

» Método dos determinantes para solução de sistemas de equações a duas incógnitas

Outra forma de se resolver sistemas de equações simultâneas envolve o uso de MATRIZES QUADRADAS e o cálculo do DETERMINANTE de cada matriz. Antes de iniciarmos as explicações referentes ao método de solução, vamos explicar inicialmente alguns conceitos relacionados às matrizes. Uma matriz quadrada é um arranjo de números organizados numa tabela de modo que o número de linhas e de colunas é o mesmo. O determinante de uma matriz é um número real ordinário calculado a partir dos coeficientes das equações lineares arranjados numa matriz quadrada. Em outras palavras, o determinante é uma representação numérica simples dos números arranjados na matriz quadrada que pode ser utilizado para substituir uma matriz e permitir a determinação dos valores das variáveis desconhecidas. Numa equação, o valor numérico que aparece em frente a uma variável é denominado COEFICIENTE da variável. O número do lado direito do sinal de igualdade é chamado CONSTANTE da equação. Assim, considerando a primeira equação do Exemplo 6-1 ($4A + 3B = 36{,}9$), o coeficiente da variável A é 4, o coeficiente de B é 3 e o termo constante da equação é 36,9.

Uma matriz genérica (2×2) do tipo utilizado na solução de sistemas de equações simultâneas a duas incógnitas é:

$$\begin{vmatrix} a_1 & b_1 \\ a_2 & b_2 \end{vmatrix}$$

Nesta matriz, a_1 é o coeficiente da primeira incógnita da primeira equação, b_1 é o coeficiente da segunda incógnita da primeira equação, e, de modo equivalente, a_2 e b_2 são os coeficientes correspondentes da segunda equação. As duas barras encerrando os coeficientes indicam que esta é uma matriz para a qual o determinante pode ser calculado.

O determinante de uma matriz (2×2) é calculado muito facilmente multiplicando-se os termos a_1 por b_2 e a_2 por b_1 e, então, subtraindo-se o produto $a_2 b_1$ do produto $a_1 b_2$. Às vezes são colocadas setas nas diagonais para ajudar na memorização dos produtos dos coeficientes na diagonal. A seta em linha cheia apontando a diagonal para baixo sugere o produto $a_1 b_2$ e a seta em linha tracejada apontando a diagonal para cima sugere o produto $a_2 b_1$. A seta em linha cheia sugere ainda que o produto $a_2 b_1$ seja subtraído do produto $a_1 b_2$.

$$\begin{vmatrix} a_1 & b_1 \\ a_2 & b_2 \end{vmatrix}$$

Por exemplo, a matriz dos coeficientes das equações do Exemplo 6-1 é a seguinte:

$$\begin{vmatrix} 4 & 3 \\ 1 & 2 \end{vmatrix}$$

Para este arranjo de coeficientes, o determinante dos coeficientes (D) seria:

$$D = (42) - (1 \times 3) = 5.$$

Passemos agora à determinação dos valores das variáveis do sistema de equação a duas equações simultâneas. No Exemplo 6-1, para determinarmos o valor da variável A precisamos inicialmente construir uma matriz (2×2) na qual os coeficientes a_1 e a_2 são substituídos pelos termos constantes C_1 e C_2 das equações (1) e (2), respectivamente. Então, o determinante (D_A) para esta nova matriz é calculado da seguinte forma:

$$D_A = \begin{vmatrix} C_1 & b_1 \\ C_2 & b_2 \end{vmatrix} = \begin{vmatrix} 36,9 & 3 \\ 17,1 & 2 \end{vmatrix}$$

$$= (36,9 \times 2) - (17,1 \times 3)$$

$$= 73,8 - 51,3 = 22,5$$

Finalmente, o valor da incógnita A é calculado pela fórmula:

$$A = \frac{D_A}{D} = \frac{22,5}{5} = 4,5$$

Observe que o valor encontrado para A concorda com o resultado obtido pelo método de eliminação de variáveis apresentado no Exemplo 6-1. No Exemplo 6-1, o modo de se calcular o valor da incógnita B é muito parecido com o que fizemos para A. Construa outra matriz na qual os coeficientes b_1 e b_2 da variável B são substituídos pelas constantes C_1 e C_2 das equações (1) e (2), respectivamente. Então, o determinante (D_B) para esta nova matriz é calculado da seguinte forma:

$$D_B = \begin{vmatrix} a_1 & C_1 \\ a_2 & C_2 \end{vmatrix} = \begin{vmatrix} 4 & 36,9 \\ 1 & 17,1 \end{vmatrix}$$

$$= (4 \times 17,1) - (1 \times 36,9)$$

$$= 68,4 - 36,9 = 31,5$$

Finalmente, o valor da incógnita B é calculado pela fórmula:

$$B = \frac{D_B}{D} = \frac{31,5}{5} = 6,3$$

Observe novamente que o valor encontrado acima para B concorda com o resultado obtido pelo método de eliminação utilizado no Exemplo 6-1.

» Método dos determinantes para solução de sistemas de equações a três incógnitas

Quando três variáveis desconhecidas (incógnitas) precisam ser resolvidas, são necessárias três equações simultâneas e, assim, são necessárias matrizes (3×3) para que o determinante seja calculado para cada uma. Uma matriz (3×3) generalizada pode ser escrita na forma:

$$\begin{vmatrix} a_1 & b_1 & c_1 \\ a_2 & b_2 & c_2 \\ a_3 & b_3 & c_3 \end{vmatrix}$$

Esta é a forma geral da matriz dos coeficientes. Então, a_1, b_1 e c_1 são os coeficientes da primeira, segunda e terceira incógnitas da primeira equação. Com uma matriz (3×3) serão necessários seis produtos diagonais, onde cada tipo de diagonal contribui com três produtos. A soma destes três produtos (a saber, $a_3b_2c_1 + a_1b_3c_2 + a_2b_1c_3$) é então subtraída da soma dos produtos da outra diagonal (a saber, $a_1b_2c_3 + a_3b_1c_2 + a_2b_3c_1$). Este processo conduz ao determinante (D) da matriz de coeficientes. Sem problemas se você preferir memorizar estas relações. Contudo, a determinação de cada produto de coeficientes pode ser feita mais facilmente se você utilizar um truque de repetir as duas primeiras colunas da matriz no lado direito, fora da barra de determinante. Copiando as duas colunas do lado direito, você será capaz de desenhar setas nas diagonais utilizando linhas cheias, apontando para baixo, que cruzam exatamente os coeficientes envolvidos em cada produto, que serão todos somados. Da mesma forma, desenhe setas nas diagonais utilizando linhas tracejadas, apontando para cima, que cruzam exatamente os coeficientes envolvidos em cada produto, que serão somados e o resultado dessa soma será subtraído da soma das setas em linhas diagonais cheias. O que foi escrito acima é ilustrado abaixo, onde o significado dos tipos de setas é o mesmo explicado para matriz (2×2).

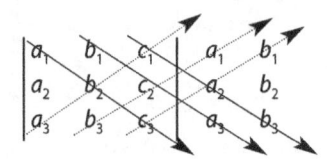

$$\begin{vmatrix} a_1 & b_1 & c_1 \\ a_2 & b_2 & c_2 \\ a_3 & b_3 & c_3 \end{vmatrix} \begin{matrix} a_1 & b_1 \\ a_2 & b_2 \\ a_3 & b_3 \end{matrix}$$

Agora que introduzimos as matrizes (3×3) podemos utilizar determinantes para encontrar os valores das incógnitas A, B e C do Exemplo 6-2.

$$D = \begin{vmatrix} 2 & 0 & 4 \\ 0 & -4 & 3 \\ 5 & 3 & -7 \end{vmatrix} \begin{matrix} 2 & 0 \\ 0 & -4 \\ 5 & 3 \end{matrix}$$

$$= [2(-4)(-7) + 0(3)5 + 4(0)3]$$
$$\quad - [5(-4)4 + 3(3)2 + (-7)0(0)]$$
$$= 56 - (-62) = 118$$

$$D_A = \begin{vmatrix} 40 & 0 & 4 \\ -4 & 4 & 3 \\ -15 & 3 & -7 \end{vmatrix} \begin{matrix} 40 & 0 \\ -4 & -4 \\ -15 & 3 \end{matrix}$$

$= [40(-4)(-7) + 0(3)(-15)$
$ + 4(-4)3] - [(-15)(-4)4$
$ + 3(3)40 + (-7)(-4)0]$
$= 1072 - 600 = 472$

$A = D_A \div D = 472 \div 118 = 4$

$$D_B = \begin{vmatrix} 2 & 40 & 4 \\ 0 & -4 & 3 \\ 5 & -15 & -7 \end{vmatrix} \begin{matrix} 2 & 40 \\ 0 & 4 \\ 5 & 15 \end{matrix}$$

$= [2(-4)(-7) + 40(3)5$
$ + 4(0)(-15)] - [5(-4)4$
$ + (-15)3(2) + (-7)0(40)]$
$= 656 - (-170) = 826$

$B = D_B \div D = 826 \div 118 = 7$

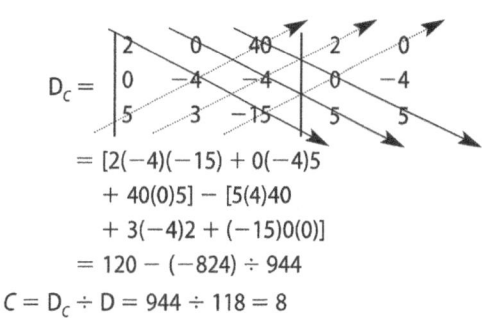

$$D_C = \begin{vmatrix} 2 & 0 & 40 \\ 0 & -4 & -4 \\ 5 & 3 & -15 \end{vmatrix} \begin{matrix} 2 & 0 \\ 0 & -4 \\ 5 & 3 \end{matrix}$$

$= [2(-4)(-15) + 0(-4)5$
$ + 40(0)5] - [5(4)40$
$ + 3(-4)2 + (-15)0(0)]$
$= 120 - (-824) \div 944$

$C = D_C \div D = 944 \div 118 = 8$

Observe que o método dos determinantes produz os mesmos valores de A, B e C (4, 7 e 8, respectivamente) concordando com os valores obtidos pelo método de eliminação.

O procedimento utilizado no método dos determinantes é conhecido como regra de Cramer, desenvolvido por um matemático suíço chamado Gabriel Cramer (1704-1752). Consulte o Apêndice J se você desejar aprender mais sobre determinantes e melhorar um pouco sua compreensão do porque o método dos determinantes resolve sistemas de equações lineares.

Teste seus conhecimentos

Responda às seguintes questões:

7. Resolva o sistema de equações abaixo para *R*, *S* e *T* utilizando o método de eliminação.
   $2R - 4S + 3T = 49$
   $-3R + 5S = -52$
   $6R - 2S + 4T = 52$

8. Resolva o sistema de equações abaixo para *X*, *Y* e *Z* utilizando determinantes.
   $2X - Y + 2Z = 5,6$
   $2X + 3Y - Z = 17,1$
   $-3X + 4Y + 5Z = 29,4$

9. Resolva o sistema de equações abaixo para *C*, *D* e *E* utilizando o método que desejar.
   $4C - 5D + 3E = -9$
   $2C - 3D = 4$
   $8D - 5E = -18$

» Método de análise de malhas

Agora que você já praticou os métodos de solução de sistemas de equações simultâneas, podemos utilizá-los para resolver problemas em circuitos multimalhas. As equações que você escreverá são chamadas EQUAÇÕES DE MALHAS. Elas podem ser escritas utilizando-se a LKT em cada malha de um circuito elétrico.

Tanto os CIRCUITOS CONTENDO UMA FONTE como os CIRCUITOS CONTENDO MAIS DE UMA FONTE podem resolvidos pelo método de *análise de malhas*. Este método permite-nos conhecer todas as tensões e as correntes de um circuito elétrico.

» Circuitos contendo uma fonte de tensão

Um circuito multimalha contendo uma única fonte de tensão é mostrado na Figura 6.1. Esta configuração de circuito é chamada PONTE DE WHEATSTONE. É uma configuração de circuito muito popular para medição indireta de temperaturas.

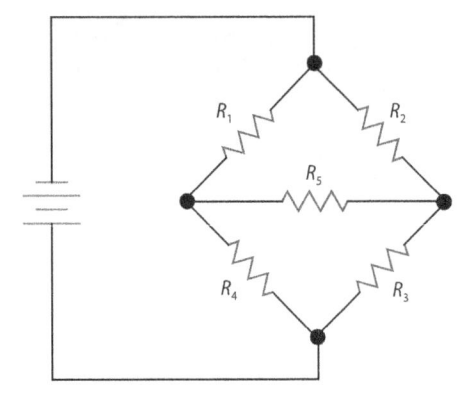

Figura 6.1 Ponte de Wheatstone. Nenhum dos resistores em série ou em paralelo.

Nestas aplicações, o resistor R_5 representa a resistência interna de um medir elétrico e R_4 normalmente é um termistor. A escala do medidor é calibrada em função de unidades de temperatura, em vez de corrente ou tensão.

Uma análise rápida do circuito da Figura 6-1 mostra que nenhum dos resistores está conectado diretamente em série ou paralelo com os demais. Portanto, não há espaço para iniciarmos a análise deste circuito utilizando apenas as regras de circuitos série ou paralelo, ou mesmo a Lei de Ohm. Este é um tipo de circuito que você ainda não está familiarizado e que vamos iniciar sua análise escrevendo equações de malhas usando a LKT.

Um modo pictórico de determinar as malhas (ou laços) de corrente é traçar os caminhos possíveis para as correntes circularem, como mostra a Figura 6-2. Sem conhecer de antemão os valores dos resistores, é impossível afirmar se I_1 (malha 1) está circulando no sentido arbitrado na Figura 6-2(a) ou se seria o sentido da Figura 6-2(b). O sentido da corrente dentro da ponte depende da polaridade entre os pontos A e B. O mais importante quando estiver analisando malhas é que não existe caminho inicialmente correto ou incorreto. Você pode escolher um sentido, a seu bel-prazer, e o resultado da corrente, ao menos em módulo, vai estar correto. Assim, quando estiver analisando malhas, entenda que não importa qual é o sentido definido ou arbitrado inicialmente para uma corrente. Se o sentido arbitrado para a corrente estiver incorreto, então, ao final da análise, o valor numérico da corrente I_1 vai ser NEGATIVO. Se isso ocorrer para I_1 (ser negativa), então saberemos que o sentido real de circulação de corrente é o inverso do que foi arbitrado. Neste caso, ao inverter o sentido da corrente, lembre-se de que as polaridades das quedas de tensão também serão invertidas, como a tensão desenvolvida em R_5. Na Figura 6-2, note que, para incluir todos os resistores na análise, são necessárias três correntes de malhas. É claro que nenhum resistor pode ser deixado de fora da análise, sob a pena de os resultados estarem completamente equivocados. Não é possível utilizar as duas correntes de malhas mostradas nas Figuras 6-2(a) e (b), pois nelas uma mesma fonte está forçando duas correntes em R_5 em sentidos opostos. A corrente inicial em R_5 é arbitrária, mas ela não pode acontecer simultaneamente nas duas direções possíveis. Portanto, as três equações de malhas terão de ser escritas e resolvidas simultaneamente, sem um erro conceitual, como um resistor tendo a mesma corrente em dois sentidos opostos simultaneamente. De modo a facilitar a escrita das equações, as três malhas da Figuras 6-2(a), (c) e (d) foram combinadas em um único diagrama de circuito, mostrado na Figura 6-3. Também, atribuímos valores aos resistores e à fonte de tensão na Figura 6-3 para podermos calcular as correntes e as tensões do circuito. Observe na Figura 6-3 que R_1 possui duas correntes (I_1 e I_2) através dele (neste caso não há erro, pois se trata de duas correntes diferentes). Ambas as correntes estão fluindo no mesmo sentido; logo, a queda de tensão em R_1 é*:

$$V_{R_1} = R_1(I_1 + I_2) = R_1 I_1 + R_1 I_2$$
$$= 2\,k(I_1) + 2\,k(I_2)$$

Note que omitimos propositalmente o símbolo da unidade resistência Ω (ohm) dos coeficientes de I_1 e I_2 na expressão para a queda de tensão em R_1. Isso torna as equações mais objetivas, evitando-se os erros por rebuscamentos. Ainda, atente para o fato de que a "letra k" na expressão acima é o prefixo quilo (k = ×1000) e não outra variável da equação.

O mesmo procedimento é aplicado ao resistor R_3 para o cálculo da queda de tensão neste resistor.

Estamos prontos para escrever as equações das TRÊS MALHAS do circuito da Figura 6-3. Vamos utilizar exaustivamente a LKT em cada malha. Aqui, vamos enunciar novamente a LKT:

---

* N. de T.: Você pode escrever as equações com os valores dos resistores em ohm, em quilo-ohm ou em outro múltiplo do ohm, mas use apenas um padrão, evite misturar as representações simultaneamente. Assim, nesse sentido, estaria incorreta a expressão para a queda de tensão em R_1 escrita como:

$$V_{R_1} = 2000 I_1 + 2\,K I_2$$

Onde o coeficiente de I_1 foi escrito em ohm e o coeficiente de I_2 em quilo--ohm, isso normalmente conduz a erros ao final do problema.

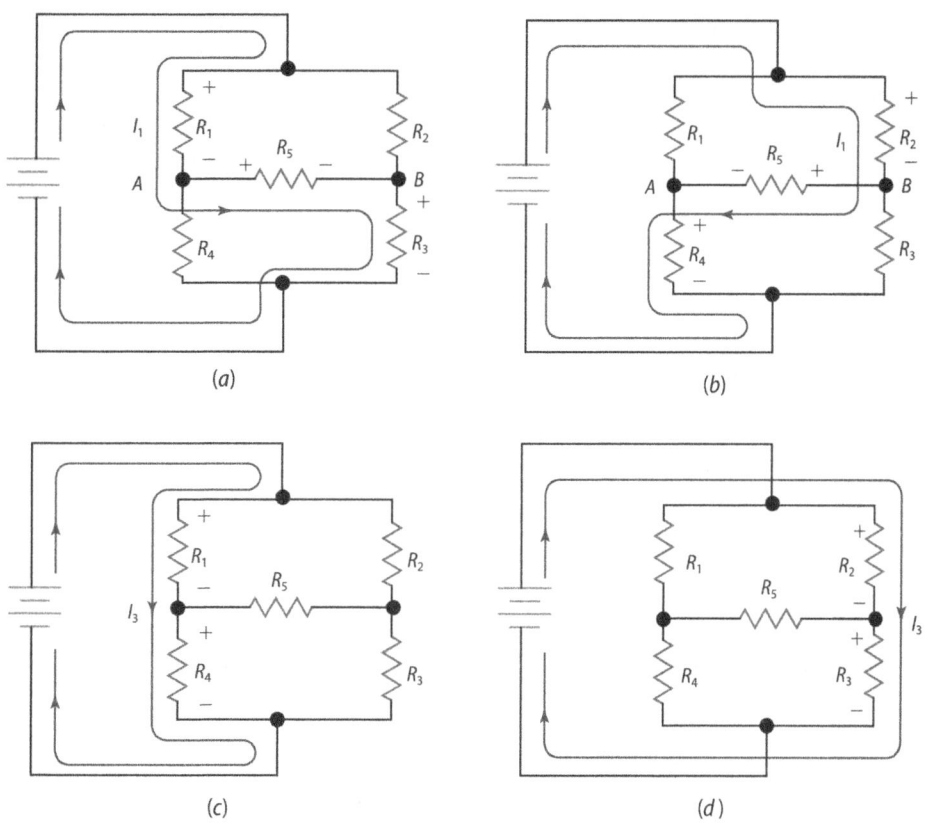

Figura 6-2 Três malhas para análise da ponte de Wheatstone usando a Lei de Kirchhoff das Tensões. (*a*) Considerando que o ponto A é positivo em relação ao ponto B; (*b*) Considerando que o ponto A é negativo em relação ao ponto B; (*c*) Malha 2; (*d*) Malha 3.

"a soma das quedas de tensão ao longo de uma malha num circuito é igual à tensão da fonte."

Para a malha 1, podemos escrever:

$$V_T = V_{R_1} + V_{R_5} + V_{R_3}$$

Substituindo-se as parcelas da soma pelos valores do circuito e suas expressões segundo a Lei de Ohm, obtemos:

$$9\,V = 2\,k(I_1 + I_2) + 2\,kI_1 + 5\,k(I_1 + I_3)$$

Efetuando-se a distributividade em relação à soma dos parênteses e expandindo:

$$9\,V = 2\,kI_1 + 2\,kI_2 + 2\,kI_1 + 5\,kI_1 + 5\,kI_3$$

Evidenciando e procedendo a soma dos coeficientes de termos iguais, a equação para a malha 1 torna-se:

$$9\,V = 11\,kI_1 + 2\,kI_2 + 5\,kI_3 \qquad \text{(malha 1)}$$

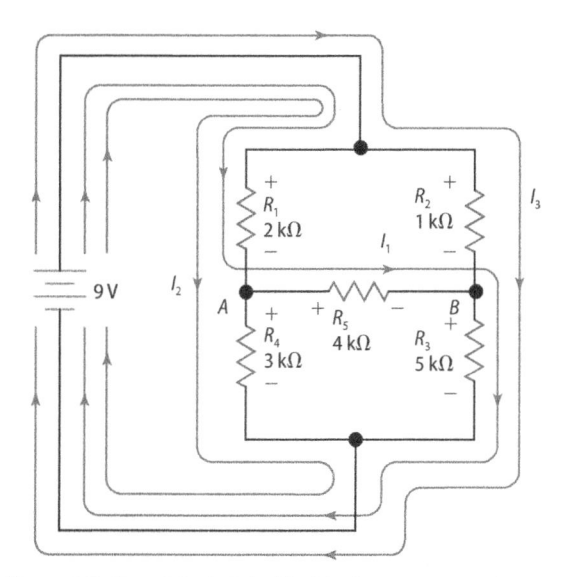

Figura 6-3 O sentido de I_1 é arbitrário. Duas correntes devem ser utilizadas nos cálculos das quedas de tensão de R_1 e R_3.

O mesmo processo aplicado à malha 2 produz:

$$V_T = V_{R_1} + V_{R_4}$$
$$9\,V = 2\,k\,(I_1 + I_2) + 3\,kI_2$$
$$= 2\,kI_1 + 2\,kI_2 + 3\,kI_2$$
$$9\,V = 2\,kI_1 + 5\,kI_2 \qquad \text{(malha 2)}$$

E, para a malha 3, o resultado é:

$$V_T = V_{R_2} + V_{R_3}$$
$$9\,V = 1\,kI_3 + 5\,k\,(I_1 + I_3)$$
$$= 1\,kI_3 + 5\,kI_1 + 5\,kI_3$$
$$9\,V = 5\,kI_1 + 6\,kI_3 \qquad \text{(malha 3)}$$

A próxima etapa é resolver as equações simultâneas das malhas 1, 2 e 3. Para isso vamos utilizar o método de eliminação de variáveis aprendido anteriormente. Vamos iniciar somando as equações das malhas 1 e 2 para eliminarmos a corrente I_2:

$$\frac{5\,kI_2}{2\,kI_2} \times (-1) = -2{,}5$$

$$-2{,}5\,(9\,V) = -2{,}5\,(11\,kI_1 + 2\,kI_2 + 5\,kI_3)$$
$$-22{,}5\,V = -27{,}5\,kI_1 - 5\,kI_2 - 12{,}5\,kI_3$$
$$\underline{9\,V = 2\,kI_1 + 5\,kI_2}$$
$$-13{,}5\,V = -25{,}5\,kI_1 - 12{,}5\,kI_3$$

(Malhas 1 e 2)

Em seguida, vamos adicionar a equação das malhas 1 e 2 à equação da malha 3 para eliminarmos a variável I_3 e resolvermos para I_1:

$$\frac{-12{,}5\,kI_3}{6\,kI_3} \times (-1) = 2{,}083$$

$$2{,}083\,(9\,V) = 2{,}083(5\,kI_1 + 6\,kI_3)$$
$$18{,}75\,V = 10{,}416\,kI_1 + 12{,}5\,kI_3$$
$$\underline{-13{,}5\,V = -25{,}5\,kI_1 - 12{,}5\,kI_3}$$
$$5{,}25\,V = -15{,}083\,kI_1$$

$$I_1 = \frac{5{,}25\,V}{-15{,}083\,k\Omega} = -0{,}348\,\text{mA}$$

Agora podemos resolver para I_3 substituindo o valor de I_1 na equação da malha 3:

$$9\,V = 5\,k(-0{,}348\,\text{mA}) + 6\,kI_3$$
$$I_3 = \frac{9\,V + 1{,}74\,V}{6\,k\Omega} = 1{,}79\,\text{mA}$$

Finalmente, vamos resolver para I_2 substituindo o valor de I_1 na equação da malha 2:

$$9\,V = 2\,k(-0{,}348\,\text{mA}) + 5\,kI_2$$
$$I_2 = \frac{9\,V + 0{,}696\,V}{5\,k\Omega} = 1{,}939\,\text{mA}$$

Observe que o valor de I_1 é negativo. Portanto, o sentido inicialmente arbitrado para I_1 está incorreto. Logo, as polaridades da queda de tensão no resistor R_5 também estão invertidas.

Agora que conhecemos os valores de I_1, I_2 e I_3 vamos determinar a corrente e a tensão em cada resistor da ponte. Referindo-se à Figura 6-3 e aos valores de I_1, I_2 e I_3, escrevermos:

$$I_{R_1} = I_1 + I_2 = -0{,}348\,\text{mA} + 1{,}939\,\text{mA}$$
$$= 1{,}591\,\text{mA}$$
$$I_{R_2} = I_3 = 1{,}79\,\text{mA}$$
$$I_{R_3} = I_1 + I_3 = -0{,}348\,\text{mA} + 1{,}79\,\text{mA}$$
$$= 1{,}442\,\text{mA}$$
$$I_{R_4} = I_2 = 1{,}939\,\text{mA}$$
$$I_{R_5} = I_1 = -0{,}348\,\text{mA}$$

$$I_T = I_1 + I_2 + I_3 = -0{,}348\,\text{mA}$$
$$+ 1{,}939\,\text{mA} + 1{,}79\,\text{mA} = 3{,}381\,\text{mA}$$
$$V_{R_1} = I_{R_1}R_1 = 1{,}591\,\text{mA} \times 2\,k\Omega = 3{,}182\,V$$
$$V_{R_2} = I_{R_2}R_2 = 1{,}79\,\text{mA} \times 1\,k\Omega = 1{,}79\,V$$
$$V_{R_3} = I_{R_3}R_3 = 1{,}442\,\text{mA} \times 5\,k\Omega = 7{,}21\,V$$
$$V_{R_4} = I_{R_4}R_4 = 1{,}939\,\text{mA} \times 3\,k\Omega = 5{,}817\,V$$
$$V_{R_5} = I_{R_5}R_5 = -0{,}348\,\text{mA} \times 4\,k\Omega = -1{,}392\,V$$

$$R_T = \frac{V_T}{I_T} = \frac{9\,V}{3{,}381\,\text{mA}} = 2{,}662\,k\Omega$$

Novamente, o sinal negativo para V_{R_5} indica que as POLARIDADES ARBITRADAS na Figura 6-3 para a tensão desenvolvida em R_5 estão invertidas.

Ao terminar a análise de um circuito, como o circuito anterior, é sempre uma boa ideia verificá-lo contra quaisquer tipos de erros de natureza algébrica ou computacional. Um modo rápido de se checar um circuito é substituir a tensões calculadas nas equações das malhas e verificar se ocorre violação em alguma das equações. Por exemplo,

$$V_T = V_{R_1} + V_{R_5} + V_{R_3}$$
$$= 3{,}182\,V - 1{,}392\,V + 7{,}21\,V$$
$$= 9\,V$$

Para a análise da ponte de Wheatstone arbitramos o sentido da corrente no resistor R_5. Embora a escolha do sentido não faça a diferença no resultado, é possível arbitrar o sentido de

História da eletrônica

Charles Wheatstone

A ponte de Wheatstone, assim nomeada em homenagem a Charles Wheatstone, é um circuito usado para medição de resistências desconhecidas.

modo que ele seja inicialmente o sentido correto. Suponha que desejamos conhecer o sentido da corrente através do resistor R_5 na Figura 6-4(a). O sentido da corrente pode ser obtido removendo-se temporariamente o resistor R_5, como mostra a Figura 6-4(b), e determinando-se a polaridade do ponto A em relação ao ponto B. Uma análise rápida mostra que a remoção de R_5 torna a análise do circuito possível pelos métodos série/paralelo do capítulo passado. Observe que, sem o R_5, existem dois ramos de circuito paralelos contendo dois resistores em série em cada um. Uma inspeção na Figura 6-4(b) mostra que, com relação ao terminal negativo da fonte de tensão, o ponto A está mais negativo que o ponto B porque a razão R_4/R_1 é menor que a razão R_3/R_2. Portanto, o ponto A é negativo com relação ao ponto B. Os cálculos utilizados para determinar os valores mostrados na Figura 6-4(b) são realizados com base na fórmula do divisor de tensão:

$$V_{R_4} = \frac{R_4 V_T}{R_1 + R_4} = \frac{15\,\Omega \cdot 18\,V}{10\,\Omega + 15\,\Omega}$$

$$= \frac{270\,\Omega \cdot V}{25\,\Omega} = 10{,}8\,V$$

$$V_{R_3} = \frac{R_3 V_T}{R_2 + R_3} = \frac{100\,\Omega \cdot 18\,V}{50\,\Omega + 100\,\Omega}$$

$$= \frac{1800\,\Omega \cdot V}{150\,\Omega} = 12\,V$$

Embora reconectar R_5 ao circuito da Figura 6-4(b) cause uma redistribuição das tensões, a polaridade de A em relação a B permanece a mesma. Visto que V_{R_3} é mais positivo que V_{R_4}, ambos em relação ao terminal negativo da fonte, na Figura 6-4(a), o ponto B é mais positivo que o ponto A e a corrente deve fluir de B para A, e não o contrário.

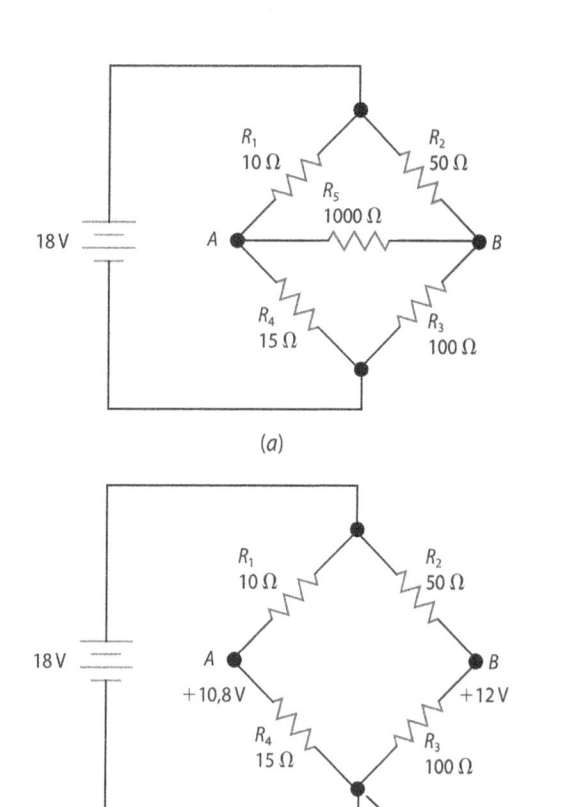

Figuras 6-4 Determinando o sentido da corrente no resistor R_5. (a) Sentido da corrente em R_5 não especificado. (b) Ponto B é positivo em relação ao ponto A.

Teste seus conhecimentos

Responda às seguintes questões:

10. Reescreva as três equações de malhas para o circuito da Figura 6-3 considerando que o sentido da corrente I_1 é o mostrado na Figura 6-2(b).

11. As equações que você escreveu para a questão 10 produzem os mesmos valores absolutos das correntes I_1, I_2 e I_3 obtidos utilizando-se a Figura 6-3?

12. As equações da questão 10 produzem os mesmos valores das correntes e das quedas de tensão para cada um dos resistores obtidos utilizando-se a Figura 6-3?

13. Considere que os valores dos resistores da Figura 6-4(a) foram modificados para $R_1 = 40\,\Omega$, $R_2 = 70\,\Omega$, $R_3 = 80\,\Omega$, $R_4 = 80\,\Omega$ e $R_5 = 500\,\Omega$. Neste caso, a corrente fluirá de A para B ou de B para A?

14. O valor do resistor R_5 no circuito da Figura 6-4(a) tem alguma influência na polaridade da tensão entre os pontos A e B?

» Circuitos contendo mais de uma fonte

Um circuito elétrico pode ser alimentado simultaneamente por muitas fontes de tensão. Quando uma parte, ou todo o circuito, não puder ser enquadrado nos critérios dos circuitos série ou paralelos de modo que as relações dos circuitos série e paralelo possam ser aplicadas ao circuito, é certo que você está diante de um circuito multimalhas (ou uma rede). Estes circuitos dominam as aplicações nos sistemas eletrônicos, por isso devem ser analisados e bem compreendidos.

Olhe para o circuito da Figura 6-5(a) e note que os resistores não estão nem em série nem em paralelo entre si. Neste caso, podemos partir das equações de malhas para resolvermos o circuito. Duas correntes de malhas são necessárias para envolvermos todos os resistores do circuito em pelo menos uma malha. O modo tradicional de se DESENHAR AS CORRENTES DE MALHAS é mostrado na Figura 6-5(b). Nessa figura, observe que as duas correntes de malhas atravessam o resistor R_3 em sentidos opostos, mas sabemos que isso não é possível simultaneamente. A corrente final desse resistor terá apenas um dos sentidos mostrados. Este modo de se estabelecer as correntes de malhas é arbitrário; isso implica que as correntes verdadeiras podem ter sentidos opostos aos escolhidos inicialmente. Embora a forma tradicional de se desenhar as correntes de malhas esteja correta, outros sentidos mais prováveis das correntes de malhas são mostrados nas Figuras 6-5(c) e 6-5(d). O sentido final da corrente de R_3 depende da fonte dominante do circuito, se o valor de B_1 ou de B_2 é maior. Poderíamos determinar facilmente o SENTIDO DA CORRENTE em R_3 removendo-o temporariamente do circuito e determinando a polaridade da tensão entre os pontos A e B. Entretanto, não há necessidade de determinarmos o sentido correto das correntes, porque os resultados, utilizando quaisquer malhas, já nos informam se os sentidos assumidos estão corretos ou não. Se as correntes das malhas da Figura 6-5(b) forem escolhidas, o sentido da corrente em R_3 será definido pela corrente de malha de maior módulo (I_1 ou I_2) e o valor da corrente no resistor será a diferença entre as duas correntes. Se as correntes das malha da Figura 6-5(c) forem arbitradas, a direção da corrente em R_3 acompanhará a direção indicada de I_1 se o resultado for positivo. Se I_1 for negativo, então os caminhos das correntes são os mostrados na Figura 6-5(d). Se as malhas da Figura 6-5(d) são usadas, sentido de I_2 determina o sentido da corrente em R_3.

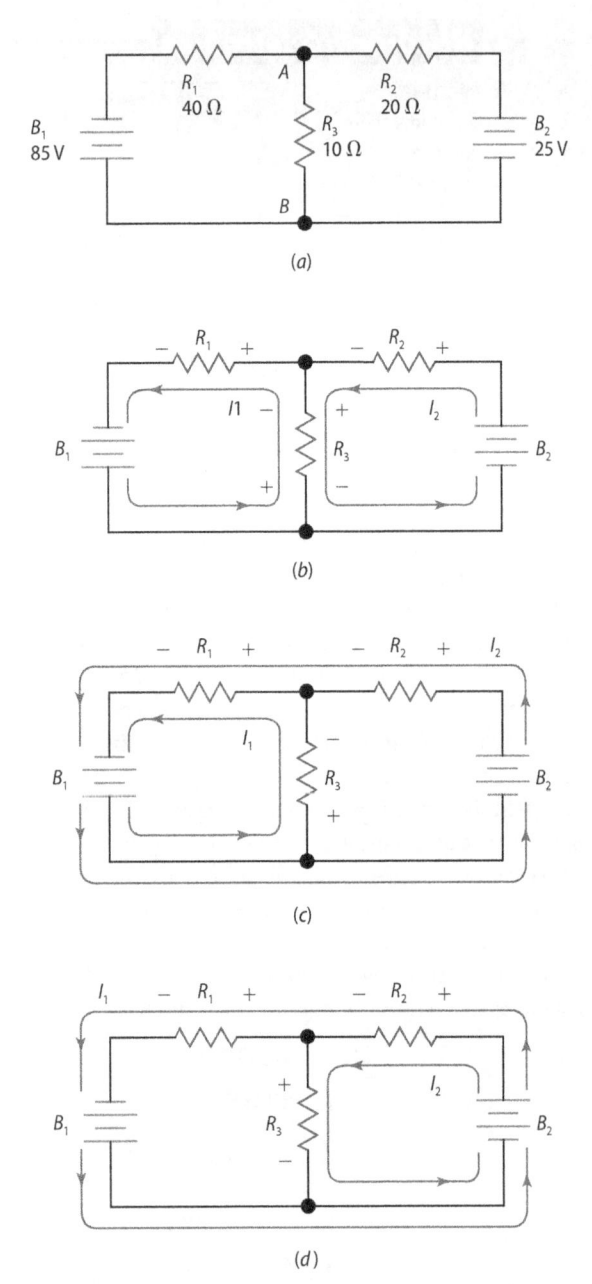

Figuras 6-5 Definições das possíveis correntes de malhas. Qualquer conjunto de malhas conduzirá às mesmas soluções dos valores do circuito. (a) Circuito proposto; (b) Escolha tradicional das correntes de malhas; (c) Correntes das malhas considerando que a fonte B_1 domina o circuito; (d) Correntes das malhas considerando que a fonte B_2 domina o circuito.

Vamos verificar a equivalência dos três conjuntos de malhas determinando os valores do circuito usando cada um dos conjuntos malhas. Para o circuito da Figura 6-5(b), as equações das malhas e os cálculos necessários são

$$85\,V = 40I_1 + 10I_1 - 10I_2 \quad \text{(malha 1)}$$
$$25\,V = 10I_1 + 10I_2 + 20I_2 \quad \text{(malha 2)}$$

Agrupando e reordenando os termos equivalentes:

$$85\,V = 50I_1 - 10I_2 \quad \text{(malha 1)}$$
$$25\,V = -10I_1 + 30I_2 \quad \text{(malha 2)}$$

Determinando a constante e eliminando I_1:

$$\frac{50\,I_1}{-10\,I_1} \times (-1) = 5$$
$$125\,V = -50\,I_1 + 150\,I_2$$
$$\underline{85\,V = 50\,I_1 - 10\,I_2}$$
$$210\,V = 140\,I_2$$

Determinando I_2:

$$I_2 = \frac{210\,V}{140\,\Omega} = 1{,}5\,A$$

Encontrando I_1:

$$25\,V = 10I_1 + 30\,\Omega(1{,}5A)$$
$$25\,V = 10I_1 + 45\,V$$
$$20\,V = -10\,\Omega\,I_1$$
$$I_1 = \frac{20\,V}{10\,\Omega} = 2A$$

Em seguida, calculando a corrente em cada resistor:

$$I_{R_3} = I_1 - I_2 = 2\,A - 1{,}5\,A = 0{,}5\,A$$

(Observe que I_{R_3} flui do ponto A, ou seja, o ponto B é positivo em relação ao ponto A).

$$I_{R_2} = I_2 = 1{,}5\,A$$
$$I_{R_1} = I_1 = 2\,A$$

Para a Figura 6-5(c) o procedimento resulta:

$$85\,V = 40I_1 + 40I_2 + 10I_1 \quad \text{(malha 1)}$$
$$85\,V = 40I_1 + 40I_2 + 20I_2 - 25V \quad \text{(malha 2)}$$

(Observe que a polaridade da tensão da bateria B_2 é negativa porque as polaridades de B_2 são opostas às polaridades das quedas de tensão em R_1 e R_2).

Agrupando e reordenando os termos equivalentes:

$$85\,V = 50I_1 + 40I_2 \quad \text{(malha 1)}$$

$$110\,V = 40I_1 + 60I_2 \quad \text{(malha 2)}$$

Determinando a constante e eliminando I_2:

$$\frac{60\,I_2}{40\,I_2} \times (-1) = -1{,}5$$
$$-127{,}5\,V = -75\,I_1 - 60\,I_2$$
$$\underline{110\,V = 40\,I_1 + 60\,I_2}$$
$$-17{,}5\,V = -35\,I_1$$

Determinando I_1:

$$I_1 = \frac{-17{,}5\,V}{-35\,\Omega} = 0{,}5\,A$$

Calculando I_2:

$$85\,V = 50\,\Omega(0{,}5\,A) + 40I_2$$
$$60\,V = 40\,\Omega\,I_2$$
$$I_2 = \frac{60\,V}{40\,\Omega} = 1{,}5\,A$$

Por fim, determinando a corrente em cada resistor:

$$I_{R_3} = I_1 = 0{,}5\,A$$
$$I_{R_2} = I_2 = 1{,}5\,A$$
$$I_{R_1} = I_1 + I_2 = 0{,}5\,A + 1{,}5\,A = 2\,A$$

Estes valores concordam com os valores encontrados para a Figura 6-5(b).

Para a Figura 6-5(d), os cálculos e resultados são:

$$85\,V = 40I_1 + 20I_1 + 20I_2 - 25V \quad \text{(malha 1)}$$
$$25\,V = 10I_2 + 20I_1 + 20I_2 \quad \text{(malha 2)}$$

Agrupando e reordenando os termos equivalentes:

$$110\,V = 60I_1 + 20I_2 \quad \text{(malha 1)}$$
$$25\,V = 20I_1 + 30I_2 \quad \text{(malha 2)}$$

Determinando a constante e eliminando I_1:

$$\frac{60\,I_2}{20\,I_2} \times (-1) = -3$$
$$-75\,V = -60I_1 - 90I_2$$
$$\underline{110\,V = 60I_1 + 20\,I_2}$$
$$35\,V = -70I_2$$

Determinando I_2:

$$I_2 = \frac{-35\,V}{70\,\Omega} = -0{,}5\,A$$

Assim, a Figura 6-5(d) mostra o sentido oposto da corrente de I_{R_3}. Determinando I_1:

$$25\,V = 20\,\Omega\,(I_1) + 30\,\Omega\,(-0{,}5\,A)$$
$$40\,V = 20\,\Omega\,(I_1)$$
$$I_1 = \frac{40\,V}{20\,\Omega} = 2\,A$$

Por fim, encontrando a corrente em cada resistor:

$$I_{R_3} = I_2 = -0{,}5\,A$$
$$I_{R_2} = I_1 + I_2 = 2\,A - 0{,}5\,A = 1{,}5\,A$$
$$I_{R_1} = I_1 = 2\,A$$

Novamente estes valores concordam com os valores calculados anteriormente.

Há um aspecto interessante em relação às polaridades das fontes da Figura 6-5. Quando elas estiverem conectadas de modo que suas polaridades são somadas, isto é, uma corrente de malha que sai do polo positivo de uma fonte entra no polo negativo de outra fonte, a forma de conexão envolve POLARIDADES ADITIVAS. Outra forma se conectar fontes é com os polos em oposição ou com POLARIDADES EM ANTI-SÉRIE. Neste caso, uma corrente de malha que sai do polo positivo de uma fonte entra no polo positivo de outra fonte. Além disso, as conexões entre os polos normalmente estão separadas por um ou mais resistores. As variações possíveis de conexões são quase ilimitadas; mesmo assim, os procedimentos e as regras para trabalhar com estes circuitos permanecem os mesmos.

EXEMPLO 6-3

Determine os valores das quedas de tensão em R_1, R_2 e R_3 para o circuito da Figura 6-6(a) usando o método de análise de malhas.

Dados:	Diagrama de circuito e os valores da Figura 6-6(a)
Encontrar:	V_{R_1}, V_{R_2} e V_{R_3}
Conhecidos:	LKT e equações simultâneas
Solução:	Determinar as malhas e as polaridades conforme mostrado na Figura 6-6(b). Escrever as equações das malhas:

$$3\,V = 4I_1 + 9I_1 + 9I_2 \quad \text{(malha 1)}$$
$$24\,V = 9I_1 + 9I_2 + 6I_2 \quad \text{(malha 2)}$$

Agrupando e reordenando os termos equivalentes

$$3\,V = 13I_1 + 9I_2 \quad \text{(malha 1)}$$
$$24\,V = 9I_1 + 15I_2 \quad \text{(malha 2)}$$

Somar, eliminar e resolver para I_1:

$$\frac{9\,I_2}{15\,I_2} \times (-1) = -0{,}6$$

$$-14{,}4\,V = -5{,}4I_1 - 9I_2$$
$$\underline{3\,V = 13I_1 + 9I_2}$$
$$-11{,}4\,V = 7{,}6\,\Omega I_1$$

$$I_1 = \frac{-11{,}4\,V}{7{,}6\,\Omega} = -1{,}5\,A$$

Resolvendo para I_2:

$$24\,V = 9(-1{,}5\,A) + 15I_2$$
$$I_2 = \frac{37{,}5\,V}{15\,\Omega} = 2{,}5\,A$$

Resolvendo para a corrente de cada resistor:

$$I_{R_1} = I_1 = -1{,}5\,A$$
$$I_{R_2} = I_1 + I_2 = -1{,}5\,A + 2{,}5\,A = 1\,A$$
$$I_{R_3} = I_2 = 2{,}5\,A$$

Resolvendo para a queda de tensão em cada resistor:

$$V_{R_1} = I_{R_1}R_1 = (-1{,}5\,A)(4\,\Omega) = -6\,V$$
$$V_{R_2} = I_{R_2}R_2 = (1\,A)(9\,\Omega) = 9\,V$$
$$V_{R_3} = I_{R_3}R_3 = (2{,}5\,A)(6\,\Omega) = 15\,V$$

Resposta:
$$V_{R_1} = -6\,V$$
$$V_{R_2} = 9\,V$$
$$V_{R_3} = 15\,V$$

No Exemplo 6-3, o sinal negativo para V_{R_1} indica que as polaridades de V_{R_1} mostradas na Figura 6-6(b) estão invertidas. As polaridades corretas e os sentidos das correntes são mostrados no circuito da Figura 6-6(c). Note que B_1 está recebendo corrente, pois a corrente dessa fonte está entrando pelo polo positivo. Se B_1 fosse uma bateria ela estaria sendo carregada pela bateria B_2. Neste caso, a fonte B_2 está fornecendo toda a corrente do circuito multimalhas.

Como uma ilustração final de um circuito contendo mais de uma fonte, vamos resolver um circuito que envolve três malhas. O procedimento geral é o mesmo utilizado para a ponte de Wheatstone, exceto que dessa vez existem duas fontes de tensão. Nesse exemplo, iremos omitir todas as unidades de medida das equações das malhas para simplificá-las e

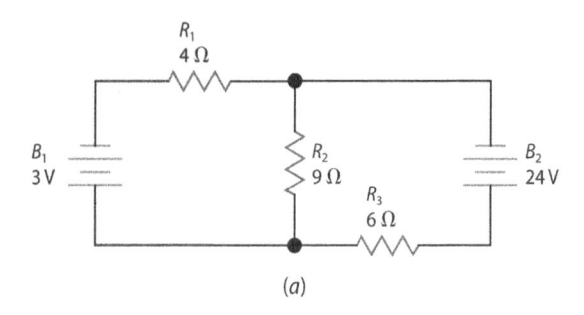

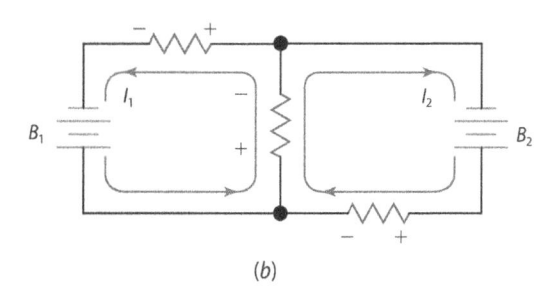

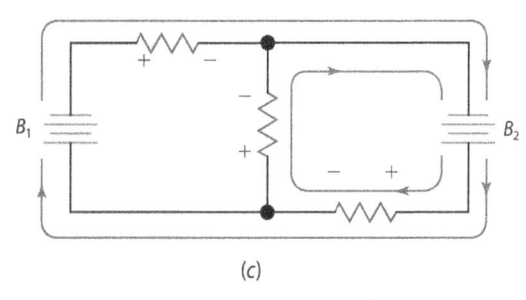

Figura 6-6 Circuitos para o Exemplo 6-3. A fonte B_1 está recebendo corrente (se B_1 é uma bateria estaria em processo de carga). (a) Circuito proposto; (b) Malhas usadas na solução do problema; (c) As polaridades verdadeiras e os sentidos das correntes.

torná-las mais "limpas". As respostas das correntes I's serão dadas em Ampères, visto que as resistências do circuito estão em ohms e as tensões, em volts.

EXEMPLO 6-4

Determine as correntes nos resistores R_1, R_2, R_3, R_4 e R_5 para o circuito da Figura 6-7(a).

Dados: Diagrama de circuito e os valores da Figura 6-7(a)

Encontrar: $I_{R_1}, I_{R_2}, I_{R_3}, I_{R_4}, I_{R_5}$

Conhecidos: LKT e equações simultâneas de três malhas

Solução: Determinar as malhas e as polaridades conforme mostrado na Figura 6-7(b). Escrever as equações das malhas:

$44 = 10I_1 + 10I_2 + 20I_1$ (malha 1)
$44 = 10I_1 + 10I_2 + 15I_2 + 12I_2 + 12I_3$ (malha 2)
$18 = 30I_3 + 12I_3 + 12I_2$ (malha 2)

Agrupando e reordenando os termos equivalentes

$44 = 30I_1 + 10I_2$ (malha 1)
$44 = 10I_1 + 37I_2 + 12I_3$ (malha 2)
$18 = 12I_2 + 42I_3$ (malha 3)

Somando as equações das malhas (1) e (2) e eliminando I_1:

$$\frac{30I_1}{10I_1} \times (-1) = -3$$

$-132 = -30I_1 - 111I_2 - 36I_3$
$\underline{44 = 30I_1 + 10I_2}$
$-88 = -101I_1 - 36I_3$ (malhas 1 e 2)

Somando a equação das malhas (1) e (2) com a equação da malha (3), eliminando I_3 e resolvendo para I_2 obtemos:

$$\frac{42I_3}{-36I_3} \times (-1) = -1,16$$

$-102,6 = -117,83 I_2 - 42I_3$
$\underline{18 = 12I_2 + 43I_3}$
$-84,6 = -105,83 I_2$
$I_2 = 0,8 \text{ A}$

Resolvendo para I_1 e I_3:

Da equação da malha 1: $44 = 30I_1 + 10(0,8)$
$I_1 = 1,2 \text{ A}$

Da equação da malha 3: $18 = 12(0,8) + 42I_3$
$I_3 = 0,2 \text{ A}$

Resolvendo para a corrente de cada resistor:

$I_{R_1} = I_1 + I_2 = 1,2 \text{ A} + 0,8 \text{ A} = 2 \text{ A}$
$I_{R_2} = I_1 = 1,2 \text{ A}$
$I_{R_3} = I_2 = 0,8 \text{ A}$
$I_{R_4} = I_2 + I_3 = 0,8 \text{ A} + 0,2 \text{ A} = 1 \text{ A}$
$I_{R_5} = I_3 = 0,2 \text{ A}$

Resposta: $I_{R_1} = $ A,
$I_{R_2} = 1,2$ A,
$I_{R_3} = 0,8$ A,
$I_{R_4} = 1$ A, $I_{R_5} = 0,2$ A

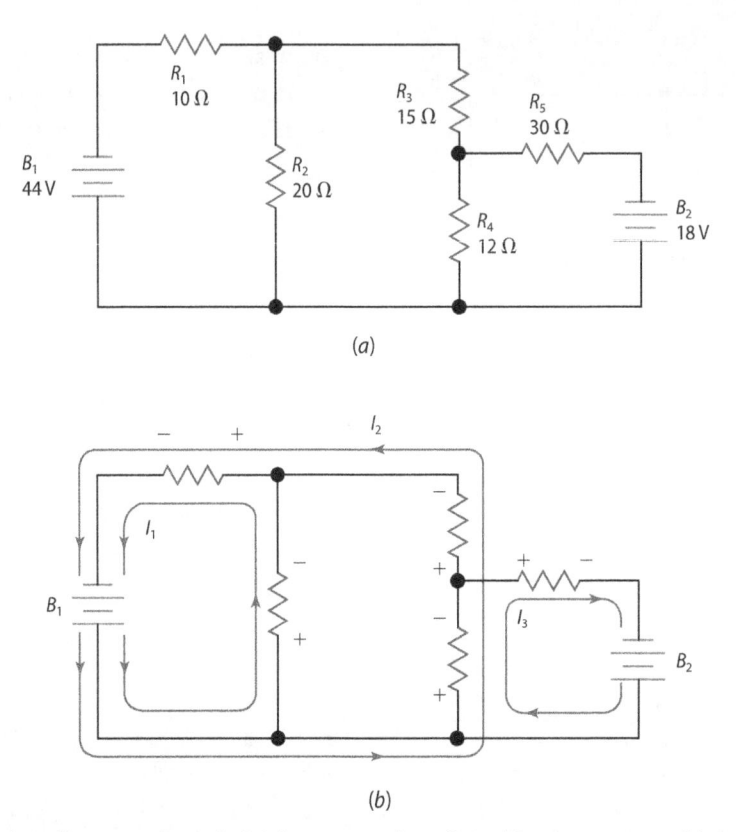

Figura 6-7 Circuito de três malhas para o Exemplo 6-4. As correntes de malhas arbitradas tem os sentidos verdadeiros. (a) Circuito proposto; (b) Correntes de malhas arbitradas e as polaridades resultantes das quedas de tensão.

Os sentidos verdadeiros das correntes são mostrados na Figura 6-7(b) visto que os valores de I_1, I_2 e I_3 são positivos. Assim, as polaridades das quedas de tensão da Figura 6-7(b) estão corretas.

Teste seus conhecimentos

Responda às seguintes questões:

15. Falso ou verdadeiro? Pode existir mais de um conjunto correto de equações de malhas para um circuito multimalhas.

16. Falso ou verdadeiro? Quando o valor encontrado para uma corrente de malha é negativo, as equações das malhas erradas foram usadas na análise do circuito.

17. Determine I_{R_1}, I_{R_2}, I_{R_3} e V_{R_3} para o circuito mostrado na Figura 6-8.

» *Método de análise nodal*

Usamos a LKT na pág. 143 para escrever as equações simultâneas que nos permitiram resolver as correntes de um circuito multimalhas. Nesta seção, usaremos a Lei de Kirchhoff das Correntes (LKC) para escrever equações que nos permitam determinar as tensões de nós de um circuito multimalhas.

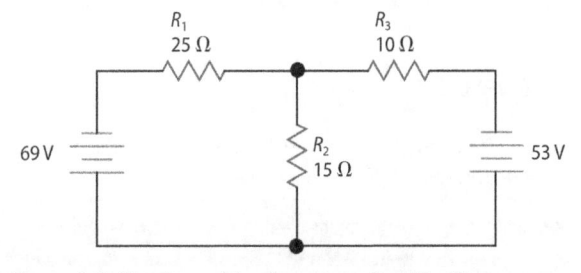

Figura 6-8 Circuito multimalhas para a Questão 17.

Um nó de circuito elétrico é uma interligação entre dois ou mais componentes. Nós menores interligam apenas dois componentes. Nós de circuito que interliguem três ou mais componentes são denominados nós essenciais. Na Figura 6-9, todos os nós são identificados com letras maiúsculas (A até D). A técnica de análise nodal (ou método dos nós) requer que um nó seja designado como nó de referência, nó de terra ou nó de 0 V. Normalmente, o nó que conecta em comum vários polos de fontes ou mesmo um nó que reúna um grande número de conexões comuns é um excelente referencial de terra. Na Figura 6-9, o nó escolhido como ponto de referência foi o nó A. Feito isso, todos os outros potenciais de pontos referir-se-ão ao nó A, e as tensões dos mesmos terão polaridades positivas ou negativas antes dos valores numéricos. Assim, na Figura 6-9, $V_B = +25$ V, $V_C = +$ desconhecido e $V_D = +15$ V. Se um nó for especificado sem um sinal de polaridade, será assumido se tratar de um valor positivo (+); isto é, $V_D = 15$ V significa $V_D = +15$ V.

Após escolher o nó de referência do circuito, atribua sentidos para as correntes de todos os nós essenciais, ou seja, aqueles que possuem três ou mais elementos conectados em um potencial de ponto desconhecido. Lembre-se que a tensão do nó de referência é 0 V de modo que nele não é necessário atribuir correntes de nó. Assim, os sentidos das correntes são atribuídos apenas para o nó C da Figura 6-9. Ainda, as polaridades das quedas de tensão provocadas pelos sentidos arbitrários das correntes são indicadas na Figura 6-9. Ao se atribuir sentidos arbitrários das correntes não é raro que uma ou mais correntes tenham sentido incorreto, o que obviamente será revelado no final, onde uma corrente negativa é encontrada. Também, a queda de tensão calculada em um resistor terá valor negativo se o sentido da corrente estiver invertido. Entretanto, o valor absoluto da queda de tensão estará correto.

Aplicando a LKC e os sentidos atribuídos das correntes do nó C da Figura 6-9, podemos escrever a equação das correntes do nó C como:

$$I_3 = I_2 + I_1$$

Em seguida, usamos a Lei de Ohm e a LKT para expressar cada corrente na sua forma $V \div R$:

$$I_3 = \frac{V_C}{R_3} = \frac{V_C}{10\,\Omega}$$

A diferença de potencial em R_2 deve ser $V_C - V_D$ ou $V_D - V_C$? Esta questão é respondida inspecionando-se a polaridade da queda de tensão provocada pela corrente em R_2 no circuito da Figura 6-9. Para que a corrente assumida percorra o resistor R_2, indo do nó D para o nó C, o nó D deve ser mais positivo que o nó C. Portanto, a expressão para V_{R_2} deve ser $V_D - V_C$. Duas regras devem ser observadas na decisão sobre a d.d.p assumida em cada resistor:

1 Quando ambos os nós forem positivos, subtraia do potencial mais positivo o potencial do nó mais negativo (Ex.: 20 V − 10 V = 10 V).

2 Quando ambos os nós forem negativos, proceda da mesma forma, subtraia do potencial do nó mais positivo o potencial mais negativo (Ex.: −10 V − (−20 V) = 10 V).

$$I_2 = \frac{V_{R_2}}{R_2} = \frac{V_D - V_C}{R_2} = \frac{15\,V - V_C}{20\,\Omega}$$

$$I_1 = \frac{V_{R_1}}{R_1} = \frac{V_B - V_C}{R_1} = \frac{25\,V - V_C}{30\,\Omega}$$

Agora, substituindo-se estas expressões das correntes na expressão da LKC para as correntes do nó C, obtemos a equação:

$$\frac{V_C}{10\,\Omega} = \frac{15\,V - V_C}{20\,\Omega} + \frac{25\,V - V_C}{30\,\Omega}$$

Na expressão anterior, a única incógnita da equação é V_C, de modo que podemos rearranjar os termos para isolarmos para V_C e resolvermos a equação. Expandindo a equação obtemos:

$$\frac{V_C}{10\,\Omega} = \frac{15\,V}{20\,\Omega} - \frac{V_C}{20\,\Omega} + \frac{25\,V}{30\,\Omega} - \frac{V_C}{30\,\Omega}$$

Trocando os termos de lado do sinal de igualdade, obtemos:

$$\frac{V_C}{10\,\Omega} + \frac{V_C}{20\,\Omega} + \frac{V_C}{30\,\Omega} = \frac{15\,V}{20\,\Omega} + \frac{25\,V}{30\,\Omega}$$

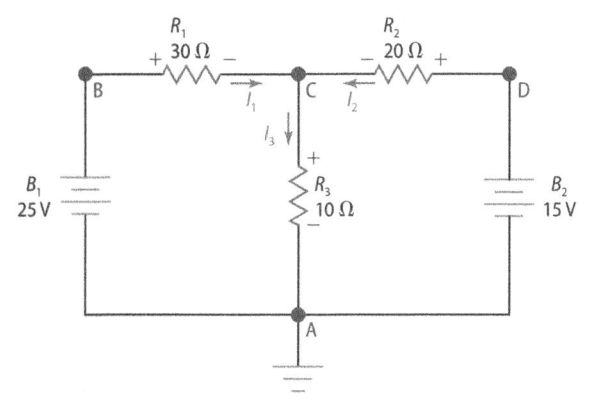

Figura 6-9 O símbolo de terra identifica o nó A com o nó de referência.

Determinando um denominador comum para a última expressão:

$$\frac{6V_C}{60\,\Omega} + \frac{3V_C}{60\,\Omega} + \frac{2V_C}{60\,\Omega} = \frac{45\,V}{60\,\Omega} + \frac{50\,V}{60\,\Omega}$$

Realizando os agrupamentos:

$$\frac{11\,V_C}{60\,\Omega} = \frac{95\,V}{60\,\Omega}$$

A multiplicação cruzada dos termos resulta em:

$$660\,\Omega\,V_C = 5.700\,\Omega V$$

Portanto, $V_C = 8,64\,V$.

Visto que o valor encontrado de V_C é positivo, como veremos abaixo, o sentido de I_3 está correto, como foi assumido na Figura 6-9. Agora que conhecemos os potenciais em todos os nós, podemos determinar os valores das correntes nos três resistores do circuito.

Para determinar a queda de tensão em cada resistor atente para as polaridades no cálculo das diferenças de potenciais dos resistores. Assim,

$$I_3 = \frac{V_C}{R_3} = \frac{8,64\,V}{10\,\Omega} = 0,864\,A$$

$$I_2 = \frac{15\,V - V_C}{20\,\Omega} = \frac{15\,V - 8,64\,V}{20\,\Omega} = \frac{6,36\,V}{20\,\Omega} = 0,319\,A$$

$$I_1 = \frac{25\,V - 8,64\,V}{30\,\Omega} = \frac{16,36\,V}{30\,\Omega} = 0,545\,A$$

Como já havíamos comentado, o valor positivo da corrente I_3 apenas reflete o fato de que o sentido inicial presumido para essa corrente está correto. Após os cálculos, vimos também que as escolhas dos sentidos de I_1 e I_2 estão corretos. Para tirar a prova dos cálculos feitos até aqui, podemos utilizar a expressão da LKC para I_3 para checarmos se ocorreu algum erro de cálculo no processo:

$$I_3 = I_2 + I_1 = 0,319\,A + 0,545\,A = 0,864\,A$$
(confere com o valor encontrado antes)

Finalmente, utilizando os valores dessas correntes, podemos determinar todas as quedas de tensão do circuito da Figura 6-9. Fizemos os cálculos e colocamos os valores encontrados nos resistores da Figura 6-10. Utilizando a LKT em qualquer malha você poderá constatar que as polaridades das quedas de tensão estão corretas.

São necessários alguns comentários sobre os procedimentos utilizados para resolver o circuito para o potencial V_C no circuito da Figura 6-9.

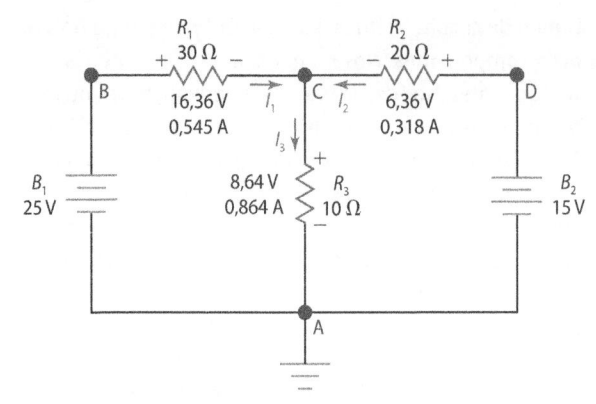

Figura 6-10 As correntes e as quedas de tensão calculadas foram inseridas em cada resistor do circuito.

1. As unidades (Ω e V) foram carregadas em todos os cálculos de modo que pudemos perceber que a unidade de medida de V_C é o volt. Agora que sabemos que a resposta será encontrada em volts sempre que as resistências estiverem em ohms, omitiremos as unidades das equações das correntes dos nós para torná-las menos carregadas, o que eventualmente evita os erros de operação.

2. Em vez de determinar um denominador comum antes de arranjarmos os termos, poderíamos ter convertidos cada termo no seu número equivalente decimal. Estas abordagens são frequentemente mais simples que encontrar um denominador comum.

3. Quando houver um denominador comum conveniente para a equação, não é necessário expandir a equação para reagrupar os termos comuns. Podemos simplificar, e muito, a equação multiplicando-a em ambos os lados pelo denominador comum. Por exemplo:

$$\frac{V_C}{10} = \frac{15 - V_C}{20} + \frac{25 - V_C}{30}$$

Multiplicando a equação acima por 60, obtemos:

$$6\,V_C = 45 - 3\,V_C + 50 - 2\,V_C$$

e agrupando os termos correspondentes, resulta:

$$11\,V_C = 95$$
$$V_C = 8,64\,V$$

>> Sentido incorreto da corrente

O circuito da Figura 6-11 é o mesmo da Figura 6-9, exceto pelo fato de que o sentido arbitrado da corrente I_2 e a polaridade da queda de tensão em R_2 foi invertido. A análise do circuito nesta condição ilustrará o resultado de se atribuir um sentido inicialmente oposto ao sentido da corrente no circuito. Podemos utilizar o mesmo procedimento anterior para o circuito da Figura 6-9.

$$I_1 = I_2 + I_3$$

$$\frac{V_B - V_C}{30} = \frac{V_C - V_D}{20} + \frac{V_C}{10}$$

Note que a expressão para a queda de tensão em R_2 é $V_C - V_D$.

$$\frac{25 - V_C}{30} = \frac{V_C - 15}{20} + \frac{V_C}{10}$$

Multiplicando ambos os lados da equação por 60 e desenvolvendo, obtemos:

$$2(25 - V_C) - 3(V_C - 15) + 6V_C$$

$$50 - 2V_C - 3V_C - 45 + 6V_C$$

$$-2V_C - 3V_C - 6V_C = -45 - 50$$

$$-11V_C = -95$$

$$V_C = \frac{-95}{-11} = 8,64\ V$$

$$I_1 = \frac{25 - 8,64}{30} = 0,545\ A$$

$$I_2 = \frac{8,64 - 15}{30} = -0,318\ A$$

$$I_3 = \frac{8,64}{10} = 0,864\ A$$

O sinal negativo (−) para I_2 é uma indicação de que, na Figura 6-11, o sentido arbitrado da corrente no início da análise está invertido.

Verificando os cálculos para tirarmos uma prova dos resultados temos:

$$I_1 = I_2 + I_3 = -0,318\ A + 0,865\ A = 0,545\ A$$
(confere com o resultado encontrado nos cálculos)

Calculando as quedas de tensão:

$$V_{R1} = 25 - 8,64 = 16,36\ V$$

$$V_{R2} - 8,64 - 15 = -6,36\ V$$

Outra vez, o sinal negativo (−) da queda de tensão em R_2 reforça o fato de que o sentido inicialmente arbitrado para I_2 está invertido.

$$V_{R3} = V_C = 8,64\ V$$

Sumarizamos todos os resultados dos cálculos transportando os valores das quedas de tensão e as correntes para a Figura 6-12. Note ainda que os valores da queda de tensão e da corrente em R_2 são negativos para expressarem que o sentido da corrente I_2 indicado pela seta está incorreto. Compare os valores dos circuitos da Figura 6-10 e 6-12. Em valores absolutos, são os mesmos. As únicas diferenças são os sinais negativos para a corrente e a tensão R_2. Repetimos o processo para exemplificar a você estudante que não

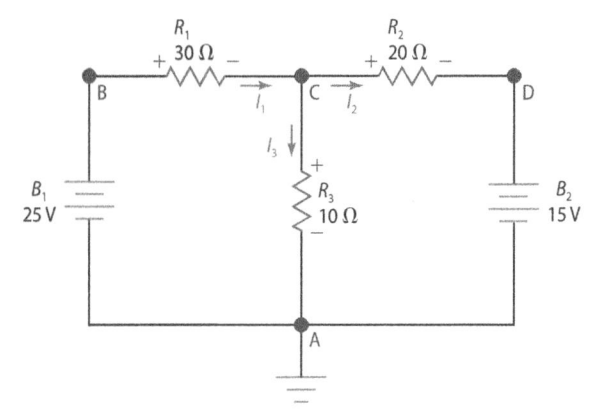

Figura 6-11 Este é o mesmo circuito da Figura 6-9, considerando que o sentido da corrente I_2 é invertido. Essa inversão de I_2 também causa a inversão da polaridade em R_2.

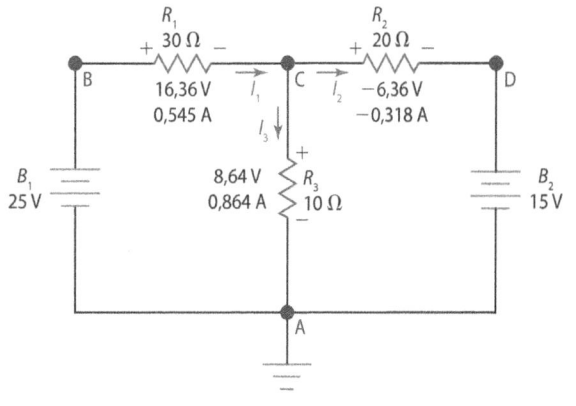

Figura 6-12 As correntes e as quedas de tensão calculadas foram transportadas para os resistores do circuito da Figura 6-11. Observe que as Leis de Kirchhoff são satisfeitas [os sinais negativos (−) não tem significado quando nos referimos à queda de tensão ou a corrente].

existe sentido inicialmente correto ou incorreto para as correntes e que você não precisa refazer todos os cálculos no caso de encontrar algum valor negativo. É muito provável que você escolha sentidos iniciais das correntes de nós que estejam invertidos. Por isso, basta dar a devida atenção aos resultados e, no caso de encontrar valores negativos, retornar ao circuito original, inverter o sentido da seta arbitrário da corrente e trocar as polaridades da(s) queda(s) de tensão. Só isso basta, não sendo necessário refazer todos os cálculos, pois eles provavelmente estarão corretos. Para ter certeza de que estão mesmo corretos, você precisa tirar a prova utilizando a LKC para as correntes de nós ou a LKT para as tensões das malhas.

EXEMPLO 6-5

Utilizando o método das correntes nodais (análise nodal), determine o potencial, em relação ao referencial de terra, do nó que une os resistores R_1, R_2 e R_3 e as correntes nesses resistores no circuito da Figura 6-13.

Dados: Diagrama de circuito e os valores da Figura 6-13.

Encontrar: I_{R_1}, I_{R_2}, I_{R_3} e o potencial do nó que interliga os três registros.

Conhecidos: LKC, LKT e o método das correntes nodais

Solução: Inicialmente, vamos rotular os nós; arbitrar e nomear as correntes; escrever as polaridades das quedas de tensão provocadas pelas correntes cujos sentidos foram arbitrados. A Figura 6-14(a) ilustra estes passos.

Escreva as equações:
$$I_3 = I_2 + I_1$$
$$\frac{0 - V_B}{R_3} = \frac{V_B - V_C}{R_2} + \frac{V_B - V_A}{R_1}$$

Substitua os potenciais dos nós conhecidos pelos valores fornecidos no circuito da Figura 6-13:

$$\frac{-V_B}{6} = \frac{V_B - (-20)}{8} + \frac{V_B - (-60)}{8}$$
$$\frac{-V_B}{6} = \frac{V_B + 20}{8} + \frac{V_B + 60}{8}$$

Multiplicando a última equação nos numeradores pelo denominador comum ($\times 48$), obtemos:

$$-8 V_B = 6(V_B + 20) + 6(V_B + 60)$$
$$-8 V_B = 6 V_B + 120 + 6 V_B + 360$$

Agrupando os termos comuns e resolvendo para V_B:

$$-20 V_B = 480$$
$$V_B = -24 \text{ V}$$

Calculando as correntes do nó B:

$$I_3 = \frac{-V_B}{6} = \frac{24}{6} = 4 \text{ A}$$
$$I_2 = \frac{V_B - V_C}{8} = \frac{-24 - (-20)}{8} = \frac{-4}{8} = -0,5 \text{ A}$$
$$I_1 = \frac{V_B - V_A}{8} = \frac{-24 - (-60)}{8} = \frac{36}{8} = 4,5 \text{ A}$$

Novamente o sinal negativo da corrente I_2 revela que o sentido inicialmente arbitrado e a polaridade das Figuras 6-14 (a) e (b) estão invertidos e devem ser corrigidos. Contudo, todos os valores absolutos de I_2 e V_{R_2} estão corretos.

Resposta: $V_B = -24$ V
$I_{R_1} = 4,5$ A
$I_{R_2} = 0,5$ A
$I_{R_3} = 4$ A

No Exemplo 6-5, observe que a bateria B_2 está recebendo corrente e, portanto, energia da bateria B_1. Dito de outro modo, a bateria B_2 está sendo carregada pela bateria B_1.

O método de análise nodal pode ser empregado em circuitos contendo mais de um nó essencial fora do referencial de terra. Podemos analisar um circuito com dois nós essenciais, com dois potenciais de nós desconhecidos, utilizando os mesmos métodos e as regras utilizadas nos exemplos anteriores que continham apenas um nó essencial fora do refe-

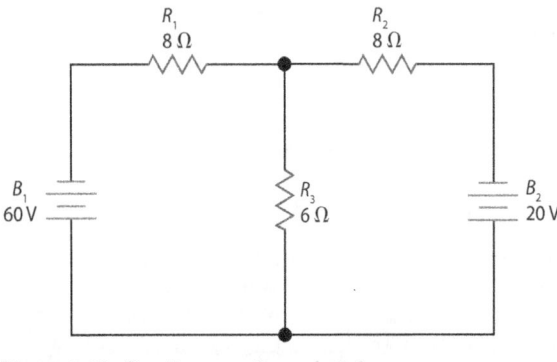

Figura 6-13 Circuito para o Exemplo 6-5.

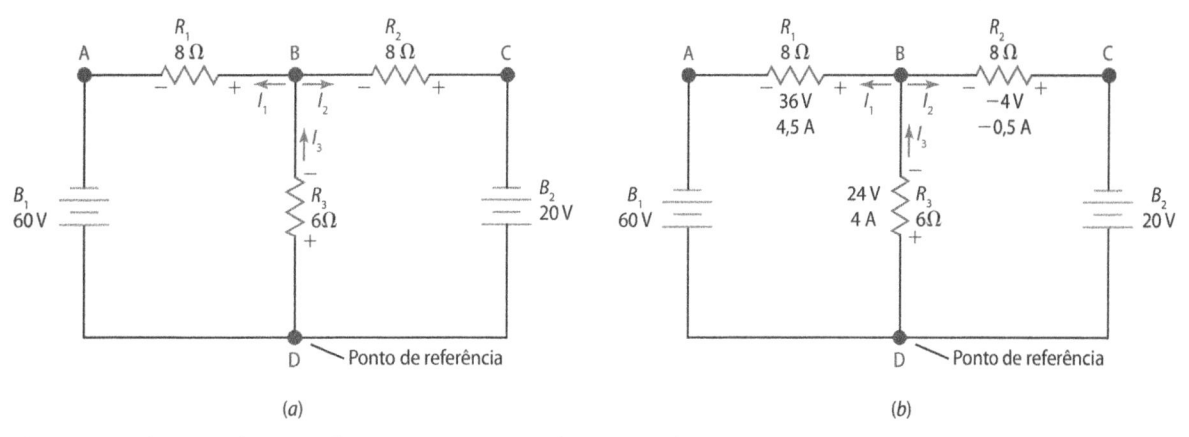

Figuras 6-14 Circuitos adicionais relativos à Figura 6-13, usados no Exemplo 6-5. (a) Os nós, os sentidos das correntes e as polaridades assumidas para o circuito da Figura 6-13. (b) Os valores negativos associados ao resistor R_2 mostram que I_2 tem sentido oposto ao que foi inicialmente assumido e, por isso, a polaridade da queda de tensão também está invertida.

rencial de terra. Este procedimento conduz a duas equações com duas incógnitas para os potenciais dos nós essenciais em cada equação. Então, utilizamos o método de solução de equações simultâneas (desenvolvido no início deste Capítulo) para resolver em função das duas incógnitas*.

Usaremos o circuito da Figura 6-15 para ilustrar os procedimentos de análise de circuitos com dois potenciais de nós essenciais. Iniciamos da mesma forma, rotulamos os nós, atribuímos sentidos para as correntes de nós e, se necessário, colocamos as polaridades das quedas de tensão dos resistores provocadas pelas correntes de nós. Na Figura 6-15, indicamos os nós por letras e atribuímos sentidos para as correntes, mas não adicionamos as polaridades das quedas de tensão para não poluirmos o circuito e, talvez, provocar alguma confusão. Em seguida, escrevemos a LKC para o nó C:

$$I_2 = I_1 + I_3$$

$$\frac{V_C}{R_2} = \frac{V_B - V_C}{R_1} + \frac{V_D - V_C}{R_3}$$

$$\frac{V_C}{60} = \frac{20 - V_C}{10} + \frac{V_D - V_C}{30}$$

Multiplicando ambos os lados por 60:

$$V_C = 6(20 - V_C) + 2(V_D - V_C)$$
$$V_C = 120 - 6V_C + 2V_D - 2V_C$$
$$9V_C = 120 + 2V_D \quad \text{(equação nº 1)}$$

Vamos proceder da mesma forma para o nó D. Escrevendo a LKC para o nó, resulta:

---

* N. de T.: Observe que o circuito da Figura 6-15 poderia ter sido resolvido por análise de malhas. Neste caso, seriam necessárias 3 equações de malhas com 3 incógnitas para solução das correntes das malhas. Note que, resolvendo o mesmo problema por análise nodal, foram utilizadas apenas 2 equações envolvendo duas incógnitas: os potenciais dos pontos C e D. Portanto, o circuito da Figura 6-15, quando resolvido por análise nodal, torna-se muito mais simples do que por análise de malhas.
Este tipo de traquejo para resolver circuitos é o que o autor está desenvolvendo em você. Há um leque de possibilidades de soluções de circuitos e o autor espera que você utilize o método mais conveniente, que minimize o gasto de energia até a solução final do circuito.

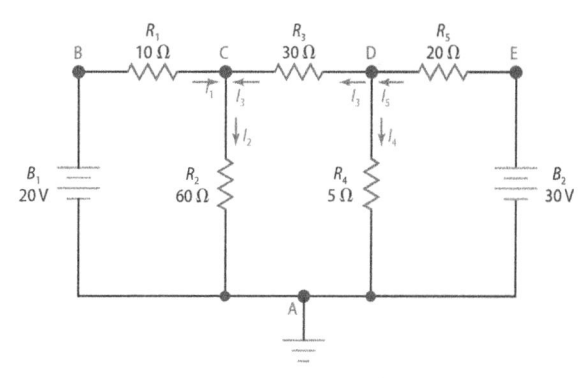

Figura 6-15 Circuito com duas tensões de nós desconhecidas.

$$I_5 = I_3 + I_4$$

$$\frac{V_E - V_D}{R_5} = \frac{V_D - V_C}{R_3} + \frac{V_D}{R_4}$$

$$\frac{30 - V_D}{20} = \frac{V_D - V_C}{30} + \frac{V_D}{5}$$

Multiplicando ambos os lados por 60:

$$3(30 - V_D) = 2(V_D - V_C) + 12 V_D$$
$$90 - 3 V_D = 2 V_D - 2 V_C + 12 V_D$$
$$2 V_C = -90 + 17 V_D \quad \text{(equação nº 2)}$$

Para eliminarmos V_C, vamos multiplicar a equação nº 1 por -2 e a equação nº 2 por 9 e, então, adicioná-las.

$$-18 V_C = -240 - 4 V_D$$
$$18 V_C = -810 + 153 V_D$$
$$0 = -1050 + 149 V_D$$
$$V_D = 7,047 \text{ V}$$

Agora vamos utilizar o valor de V_D na equação nº 1 e resolver para V_C.

$$9 V_C = 120 + 2 \times 7,047 \text{ V} = 134,094 \text{ V}$$
$$V_C = 14,899 \text{ V}$$

Finalmente usamos os valores de V_C e V_D para resolver para as correntes do circuito.

$$I_2 = \frac{20 \text{ V} - 14,899 \text{ V}}{10 \ \Omega} = 0,510 \text{ A}$$

$$I_2 = \frac{14,899 \text{ V}}{60 \ \Omega} = 0,248 \text{ A}$$

$$I_3 = \frac{7,047 \text{ V} - 14,899 \text{ V}}{30 \ \Omega} = -0,262 \text{ A}$$

$$I_4 = \frac{7,047 \text{ V}}{5 \ \Omega} = 1,409 \text{ A}$$

$$I_5 = \frac{30 \text{ V} - 7,047 \text{ V}}{20 \ \Omega} = 1,148 \text{ A}$$

Observe que a corrente I_3 foi a única cujo sentido inicial não correspondia à corrente convencional em R_3. Retorne ao circuito e inverta o sentido dessa corrente. Se tiver atribuído polaridade para a queda em R_3 você deve invertê-la também.

>> Teorema da superposição

Outra abordagem possível para análise de circuitos multimalhas envolvendo muitas fontes usa o TEOREMA DA SUPERPOSIÇÃO. A ideia principal por detrás deste teorema é o fato de que, devido à linearidade do circuito, o efeito total de todas

Teste seus conhecimentos

Responda às seguintes questões:

18. Falso ou verdadeiro? Uma conexão de dois componentes não deveria ser tratada como um nó.

19. Que lei é utilizada para escrever a primeira equação necessária para determinar uma tensão de nó desconhecida?

20. Falso ou verdadeiro? Para circuitos tais como o da Figura 6-9, resolver para o potencial do nó C permite-nos determinar todas as outras correntes e tensões do circuito.

21. Falso ou verdadeiro? Ao utilizar o método de análise nodal, um sentido incorreto para uma corrente é verificado através da Lei de Kirchhoff das correntes.

22. Utilizando o método de análise nodal determine a tensão (potencial) do nó B para o circuito da Figura 6-16.

23. O sentido da corrente em R_2 do circuito da Figura 6-16 flui da esquerda para a direita ou da direita para a esquerda?

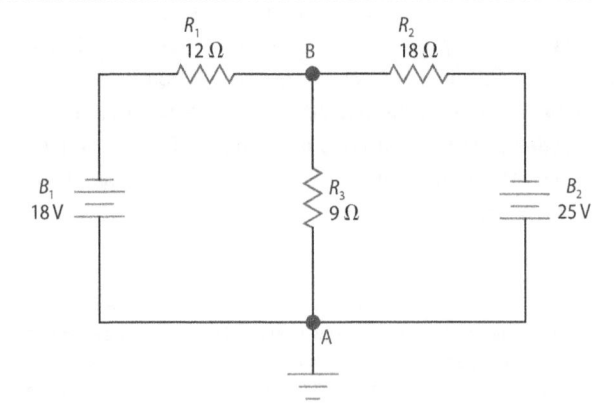

Figura 6-16 Circuito para as questões 22 e 23.

24. Os valores das correntes calculados para o circuito da Figura 6-15 satisfazem a Lei de Kirchhoff das Correntes (LKC)?
25. Após alterar o sentido da corrente I_3 e desconsiderar o sinal negativo dessa corrente, ainda assim as correntes do circuito da Figura 6-15 satisfazem a LKC?
26. A LKT é satisfeita quando os sentidos assumidos das correntes e os valores absolutos das correntes são usados para calcular as quedas de tensão na Figura 6-15?

---

as fontes sobre um circuito é a soma dos efeitos individuais de cada fonte. Visto que uma fonte isolada produz um efeito sobre as correntes do circuito, vamos analisar um circuito considerando o efeito isolado de cada fonte. Então, as correntes resultantes de cada fonte são superpostas (somadas) para se chegar às correntes resultantes em cada elemento do circuito. Uma vez que as correntes forem conhecidas, basta aplicar a Lei de Ohm para encontrar as quedas de tensão nos resistores do circuito.

Vamos estabelecer uma "receita" para a correta aplicação do teorema da superposição:

1. Se as resistências internas das fontes de tensão forem muito pequenas, se comparadas com as resistências do circuito, o que ocorre para a maioria dos circuitos eletrônicos, mantenha uma fonte independente e substitua todas as outras fontes de tensão por um CURTO-CIRCUITO (condutor). Se a resistência interna de uma fonte for significativa em relação a resistência total do circuito (1% ou mais), no lugar do curto, substitua essa fonte por um resistor de valor igual à sua resistência interna.

2. Calcule as correntes e anote os seus sentidos de circulação para cada circuito temporário produzido pela fonte independente do passo nº 1. (Normalmente, você terá de lançar mão das técnicas de análise de circuitos série/paralelo estudadas no capítulo passado.)

3. Repita os passos nº 1 e nº 2 até que todas as fontes sejam utilizadas como uma FONTE INDEPENDENTE.

4. SOME ALGEBRICAMENTE todas as correntes (do passo nº 2) num resistor específico para determinar o valor da corrente do circuito original. Os sentidos das correntes finais serão definidos pelos sentidos das correntes dominantes através de cada resistor.

Agora, vamos aplicar estes quatro passos ao circuito da Figura 6-17(a) para ilustrarmos como funciona o teorema da superposição. Aplicando o passo nº 1 à bateria B_1 produz o circuito equivalente (temporário) mostrado na Figura 6-17(b). As correntes mostradas na Figura 6-17(b) resultam da aplicação do passo nº 2. Os cálculos envolvidos são:

$$R_{1,2} = \frac{R_1 R_2}{R_1 + R_2}$$

$$= \frac{(40\ \Omega)(10\ \Omega)}{40\ \Omega + 10\ \Omega} = 8\ \Omega$$

$$R_T = R_{1,2} + R_3$$

$$= 8\ \Omega + 30\ \Omega = 38\ \Omega$$

$$I_{R_3} = I_T$$

$$= \frac{V_T}{R_T}$$

$$= \frac{38\ V}{38\ \Omega} = 1\ A$$

$$I_{R_2} = \frac{I_T R_1}{R_1 + R_2}$$

$$= \frac{(1\ A)(40\ \Omega)}{40\ \Omega + 10\ \Omega} = 0,8\ A$$

$$I_{R_1} = I_{R_3} - I_{R_2} = 1\ A - 0,8\ A = 0,2\ A$$

Aplicar o passo nº 3 conduz-nos de volta aos passos nº 1 e nº 2 para uma segunda rodada de aplicação do teorema da superposição. Dessa vez, a fonte B_2 é colocada em curto, enquanto B_1 é a fonte independente ativa no circuito, conforme a Figura 6-17(c). As correntes mostradas nessa figura foram calculadas da mesma forma e pelos menos procedimentos que conduziram aos resultados da Figura 6-17(b). Finalizados os cálculos para cada fonte independente ativa no circuito, vamos aplicar o passo nº 4. Seguindo o passo nº 4 conduz às correntes mostradas na Figura 6-17(d). Estas são as correntes finais do circuito original e já possuem os valores e os sentidos corretos. Elas foram obtidas somando algebricamente as correntes mostradas nas Figuras 6-17(b) e (c). Quando duas correntes estiverem em sentidos opostos, à corrente menor é assinalado sinal negativo (−), porque a corrente maior é

Partindo dessas correntes, são calculadas as quedas de tensão, como mostrado na Figura 6-17(d), através do uso da Lei de Ohm em cada resistor. Utilizando as quedas de tensão do circuito da 6-17(d), podemos verificar, utilizando a LKT, se a solução do circuito está correta. Por exemplo:

$$95\,V = 23\,V + 72\,V = 38\,V - 15\,V + 72\,V$$
$$38\,V = 23\,V + 15\,V = 95\,V - 72\,V + 15\,V$$

Note que o uso de teorema da superposição nos permitiu analisar o circuito de duas malhas da Figura 6-17(a) sem utilizarmos e resolvermos sistemas de equações simultâneas. Contudo, este método baseia-se na repetição das técnicas de análise de circuitos série/paralelo. Quando um circuito possuir muitas fontes de tensão é necessário verificar se o teorema da superposição é a melhor escolha para resolvê-lo, pois dependendo da complexidade da solução para cada fonte independente é possível que o gasto de energia não valha a pena e você tenha que escolher outra técnica de análise para o circuito em questão.

Teste seus conhecimentos

Responda às seguintes questões:

27. Considere que o valor de R_1 na Figura 6-6(a) é 8 Ω e que todos os outros valores do circuito sejam os mesmos mostrados na figura. Use o teorema da superposição para determinar I_{R_1}, I_{R_2} e I_{R_3}.
28. O teorema da superposição pode ser utilizado para circuitos contendo apenas uma fonte de tensão?
29. Falso ou verdadeiro? A aplicação do teorema da superposição sempre conduz ao sentido correto das correntes em todos os resistores.

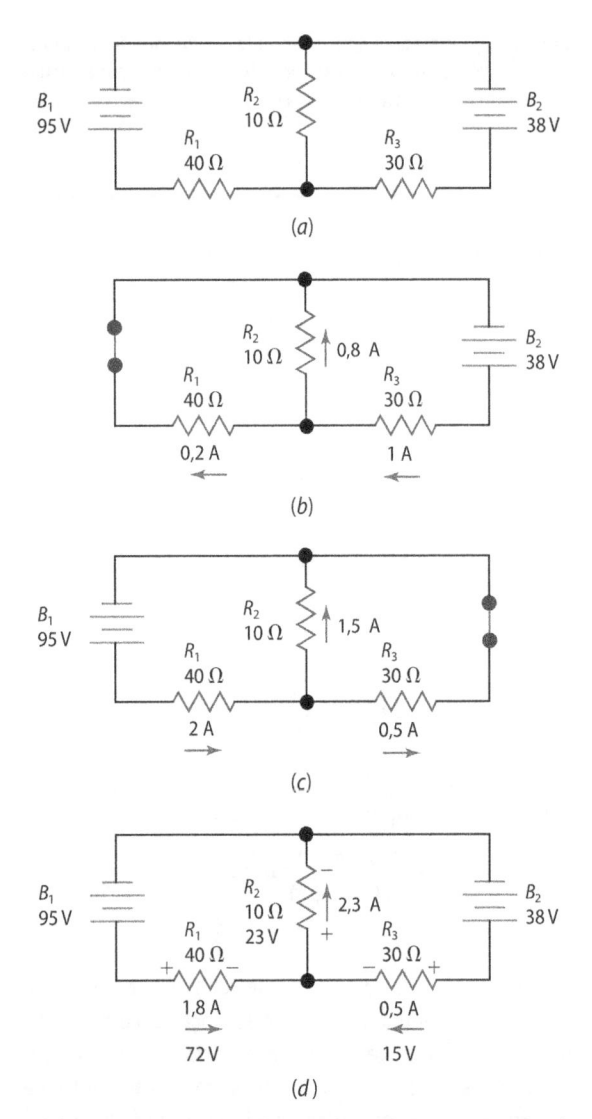

Figura 6-17 Utilizando o teorema da superposição para resolver um circuito com duas fontes. As correntes e as quedas de tensão para o circuito original (a) são mostradas em (d). (a) Circuito original. (b) Curto-circuitar B_1 coloca R_1 e R_2 em paralelo. (c) Curto-circuitar B_2 coloca R_2 e R_3 em paralelo. (d) Resultados finais superpostos.

dominante e o seu sentido definirá o sentido da corrente resultante (superposta) do circuito original. Os cálculos são:

$$I_{R_1} = 2\,A - 0{,}2\,A = 1{,}8\,A$$
$$I_{R_2} = 1{,}5\,A + 0{,}8\,A = 2{,}3\,A$$
$$I_{R_3} = 1\,A - 0{,}5\,A = 0{,}5\,A$$

Circuitos de três malhas

O teorema da superposição pode ser aplicado aos CIRCUITOS DE TRÊS MALHAS como aquele mostrado na Figura 6-7. Por exemplo, curto-circuitar B_1 faz com que o circuito misto resultante tenha R_T vista por B_2 dada por:

$$R_{1,2} = \frac{R_1 R_2}{R_1 + R_2}$$

$$R_{1,2,3} = R_{1,2} + R_3$$

$$R_{1,2,3,4} = \frac{R_{1,2,3} R_4}{R_{1,2,3} + R_4}$$

$$R_T = R_{1,2,3,4} + R_5$$

O restante da análise do circuito da Figura 6-7 pelo teorema da superposição é deixado para você. Você pode verificar as respostas que obtiver contra os valores encontrados no Exemplo 6-4.

Até o momento, não examinamos nenhum circuito contendo três fontes. Tais circuitos são resolvidos facilmente pelas técnicas de análise de malhas ou pelo teorema da superposição. Analisaremos um CIRCUITO CONTENDO TRÊS FONTES usando o teorema da superposição.

EXEMPLO 6-6

Utilizando o teorema da superposição, calcule a corrente em cada um dos resistores do circuito da Figura 6-18(a).

Dados: Diagrama de circuito e os valores da Figura 6-18(a)

Encontrar: $I_{R_1}, I_{R_2}, I_{R_3}$ e I_{R_4}

Conhecidos: Teorema da superposição e as técnicas de análise de circuitos mistos.

Solução: Coloque em curto-circuito B_2 e B_3 e resolva para todas as correntes fornecidas independentemente por B_1:

$$R_{1,2} = \frac{R_1 R_2}{R_1 + R_2}$$

$$= \frac{(10)(15)}{10 + 15} = 6 \, \Omega$$

$$R_{3,4} = \frac{R_3 R_4}{R_3 + R_4}$$

$$= \frac{(12)(20)}{12 + 20} = 7,5 \, \Omega$$

$$R_T = R_{1,2} + R_{3,4}$$

$$= 6 + 7,5 = 13,5 \, \Omega$$

$$I_T = \frac{V_T}{R_T} = \frac{B_1}{R_T} = \frac{55 \, V}{13,5 \, \Omega}$$

$$= 4,074 \, A$$

$$I_{R_1} = \frac{I_T R_2}{R_1 + R_2}$$

$$= \frac{(4,074)(15)}{10 + 15} = 2,444 \, A \uparrow$$

A seta indica o sentido da corrente.

$$I_{R_2} = I_T - I_{R_1}$$
$$= 4,074 - 2,444 = 1,630 \, A \uparrow$$

$$I_{R_3} = \frac{I_T R_4}{R_3 + R_4}$$

$$= \frac{(4,074)(20)}{12 + 20} = 2,546 \, A \uparrow$$

$$I_{R_4} = I_T - I_{R_3}$$
$$= 4,074 - 2,546 = 1,528 \, A \uparrow$$

Agora, vamos curto-circuitar B_1 e B_2, e resolver para todas as correntes fornecidas independentemente por B_3:

$$R_{1,2,4} = \frac{1}{\frac{1}{R_1} + \frac{1}{R_2} + \frac{1}{R_4}}$$

$$= \frac{1}{\frac{1}{10} + \frac{1}{15} + \frac{1}{20}} = 4,615 \, \Omega$$

$$R_T = R_{1,2,4} + R_3 = 4,615 + 12$$
$$= 16,615 \, \Omega$$

$$I_T = \frac{V_T}{R_T} = \frac{B_3}{R_T} = \frac{58 \, V}{16,615 \, \Omega} = 3,491 \, A$$

$$V_{R_3} = I_{R_3} R_3 = I_T R_3 = 3,491 \, A \times 12 \, \Omega$$
$$= 41,892 \, V$$

$$V_{R_1} = V_{R_2} = V_{R_4} = V_T - V_{R_3} =$$
$$= 58 - 41,892 = 16,108 \, V$$

$$I_{R_1} = \frac{V_{R_1}}{R_1} = \frac{16,108 \, V}{10 \, \Omega} = 1,611 \, A \downarrow$$

$$I_{R_2} = \frac{V_{R_2}}{R_2} = \frac{16,108 \, V}{15 \, \Omega} = 1,074 \, A \downarrow$$

$$I_{R_3} = I_T = 3,491 \, A \downarrow$$

$$I_{R_4} = \frac{V_{R_4}}{R_4} = \frac{16,108 \, V}{20 \, \Omega} = 0,805 \, A \uparrow$$

Finalmente, vamos curto-circuitar B_1 e B_3 e resolver para todas as correntes fornecidas independentemente por B_2:

$$R_{1,3,4} = \frac{1}{\frac{1}{R_1} + \frac{1}{R_3} + \frac{1}{R_4}} = \frac{1}{\frac{1}{10} + \frac{1}{12} + \frac{1}{20}}$$

$$= 4,286 \, \Omega$$

$$R_T = R_{1,3,4} + R_2 = 19,286 \, \Omega$$

$$I_T = \frac{V_T}{R_T} = \frac{B_2}{R_T} = \frac{30 \, V}{19,286 \, \Omega} = 1,556 \, A$$

EXEMPLO 6-6 *continuação*

$$V_{R_2} = I_{R_2}R_2 = I_T R_2 = 1,556 \text{ A} \times 15 \text{ }\Omega$$
$$= 23,34 \text{ V}$$
$$V_{R_1} = V_{R_3} = V_{R_4} = V_T - V_{R_2} =$$
$$= 30 - 23,34 = 6,66 \text{ V}$$

$$I_{R_1} = \frac{V_{R_1}}{R_1} = \frac{6,66 \text{ V}}{10 \text{ }\Omega} = 0,666 \text{ A} \uparrow$$

$$I_{R_2} = I_T = 1,556 \text{ A} \downarrow$$

$$I_{R_3} = \frac{V_{R_3}}{R_3} = \frac{6,66 \text{ V}}{12 \text{ }\Omega} = 0,555 \text{ A} \downarrow$$

$$I_{R_4} = \frac{V_{R_4}}{R_4} = \frac{6,66 \text{ V}}{20 \text{ }\Omega} = 0,333 \text{ A} \downarrow$$

Finalmente, somamos algebricamente as correntes individuais e encontramos as correntes finais do circuito original:

$$I_{R_1} = 2,444 - 1,611 + 0,666 = 1,5 \text{ A} \uparrow$$
$$I_{R_2} = -1,630 + 1,074 + 1,556 = 1 \text{ A} \downarrow$$
$$I_{R_3} = -2,546 + 3,491 + 0,555 = 1,5 \text{ A} \downarrow$$
$$I_{R_4} = 1,528 + 0,805 - 0,333 = 2 \text{ A} \uparrow$$

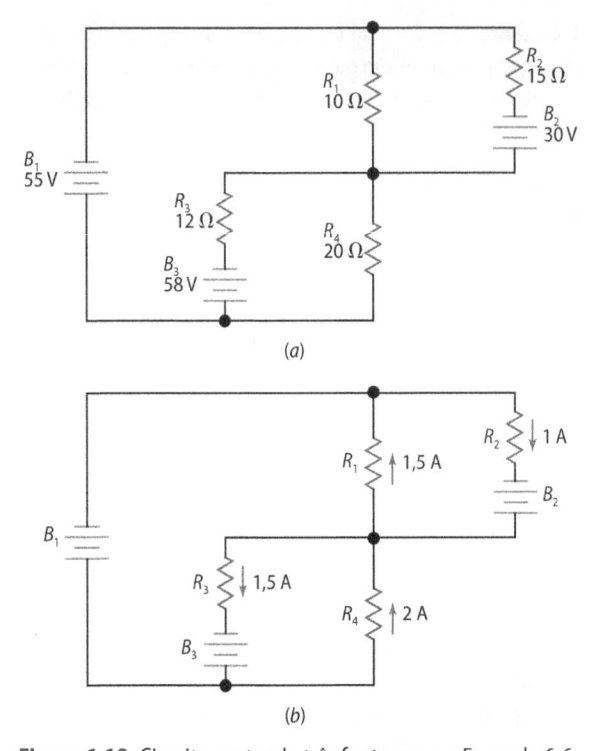

Resposta: $I_{R_1} = 1,5$ A, $I_{R_2} = 1$ A
$I_{R_3} = 1,5$ A, $I_{R_4} = 2$ A

Figura 6-18 Circuito contendo três fontes para o Exemplo 6-6. Os valores e os sentidos das correntes são mostrados em (b). (a) Circuito proposto. (b) Resultados finais da análise.

Poderíamos verificar as respostas para o Exemplo 6-6 utilizando LKC ou LKT. Sugerimos a você que verifique o circuito do ponto de vista das correntes e das quedas de tensão. Ao final, você verá que a solução está correta.

Teste seus conhecimentos

Responda às seguintes questões:

30. Aplique a LKC ao nó de R_1, R_3, R_4 e B_2 na Figura 6-18.

31. Qual é a corrente fornecida pela bateria B_1 na Figura 6-18?

» Fontes de tensão

Há duas formas diferentes de se olhar para uma fonte de tensão. Uma fonte pode ser considerada uma FONTE DE TENSÃO IDEAL (ou FONTE DE TENSÃO CONSTANTE) ou ela pode ser considerada uma fonte de tensão ideal em série com uma resistência interna. Esta última abordagem é conhecida como FONTE DE TENSÃO REAL. O modo como olhamos para uma fonte depende da natureza da fonte e da natureza do circuito conectado aos seus terminais de saída. Contudo, para a maioria das aplicações práticas, as fontes de tensão são consideradas fontes ideais.

Se fosse possível construir uma fonte ideal, ela não teria nenhuma resistência interna. Desse modo, a tensão nos terminais de saída da fonte seria constante não importando a quantidade de corrente drenada da fonte. A TENSÃO NOS TERMINAIS DA FONTE COM CIRCUITO ABERTO (V_{NL}) da Figura 6-19(a) seria igual à TENSÃO NOS TERMINAIS DA FONTE COM CARGA (V_L) da Figura 6-19(b). Naturalmente, as fontes ideais não existem, pois todas as fontes de tensão possuem resistência interna não nula. Por exemplo, os condutores que constituem as espiras de um gerador têm resistência elétrica, as reações químicas numa bateria de chumbo-ácido provocam o surgimento de

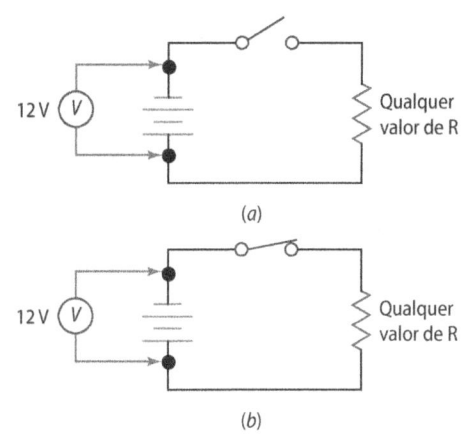

Figura 6-19 Uma fonte de tensão ideal. Tais fontes de tensão não existem na prática. (a) A tensão nos terminais abertos da fonte (V_{NL}) é igual a 12V. (b) Tensão nos terminais da fonte com carga.

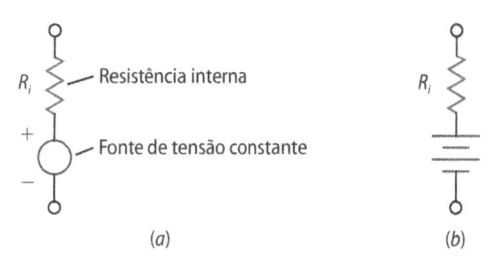

Figura 6-20 Circuito equivalente de uma fonte de tensão real. (a) Circuito equivalente usando o símbolo de fonte de tensão constante; (b) Circuito alternativo usando o símbolo da bateria.

resistência nos eletrodos, e assim por diante. Logo, a tensão nos terminais de saída de uma fonte deve diminuir à medida que a corrente fornecida pela fonte aumenta. Visualizar uma bateria como uma fonte de tensão constante durante as análises de circuitos introduz uma margem de erro na análise. Entretanto, na maioria dos casos, esse erro é menor que o erro causado pelo arredondamento dos números no processo de cálculo das quantidades em um circuito. Com apenas uma exceção (veja na pág. 116), assumimos que todos os circuitos analisados eram alimentados por fontes de tensão constantes. O próprio símbolo da bateria, com o valor de tensão especificado ao lado, sugere uma fonte de tensão constante. Esse é um procedimento padrão sempre que a resistência interna da fonte for menor que 1% da resistência total do circuito.

Quando a RESISTÊNCIA INTERNA de uma fonte torna-se significativa em comparação com a resistência total do circuito, ela não mais poderá ser desprezada nas análises realizadas no circuito. Neste caso, para procedermos com a inclusão da resistência interna de uma fonte, devemos substituí-la pelo seu circuito equivalente ou modelo de fonte real. O circuito equivalente de uma fonte de tensão real é mostrado na Figura 6-20(a). Nesta figura, o circulo com as marcas de polaridade representam a fonte de tensão constante, ou seja, o valor de tensão nos terminais da fonte com circuito aberto (V_{NL}). Pode ser visto como a tensão gerada quimicamente por uma pilha ao ser construída. A tensão gerada pela reação química da pilha é independente da corrente fornecida. A resistência interna (R_i) representa toda a resistência elétrica provocada pelos processos químicos da pilha. Quando é conectada carga aos terminais de saída da pilha, parte da tensão gerada pela pilha sofre queda de tensão nessa resistência interna. Quando estivermos analisando circuitos CC, o círculo com as polaridades da Figura 6-20(a) é convenientemente substituído pelo símbolo tradicional de bateria ou fonte de tensão CC, como mostrado na Figura 6-20(b). Os pequenos círculos nas extremidades do circuito equivalente da fonte são os terminais ou bornes da fonte. Eles são omitidos com frequência no desenho de circuitos.

EXEMPLO 6-7

Uma fonte de tensão fornece 30 V a vazio (sem carga) e sua resistência interna é 1 Ω. Encontre a tensão nos terminais de saída da fonte com carga, se uma carga de 10 Ω for conectada aos terminais da fonte.

Dados: V_{NL} = 30 V; R_i = 1 Ω; R_L = 10 Ω ("R_L" é o símbolo padrão para resistência de carga)

Encontrar: Tensão nos terminais de saída da fonte com carga

Conhecido: Circuito equivalente da fonte de tensão real.

Solução: Desenhe o diagrama esquemático da fonte real com carga na saída, conforme Figura 6-21. Então, use a fórmula do divisor de tensão para determinar o valor de V_{RL}:

$$V_{RL} = \frac{(30\text{ V})(R_L)}{R_i + R_L} = \frac{(30\text{ V})(10\text{ }\Omega)}{1\text{ }\Omega + 10\text{ }\Omega}$$

$$= 27{,}27\text{ V}$$

Uma vez que R_L é conectada diretamente aos terminais de saída da fonte, a tensão nos terminais de saída da fonte com carga é numericamente igual a V_{RL}.

Resposta: A tensão nos terminais de saída da fonte com carga é 27,27 V.

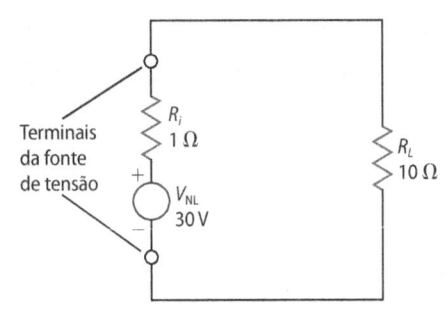

Figura 6-21 Circuito para o Exemplo 6-7.

>> Teorema de Thévenin

Todos os circuitos que estudamos até o momento podem ser vislumbrados como uma REDE DE DOIS TERMINAIS. Por exemplo, o circuito da Figura 6-22(a) pode ser munido de dois terminais como mostrado na Figura 6-22(b). Naturalmente, entre esses dois terminais existe diferença de potencial, ou seja, tensão elétrica. Contudo, o valor da tensão entre os terminais depende da corrente consumida pelo que for conectado aos terminais. Assim, podemos visualizar tudo o que se

Teste seus conhecimentos

Responda às seguintes questões:

32. Que condição determina se uma fonte de tensão deve ou não ser assumida como fonte ideal?
33. Se visualizarmos uma fonte de tensão como ideal ou como um circuito equivalente (fonte de tensão constante em série com sua resistência interna), a tensão da fonte ideal é igual a _____.
34. Falso ou verdadeiro? Baterias nunca são consideradas como fontes de tensão constantes.

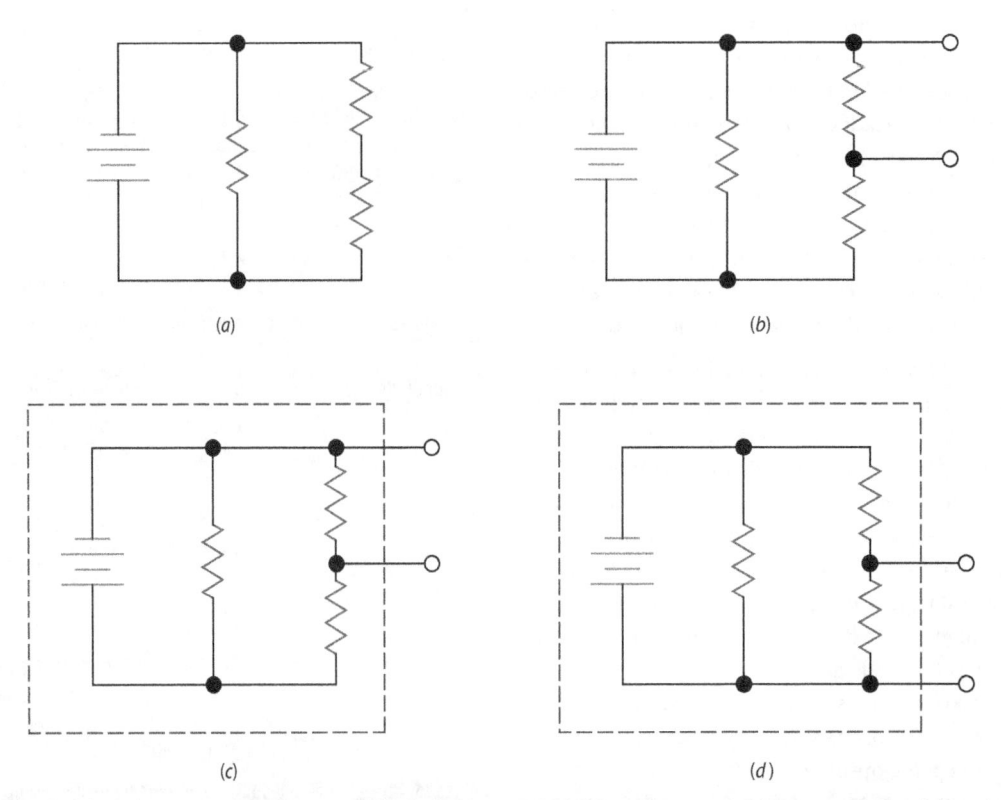

Figura 6-22 Visualizando um circuito como uma rede de dois terminais. (a) Circuito original. (b) Dois terminais adicionados à rede. (c) Fonte de tensão com alta resistência interna; (d) Localização alternativa do par de terminais.

encontra do lado esquerdo dos terminais, como mostrado na Figura 6-22(c), como uma fonte de tensão real. Parece óbvio que essa fonte de tensão seja considerada como um circuito equivalente de uma fonte de tensão real, visto que é provável que a sua resistência interna seja relativamente alta. Também, é evidente que a localização dos dois terminais no circuito fica inteiramente a escolha do analista de circuitos que conduz as análises. A localização do par de terminais assumida para o circuito da Figura 6-22(a) poderia ser como ilustrado na Figura 6-22(d).

O **Teorema de Thévenin** fornece os elementos necessários para se chegar ao circuito equivalente visto por uma rede de dois terminais. Obviamente este circuito equivalente será um circuito de uma fonte real, tal qual mostrado na Figura 6-20(a). A aplicação do Teorema de Thévenin a uma rede de dois terminais requer apenas duas etapas:

1. Determine a tensão do circuito entre os terminais abertos. Isso pode ser feito calculando-se a tensão presente nos terminais abertos do circuito proposto ou medindo-se a tensão presente entre os terminais abertos, caso o circuito exista fisicamente.

2. Determine a resistência interna da rede, vista entre os dois terminais abertos, substituindo-se todas as fontes de tensão do circuito por curtos, caso as resistências internas sejam desprezíveis em relação às resistências do restante do circuito, ou por suas resistências internas, caso as resistências internas não possam ser desprezadas. Efetuada a substituição das fontes por curtos ou resistências internas, a resistência da rede "vista entre os terminais abertos" pode ser calculada ou medida (supondo que o circuito exista fisicamente).

O circuito equivalente resultante da aplicação do Teorema de Thévenin recebe o nome de **circuito equivalente de Thévenin**; nesses casos dizemos que o circuito foi **thevenizado**.* A tensão resultante da aplicação do passo nº 1 é usualmente escrita como V_{TH} e a resistência resultante do passo nº 2 é escrita como R_{TH}. A tensão e a resistência de Thévenin são nomes dados em honra ao Engenheiro francês Léon Charles Thévenin.

Vamos ilustrar todo o poderio do Teorema de Thévenin através de alguns exemplos.

---

* N. de T.: <u>Thevenizar</u> é um verbo exclusivo do jargão técnico dos profissionais da eletricidade e da eletrônica, e significa: "aplicar o Teorema de Thévenin".

EXEMPLO 6-8

Thevenize o circuito da Figura 6-23(a) para encontrar o circuito equivalente de Thévenin considerando que os terminais da rede foram conectados em paralelo com R_2.

Dados: Diagrama do circuito e os valores da Figura 6-23(a)

Encontrar: V_{TH} e R_{TH}

Conhecido: Teorema de Thévenin

Solução: Calcule V_{TH}. Note que V_{TH} é a tensão no resistor R_2 (V_{R_2}):

$$V_{TH} = \frac{V_{B_1} R_2}{R_1 + R_2}$$

$$= \frac{(30\ V)(1000\ \Omega)}{500\ \Omega + 1000\ \Omega} = 20\ V$$

Calcule R_{TH}. Note que, com a fonte V_{B_1} em curto, R_{TH} é o paralelo de R_1 e R_2:

$$R_{TH} = \frac{R_1 R_2}{R_1 + R_2} = \frac{(500\ \Omega)(1000\ \Omega)}{500\ \Omega + 1000\ \Omega} = 333{,}3\ \Omega$$

Resposta: O circuito equivalente de Thévenin é visto na Figura 6-23(b), onde $V_{TH} = V_{NL} = 20\ V$ e $R_{TH} = R_i = 333{,}3\ \Omega$.

Qualquer resistor de carga que seja conectado aos terminais do circuito original da Figura 6-23(a) terá a mesma corrente, a mesma tensão e a mesma potência, se for conectado aos terminais do circuito equivalente de Thévenin da Figura 6-23(b). Vamos provar esta afirmação conectando um resistor de carga de 1000 Ω em ambos os circuitos e comparando os resultados, conforme Figuras 6-23(c) e (d). Para a carga conectada no circuito equivalente de Thévenin da Figura 6-23(d) os cálculos necessários são:

$$V_{RL} = \frac{V_{TH} R_L}{R_{TH} + R_L} = \frac{(20\ V)(1000\ \Omega)}{333{,}3\ \Omega + 1000\ \Omega} = 15\ V$$

$$I_{RL} = \frac{V_{RL}}{R_L} = \frac{15\ V}{1000\ \Omega} = 15\ mA$$

Considerando o resistor de carga conectado ao circuito da Figura 623(c), os cálculos necessários são:

$$R_{2,L} = \frac{R_2 R_L}{R_2 + R_L} = \frac{(1000\ \Omega)(1000\ \Omega)}{1000\ \Omega + 1000\ \Omega} = 500\ \Omega$$

$$V_{RL} = V_{R_{2,L}} = \frac{V_{B_1} R_{2,L}}{R_1 + R_{2,L}} = \frac{(30\ V)(500\ \Omega)}{500\ \Omega + 1000\ \Omega} = 15\ V$$

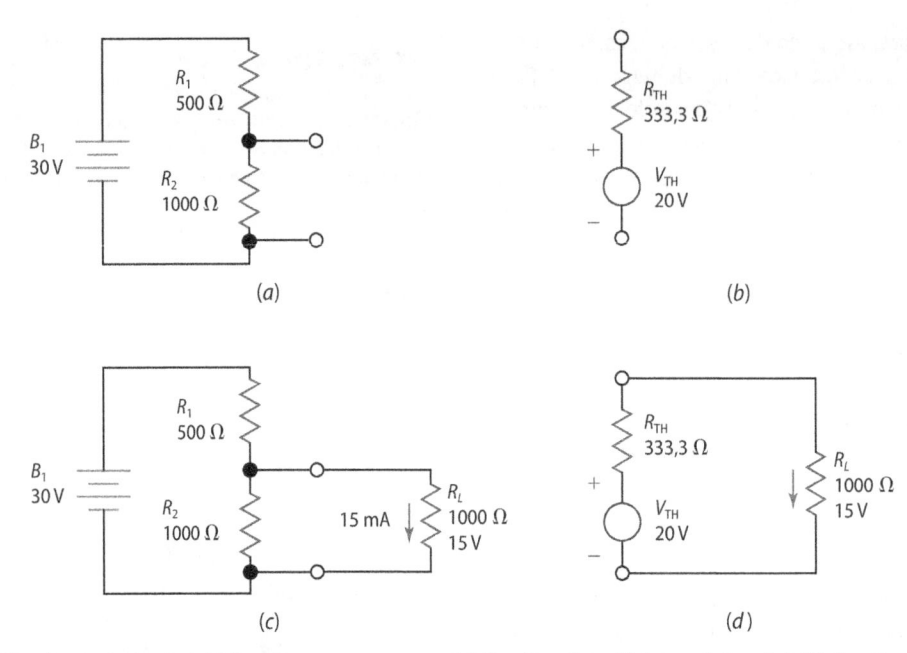

Figura 6-23 Circuito equivalente de Thévenin com e sem carga; (a) Circuito original (divisor de tensão); (b) Circuito equivalente de Thévenin; (c) Circuito original com carga; (d) Circuito equivalente de Thévenin com carga.

$$I_{RL} = \frac{V_{RL}}{R_L} = \frac{15\text{ V}}{1000\text{ }\Omega} = 15\text{ mA}$$

A solução do problema a partir do circuito original requer um pouco de mais cálculos para se chegar às respostas do que a solução a partir do circuito equivalente de Thévenin. O nível de dificuldade torna-se ainda maior quando o circuito original for mais complexo do que o circuito desse exemplo. Se você tiver o circuito thevenizado em mãos, é fácil perceber as vantagens de se utilizar o equivalente de Thévenin em vez do circuito original. Ainda, imagine que você tivesse que repetir os cálculos acima para diferentes valores de R_L. No caso do equivalente Thévenin, bastaria substituir os valores de cada resistor de carga e fazer os cálculos. No circuito original você teria que repetir todos os cálculos para cada valor de R_L adicionado aos terminais de saída.

O exemplo anterior ilustrou bem como thevenizar um circuito e então determinar os efeitos do circuito numa resistência de carga conectada aos terminais da rede. Em seguida, veremos como usar o circuito equivalente de Thévenin para analisar um circuito multimalhas. O procedimento geral envolve escolher um resistor do circuito multimalhas para agir como carga e, então, thevenizar o restante do circuito. Observe que a escolha do resistor a ser transformado em carga é feita sob conveniência. Normalmente escolhemos o resistor onde desejamos conhecer a tensão, a corrente ou a potência. As etapas específicas para usar o Teorema de Thévenin num circuito multimalhas são as seguintes:

1. Escolha um dos resistores do circuito multimalhas para ser retirado do circuito como resistor de carga. Este resistor será conectado aos terminais de saída do circuito equivalente de Thévenin ao final da análise. Se possível, escolha o resistor de modo que o restante do circuito possa ser analisado por técnicas mais simples, como as do circuito série, paralelo ou misto.

2. Analise o restante do circuito para determinar a tensão de Thévenin (V_{TH}) entre os dois terminais abertos na etapa nº 1.

3. Analise o restante do circuito para determinar a resistência de Thévenin (R_{TH}).

4. Desenhe o circuito equivalente de Thévenin e coloque nele os valores de V_{TH} e R_{TH} encontrados nas etapas nº 2 e 3. Retorne com o resistor removido na etapa nº 1 aos terminais de saída do circuito equivalente de Thévenin.

5. Determine a queda de tensão e a corrente no resistor recolocado na etapa nº 4.

6. Retorne com o resistor removido na etapa nº 1 ao circuito original. A tensão e a corrente do resistor reinserido ao circuito original serão as mesmas encontradas na etapa nº 5.
7. Se possível, use LKT e LKC para determinar as outras correntes e tensões dos demais componentes do circuito multimalhas. As etapas nº 6 e 7 podem não ser necessárias se você estiver interessado apenas na corrente e na tensão do resistor retirado na etapa nº 1.

Vamos ilustrar estes passos avaliando o circuito multimalhas da Figura 6-24(a). O resultado da aplicação da etapa nº 1 ao circuito da Figura 6-24(a) é mostrado na Figura 6-24(b), onde os terminais foram colocados na posição onde o resistor R_3 estava conectado. A retirada de R_3 transforma o circuito num

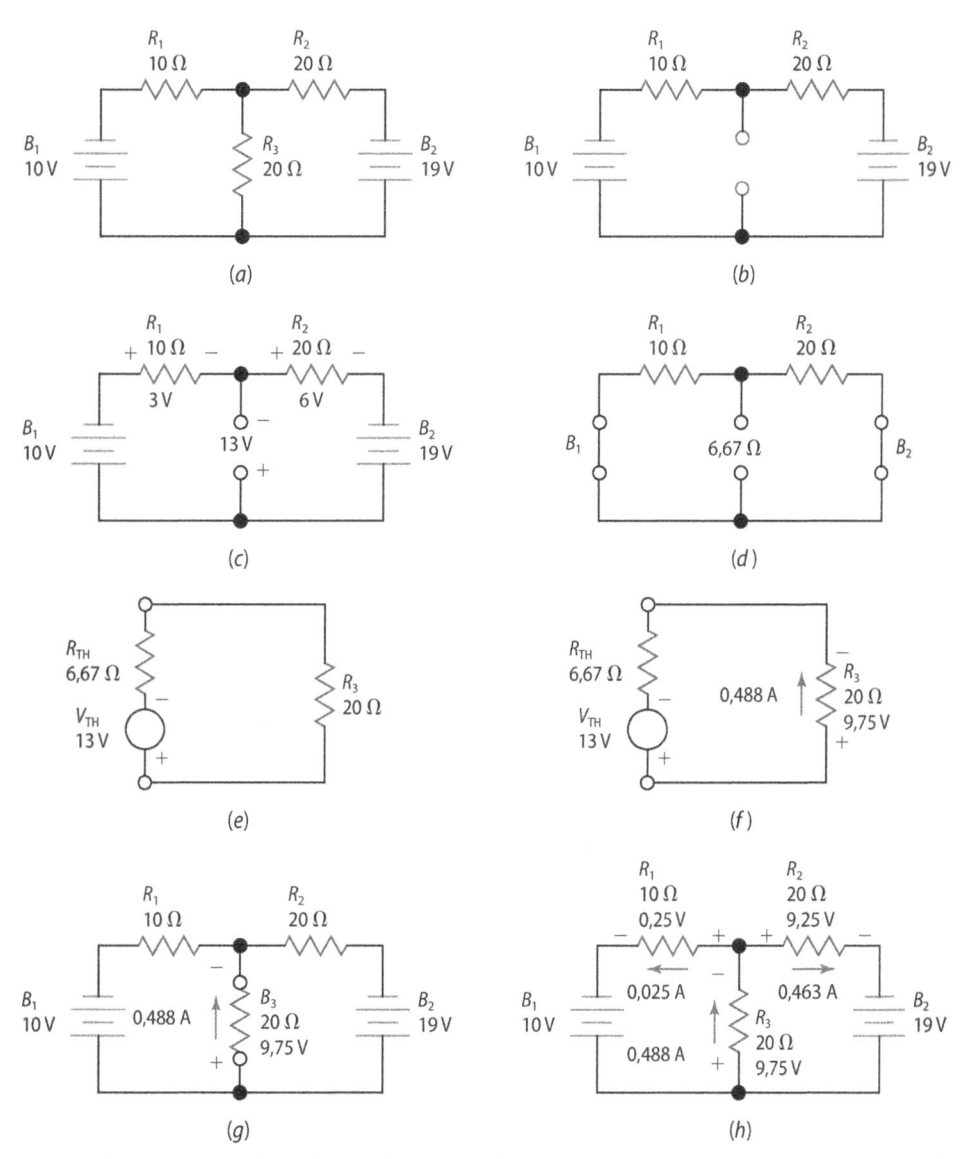

Figura 6-24 Analisando um circuito multimalhas por Teorema de Thévenin. (a) Circuito proposto. (b) Etapa 1 – retirada de R_3; (c) Etapa 2 – cálculo de V_{TH} (d) Etapa 3 – cálculo de R_{TH}; (e) Etapa 4 – Desenhando o circuito equivalente de Thévenin com carga (R_3); (f) Etapa 5 – cálculo da tensão e da corrente em R_3; (g) Etapa 6 – retornando com R_3 ao circuito original; (h) Etapa 7 – determinar as outras correntes e tensões do circuito.

circuito série com duas fontes de tensão em oposição (em anti-série). Naturalmente, a fonte B_2 domina o circuito e define o sentido de circulação da corrente, forçando corrente através de B_1 no sentido inverso. A aplicação do passo nº 2 ao circuito da Figura 6-24(b) conduz às tensões mostradas na Figura 6-24(c), as quais foram calculadas como segue:

$$V_T = B_2 - B_1 = 19\,\text{V} - 10\,\text{V} = 9\,\text{V}$$

$$V_{R_2} = \frac{V_T R_2}{R_1 + R_2} = \frac{(9\,\text{V})(20\,\Omega)}{10\,\Omega + 20\,\Omega} = 6\,\text{V}$$

$$V_{TH} = B_2 - V_{R_2} = 19\,\text{V} - 6\,\text{V} = 13\,\text{V}$$

De acordo com a instrução da etapa nº 3, o circuito da Figura 6-24(b) foi modificado pela colocação das fontes em curto, o que conduziu ao circuito da Figura 6-24(d), tal que R_{TH} seja calculado. Visto a partir dos dois terminais abertos, R_1 e R_2 da Figura 6-24(d) estão em paralelo. Logo, R_{TH} é:

$$R_{TH} = \frac{R_1 R_2}{R_1 + R_2} = \frac{(10\,\Omega)(20\,\Omega)}{10\,\Omega + 20\,\Omega} = 6{,}67\,\Omega$$

Em seguida, a etapa nº 4 nos diz para desenharmos o circuito equivalente de Thévenin para o circuito da Figura 6-24(b). O equivalente de Thévenin é visto na Figura 6-24(e). Assim, conforme mencionado na etapa nº 5 e ilustrado na Figura 6-24(f), a tensão e a corrente no resistor R_3 são determinadas facilmente por:

$$V_{R_3} = \frac{V_{TH} R_3}{R_{TH} + R_3} = \frac{(13\,\text{V})(20\,\Omega)}{6{,}67\,\Omega + 20\,\Omega} = 9{,}75\,\text{V}$$

$$I_{R_3} = \frac{V_{R_3}}{R_3} = \frac{9{,}75\,\text{V}}{20\,\Omega} = 0{,}488\,\text{A}$$

Prosseguindo na análise conforme etapa nº 6, chega-se às condições mostradas na Figura 6-24(g). Os resultados encontrados na etapa nº 5 produzem os outros valores de tensão e de correntes mostrados na Figura 6-24(h), e são calculados como segue:

$$V_{R_1} = B_1 - V_{R_3} = 10\,\text{V} - 9{,}75\,\text{V} = 0{,}25\,\text{V}$$

$$I_{R_1} = \frac{V_{R_1}}{R_1} = \frac{0{,}25\,\text{V}}{10\,\Omega} = 0{,}025\,\text{A} = 25\,\text{mA}$$

$$V_{R_2} = B_2 - V_{R_3} = 19\,\text{V} - 9{,}75\,\text{V} = 9{,}25\,\text{V}$$

$$I_{R_2} = I_{R_3} - I_{R_1} = 0{,}488\,\text{A} - 0{,}025\,\text{A} = 0{,}463\,\text{A}$$

Você pode se perguntar por que a última frase da etapa 1 começa com "Se possível". O circuito da Figura 6-25 revela que a retirada de qualquer um dos resistores ainda resulta num circuito multimalhas. Tais circuitos certamente podem

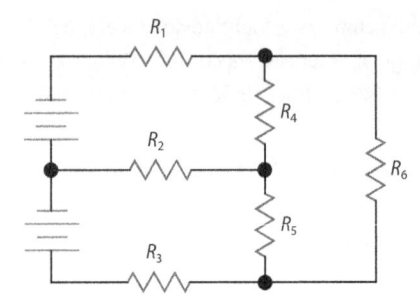

Figura 6-25 A remoção de qualquer um dos resistores ainda deixa o circuito complexo o suficiente para se determinar V_{TH} e R_{TH}, de modo que não é possível determiná-los simplesmente utilizando as leis de Kirchhoff e os métodos aprendidos em circuitos série e paralelo.

ser thevenizados, mas você terá de lançar mão de algum outro método aprendido neste capítulo para analisar o circuito e determinar R_{TH} ou V_{TH} ou ambos. Ainda, é possível que um circuito mais complexo seja thevenizado mais de uma vez, através da aplicação repetida do Teorema de Thévenin.

Observe que o passo nº 7 também começa com "Se possível". O circuito da ponte de Wheatstone da Figura 6-4(a) mostra que, utilizando apenas as Leis de Kirchhoff e associações série e paralelo, o conhecimento da corrente e da tensão em apenas um dos cinco resistores da ponte não permite resolver o circuito para as outras quatro correntes e tensões. Todas as correntes e tensões do circuito da ponte de Wheatstone poderiam ser encontradas aplicando-se o Teorema de Thévenin duas vezes ao circuito. Por exemplo, thevenizar para R_5 e determinar V_{R_5} e I_{R_5}. Thevenizando pela segunda vez, determina-se a corrente e a tensão em qualquer um dos outros quatro resistores. Então, as Leis de Kirchhoff podem ser usadas na determinação das três correntes e tensões restantes.

Reiteramos que thevenizar um circuito para algum resistor pode requerer o auxílio de alguma outra técnica ensinada antes, tal como análise de malhas, para se determinar V_{TH}.

EXEMPLO 6-9

Use o Teorema de Thévenin para encontrar a tensão em cada resistor no circuito da Figura 6-26(a).

Dados: Diagrama do circuito e os valores da Figura 6-26(a)

Encontrar: V_{R_1}, V_{R_2}, V_{R_3}, V_{R_4}

Conhecidos: Teorema de Thévenin e método de análise de malhas

Solução: Vamos iniciar thevenizando em R_4, como sugere a Figura 6-26(b). As correntes de malhas foram definidas conforme indicado na Figura 6-26(c). Vamos resolver o sistema de equações para I_1:

$58 = 12I_1 + 10I_1 - 10I_2 + 55$ (malha 1)

$3 = 22I_1 - 10I_2$ (malha 1)

$30 = 15I_2 + 10I_2 - 10I_1$ (malha 2)

$30 = -10I_1 + 25I_2$ (malha 2)

$\dfrac{25I_2}{-10I_2} \times (-1) = 2,5$ (constante)

$7,5 = 55I_1 - 25I_1$ (malha 1)

$30 = -10I_1 + 25I_2$ (malha 2)

$37,5 = 45I_1$

$I_1 = 0,83\ A$

Determinando V_{TH}:

$V_{R_3} = I_1 R_3 = (0,83\ A)(12\ \Omega) = 10\ V$

$V_{TH} = B_3 - V_{R_3} = 58\ V - 10\ V = 48\ V$

Determinando R_{TH} [a Figura 6-26(d) mostra que R_1, R_2, R_3 estão em paralelo]:

$R_{TH} = \dfrac{1}{\dfrac{1}{R_1}+\dfrac{1}{R_2}+\dfrac{1}{R_3}} = \dfrac{60}{15} = 4\ \Omega$

Em seguida, construa o circuito equivalente de Thévenin, retorne com o resistor R_4 ao circuito, conforme Figura 6-26(e), e resolva para V_{R_4}:

$V_{R_4} = \dfrac{V_{TH} R_4}{R_{TH}+R_4} = \dfrac{(48\ V)(20\ \Omega)}{4\ \Omega + 20\ \Omega} = 40$

Então, resolva para as outras quedas de tensão. As polaridades dessas quedas de tensão são mostradas na Figura 6-26(f):

$V_{R_3} = B_3 - V_{R_4} = 58\ V - 40\ V = 18\ V$

$V_{R_1} = B_1 - V_{R_4} = 55\ V - 40\ V = 15\ V$

$V_{R_2} = B_2 - V_{R_1} = 30\ V - 15\ V = 15\ V$

Resposta: $V_{R_1} = 15\ V$, $V_{R_2} = 15\ V$, $V_{R_3} = 18\ V$, $V_{R_4} = 40\ V$

O circuito analisado no Exemplo 6-9 é o mesmo circuito analisado no Exemplo 6-6 para o teorema da superposição. No Exemplo 6-6 determinamos a corrente em cada resistor, já no Exemplo 6-9 determinamos a queda de tensão em cada resistor. É claro que a simples aplicação da Lei de Ohm resolve para as quedas de tensão no Exemplo 6-6 e para as correntes no Exemplo 6-9. Observe que a quantidade necessária de cálculos no circuito analisado pelo Teorema de Thévenin foi um pouco menor que pelo método da superposição. Uma vez construído o circuito equivalente de Thévenin da Figura 6-26(e), a determinação da queda de tensão e a corrente em R_4 é um exercício muito rápido. Também, se o resistor R_4 assumir muitos valores diferentes, basta colocar o resistor R_4 com o valor no circuito equivalente de Thévenin, que é o mesmo, independentemente de R_4, e determinar a corrente e a tensão para o novo valor de R_4. Entretanto, utilizando o método da superposição para cada valor diferente de R_4, todos os cálculos devem ser repetidos para que a tensão e a corrente no resistor sejam conhecidas.

Teste seus conhecimentos

Responda às seguintes questões:

35. Considere que o valor do resistor R_1 na Figura 6-17(a) foi alterado para 15 Ω. Determine todas as quedas de tensão do circuito utilizando o Teorema de Thévenin.

36. Se removesse o resistor R_3 do circuito da Figura 6-7(a), você poderia:
    a. Determinar R_{TH} sem utilizar o Teorema da Superposição ou a análise de malhas?
    b. Determinar V_{TH} sem utilizar o Teorema da Superposição ou a análise de malhas?

37. Na Figura 6-7(a), se você utilizar o Teorema de Thévenin para encontrar a corrente I_{R_3} e a queda V_{R_3}, é possível determinar as outras quedas de tensão do circuito utilizando a LKT?

38. Que resistor(es) pode(m) ser removido(s) do circuito da Figura 6-7(a) de modo que todas as quedas de tensão sejam determinadas aplicando-se o Teorema de Thévenin uma única vez, sem a utilização do Teorema da Superposição ou do método de análise de malhas?

» Fonte de corrente

Até esta seção, utilizamos apenas fontes de tensão para energizarmos circuitos – seja como uma fonte de tensão ideal ou como uma fonte de tensão real. Existe outra possibilidade de energizarmos um circuito: utilizando uma FONTE DE CORRENTE. Do mesmo modo que fizemos para uma fonte de tensão é possível visualizarmos uma fonte de corrente como uma FONTE DE CORRENTE CONSTANTE ou como uma fonte de corrente real (através do seu circuito equivalente).

Por definição, uma fonte de corrente é uma fonte capaz de fornecer a mesma quantidade de corrente em seus termi-

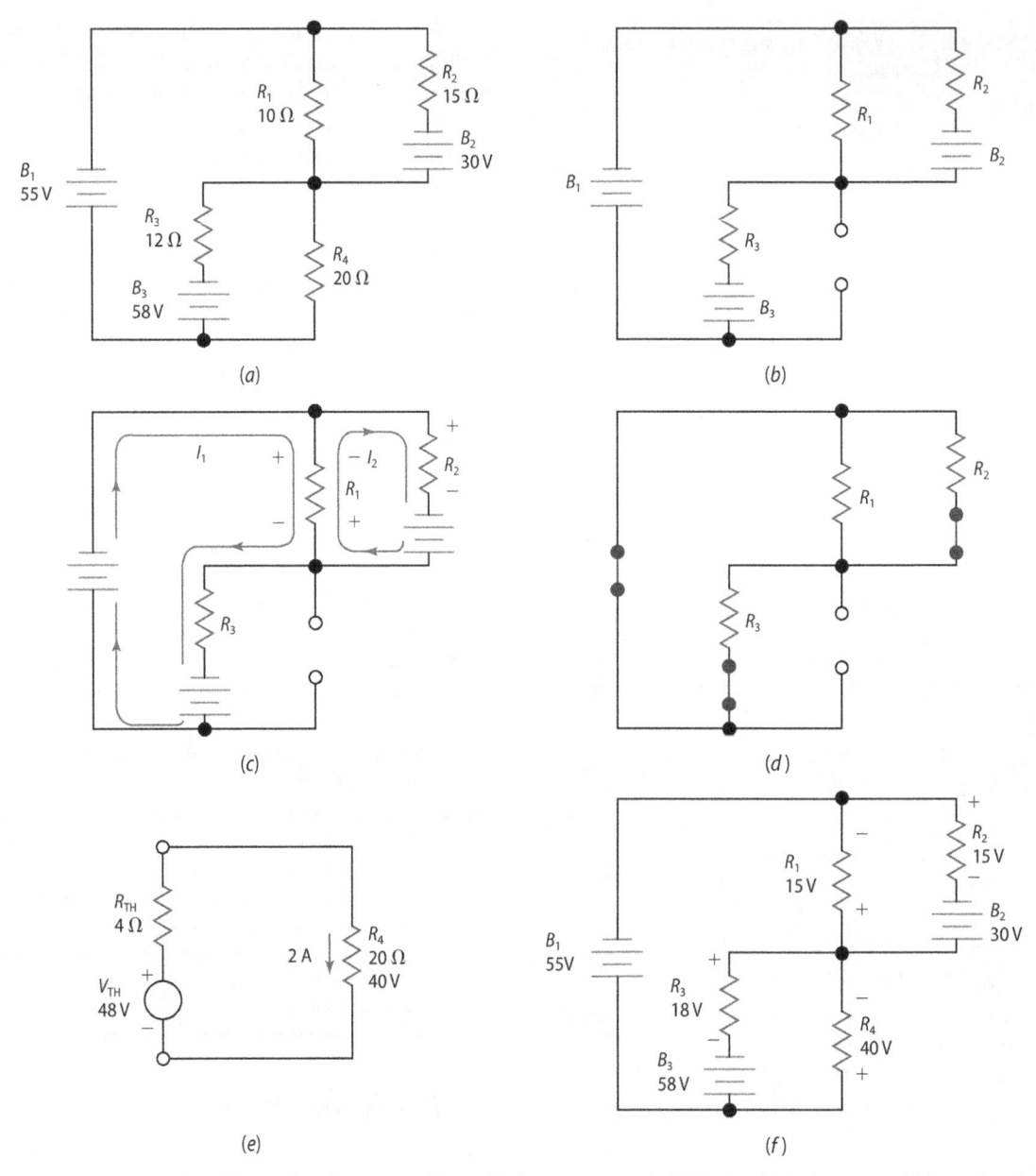

Figura 6-26 Circuito multimalhas analisado no Exemplo 6-9. (a) Circuito proposto; (b) Retirando R_4 do circuito; (c) Desenhando as correntes de malha para determinar V_{TH}; (d) Determinando R_{TH}. (e) Circuito equivalente de Thévenin com R_4; (f) Resultados.

nais, independentemente da tensão entre os seus terminais. Desta definição implica que a resistência interna da fonte de corrente seja representada em paralelo com a fonte e que seu valor é infinito. O símbolo para uma fonte de corrente constante é visto na Figura 6-27(a). A seta dentro do círculo indica o sentido convencional da corrente fornecida pela fonte de corrente constante.

Do mesmo modo que uma fonte de tensão constante, na prática uma fonte de corrente constante não existe. Todas as fontes de corrente reais possuem uma resistência interna finita. Contudo, é possível construir uma fonte de corrente com uma resistência interna tão alta que ela pode ser considerada uma fonte de corrente constante para muitas aplicações práticas. Para a construção de fontes de corrente reais,

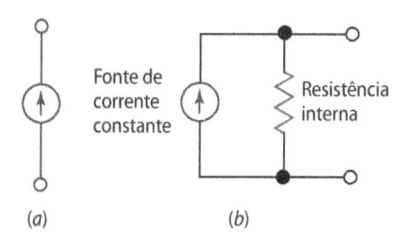

Figura 6-27 Fontes de corrente. (a) Fonte de corrente ideal (corrente constante); (b) Modelo equivalente de uma fonte de corrente.

a maioria das aplicações utilizam um ou mais transistores na construção de fontes de corrente constante.

O MODELO EQUIVALENTE de uma fonte de corrente real é mostrado na Figura 6-27(b). Ele consiste de uma fonte de corrente constante em paralelo com a resistência interna da fonte. Estamos interessados neste modelo de uma fonte de corrente por que é muito útil na análise de circuitos complexos. Por esse motivo, vamos estudar modos de desenvolvermos um circuito equivalente para uma fonte de corrente.

A Figura 6-28 ilustra porque podemos visualizar uma fonte qualquer como de tensão ou de corrente. As Figuras 6-28(a), (b) e (c) mostram fontes de tensão sob três condições distintas: circuito aberto, curto-circuito e com carga. As Figuras 6-28(d), (e) e (f) mostram fontes de corrente também sob essas mesmas condições. Observe que os resultados são os mesmos se visualizarmos as fontes como de corrente ou de tensão. Na Figura 6-28(d), a fonte de corrente fornece 1 A que deve fluir totalmente através da resistência interna da fonte, uma vez que não há carga conectada aos terminais de saída da fonte. Assim, este 1 A de corrente circulando através da resistência interna de 12 Ω provoca uma queda de 12 V que é a tensão de circuito aberto. Na Figura 6-28(e), a corrente constante de 1A circula totalmente pelo curto colocado nos terminais da fonte, visto que o curto não apresenta nenhuma resistência à passagem de corrente, ao contrário da resistência interna R_i. Na Figura 6-28(f), a corrente 1 A é dividida entre a resistência interna da fonte de corrente e a resistência externa de carga. Quando não for óbvia a razão de divisão da corrente entre a resistência interna e de carga, utilize a fórmula do divisor de corrente para o circuito paralelo para determinar qual será a corrente na carga:

$$I_{RL} = \frac{I_{constante} R_i}{R_L + R_i}$$

Três pontos importantes devem ser observados nas Figuras 6-28:

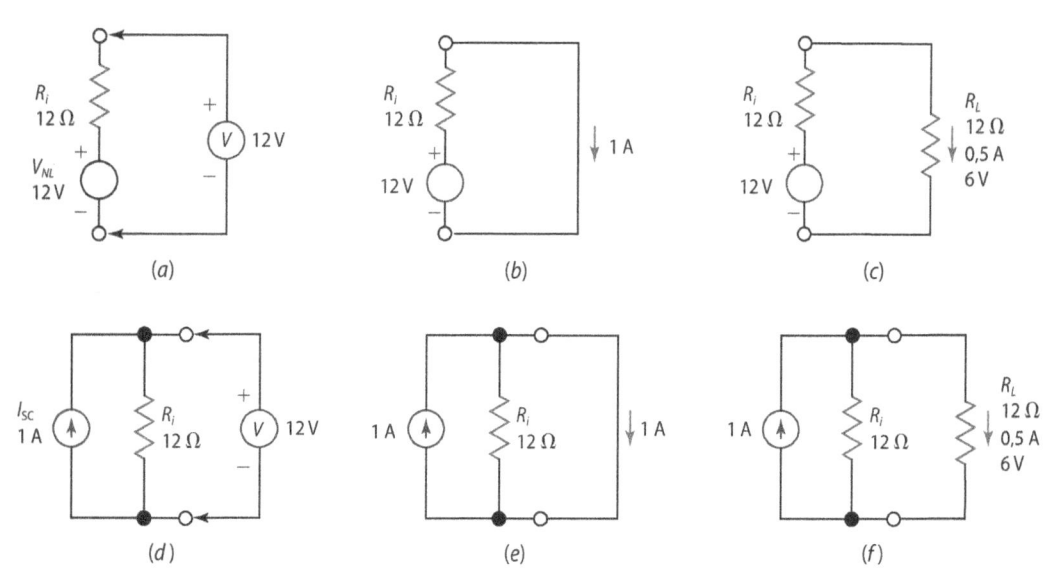

Figura 6-28 Equivalência entre as fontes de tensão e de corrente. R_i representada em paralelo com a fonte de corrente e em série com a fonte de tensão. (a) Fonte de tensão – tensão de circuito aberto; (b) Fonte de tensão – corrente de curto-circuito; (c) Fonte de tensão – corrente e tensão de carga; (d) Fonte de corrente – tensão de circuito aberto; (e) Fonte de corrente – corrente de curto-circuito; (f) Fonte de corrente – corrente e tensão de carga.

1. A resistência interna de uma fonte é a mesma independentemente se ela é tratada como uma fonte de corrente ou de tensão.
2. A **corrente de curto** de uma fonte de tensão é igual à corrente constante fornecida pela fonte de corrente. Assim, é comum o uso do termo I_{sc} (SC = Short-Circuit = Curto-Circuito) para a fonte de corrente constante.
3. A tensão de circuito aberto de uma fonte de corrente é igual à tensão constante fornecida por uma fonte de tensão ideal.

Mantendo estes três pontos em mente, é muito fácil e simples a conversão de uma fonte de tensão em fonte de corrente ou vice-versa.

EXEMPLO 6-10

Converta a fonte de tensão mostrada na Figura 6-29(a) em fonte de corrente.

Dados: Fonte de tensão e os valores mostrados na Figura 6-29(a)
Encontrar: Modelo equivalente da fonte de corrente.
Conhecidas: Relações entre a fonte de tensão e a fonte de corrente.
Solução: Coloque a fonte de tensão em curto-circuito para determinar a corrente constante [Figura 6-29(b)]:

$$I_{sc} = \frac{V_{NL}}{R_i} = \frac{24\ V}{4\ \Omega} = 6\ A$$

As resistências internas (R_i) das duas fontes são as mesmas.

Resposta: A corrente constante vale 6A e o modelo equivalente da fonte de corrente é visto na Figura 6-29(c).

Teste seus conhecimentos

Responda às seguintes questões:

39. Uma fonte de corrente possui uma resistência interna de 2 Ω e fornece corrente constante de 7 A.
    a. Se esta fonte fosse convertida para uma fonte de tensão qual seria o valor da tensão constante da fonte?
    b. Se esta fonte alimentasse um resistor de carga de 12 Ω, qual seria o valor da corrente no resistor de carga?
40. Determine o modelo equivalente da fonte de corrente para a fonte de tensão da Figura 6-23(b).

» Teorema de Norton

O **Teorema de Norton** possibilita as conversões de quaisquer circuitos lineares de dois terminais em um **circuito equivalente da fonte de corrente**. Para que essa conversão seja possível é necessário seguir as quatro etapas listadas abaixo e ilustradas nas Figuras 6-30:

1. Escolha dois pontos do circuito para serem utilizados como terminais da fonte de corrente. Isso é exemplificado na Figura 6-30(b).
2. Calcule ou meça a corrente de curto-circuito dos terminais escolhidos, conforme mostrado na Figura 6-30(c). Esta corrente de curto-circuito normalmente é batizada de I_{sc}. No exemplo da Figura 6-30(c) ela é calculada por:

$$I_{sc} = \frac{B_1}{R_1} = \frac{16\ V}{10\ \Omega} = 1,6\ A$$

3. Calcule R_i (resistência interna) utilizando a mesma técnica do Teorema de Thévenin. No exemplo da Figura 6-30(d), R_1 e R_2 estão em paralelo, logo $R_i = 8\ \Omega$.

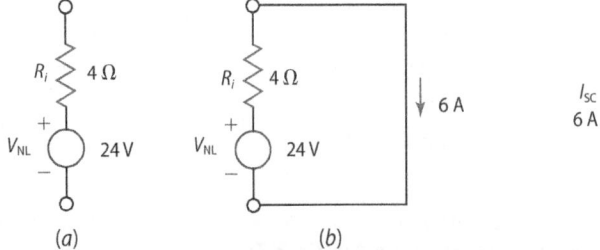

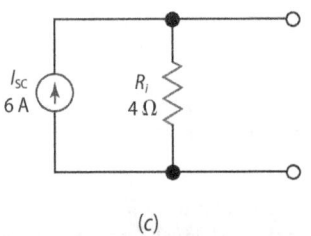

Figura 6-29 Circuito para o Exemplo 6-10. (a) Fonte de tensão; (b) Corrente de curto-circuito; (c) Modelo equivalente da fonte de corrente.

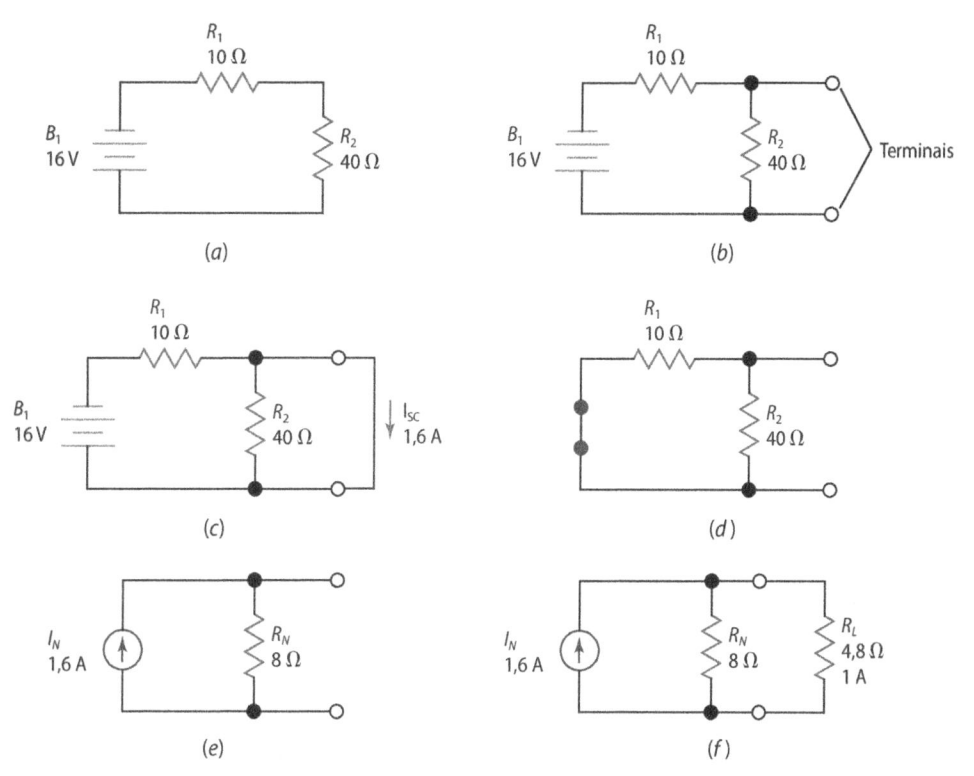

Figuras 6-30 Convertendo um circuito para o equivalente de fonte de corrente. O circuito equivalente consiste de uma fonte de corrente em paralelo com uma resistência interna. (a) Circuito proposto; (b) Escolha dos terminais da fonte de corrente; (c) Corrente de curto-circuito; (d) Resistência interna ($R_i = 8\Omega$); (e) Circuito equivalente de Norton (circuito equivalente da fonte de corrente); (f) Circuito equivalente de Norton com carga.

4. Utilizando o valor de I_{sc} obtido no passo nº 2 e de R_i obtido no passo nº 3, construa o circuito equivalente da fonte de corrente, como mostrado na Figura 6-30(e). Esta fonte de corrente é denominada circuito equivalente de Norton. Desse modo, I_{sc} e R_i são rebatizados de I_N e R_N, respectivamente.

A Figura 6-30(f) apresenta os resultados dos cálculos da conexão de uma resistência de carga de 4,8 Ω aos terminais do modelo equivalente de Norton da Figura 6-30(e). A corrente de carga I_{R_L} pode ser calculada imediatamente através da fórmula do divisor de corrente:

$$I_{R_L} = \frac{I_N R_N}{R_L + R_N} = \frac{(1,6\text{ A})(8\text{ }\Omega)}{4,8\text{ }\Omega + 8\text{ }\Omega} = 1\text{ A}$$

Deixamos para você a tarefa de mostrar que a conexão de um resistor de carga de 4,8 Ω em paralelo com R_2 na Figura 6-30(a) produz o mesmo valor de corrente I_{R_L}.

O Teorema de Norton também pode ser utilizado na análise de circuitos multimalhas. O procedimento é o mesmo visto para o Teorema de Thévenin, exceto que o circuito final é reduzido ao equivalente da fonte de corrente após a remoção do resistor de interesse. Portanto, em vez de determinar a tensão de circuito aberto entre os terminais (V_{TH}) determinamos a corrente de curto-circuito entre os terminais (I_N). No caso da resistência Norton o procedimento é exatamente o mesmo, pois as resistências Thévenin e Norton devem ser iguais. Vamos ilustrar o uso do Teorema de Norton analisando um circuito multimalhas.

O circuito utilizado no Exemplo 6-11 é o mesmo já analisado no Exemplo 6-3, resolvido pelo método de análise de malhas. Observe que, como esperado, os resultados para V_{R_2} e I_{R_2} são mesmos em ambos os casos. Para determinar as correntes e tensões restantes da Figura 6-31(a) basta utilizar LKT e LKC, após a determinação de V_{R_2} e I_{R_2}.

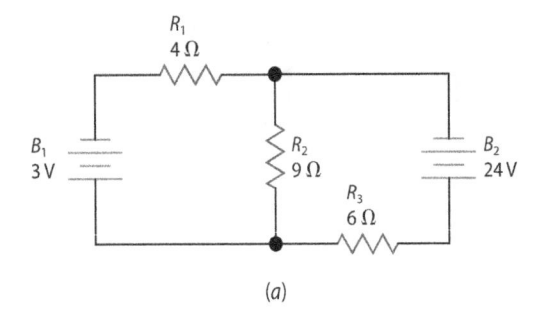

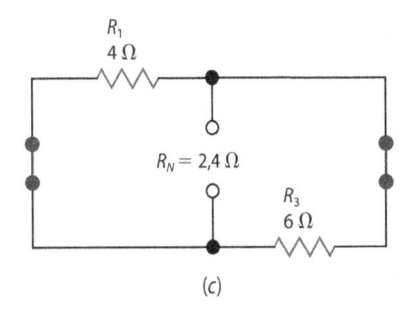

Figura 6-31 Circuito proposto para o Exemplo 6-11.

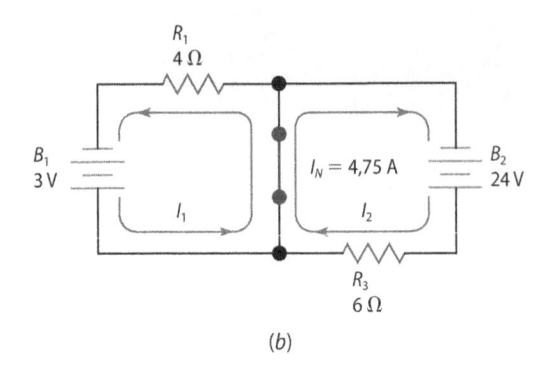

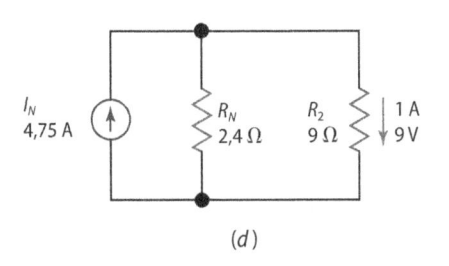

EXEMPLO 6-11

Use o Teorema de Norton e determine a tensão e a corrente no resistor R_2 no circuito da Figura 6-31(a).

Dados: Circuito e os valores mostrados na Figura 6-31(a)

Encontrar: V_{R_2} e I_{R_2}.

Conhecido: Teorema de Norton

Solução: Retire o resistor R_2 e calcule I_N, como indicado na Figura 6-31(b):

$$I_1 = \frac{B_1}{R_1} = \frac{3\text{ V}}{4\text{ }\Omega} = 0{,}75\text{ A}$$

$$I_2 = \frac{B_2}{R_3} = \frac{24\text{ V}}{6\text{ }\Omega} = 4\text{ A}$$

$$I_N = I_1 + I_2 = 0{,}75\text{ A} + 4\text{ A} = 4{,}75\text{ A}$$

Conforme sugerido na Figura 6-31(c), substitua as fontes B_1 e B_1 por curtos e determine R_N entre os terminais de onde R_2 foi retirado:

$$R_N = \frac{R_1 R_2}{R_1 + R_2} = \frac{24}{10} = 2{,}4\text{ }\Omega$$

Desenhe o circuito equivalente de Norton e coloque R_2 conectado entre os terminais da fonte corrente, conforme Figura 6-31(d), para determinar V_{R_2} e I_{R_2}:

$$I_{R_2} = \frac{I_N R_N}{R_N + R_2} = \frac{(4{,}75\text{ A})(2{,}4\text{ }\Omega)}{2{,}4\text{ }\Omega + 9\text{ }\Omega} = 1\text{ A}$$

$$V_{R_2} = I_{R_2} R_2 = (1\text{ A})(9\text{ }\Omega) = 9\text{ V}$$

Resposta: $I_{R_2} = 1\text{ A}$ e $V_{R_2} = 9\text{ V}$

Teste seus conhecimentos

Responda às seguintes questões:

41. Utilizando o Teorema de Norton, calcule V_{R_2} e I_{R_2} para o circuito da Figura 6-32.

42. Depois de calcular a corrente e a tensão em R_2 na questão 41, você pode determinar os demais valores de corrente e tensão da Figura 6-32 aplicando somente as leis de Kirchhoff e a lei de Ohm?

43. Considere que o valor de R_3 na Figura 6-32 é alterado para 60 Ω. Use o Teorema de Norton para determinar os valores de I_{R_3} e V_{R_3} e, então, aplique as leis de Kirchhoff e a lei de Ohm para determinar I_{R_4} e V_{R_4}.

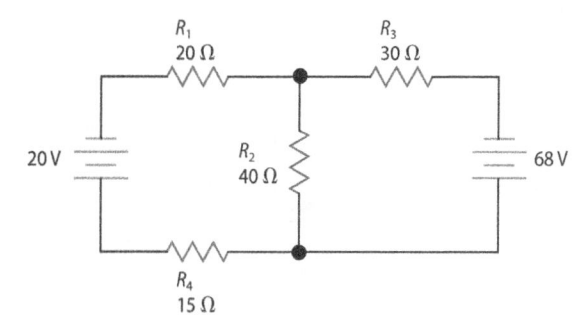

Figura 6-32 Circuito proposto para as questões 41, 42 e 43.

» Comparação das técnicas de análise de circuitos

A maioria dos circuitos pode ser analisada por duas ou mais técnicas cobertas neste capítulo. Ao decidir que técnica utilizar, procure responder às seguintes questões:

1. Que técnica funcionará para resolver este circuito?
2. Que técnica conduzirá aos resultados esperados mais rápida e facilmente, e com a menor quantidade possível de cálculos?

Responder a essas duas questões não é tão difícil se você mantiver em mente as características principais das várias técnicas de análise que são listadas abaixo:

ANÁLISE DE MALHAS:

1. Pode ser utilizada para qualquer circuito, incluindo aqueles contendo apenas uma fonte.
2. Resolve o circuito para todas as correntes e todas as tensões.

TEOREMA DA SUPERPOSIÇÃO:

1. Aplicável somente a circuitos contendo mais de uma fonte.
2. Resolve o circuito para todas as correntes e todas as tensões.
3. Usa somente métodos de análise de circuitos série/paralelo, as leis de Kirchhoff e a lei de Ohm na solução dos problemas.

MÉTODO DE ANÁLISE NODAL:

1. Aplicável em circuitos contendo mais de uma fonte.
2. Resolve o circuito para todas as correntes e todas as tensões.
3. Pode resolver mais de uma tensão de nó essencial.
4. Envolve a solução de sistema de equações simultâneas, mas normalmente com menos incógnitas que o método de malhas, se aplicado ao mesmo circuito.

TEOREMA DE THÉVENIN:

1. Pode ser utilizado em qualquer circuito contendo uma ou mais fontes.
2. Normalmente não resolve para todos os valores de corrente e de tensão do circuito.
3. Normalmente requer o uso de outra técnica auxiliar para se chegar ao circuito equivalente de Thévenin.
4. Quando o circuito equivalente de Thévenin é construído, requer apenas cálculos simples através da fórmula do divisor de tensão para determinar a tensão em qualquer resistor de carga.

TEOREMA DE NORTON:

1. Pode ser utilizado em qualquer circuito contendo uma ou mais fontes.
2. Normalmente, não resolve para todos os valores de corrente e de tensão do circuito.
3. Normalmente, requer o uso de outra técnica auxiliar para se chegar ao circuito equivalente de Norton.
4. Quando o circuito equivalente de Norton é construído, requer apenas cálculos simples através da fórmula do divisor de corrente para determinar a corrente em qualquer resistor de carga.

Do sumário acima, nota-se que os teoremas de Thévenin e de Norton têm muito em comum.

Uma vez que o circuito equivalente de Thévenin é uma fonte de tensão real e o circuito equivalente de Norton é uma fonte de corrente real, é natural percebermos que podemos converter muito facilmente um circuito equivalente no outro. Abaixo as fórmulas apropriadas de conversão:

$$R_N = R_{TH}$$

$$I_N = \frac{V_{TH}}{R_{TH}}$$

$$V_{TH} = I_N R_N$$

> **LEMBRE-SE**
> ... na pág. 169 apresentamos as relações entre as fontes de corrente e as fontes de tensão e mostramos como converter de um tipo de fonte para a outra.

> **Sobre a eletrônica**
>
> **Um novo zumbido na polinização**
> Agricultores tentando cultivar novas culturas em regiões sem abelhas frequentemente alugam abelhas para realizarem a polinização – o que é muito caro. Um novo método de polinização "sem abelhas" permite que os agricultores apliquem uma mistura de pólen às plantas. Esta mistura é eletricamente carregada para ajudar na fixação do pólen ao aparelho reprodutor das flores. Os grãos de pólen carregados são recebidos pelas flores cerca de cinco vezes mais eficientemente do que o pólen descarregado transportado pelas abelhas.

Um último exemplo ilustrará porque é necessário converter um circuito equivalente de Thévenin no circuito equivalente de Norton. Suponha que desejamos conhecer a corrente no resistor R_5 da Figura 6-4(a) para 10 valores diferentes que esse resistor pode assumir no circuito. Esta é uma tarefa rápida e simples se você dispuser do circuito equivalente Norton, assumindo que R_5 será a carga desse circuito. Mas tente calcular I_N para o circuito da Figura 6-4(a); não é uma tarefa tão simples. Contudo, o cálculo de V_{TH} e R_{TH} requer apenas o uso das técnicas de análise série e paralelo. Portanto, para o circuito da Figura 6-4(a) é melhor determinar o circuito equivalente de Thévenin e, então, convertê-lo no circuito equivalente de Norton.

Teste seus conhecimentos

Responda às seguintes questões:

39. Qual é o valor da resistência de Thévenin na Figura 6-31(a)?

40. Que teorema não pode ser utilizado em circuitos contendo apenas uma fonte de tensão?

Fórmulas e expressões relacionadas

$$I_{sc} = \frac{V_{NL}}{R_i}$$
$$V_{NL} = I_{sc}R_i$$

$$I_N = \frac{V_{TH}}{R_{TH}}$$
$$V_{TH} = I_N R_N$$

Respostas

1. $6A + 6B = 59,6$
2. $4R + S - 6T = 25$
3. $-2A + 4C = 8$
4. $X = 4,3$ e $Y = 6$
5. $C = 3,81$ e $D = 5,35$
6. $A = 6$ e $B = 3$
7. $R = 4, S = -8$ e $T = 3$
8. $X = 2,3; Y = 5,2$ e $Z = 3,1$
9. $C = -5,19; D = -4,79$ e $E = -4,07$
10. $9V = 8kI_1 + 3kI_2 + 1kI_3$ (malha 1)
    $9V = 3kI_1 + 5kI_2$ (malha 2)
    $9V = 1kI_1 + 6kI_3$ (malha 3)
11. Não. I_2 e I_3 são diferentes.
12. Sim. Contudo, V_{R_5} é positivo com as equações da questão 10.
13. Do ponto A ao ponto B
14. Não
15. V
16. F
17. $I_{R_1} = 1,2$ A, $I_{R_2} = 2,6$ A, $I_{R_3} = 1,4$ A, $V_{R_3} = 14$ V
18. F
19. LKC
20. V
21. F

22. $-11,56\,V$
23. Da direita para a esquerda
24. Sim
25. Sim
26. Não
27. $I_{R_1} = 0,983\,A$,
    $I_{R_2} = 1,207\,A$,
    $I_{R_3} = 2,190\,A$
28. Não
29. V
30. $I_{R_3} + I_{R_1} = I_{R_4} + IB2$ ou $1,5\,A + 1,5\,A = 2\,A + 1\,A$
31. $0,5\,A$
32. O valor da resistência interna R_i em relação à resistência de carga R_L.
33. Tensão de circuito aberto (V_{NL})
34. F
35. $V_{R_1} = 57\,V$, $V_{R_2} = 38\,V$, $V_{R_3} = 0\,V$
36. a. Sim
    b. Sim
37. Não
38. R_1 ou R_5
39. a. $14\,V$
    b. $1\,A$
40. $0,06\,A$
41. $I_{R_2} = 0,816\,A$, $V_{R_2} = 32,7\,V$
42. Sim
43. $I_{R_3} = 0,729\,A$,
    $V_{R_3} = 43,7\,V$,
    $I_{R_4} = 0,122\,A$,
    $V_{R_1} = 2,44\,V$
44. $2,4\,\Omega$
45. Teorema da superposição

Para resumo do capítulo, questões de revisão e problemas para formação de pensamento crítico, acesse www.grupoa.com.br/tekne

capítulo 7

Magnetismo e eletromagnetismo

A eletricidade e o magnetismo são conceitos que não podem ser separados. Onde quer que exista uma corrente elétrica circulando, haverá um campo magnético associado a ela. O magnetismo criado por correntes elétricas controla a operação de muitos dispositivos, tais como transformadores, motores e alto-falantes. Eletromagnetismo é o estudo dos campos magnéticos produzidos por correntes elétricas.

OBJETIVOS

Após o estudo deste capítulo, você será capaz de:

» *Entender* os conceitos de campos magnéticos, de fluxo de campo magnético e de forças.

» *Determinar* a direção do fluxo magnético criado por uma corrente elétrica.

» *Determinar* o sentido da força entre condutores percorridos por correntes elétricas.

» *Explicar* por que alguns materiais têm propriedades magnéticas e outros não.

» *Explicar* por que alguns materiais magnéticos são próprios para uso em ímãs permanentes e outros para uso em ímãs temporários.

» *Compreender e usar adequadamente* os vários termos utilizados para descrever o magnetismo e os circuitos magnéticos.

» *Utilizar* as grandezas magnéticas e suas unidades de medidas para resolver problemas em circuitos magnéticos.

» *Compreender* os princípios básicos de funcionamento de motores, geradores, transformadores, solenoides e relés.

» Ímãs e magnetismo

O **magnetismo** é um campo de forças que age sobre alguns tipos de materiais específicos, mas em outros não. Dispositivos físicos que possuem estes campos de força são denominados *ímãs*. O **ímã natural**, denominado magnetita (uma rocha composta de óxidos de ferro), é um tipo de ímã encontrado na natureza conhecido há mais de dois mil anos.

Os ímãs utilizados atualmente são todos artificiais. Eles são produzidos a partir de vários tipos de ligas contendo diferentes tipos de elementos como: cobre, níquel, alumínio, ferro e cobalto. Um ímã artificial simples é muitas vezes mais intenso do que o ímã natural (a magnetita).

» Campos magnéticos, fluxo de campo e polos

O **campo magnético** é uma força que perturba a região próxima em volta de um ímã. Este campo, invisível a olho nu, estende-se do ímã para fora em todas as direções, como ilustrado na Figura 7-1. Nesta figura as linhas de campo que se estendem do ímã representam o campo magnético.

As linhas de força invisíveis que compõem o campo magnético são conhecidas como **fluxo** magnético (ϕ). As linhas de força da Figura 7-1 representam pictoricamente o fluxo magnético do ímã. O campo magnético é mais intenso onde as linhas de força são mais densas. Logo, onde as linhas de força são mais esparsas o campo magnético é mais fraco. As linhas de fluxo são mais densas nas extremidades de um ímã. Portanto, o campo magnético é mais forte nas extremidades de um ímã.

A foto da Figura 7-2(*a*) mostra como o fluxo e o campo magnético são distribuídos em volta de um ímã. A configuração da Figura 7-2(*a*) foi produzida borrifando-se limalha de ferro sobre uma folha limpa disposta sobre uma placa plástica [Figura 7-2(*b*)] e, então, a placa plástica foi colocada sobre um ímã. A Figura 7-2(*a*) mostra claramente que as extremidades do ímã possuem um campo magnético mais intenso, pois a concentração de limalhas de ferro é mais densa nelas. Observe também que as áreas menos densas de fluxo organizam as limalhas de ferro formando linhas de fluxo seguindo o campo magnético.

As setas sobre as linhas da Figura 7-1 indicam o direção do fluxo. Externamente ao ímã, as linhas de força foram convencionadas saindo do **polo norte** (N) e chegando ao *polo sul* (S) do ímã. O *polo norte* e o **polo sul** designam as polaridades das extremidades de um ímã. Quando um pequeno ímã é suspenso em uma corda e é deixado girar livremente, suas extremidades se alinham com os polos magnéticos do planeta Terra. A extremidade do ímã que aponta na direção do polo norte magnético da Terra é o polo norte do ímã. As linhas de fluxo deixando o polo norte e entrando no polo sul de um ímã é uma convenção ou decisão arbitrária. Contudo, a convenção de direção das linhas ajuda e muito na compreensão do comportamento dos campos magnéticos.

Polos magnéticos iguais (N-N ou S-S) de dois ímãs repelem-se mutuamente quando aproximados. Os dois polos nortes da Figura 7-3(*a*) e os dois polos sul da Figura 7-3(*b*) criam forças de repulsão de modo a afastarem os ímãs. Uma foto do campo magnético criado por dois ímãs com polos iguais se aproximando pode ser vista na Figura 7-3(*c*). Observe que as limalhas de ferro situadas entre os dois polos não indicam linhas de fluxo entre os polos iguais. Quanto mais próximos estes polos estiverem, maior será a força de repulsão entre eles. A força de repulsão entre dois polos magnéticos varia inversamente com o quadrado da distância entre os polos. Ou seja, se a distância de separação entre dois polos iguais for dobrada, a força de repulsão cairá para um quarto do valor. Por outro lado, se a distância entre os polos cair pela metade, a força de repulsão será quaro vezes maior.

Polos magnéticos diferentes (N-S ou S-N) de dois ímãs atraem-se mutuamente (Figura 7-4). Esta força também varia inversamente com o quadrado da distância de separação

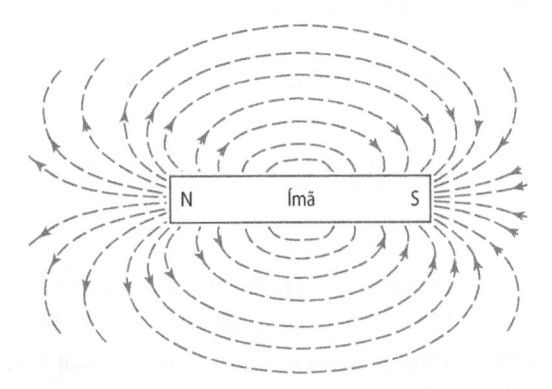

Figura 7-1 Campo magnético de um ímã. As linhas de campo estão mais concentradas ou densas nas extremidades ou polos do ímã.

(a)

(b)

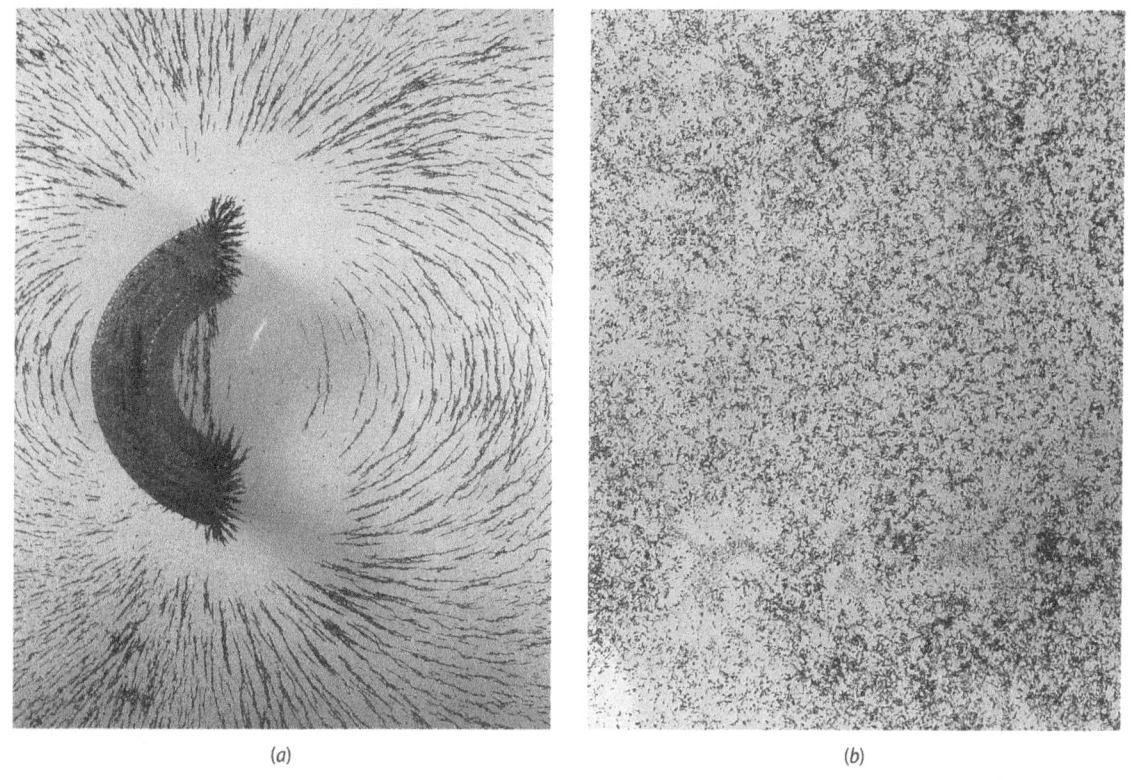

Figura 7-2 Distribuição de limalhas de ferro em um campo magnético. (*a*) As limalhas são alinhadas pelo campo magnético de um ímã. (*b*) Distribuição de limalhas de ferro após borrifá-las sobre uma placa de plástico, coberta por uma folha de papel, e antes de expô-las ao campo magnético do ímã.

Linhas de fluxo

(a)

(b)

(c)

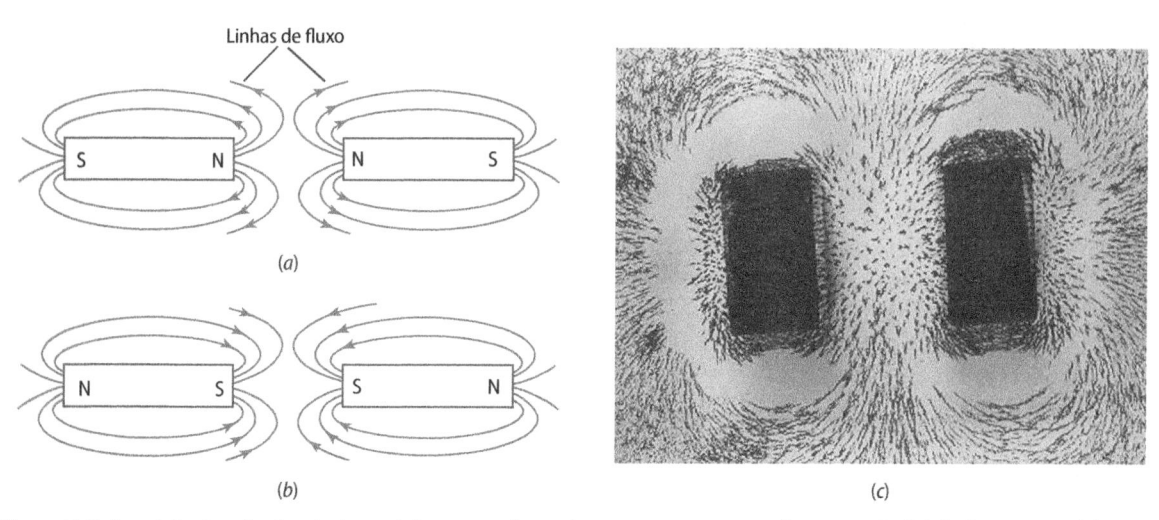

Figura 7-3 Repulsão de polos iguais. A repulsão entre polos pode acontecer entre os polos nortes de dois ímãs, como em (*a*), ou entre os polos sul dos ímãs, como em (*b*). (*c*) Uma foto do campo magnético criado por polos iguais próximos.

próximos. Quando os dois polos tocam-se, essencialmente todo o fluxo os mantém unidos [Figura 7-4(b)]. Se os polos diferentes forem unidos, os dois ímãs comportam-se como se fossem um único ímã de tamanho maior. Eles criam um campo magnético único.

As linhas de fluxo (ou linhas de força) são fechadas, ou seja, não tem começo nem fim. Embora não apareça na Figura 7-4, as linhas de fluxo continuam através do ímã. Elas não terminam nos polos do ímã. De fato, os polos de um ímã são as regiões onde a maior parte do fluxo deixa o corpo do ímã para seguir pelo ar. Se um ímã for dividido ao meio (Figura 7-5), em cada uma das metades são criados dois polos. Assim, um ímã dividido passa a ser dois ímãs, cada qual com seu par de polos magnéticos. Um ímã pode ser dividido ao meio em muitos pedaços e, ainda assim, cada novo pedaço se torna um novo ímã com seus polos norte e sul.

Não necessariamente um ímã precisa ter polos. É possível que todo o fluxo magnético seja confinado dentro de um ímã. Esta ideia está ilustrada na Figura 7-6. Na Figura 7-6(a), é mostrado um ímã típico em forma de ferradura. As linhas representam o fluxo dentro do ímã. Na Figura 7-6(b), o ímã em forma de ferradura foi remodelado para assumir a forma de um ímã circular com uma pequena separação (gap) no ímã. Finalmente, na Figura 7-6(c), o gap foi fechado para formar um círculo. Observe que todo o fluxo (e o campo magnético) fica confinado dentro do ímã. Neste caso o ímã não tem polos externos.

Deve ser comentado que um ímã circular pode ser (e com frequência é) produzido com polos. Neste caso, as linhas de fluxo correm paralelamente ao núcleo oco do ímã, e as superfícies planas do ímã são os polos norte e sul.

Os arranjos de limalhas das imagens 7-7 (a) e (b) mostram que o fluxo é mais denso na superfície plana (um dos polos)

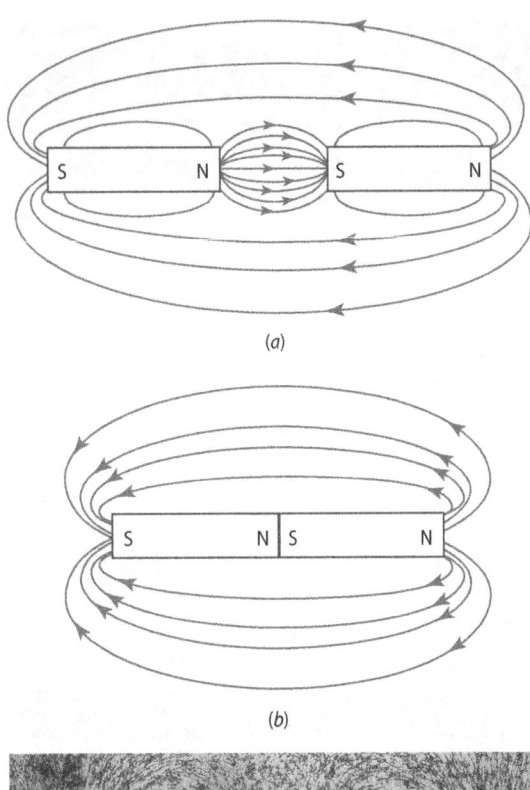

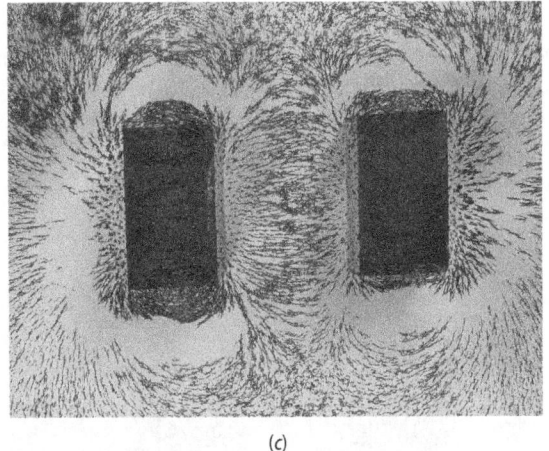

Figura 7-4 Atração de polos diferentes. A atração mostrada em (a) é maximizada quando os polos tocam-se mutuamente, como em (b); o arranjo de limalhas de ferro em volta de polos diferentes de ímãs colocados em proximidade é visto em (c).

entre os polos. Conforme Figura 7-4(a), o fluxo comum dos dois ímãs puxa-os para perto um do outro por uma força de atração. A foto da Figura 7-4(c) ilustra o resultado da alta concentração de linhas de fluxo entre dois polos diferentes

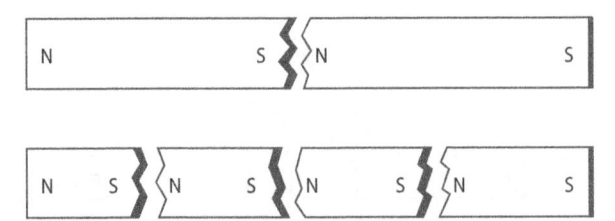

Figura 7-5 Inseparabilidade dos polos de um ímã. Toda vez que um ímã é dividido, um novo par de polos magnéticos é criado.

do ímã circular. A foto da Figura 7-7(a) é a vista de cima de um ímã circular coberto por uma placa de vidro transparente com limalhas borrifadas no lado de cima da placa. As limalhas foram uniformemente distribuídas sobre a placa antes de ela ser colocada sobre o ímã. A foto da vista lateral da Figura 7-7(b) mostra que as limalhas sobre a superfície plana do ímã apontam para cima. Isso demonstra que essa superfície plana é um dos polos do ímã circular.

Teste seus conhecimentos

Responda às seguintes questões.

1. Defina *magnetismo*.
2. Defina *campo magnético*.
3. As linhas de força invisíveis de um campo magnético são denominadas _____.
4. Um polo magnético é repelido por um polo _____.
5. O fluxo do campo magnético ocorre do polo _____ para o polo _____.
6. Reduzir pela metade a distância entre dois polos magnéticos _____ a força entre os polos do ímã.
7. O fluxo produzido no polo norte de um ímã atrai o fluxo produzido no polo _____.
8. As linhas de fluxo são contínuas e fechadas?
9. O ato de quebrar um ímã destrói o seu campo magnético?
10. Todos os ímãs possuem um polo norte?

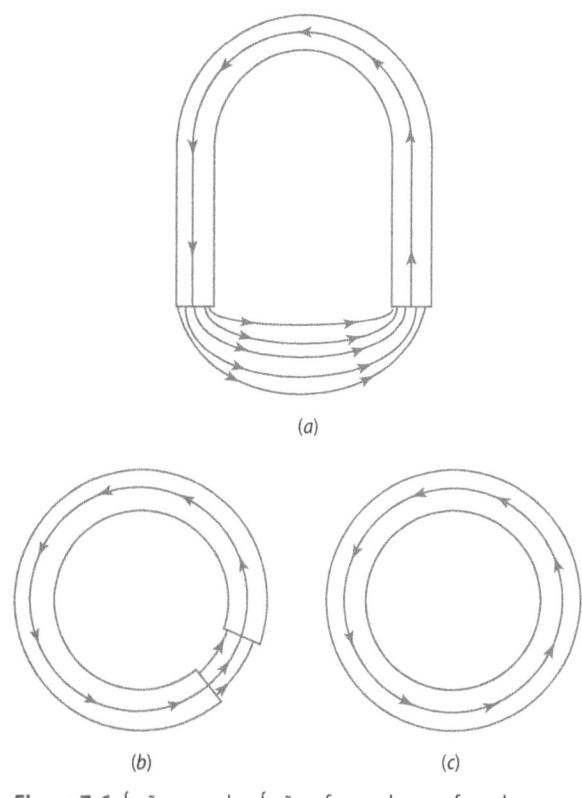

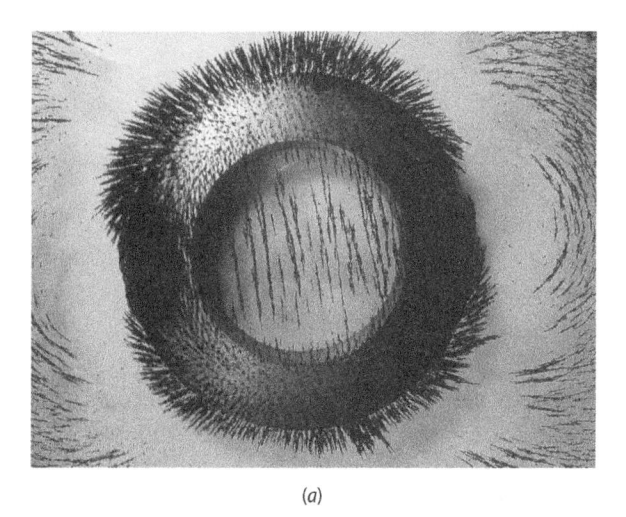

Figura 7-6 Ímã sem polos. Ímã na forma de uma ferradura em (a) pode ser remodelado na forma de um círculo com um gap, mantendo os polos do ímã. Eliminando-se o gap (c) os polos deixam de fazer sentido.

Figura 7-7 Polos sobre um ímã circular (forma de anel). (a) Arranjo das limalhas de ferro em volta de um ímã circular. (b) Vista lateral do ímã circular e distribuição de limalhas mostrada em (a).

» Eletromagnestimo

Até o momento, nossa discussão esteve centralizada nos campos e fluxos magnéticos produzidos por ímãs. Entretanto, a melhor maneira de se produzir campos magnéticos é através de correntes elétricas. O condutor retilíneo da Figura 7-8 percorrido por uma corrente possui um campo magnético ao redor dele. O campo magnético é circular, concêntrico e perpendicular ao sentido da corrente. Embora a ilustração mostre o campo em apenas cinco posições do condutor, ele está distribuído e existe continuamente como um campo ao longo de todo o comprimento do condutor. Note na Figura 7-8 que o campo produzido pelo condutor retilíneo não possui polos. O fluxo desse campo existe apenas no ar em volta do condutor. Porém, o fluxo ainda possui um sentido assumido, assim como ele tem no ímã circular da Figura 7-6(c). O SENTIDO DO CAMPO MAGNÉTICO ao redor de um condutor pode ser determinado utilizando a REGRA DA MÃO-DIREITA. A forma de se utilizar essa regra é a seguinte: segure o condutor de modo que o seu polegar aponte do sentido convencional da corrente elétrica, e os outros dedos fechados sobre o condutor. O sentido de abraço dos quatro dedos indica o sentido do campo magnético.

Para facilitar a representação, frequentemente o sentido da corrente e do fluxo são indicados como mostra a Figura 7-9. Nessa figura, você está olhando para as extremidades dos condutores percorridos por correntes. Naturalmente, a seção transversal de um condutor cilíndrico típico é circular. Assim, quando um × é inserido dentro do círculo, como na Figura 7-9(a), significa que a corrente está entrando no plano da página do livro. Uma maneira de memorizar esta convenção é visualizar uma flecha ou um dardo indicando o sentido da

(a) Corrente entrando no plano da página

(b) Corrente saindo do plano da página

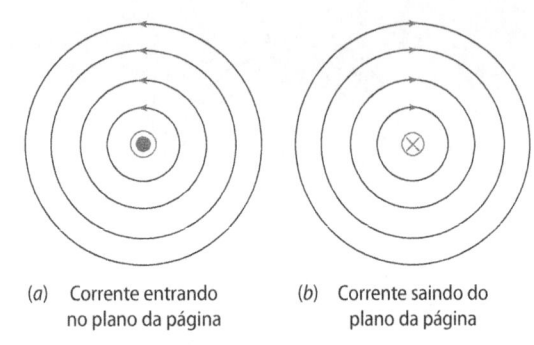

Figura 7-9 Representação dos sentidos das correntes no plano do página e dos campos circulares, concêntricos e perpendiculares aos condutores.

corrente. Se a flecha entrasse no plano da página, se afastando de você, ao olhar para ela você veria a extremidade da flecha oposta à ponta, e isso lembraria formato de um ×. Se a flecha estivesse saindo do plano do papel em sua direção, você veria a ponta de flecha saindo do plano da página. Assim, um ponto (•) dentro do círculo representa corrente saindo do plano da página.

A intensidade do campo ao redor de um condutor é determinada pela intensidade de corrente elétrica do condutor. A certa distância fixa do condutor, a intensidade do campo magnético é diretamente proporcional ao valor da corrente no condutor. Logo, dobrar a corrente significa dobrar a intensidade do campo magnético produzido pelo condutor.

» Força entre condutores

Dois CONDUTORES PARALELOS percorridos por correntes elétricas se atraem mutuamente se as correntes nos dois condutores tiverem o mesmo sentido. Isso ocorre porque os campos dos dois condutores se superpõem como mostrado na Figura 7-10(a). Quando os campos se somam, ocorre uma atração entre os condutores forçando os dois condutores a se aproximarem. Este é o mesmo tipo de atração ocorrida entre polos diferentes de ímãs (Figura 7-4).

Quando as correntes tiverem sentidos opostos nos dois condutores, a força entre eles será de repulsão. Os campos magnéticos da Figura 7-10(b) não são capazes de aproximar os condutores, pois eles são campos opostos entre si. Uma vez que linhas de fluxo de campo não podem se cruzar e também não podem compartilhar o mesmo espaço, elas repelir-se-ão mutuamente.

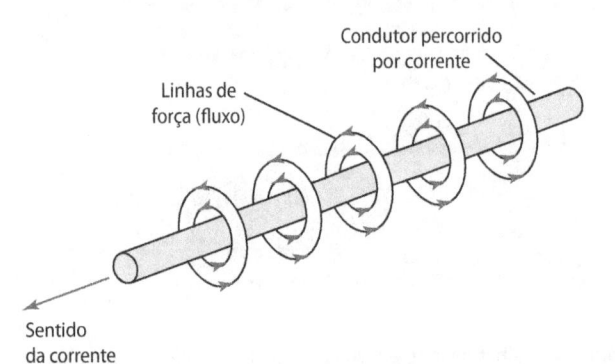

Figura 7-8 Campo magnético ao redor de um condutor. O fluxo de campo é perpendicular ao sentido da corrente.

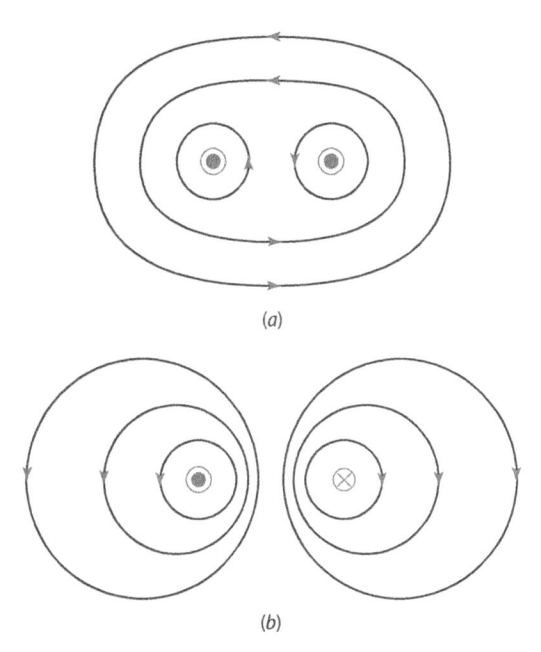

Figura 7-10 Forças entre condutores paralelos percorridos por correntes elétricas. (*a*) Atração entre condutores. (*b*) Repulsão entre condutores.

As fotos da Figura 7-11 ilustram bem os aspectos dos campos magnéticos ao redor de condutores paralelos conduzindo corrente em sentidos opostos. Na Figura 7-11(*a*), as limalhas de ferro foram aleatoriamente distribuídas sobre a placa de vidro e não há corrente circulando nos condutores. Em seguida, o circuito composto pelo par de condutores paralelos é energizado e 10 A de corrente circula em cada um deles, em sentidos opostos. As limalhas de ferro borrifadas se reuniram em torno dos condutores, como mostrado na Figura 7-11(*b*). O agrupamento de limalhas de ferro pode ser visto mais claramente na Figura 7-11(*c*) após a remoção dos condutores, sem que a distribuição de limalhas fosse perturbada. Observe os vazios de preenchimento de limalhas de ferro entre os condutores e ao longo das bordas externas de ambos os condutores, após a passagem de correntes elétricas através deles.

» Bobinas

O campo magnético produzido por um único condutor é muito fraco para a maioria das aplicações de interesse no eletromagnetismo. Um campo mais intenso pode ser criado combinando-se os campos produzidos por dois ou mais condutores. Isso é feito enrolando-se um condutor para formar

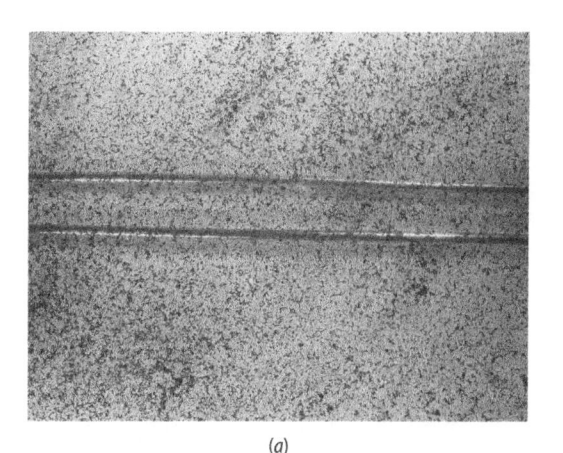

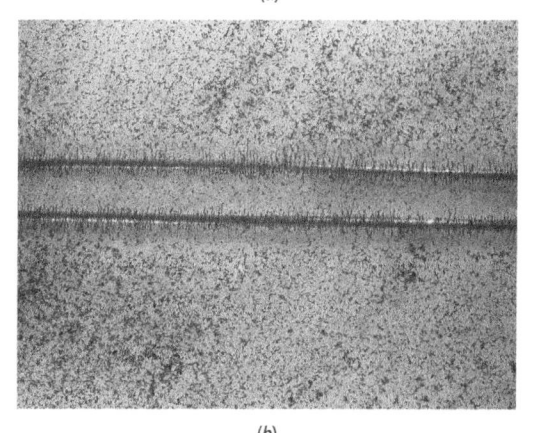

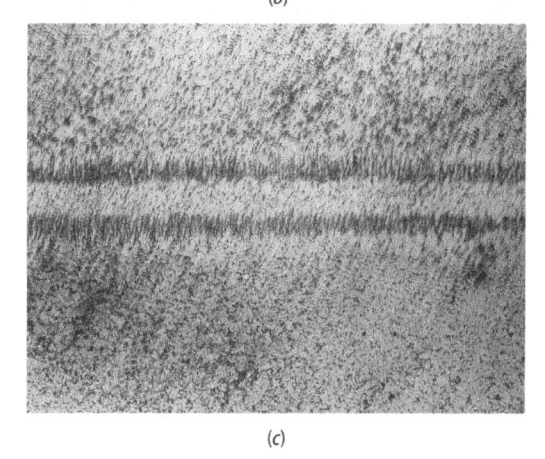

Figura 7-11 Campo magnético ao redor de condutores paralelos percorridos por correntes em sentidos contrários. (*a*) Limalhas de ferro borrifadas com as correntes desligadas. (*b*) As limalhas são atraídas na direção dos campos produzidos por correntes opostas nos condutores de intensidade 10A. (*c*) Distribuição final das limalhas de ferro removendo-se os condutores, sem perturbar a distribuição de limalhas.

(a) Bobina com espiras afastadas

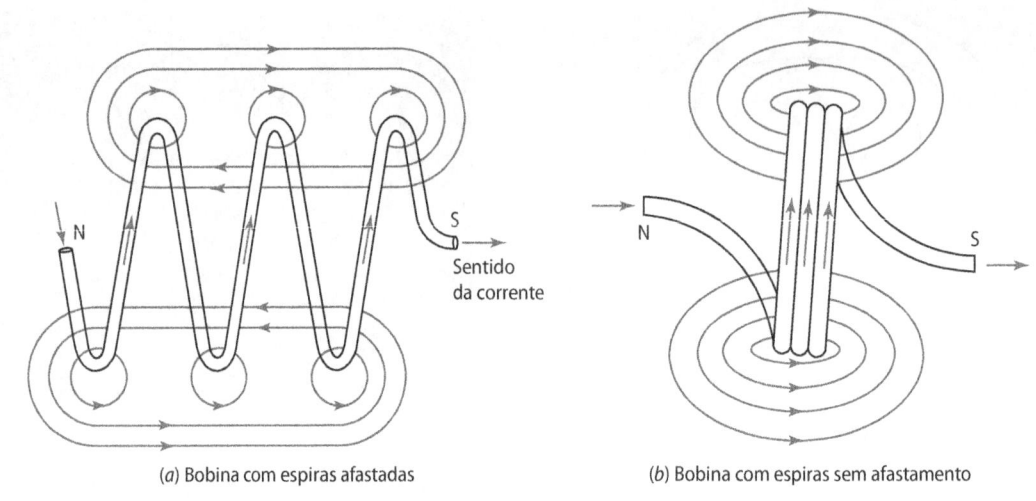

(b) Bobina com espiras sem afastamento

Figura 7-12 Campos magnéticos produzidos por bobinas.

espiras de corrente, como mostrado na Figura 7-12. Quando um condutor é enrolado em espiras nesse formato, chamamos o dispositivo resultante de BOBINA. O ato de se formar uma bobina montada em volta de um núcleo magnético (veja próxima seção) produz um componente conhecido por ELETROÍMÃ. Observe que todas as bobinas da Figura 7-12 possuem indicação de polos magnéticos nas extremidades, onde o fluxo magnético entra e deixa o centro da bobina.

A POLARIDADE DE UMA BOBINA pode ser determinada novamente pela regra da mão direita. Desta vez, use os quatro dedos da mão direita (exceto o polegar) e abrace as espiras da bobina na direção da corrente circulante nas espiras. A direção apontada pelo dedo polegar da mão direita, com os demais dedos abraçando as espiras de corrente, revela o polo norte da bobina. Invertendo-se o sentido da corrente, naturalmente provoca a inversão da polaridade de uma bobina.

Na Figura 7-12(a), as três voltas das espiras estão relativamente espaçadas entre si. Este espaçamento das espiras permite a ocorrência de fluxo em volta de um único condutor. O resultado é o enfraquecimento do campo magnético nos polos da bobina. Essa perda de concentração de fluxo nos polos pode ser minimizada através do ENROLAMENTO COMPACTO da bobina, como mostra a Figura 7-12(b). Nessa figura, praticamente todo o fluxo das espiras individuais se combinam para produzirem um campo magnético total mais intenso.

Consulte o website do IEEE (Institute of Electrical and Electronic Engineers) para obter informações sobre carreiras nas áreas elétrica e eletrônica, disponibilizar seu currículo ou obter acesso ao acervo técnico da IEEE (procure também pela seção do IEEE do Brasil).

Teste seus conhecimentos

Responda às seguintes questões.

11. Os campos magnéticos ao redor de um condutor são _____, _____ e _____ ao condutor.
12. Falso ou verdadeiro? O campo magnético ao redor de um condutor retilíneo possui polos.
13. O sentido do fluxo magnético ao redor de um condutor saindo do plano da página conduzindo corrente na sua direção possui sentido horário ou anti-horário?
14. Quando um condutor é enrolado em espiras circulares, o dispositivo formado recebe o nome de _____.
15. Considere a Figura 7-10(b). O polo norte está acima ou abaixo dos dois condutores?
16. Aumentando o espaçamento entre as espiras de uma bobina o fluxo magnético nas extremidades _____.
17. Falso ou verdadeiro? As linhas de fluxo magnético podem ser cruzar livremente.

» Materiais magnéticos

Os materiais que sofrem a atração de campos magnéticos, ou os materiais dos quais os ímãs são feitos, são chamados de MATERIAIS MAGNÉTICOS. Os materiais magnéticos mais conhecidos são o ferro, os compostos ferrosos e as ligas contendo ferro ou aço. Tais materiais também são denominados *materiais ferromagnéticos*. Alguns materiais, tais como níquel e cobalto, são ligeiramente magnéticos. Eles podem ser atraídos por campos magnéticos intensos. Porém, se comparados com o ferro, eles são materiais fracamente magnéticos.

Materiais que não são atraídos por ímãs são chamados *materiais não magnéticos*. A maioria dos materiais, metálicos ou não metálicos, se encaixa nessa categoria. O campo magnético de um ímã não atrai metais como cobre, latão, alumínio, prata, zinco e estanho, muito menos materiais não metálicos, como madeira, papel, couro, plástico e borracha. Um material não magnético não bloqueia ou blinda fluxo magnético, pelo contrário, o fluxo passa por materiais não magnéticos tão facilmente como ele segue através do ar. Os materiais não magnéticos apenas não concentram as linhas de fluxo que, como veremos, não intensifica o campo magnético no material.

» Teoria do magnetismo

É sabido, e facilmente demonstrável, que correntes elétricas produzem campos magnéticos. Visto que corrente é nada mais que o movimento ordenado de cargas elétricas, qualquer movimento de cargas deve criar um campo magnético. Os elétrons de um átomo ou as moléculas possuindo cargas elétricas estão em movimento. Logo, associados a eles deve haver um campo magnético em cada situação. No caso de moléculas de materiais não magnéticos, os elétrons ocorrem emparelhados uns com os outros, mas com os spins em sentidos opostos. Isso faz com que o campo magnético produzido por um elétron seja cancelado pelo campo do outro elétron. Isso ocorre ao longo de toda a estrutura ou arranjo cristalino do material não magnético e resulta num campo magnético total nulo. Nos materiais magnéticos, a maioria dos spins eletrônicos ocorre numa direção privilegiada. Assim, nem todos os campos magnéticos produzidos por elétrons são cancelados, e o campo magnético resultante total possui um valor total não nulo. Estes "ímãs moleculares" são agrupados para formarem pequenos DOMÍNIOS *magnéticos* exibindo campos magnéticos com polos bem definidos.

A Figura 7-13 representa a estrutura interna teórica de um pedaço de material magnético. Nessa figura, os domínios magnéticos são representados por pequenos retângulos. Os domínios estão arranjados de modo aleatório. Eles também se movem aleatoriamente no material. Os campos magnéticos de domínios de arranjos aleatórios cancelam-se mutuamente. No todo, o pedaço de material da Figura 7-13 não possui campo magnético ou polos. Temos um pedaço de material magnético DESMAGNETIZADO.

» Ímãs temporários e permanentes

Um material magnético fica MAGNETIZADO, quando submetido ao campo magnético de um ímã. Conforme sugerido pela Figura 7-14, os domínios magnéticos do material magnético alinham-se ordenadamente na direção do campo do ímã. O campo magnético de um domínio suporta o campo do próximo domínio. O material magnético da Figura 7-14 tornou-se magnetizado pelo campo do ímã. Se o campo magnético desse pedaço fará com que o material seja um ÍMÃ PERMANENTE ou *temporário* depende de como o material reage à remoção do campo externo aplicado. Se a maioria dos domínios permanecerem alinhados, conforme Figura 7-14, o material magnético torna-se um *ímã permanente*. Muitas das ligas de ferro, especialmente aquelas contendo mais de 0,8% de carbono, tornam-se ímãs permanentes. A maioria das ferramentas, tais como as chaves de fenda, alicates e lâminas de serras contêm mais de 0,8% de carbono. Eles podem ser tornar ímãs permanentes capazes de atrair outros materiais magnéticos. Grande parte dos ímãs permanentes é feita de ligas como o *alnico*. Os ímãs de ALNICO são compostos de ferro, alumínio, níquel, cobalto e cobre. Materiais cerâmicos também produzem poderosos ímãs. Os ímãs permanentes são utilizados, por exemplo, em portas de geladeiras e em alto-falantes, medidores elétricos e motores.

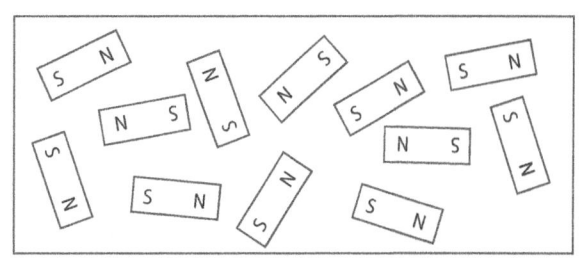

Figura 7-13 Arranjo aleatório (desordenado) de domínios magnéticos num material desmagnetizado.

Campo magnético de um ímã permanente

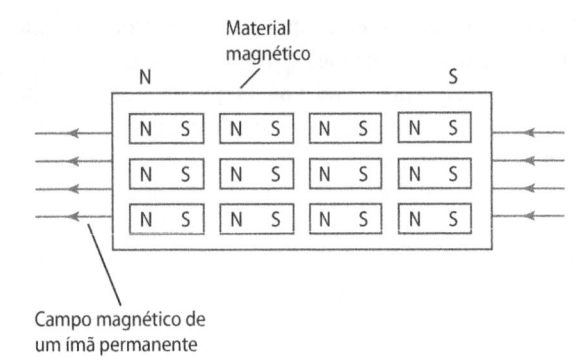

Figura 7-14 Arranjo ordenado de domínios num material magnetizado.

Materiais como ferro puro, ferrite e AÇO SILÍCIO produzem ÍMÃS TEMPORÁRIOS. Quando esses materiais são removidos da região de influência de campo magnético externo, seus domínios são revertidos de modo praticamente imediato à configuração de arranjo desordenado da Figura 7-13. Eles perdem praticamente todo o magnetismo adquirido. Assim, eles não são capazes de atrair outros materiais magnéticos. Os materiais magnéticos temporários são muito úteis na construção de motores, geradores, transformadores e eletroímãs.

» Magnetizando materiais magnéticos

Os materiais magnéticos podem ser magnetizados por campos magnéticos produzidos por eletroímãs ou ímãs permanentes. A magnetização por eletroímã é vista na Figura 7-15(a). Quando o interruptor é acionado, o campo produzido pela bobina magnetiza a haste metálica da chave de fenda. Nesse caso, a haste é transformada em um ímã permanente, mesmo após o interruptor ter sido desligado. Assim, a chave de fenda pode ser utilizada para atrair pequenos objetos metálicos, como parafusos de aço [Figura 7-15(b)].

Quando o material no centro (núcleo) de uma bobina é feito de aço silício ou FERRITE, o resultado será um ímã temporário. Considere a Figura 7-16(a), onde um ímã temporário é mostrado atraindo um parafuso de aço. A atração do parafuso pelo núcleo ferrite continuará enquanto a corrente for mantida circulando na bobina. Porém, como ilustra a Figura 7-16(b), o campo magnético da bobina desaparece no instante que o interruptor é desligado. O parafuso não é mais

(a) Magnetizando a haste metálica de uma chave de fenda

(b) A haste da chave torna-se um ímã permanente

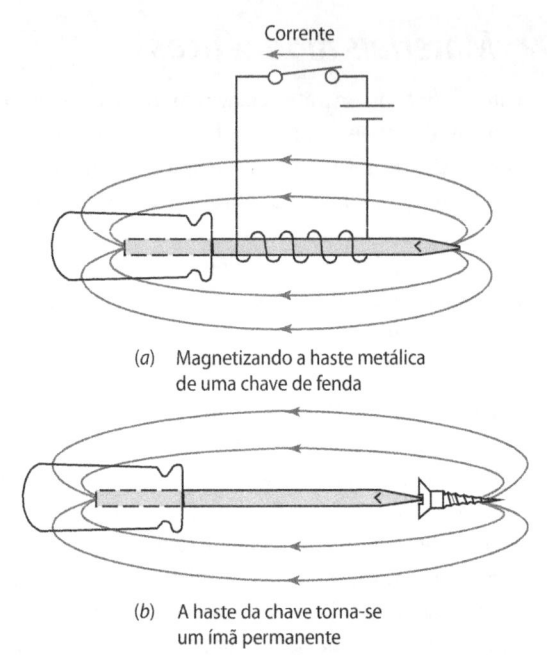

Figura 7-15 Produzindo um ímã permanente.

(a) Magnetizando um bastão de ferrite (ímã temporário)

(b) Quando a corrente é desligada, o bastão de ferrite é desmagnetizado

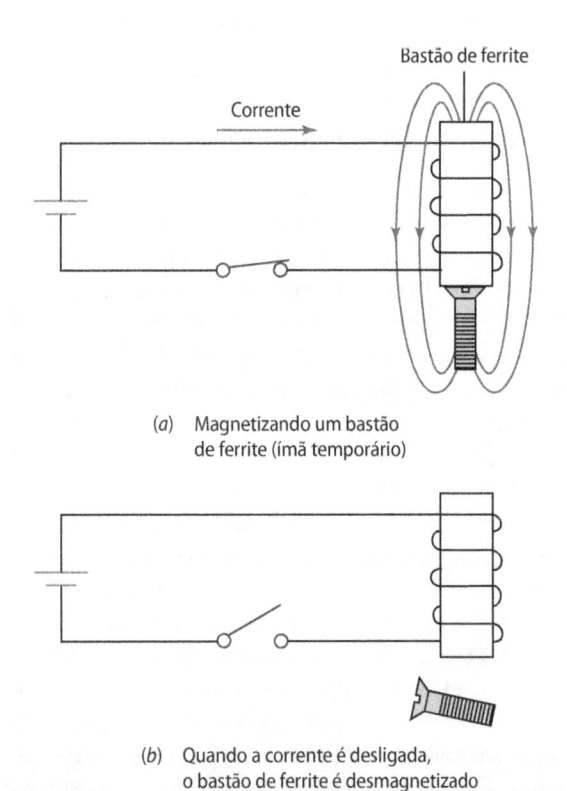

Figura 7-16 Produzindo um ímã temporário.

atraído para o ferrite e cai pela ação da força da gravidade. Contudo, se o parafuso for feito de material capaz de formar ímã permanente, ele poderia não separar do bastão de ferrite quando a chave for aberta. Nesse caso, o campo magnético permanente do parafuso atrairia o bastão de ferrite e os dois objetos permaneceriam em contato.

Teste seus conhecimentos

Responda às seguintes questões.

18. O elemento magnético mais forte é o _____.
19. O aço _____ é utilizado na construção de ímãs temporários.
20. Um grupo de moléculas que exibe um campo magnético fraco é chamado de _____.
21. Transformadores e motores usam aço _____.
22. Falso ou verdadeiro? A maioria dos ímãs permanentes é feita de ligas metálicas em vez de um único elemento.
23. O que acontece ao fluxo num bastão de ferrite, colocado no núcleo de uma bobina, quando a corrente elétrica é desligada?
24. O que acontece ao fluxo de um bastão de aço-carbono, colocado no núcleo de uma bobina, quando a corrente elétrica é desligada?

≫ Força magnetomotriz

O esforço exercido por uma bobina para produzir um campo magnético (e fluxo) é chamado FORÇA MAGNETOMOTRIZ (*fmm*). Aumentar o número de espiras da bobina ou o valor da corrente na Figura 7-16 faz com que a fmm aumente. Isso também aumenta o fluxo de campo *se* o bastão de ferrite puder suportar mais fluxo (não ficar saturado de fluxo).

≫ Saturação

Um material magnético está saturado quando um aumento da fmm não resulta em aumento de fluxo magnético na área da seção reta do material. O incremento da corrente na bobina ou do número de espiras produz aumentos no fluxo até que o núcleo de ferrite da Figura 7-16(*a*) sature. Uma vez que o bastão de ferrite está saturado, nem mesmo os aumentos da corrente ou do número de espiras são capazes de aumentar o fluxo magnético através do ferrite.

≫ Desmagnetização

Um ímã permanente pode ser parcialmente desmagnetizado golpeando-o com um martelo. Ainda, ele pode ser desmagnetizado aquecendo-o em altas temperaturas. Porém, nenhum desses dois métodos é prático o suficiente para ser aplicado em determinados tipos de materiais ou em dispositivos funcionais. A maioria dos sistemas de desmagnetização é feito a partir de uma bobina ligada a uma fonte CA, como mostra a Figura 7-17(*a*). As correntes alternadas invertem periodicamente o sentido de circulação. O valor da corrente CA também varia com o tempo [Figura 7-17(*b*)]. Em outras palavras, as correntes alternadas começam em zero, vão ao valor máximo ou de pico positivo e retornam novamente a zero. Nesse ponto elas invertem o sentido de circulação, vão

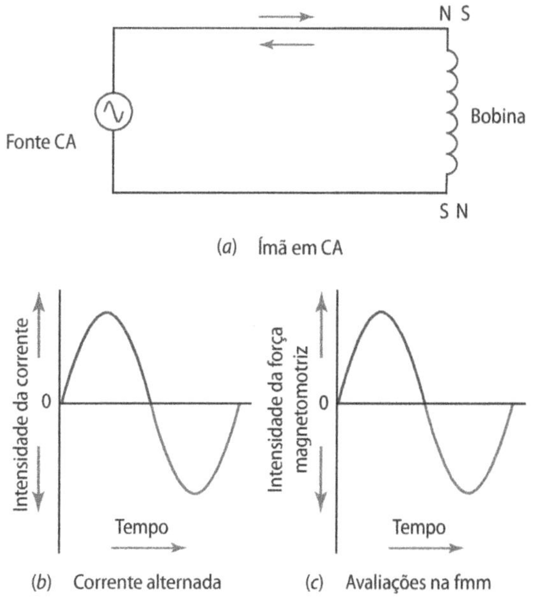

Figura 7-17 Eletromagnetismo produzido por corrente alternada. A polaridade do campo magnético inverte periodicamente.

(*a*) Ímã em CA
(*b*) Corrente alternada
(*c*) Avaliações na fmm

ao máximo ou pico negativo e, novamente, retornam a zero, completando um ciclo. Estes ciclos são repetidos frequentemente (1/60s no caso de sistemas residenciais) enquanto o circuito estiver ligado. Esta variação de valor e alternância no sentido da corrente cria um campo magnético variável e alternado no tempo, que também alterna a fmm e a polaridade do ímã. Observe que as variações da fmm da Figura 7-17(c) seguem o mesmo padrão alternado da corrente CA. Ambas as mudanças estão indicadas na Figura 7-17(a) através das setas e das marcações dos polos.

Quando um material magnético permanente é colocado no interior da bobina da Figura 7-17(a) (ou seja, uma espécie de bobina com núcleo magnético), esse material é magnetizado. Ele é inicialmente magnetizado em uma polaridade e, então, é magnetizado na polaridade oposta. Assim, como ocorre a inversão de polaridade, há um momento em que não existe campo magnético no núcleo. Se o interruptor do circuito puder ser aberto exatamente nesse instante, o núcleo estaria desmagnetizado. Contudo, a chance de abrir o interruptor exatamente neste momento é praticamente nula. O mais provável é que a abertura do interruptor coincida com outro instante de tempo, quando um campo magnético foi formado no interior do núcleo. Assim, o ímã ainda estaria magnetizado. A intensidade de magnetização do ímã depende da intensidade do campo magnético criado ao longo do material e do instante em que o interruptor é aberto.

Para desmagnetizar o ímã utilizando o circuito da Figura 7-17, o interruptor deve permanecer fechado enquanto o núcleo é removido. Ao retirar-se o núcleo, ele está sendo magnetizado primeiro numa polaridade e, depois, na polaridade oposta. Porém, cada reversão de polaridade produz um ímã menos intenso. Isso ocorre porque o campo da bobina fica mais fraco à medida que o núcleo é removido do seu interior. Quando o núcleo é completamente removido a uma distância segura da bobina, ele fica completamente desmagnetizado. O interruptor de acionamento da bobina pode então ser aberto.

Uma abordagem alternativa de remover o núcleo da bobina conectada em uma fonte CA é reduzir lentamente a amplitude da corrente alternada até reduzi-la a zero. Quando a corrente atingir o zero, a intensidade de campo magnético no núcleo também é reduzida a zero.

Uma pistola de solda, como a mostrada na Figura 7-18, pode ser utilizada para magnetizar ou desmagnetizar materiais magnéticos. A ponta de soldagem e os terminais de encaixe

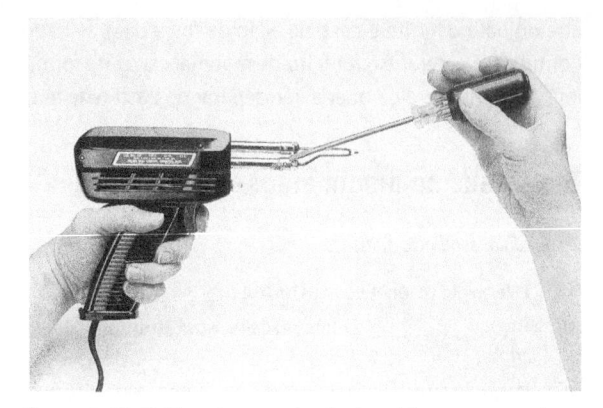

Figura 7-18 Utilizando uma pistola de solda para magnetizar e desmagnetizar objetos feitos de materiais magnéticos. A ponta de soldagem da pistola é uma bobina de uma só espira.

formam uma bobina de uma só espira. Quando ligada, uma alta corrente alternada circula pelos terminais e ponta da pistola (a bobina). Isso torna mais fácil a magnetização de objetos magnéticos, pois os campos magnéticos produzidos pelo circuito de ponta da pistola são intensos. Por exemplo, para magnetizar uma chave de fenda, como mostrado na Figura 7-18, basta ligar e desligar a pistola com a chave de fenda colocada na posição mostrada na figura. Para desmagnetizar a chave, ligue novamente a pistola e puxe a chave de fenda afastando-a da área de contato com a espira da pistola. Então, desligue a pistola de solda.

» Magnetismo residual

O fluxo magnético remanescente num ímã temporário após a remoção de um campo magnético externo é denominado **MAGNETISMO RESIDUAL**. Todos os materiais magnéticos retêm fluxos após serem expostos aos campos magnéticos. Materiais de ímãs permanentes retêm magnetismos ainda mais intensos. O ímã permanente ideal reteria todo o fluxo. Já o ímã temporário não reteria nenhum fluxo.

Os materiais de ímãs temporários possuem magnetismo residual muito baixo. Na maioria dos ímãs temporários o campo magnético é criado por condutores percorridos por correntes elétricas. Quando a corrente cessa, o material do ímã temporário não se torna completamente desmagnetizado. Um pequeno magnetismo residual sempre permanece no material. Porém, o campo magnético do magnetismo residual é muito fraco.

Magnetismo residual é responsável por causar aquecimento nos dispositivos magnéticos ligados em CA. Ele é um dos responsáveis por dispositivos como motores elétricos e transformadores apresentarem eficiência abaixo dos 100%.

» Relutância magnética

A oposição que um material oferece à passagem de fluxo no seu interior é chamada RELUTÂNCIA. A relutância de um objeto magnético depende do material do qual é feito o objeto e das suas dimensões. Materiais não magnéticos apresentam quase a mesma relutância do ar. Por outro lado, o ar tem de 50 a 5000 vezes mais relutância que os materiais magnéticos comuns. Por exemplo, o aço silício usado em motores e transformadores tem cerca de 1/3000 da relutância do ar.

Quando o fluxo tem escolha de material magnético para atravessar sempre toma o caminho de relutância mais baixa. Na Figura 7-19(a), ocorre dispersão do fluxo para o ar que ocupa a região do entreferro entre os polos. Contudo, na Figura 7-19(b), o fluxo concentra-se no pequeno bloco de ferro colocado na região entre os polos. Isso ocorre porque o ferro possui relutância muito mais baixa do que o ar. A inserção do bloco de ferro entre os polos promove a concentração do fluxo num pequeno volume. Se o ferro na Figura 7-19(b) for substituído por chumbo, o padrão de dispersão de fluxo volta a ser como mostrado na Figura 7-19(a).

Materiais magnéticos são atraídos por um ímã devido a sua baixa relutância. As linhas de fluxo magnético sempre buscam os caminhos magnéticos mais curtos e de menor relutância entre os polos de um ímã. As linhas de fluxo podem fazer as duas coisas se elas atraem para perto o material magnético circundante ao ímã. Esta ideia é ilustrada na Figura 7-20. As linhas de força normais em volta dos polos de um ímã em forma de ferradura são mostradas na Figura 7-20(a). Na Figura 7-20(b), as linhas de força ficam concentradas no bloco de ferro, pois tomam o caminho de menor relutância ao atravessar o bloco. Note que surgem forças que tendem a encurtar o caminho percorrido pelas linhas de força. Isso lembra a força exercida por um elástico esticado. Se a barra ou o ímã estiverem livres para se moverem, eles irão de encontro um com o outro, como mostra a Figura 7-20(c). Nessa configuração, as linhas de fluxo não só percorrem o caminho magnético mais curto, mas também o caminho de menor relutância entre os polos do ímã.

As imagens na Figura 7-21 mostram a distribuição de limalha de ferro em torno de um ímã semicircular com e sem um material magnético conectando os dois polos. A Figura 7-21(b)

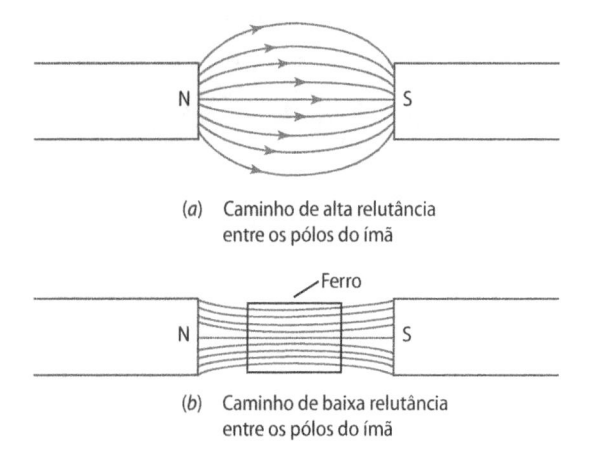

Figura 7-19 Relutância. Ferro possui relutância muito menor que o ar.

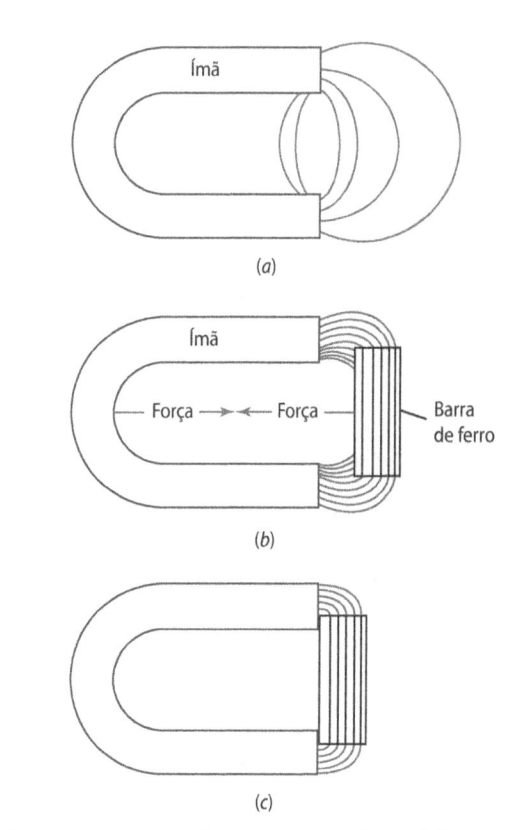

Figura 7-20 Atração de materiais magnéticos. O fluxo em (a) é concentrado e direcionado pelo material em (b) e (c).

mostra que aproximadamente todo o fluxo está passando através do caminho de baixa relutância da barra magnética temporária.

>> Blindagem magnética

Vimos que o fluxo magnético pode ser desviado, distorcido e orientado por materiais de baixa relutância inseridos no caminho do campo magnético. Por exemplo, a maior parte das linhas de fluxo da Figura 7-22 está sendo desviada e orientada através de uma barra de ferro torta. As *blindagens magnéticas* utilizam essa propriedade de o fluxo sofrer distorções e buscar os caminhos de menores relutâncias. Uma blindagem magnética é nada mais que um material de relutância muito baixa utilizado para desviar fluxo magnético e proteger algum dispositivo. O material é colocado em volta do objeto que deve ser protegido de quaisquer campos magnéticos na sua vizinhança. A Figura 7-23 ilustra como o movimento de um relógio pode ser protegido por uma blindagem magnética.

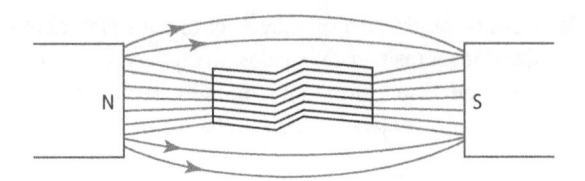

Figura 7-22 Guiando fluxo magnético através de um caminho de baixa relutância.

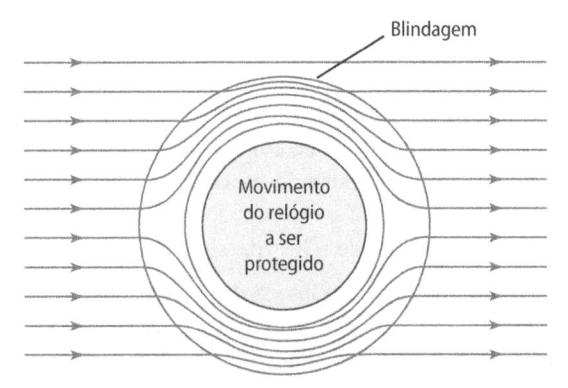

Figura 7-23 Blindagem magnética. A blindagem fornece um caminho de baixa relutância em volta da área protegida.

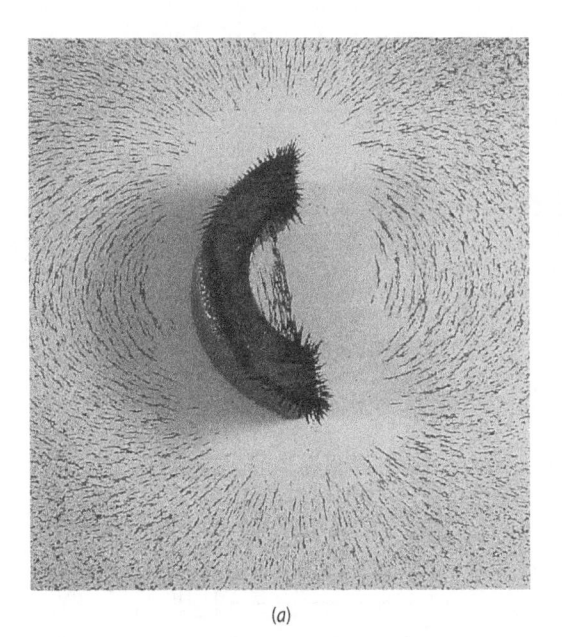

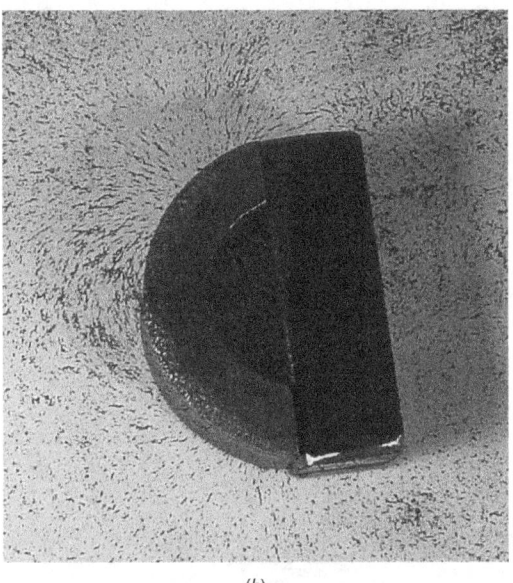

Figura 7-21 Mapeando as linhas de fluxo através de um caminho de baixa relutância. (*a*) A foto mostra as linhas de força ao redor de um ímã semicircular. (*b*) Fechando o circuito magnético do ímã semicircular pela colocação de uma barra de material magnético, quase toda a configuração dispersa de linhas de força no ar desaparece, pois as linhas percorrem o interior da barra magnética nas extremidades do ímã.

Teste seus conhecimentos

Responda às seguintes questões.

25. A força que cria fluxo magnético numa bobina é chamada _____.

26. Quando aumentos na fmm não produzem aumentos de fluxo magnético no material, dizemos que o material está _____.

27. Falso ou verdadeiro? O ato de abrir e fechar o interruptor que controla uma bobina CA desmagnetizará o material colocado no núcleo da bobina.

28. Falso ou verdadeiro? Uma bobina CC pode ser utilizada para desmagnetizar um material de ímã permanente.

29. Removido o campo magnético externo, o magnetismo remanescente num material é conhecido pelo nome de _____.

30. Que material terá o maior magnetismo residual, o material de ímã permanente ou de ímã temporário?

31. Por que os materiais magnéticos são atraídos por um ímã?

32. Falso ou verdadeiro? Blindagens magnéticas são feitas de materiais não magnéticos.

» Tensão induzida

Vimos que todo condutor percorrido por uma corrente elétrica produz um campo magnético. É igualmente verdadeiro que um campo magnético é capaz de induzir uma tensão e, portanto, uma corrente num condutor. Quando um condutor move-se cortando as linhas de fluxo (Figura 7-24), há tensão induzida no condutor. A polaridade da TENSÃO INDUZIDA depende da direção do movimento do condutor e do sentido do fluxo magnético. Mudando a direção de ambos muda a polaridade da tensão induzida.

» Ação geradora

Tensão induzida é o princípio pelo qual um GERADOR ELÉTRICO funciona. Quando o eixo de um gerador é movimentado, uma espira condutora é forçada a se mover através de um campo magnético. Um gerador CC simplificado é apresentado na Figura 7-25. Conforme ilustrado, as extremidades da espira são conectadas aos ANÉIS COMUTADORES e às ESCOVAS. Os anéis comutadores e as escovas servem para dois propósitos. Primeiro, eles fornecem a conexão elétrica da espira girante para o circuito externo ao gerador. As extremidades da espira estão permanentemente conectadas aos anéis comutadores. À medida que a espira gira, os anéis comutadores giram com ela. Os anéis comutadores deslizam em contato com as escovas acompanhando o movimento da espira. Segundo, os anéis comutadores e as escovas invertem as conexões da espira girante toda vez que a polaridade da tensão induzida variar. A polaridade da tensão induzida varia, porque a direção relativa de movimento do condutor é

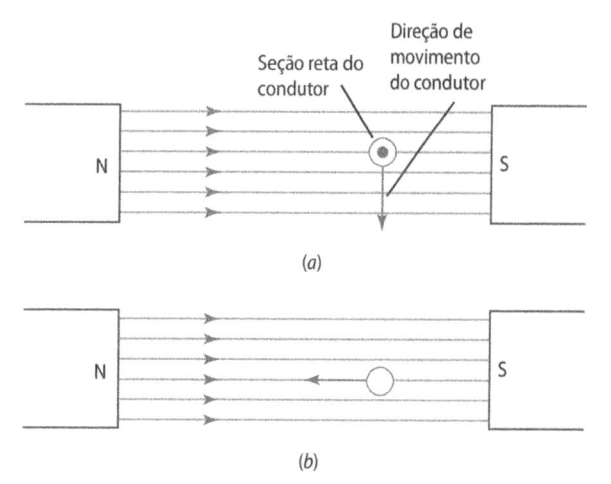

Figura 7-24 (*a*) Tensão induzida em um condutor em movimento. O condutor deve cortar as linhas de fluxo. (*b*) Não há tensão induzida no condutor (a direção de movimento é a mesma das linhas de campo).

trocada periodicamente. Por exemplo, na Figura 7-25 a parte superior da espira girante é mostrada se movimentando da esquerda para direita. Após um giro de 90°, essa mesma parte iniciará um movimento relativo da direita para a esquerda e, então, a polaridade da tensão induzida será invertida. Ao mesmo tempo, os anéis comutadores em contato com as escovas são alterados (lembre-se de que os anéis comutadores giram juntamente com a espira). Assim, uma das escovas é sempre negativa em relação à outra (falando em termos de referência de tensão). Isso fornece uma tensão CC na saída do gerador.

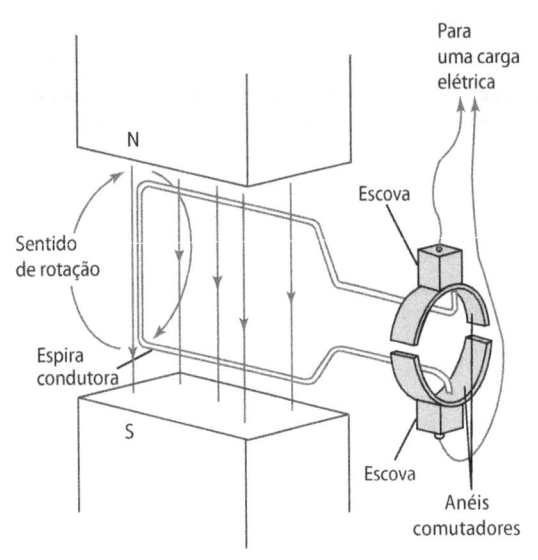

Figura 7-25 Princípio de funcionamento de um gerador CC.

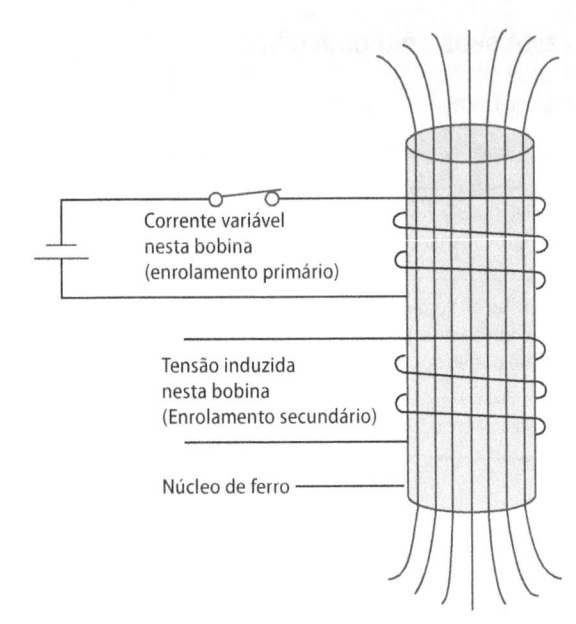

Figura 7-26 Tensão induzida por um fluxo magnético variável no tempo.

» Ação transformadora

Tensões induzidas também são geradas quando temos um condutor nas proximidades de um *fluxo magnético variável no tempo*. O condutor ou conjunto de espiras condutoras (bobina) deve estar perpendicular às linhas de fluxo (veja a Figura 7-26). Quando a chave na Figura 7-26 é fechada e aberta, a corrente no circuito começa a circular e depois para. A variação da corrente na bobina superior produz um fluxo magnético variável no núcleo de ferro. Essa variação do fluxo é "transmitida" através do núcleo e gera uma tensão induzida na bobina inferior. A intensidade da tensão induzida é uma função direta da quantidade de fluxo magnético envolvida (que é função da intensidade da corrente) e também da taxa de variação desse fluxo (no caso da Figura 7-26, essa taxa é determinada pela rapidez com que a chave é fechada e aberta).

Tensões induzidas a partir de fluxos magnéticos variáveis no tempo é o princípio de operação dos *transformadores* e de alguns outros dispositivos. A bobina de ignição (que é um pequeno transformador) de um automóvel opera de maneira similar ao circuito ilustrado na Figura 7-26. Na bobina de ignição, a bobina secundária possui milhares de voltas, constituídas a partir de um fio fino enrolado em volta do núcleo. Assim, temos nessa bobina secundária uma tensão induzida da ordem de milhares de volts, necessária para as velas do automóvel.

História da eletrônica

William Sturgeon (1783-1850)

William Sturgeon foi um autodidata na ciência da eletricidade. Em 1823 ele construiu o primeiro eletroímã. Sturgeon descobriu que poderia criar um campo magnético fazendo circular uma corrente elétrica através de uma bobina de fio de cobre enrolado em um pequeno pedaço de ferro. Em 1832 ele inventou o comutador para motores elétricos e em 1836 ele construiu o primeiro galvanômetro de bobina móvel.

Teste seus conhecimentos

Responda às seguintes questões.

33. Liste os fatores que determinam a intensidade da tensão induzida em um condutor através da ação transformadora.
34. Quais são as funções dos anéis comutadores e das escovas em um gerador?
35. Qual é o princípio de operação da bobina de ignição de automóveis?

» Grandezas magnéticas e unidades

Diversas grandezas magnéticas, como o fluxo magnético e a força magnetomotriz, foram discutidas anteriormente. No entanto, com o intuito de desenvolver um conhecimento mais profundo do magnetismo e dos dispositivos magnéticos, é de fundamental importância conhecer as unidades em que tais grandezas são especificadas e medidas.

» Força magnetomotriz – ampère-espira

> **LEMBRE-SE**
>
> ...força magnetomotriz (fmm) é a força que produz o fluxo magnético.

A unidade básica da força magnetomotriz é o AMPÈRE-ESPIRA (A · E). Um ampère-espira corresponde à força magnetomotriz gerada em um circuito constituído por uma única espira em que circula uma corrente elétrica constante igual a 1 A. Três ampères-espiras de fmm são gerados, quando uma corrente de 1 A circula por um circuito constituído por três espiras. Essa mesma fmm é produzida por uma corrente de 3 A circulando por um circuito de uma única espira. Três ampères-espiras podem ser produzidos por qualquer combinação em que o produto da corrente e do número de espiras seja igual a 3.

> **EXEMPLO 7-1**
>
> Qual é a fmm da bobina na Figura 7-26 se uma corrente de 2,8 A está circulando pelo circuito?
>
> **Dados:** Número de espiras (N) = 3 e
> Corrente (I) = 2,8 A
> **Encontrar:** fmm
> **Conhecidos:** fmm = espiras × corrente
> **Solução:** fmm = 3 e × 2,8 A = 8,4 A · e
> **Resposta:** A fmm da bobina é 8,4 A · e.

Estritamente falando, a unidade básica de fmm no Sistema Internacional de Unidades (SI) é apenas o ampère. Ora, a primeira vista isso pode parecer confuso, uma vez que o ampère é também a unidade básica de corrente elétrica no SI. A razoabilidade de se utilizar o ampère como unidade de fmm é ilustrada na Figura 7-27. Na Figura 7-27(a), uma corrente de 4 A circula por uma única espira enrolada em um núcleo e gera um fluxo. Na Figura 7-27(b) temos uma corrente de 2 A circulando por cada uma das duas espiras enroladas no mesmo núcleo. Nesse caso, o efeito somado das correntes nas duas espiras produz o mesmo fluxo que aquele gerado por uma corrente total de 4 A circulando por uma única espira. É como se tivéssemos os mesmos 4 A circulando em torno do núcleo de ferro. O mesmo raciocínio pode ser estendido para Figura 7-27(c). As correntes de 1 A circulando por cada uma das quatro espiras enroladas no núcleo produzem o mesmo efeito que uma corrente total de 4 A circulando em torno do núcleo. Dessa maneira, o que realmente determina a fmm é a *corrente total* fluindo em torno do núcleo de ferro. O número de espiras conduzindo corrente não importa. Por outro lado, o modo mais fácil de determinar a corrente total fluindo em torno do núcleo de ferro é multiplicando a corrente em cada espira pelo número de espiras do circuito. Assim, o ampère-espira é uma unidade mais descritiva (e também mais intuitiva) que o ampère. Portanto, usaremos neste livro o ampère-espira como unidade de fmm.

» Fluxo – o weber

A unidade básica do fluxo magnético (ϕ) é o weber. O WEBER (WB) pode ser definido apenas em termos de uma variação

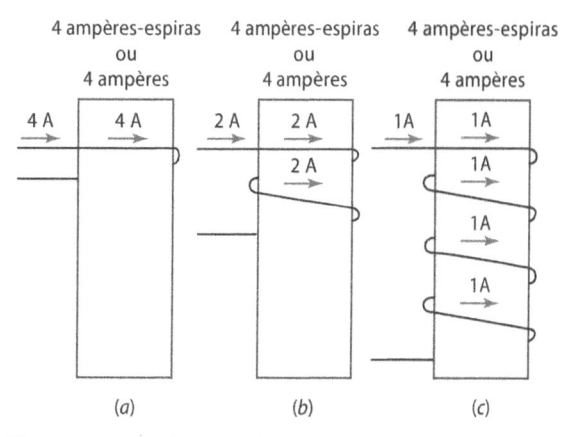

Figura 7-27 Ampère e ampère-espira.

História da eletrônica

Wilhelm Eduard Weber

Em homenagem ao físico alemão Weber, foi dado o nome de *weber* (Wb) à unidade de medida do fluxo magnético (Sistema Internacional de Unidades – SI). O weber é equivalente ao volt-segundo.

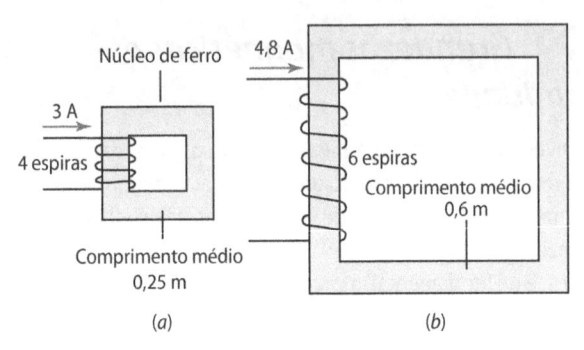

no fluxo em um circuito magnético. Um weber é o valor da variação total no fluxo necessária em 1 s para induzir 1 V em uma espira condutora simples. Considere a Figura 7-26 para exemplificarmos o conceito de weber. A bobina inferior tem uma tensão induzida, quando o fluxo no núcleo varia. Note que essa bobina possui três espiras. Assim, quando o fluxo no núcleo varia de 1 Wb em 1 s, uma tensão de 3 V é induzida na bobina inferior.

» Intensidade de campo magnético – ampère-espira por metro

FORÇA MAGNETIZANTE, *intensidade de campo* e INTENSIDADE DE CAMPO MAGNÉTICO são termos frequentemente utilizados para designar a mesma grandeza física. Tais termos se referem à quantidade de fmm disponível para criar um campo magnético para cada unidade de comprimento de um circuito magnético. O símbolo para intensidade de campo magnético é *H* e a unidade para essa grandeza é o AMPÈRE-ESPIRA POR METRO (A · E/M). No circuito magnético da Figura 7-28(*a*), uma bobina com 4 espiras conduz uma corrente de 4 A. O comprimento médio do circuito magnético (basicamente definido pelo núcleo de ferro) da Figura 7-28(*a*) é 0,25 m; assim, a intensidade de campo magnético é a fmm dividida pelo comprimento do circuito:

$$H = \frac{fmm}{comprimento}$$
$$= \frac{12 \text{ A} \cdot e}{0,25 \text{ m}}$$
$$= 48 \text{ A} \cdot e/m$$

Figura 7-28 Comparando circuitos magnéticos. Os circuitos em (*a*) e (*b*) têm a mesma intensidade de campo magnético (48 A · e/m).

Na Figura 7-28(b), a fmm é 4,8 A × 6 e = 28,8 A · e, e a intensidade de campo magnético é

$$H = \frac{fmm}{l} = \frac{28,8 \text{ A} \cdot e}{0,6 \text{ m}} = 48 \text{ A} \cdot e/m$$

onde *l* é o comprimento.

Observe que a intensidade de campo magnético é a mesma para ambos os circuitos na Figura 7-28, mesmo ambos apresentando diferentes correntes, diferentes números de espiras, diferentes fmm's e diferentes comprimentos. Ao se especificar a intensidade de campo magnético ao invés da fmm, é possível comparar diferentes circuitos magnéticos sem especificar as dimensões físicas de cada um deles.

História da eletrônica

Karl Friedrich Gauss (1777-1855)

Karl Gauss foi um matemático alemão que teve importantes contribuições para os campos da eletricidade e do magnetismo. Na verdade, Gauss teve um impacto tão significativo nos desenvolvimentos da nova ciência sobre a eletricidade e o magnetismo, que o sistema cgs (centrímetro-grama-segundo) de unidades, em sua homenagem, adotou o *gauss* como nome da unidade de densidade de fluxo magnético.

EXEMPLO 7-2

Qual é a força magnetizante de um circuito magnético com 150 espiras enroladas em um núcleo com comprimento médio de 0,3 m, se a corrente é 0,4 A?

Dados:	Número de espiras (N) = 150e
	Corrente (I) = 0,4 A
	Comprimento (l) = 0,3 m
Encontrar:	Força magnetizante (H)
Conhecidos:	fmm = IN
	$H = \dfrac{fmm}{l}$
Solução:	fmm = 0,4 A × 150 e = 60 A · e
	$H = \dfrac{60 \text{ A} \cdot \text{e}}{0,3 \text{ m}} = 200 \text{ A} \cdot \text{e/m}$
Resposta:	A força magnetizante é 200 ampères-espiras por metro.

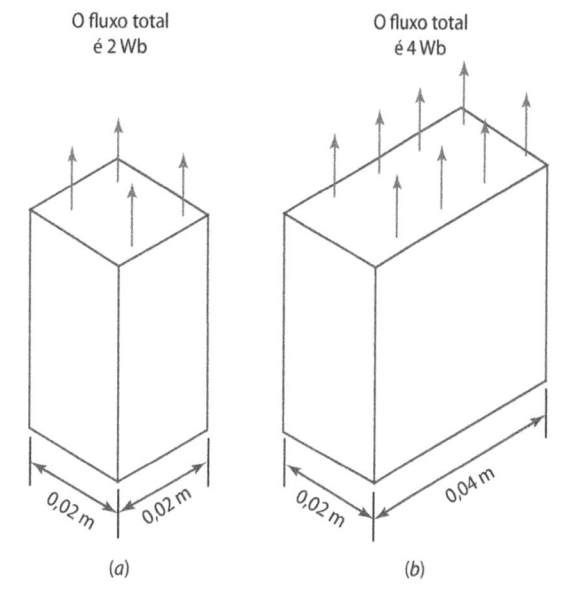

Figura 7-29 Comparando a densidade de fluxo. Ambos os núcleos (a) e (b) têm uma densidade de fluxo de 5000 T.

» Densidade de fluxo – o tesla

A quantidade de fluxo por unidade de área da seção reta é chamada DENSIDADE DE FLUXO (B). A unidade básica de densidade de fluxo é o TESLA (T). Um tesla é igual a um weber por metro quadrado. Para um dado circuito magnético, ao especificarmos a densidade de fluxo ao invés do fluxo, é mais fácil compararmos circuitos com dimensões diferentes. Por exemplo, os núcleos de ferro ilustrados na Figura 7-29 possuem a mesma *densidade de fluxo*, mesmo possuindo diferentes áreas da seção reta transversal. A densidade de fluxo pode ser calculada dividindo-se o fluxo total pela área da seção reta. Na Figura 7-29(a), a área da seção reta é

$$\text{Área} = 0,02 \text{ m} \times 0,02 \text{ m} = 0,000 \text{ 4 m}^2$$

Assim, a densidade de fluxo é:

$$\text{Densidade de fluxo} = \frac{\text{fluxo}}{\text{área}} = \frac{2 \text{ Wb}}{0,0004 \text{ m}^2}$$
$$= 5000 \text{ T}$$

Se você calcular a densidade de fluxo para o núcleo de ferro da Figura 7-29(b), irá encontrar também 5000 T (faça isso!).

EXEMPLO 7-3

Qual é o valor do fluxo em um núcleo que tem uma densidade de fluxo de 400 T e dimensões da seção reta iguais a 0,03 m × 0,05 m?

Dados:	Dimensões = 0,03 m × 0,05 m
	Densidade de fluxo (B) = 400 T
Encontrar:	Fluxo (ϕ)
Conhecido:	$B = \dfrac{\phi}{\text{área}}$; assim $\phi = B \times$ área
Solução:	ϕ = 400 T × 0,03 m × 0,05 m
	= 0,6 Wb
Resposta:	O fluxo é 0,6 weber.

» Permeabilidade e permeabilidade relativa

A PERMEABILIDADE de um dado material se refere à sua capacidade de conduzir fluxo magnético. O símbolo utilizado para permeabilidade é o μ. A permeabilidade é definida como a razão entre a densidade de fluxo e a intensidade de campo magnético, ou seja:

$$\mu = \frac{B}{H}$$

> **LEMBRE-SE**
>
> ...tanto a densidade de fluxo (*B*) como a intensidade de campo magnético (*H*) são grandezas que não dependem das dimensões do circuito magnético.

Portanto, a permeabilidade também é independente das dimensões do material/circuito magnético. Substituindo as unidades básicas para densidade de fluxo e para força magnetizante na fórmula acima, podemos mostrar que a unidade básica para permeabilidade é o weber por ampère-espira-metro [Wb/(A · e · m)].

Frequentemente, a permeabilidade de um material é especificada em termos da PERMEABILIDADE RELATIVA (μ_R). A permeabilidade relativa compara a permeabilidade do material com a permeabilidade do ar*. Suponhamos um pedaço de ferro com permeabilidade relativa de 600. Isso significa que o ferro conduz um fluxo 600 vezes maior que a mesma quantidade de ar (supondo a mesma fmm aplicada). Dado que a permeabilidade relativa é uma razão de duas permeabilidades, as unidades se cancelam. Assim, a permeabilidade relativa é um número puro (sem unidade).

A permeabilidade relativa de todos os materiais não magnéticos é aproximadamente 1. No caso dos materiais magnéticos, a permeabilidade relativa varia entre 30 até mais de 6000.

A permeabilidade de um material magnético diminui à medida que a densidade de fluxo aumenta. À medida que um material se aproxima de sua região de saturação, sua permeabilidade decresce rapidamente. Quando o material está

---

* N. de T.: Na realidade, a permeabilidade relativa compara a permeabilidade do material com aquela do vácuo. No entanto, em termos práticos, a permeabilidade do ar é igual à permeabilidade do vácuo.

EXEMPLO 7-4

Qual é a permeabilidade de um material quando uma força magnetizante de 100 A · e/m produz uma densidade de fluxo de 0,2 T?

Dados:	$H = 100$ A · e/m, $B = 0,2$ T
Encontrar:	μ
Conhecido:	$\mu = B/H$, T = Wb/m^2
Solução:	$\mu = \dfrac{0,20 \text{ Wb/m}^2}{100 \text{ A} \cdot \text{e/m}}$
	$= 0,002$ Wb/(A · e · m)
Resposta:	A permeabilidade relativa é 0,002 weber por ampère-espira-metro.

---

totalmente saturado, a permeabilidade é apenas uma pequena fração do seu valor para baixos valores de densidade de fluxo. Isso significa que, para grandes aumentos de *H*, o valor de *B* permanece constante, ou seja, não aumenta – o material está saturado (lembre que $\mu = B/H$).

História da eletrônica

Nikola Tesla (1857 – 1943)

O tesla é a unidade do SI para densidade de fluxo magnético e equivale a 1 weber por metro quadrado. Esse nome é uma homenagem a Nikola Tesla, que emigrou da Europa para os Estados Unidos em 1884 e foi trabalhar para Thomas Edison. Tesla queria desenvolver um motor de indução CA, porém Edison não queria que a corrente alternada competisse com seus sistemas de corrente contínua (os primeiros sistemas elétricos da época). Tesla deixou a empresa de Edison e registrou diversas patentes relacionadas a aplicações da corrente alternada. Apoiado por George Westinghouse, as aplicações em CA propostas por Tesla foram adotadas em diversas cidades e a CA tornou-se posteriormente o padrão mundial de transmissão e utilização da energia elétrica.

Teste seus conhecimentos

Responda às seguintes questões.

36. Qual é a fmm de uma bobina com 200 e, quando a bobina é percorrida por uma corrente de 0,4 A?
37. A intensidade de campo magnético é também chamada de _____ ou _____.
38. A unidade básica para intensidade de campo magnético é _____.
39. A unidade básica para fluxo é _____.
40. A unidade básica para densidade de fluxo é _____.
41. A razão de B por H é chamada _____.
42. Qual é a vantagem de se especificar a densidade de fluxo ao invés do fluxo?
43. Defina permeabilidade relativa.
44. Falso ou verdadeiro? Um tesla é igual a um weber por metro.

>> Eletroímãs

LEMBRE-SE

...nós já discutimos muitas das ideias básicas de um eletroímã a partir da pág. 186.

Uma bobina de fio com uma corrente circulando constitui-se um eletroímã básico. No entanto, um eletroímã mais útil (e mais forte) é construído enrolando-se a bobina em um material que pode se tornar um imã temporário (em geral é utilizado um material magnético).

A **força de um eletroímã** depende basicamente de quatro fatores:

1. Do tipo de material do núcleo (geralmente um material magnético).
2. Do tamanho e da forma do material do núcleo.
3. Do número de espiras da bobina.
4. Do valor da corrente circulando pela bobina.

Em geral, um eletroímã é mais forte quando:

1. O material do núcleo tem um valor elevado de permeabilidade.
2. O material do núcleo tem uma grande área da seção reta e um pequeno comprimento médio total para condução das linhas de fluxo. Essas características (grande área da seção reta e pequeno comprimento total) resultam em um baixo valor de relutância.
3. O número de espiras e o valor da corrente são elevados. Essas duas características resultam em uma grande fmm.

Eletroímãs são utilizados em uma grande gama de aplicações na indústria. Eles são utilizados para segurar o aço enquanto ele está sendo usinado, separar materiais magnéticos de materiais não magnéticos, levantar e mover produtos siderúrgicos pesados de ferro e aço, dentre outras aplicações. A Figura 7-30 mostra um grande eletroímã empilhando sucata.

História da eletrônica

James Clerk Maxwell (1831-1879)

As contribuições do físico/matemático James Clerk Maxwell para o conhecimento científico são consideradas tão relevantes quanto as contribuições de Isaac Newton e Albert Einstein. Maxwell combinou as teorias de eletricidade e magnetismo em uma única teoria unificada, denominada Campos Eletromagnéticos. Em 1865, ele mostrou que os "fenômenos eletromagnéticos" viajam em ondas na velocidade da luz. Em 1873 ele mostrou que a própria luz é uma onda eletromagnética.

Figura 7-30 Eletroímã industrial de grande porte.

» Motores de corrente contínua

Os MOTORES CC se assemelham física e eletricamente a um gerador CC. De fato, em muitos casos, uma mesma máquina pode ser usada tanto como um gerador quanto como um motor. Enquanto o eixo de um gerador gira em virtude de uma força mecânica externa (por exemplo, uma força mecânica advinda de uma queda d'água), o eixo de um motor gira devido à interação de dois campos magnéticos dentro do motor. O princípio de funcionamento do motor CC está ilustrado na Figura 7-31. A corrente de uma fonte externa circula através das escovas, dos anéis comutadores e da BOBINA DA ARMADURA. A circulação dessa corrente gera um campo magnético no núcleo de ferro da armadura (com consequente definição de polos magnéticos na armadura). Finalmente, os polos da armadura são atraídos pelos POLOS DE CAMPO do ímã permanente (também chamado ímã de campo). O resultado é uma força rotacional chamada TOQUE OU CONJUGADO, como ilustrado na Figura 7-31(a).

Os ANÉIS COMUTADORES e as ESCOVAS invertem o sentido da corrente na bobina da armadura a cada 180°. Essa inversão muda a polaridade magnética da armadura de modo que o sentido do conjugado (força rotacional) é sempre o mesmo. Quando a armadura na Figura 7-31(a) gira 90°, seu polo sul está em linha com o polo norte do ímã de campo. Porém, a inércia (que é a tendência de um corpo em movimento se manter em movimento) da armadura em movimento faz com que ela passe da posição vertical. Nesse momento, a corrente na bobina da armadura inverte o sentido e, consequentemente, o campo da armadura também é invertido. Agora, o polo norte da armadura é repelido pelo polo norte do ímã de campo [veja a Figura 7-31(b)].

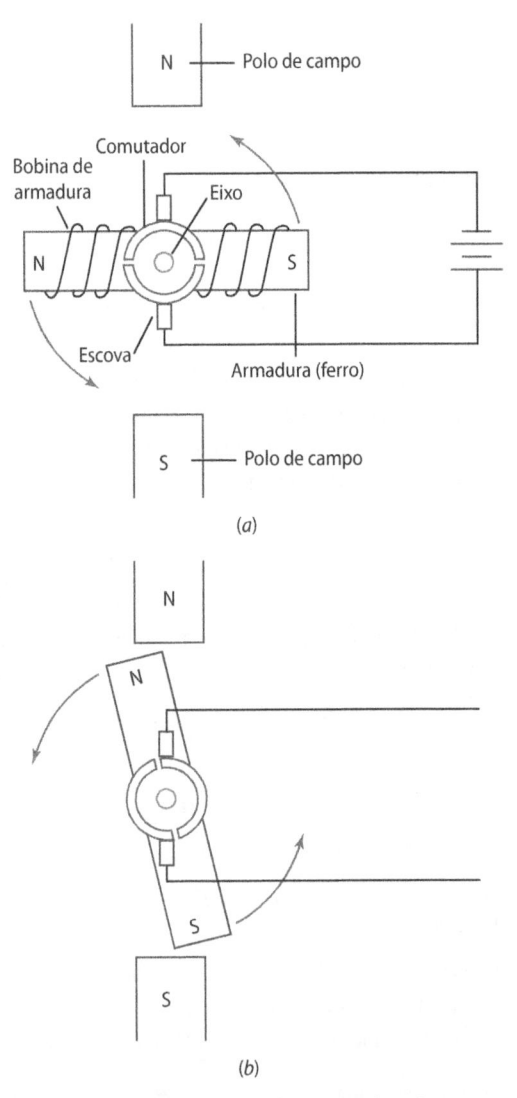

Figura 7-31 Princípio do motor CC. A armadura é movimentada alternadamente por atração (a) e repulsão (b) dos polos magnéticos.

Em geral, os motores têm comutadores com mais de dois segmentos e muitas bobinas de armadura. Com comutadores formados por vários segmentos não é necessário contar com a inércia quando a polaridade da armadura é invertida. Como ilustrado na Figura 7-32, os segmentos mudam um instante antes do alinhamento com os polos de campo. Durante o intervalo de tempo em que cada escova está em contato com dois segmentos do comutador, quatro polos são criados. Contudo, como mostra a Figura 7-32(b), todos os quatro polos fornecem um conjugado no mesmo sentido.

Os polos de campo em um motor CC podem ser imãs permanentes ou eletroímãs. Quando eletroímãs são utilizados, a corrente de campo nunca tem seu sentido invertido*. Desse modo, motores CC com eletroímãs operam do mesmo modo que motores com imãs permanentes. Em um caso, o campo magnético da armadura interage com o campo produzido pelo eletroímã e no outro caso, o campo da armadura interage com o campo magnético permanente do imã.

» Solenoides

Um solenoide é um dispositivo eletromagnético que usa a corrente elétrica pra controlar um atuador mecânico. A HASTE de ferro móvel na Figura 7-33 pode ser usada para operar, por exemplo, um freio mecânico, uma garra ou uma válvula para controlar a vazão de um líquido.

Quando o solenoide é desenergizado [Figura 7-33(b)], não existe força magnética para manter a haste de ferro no centro da bobina. Quando a corrente é suprida à bobina, o solenoide é energizado e a haste de ferro é puxada para dentro da bobina devido à sua alta permeabilidade. A haste tem muito menos relutância que o ar que ela substitui. Como mostra a Figura 7-33(c), o caminho do fluxo é quase inteiramente através do núcleo de ferro, quando o solenoide está energizado. A atração da haste pelo solenoide depende de sua propriedade magnética. Em geral, o aumento da fmm e a redução da relutância aumentam a força da atração.

A maior parte dos solenoides é fabricada para operar a partir de uma alimentação em corrente alternada (CA). Porém, solenoides que operam em corrente contínua (CC) também estão disponíveis. Os dois tipos (CA e CC) não são intercambiáveis, isto é, não é possível utilizar um solenoide CC com alimentação CA e vice-versa.

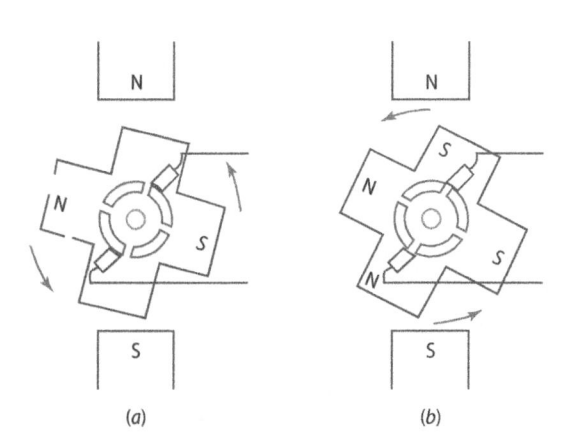

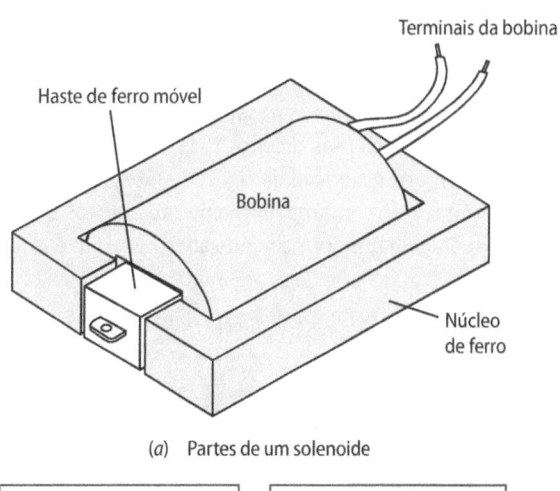

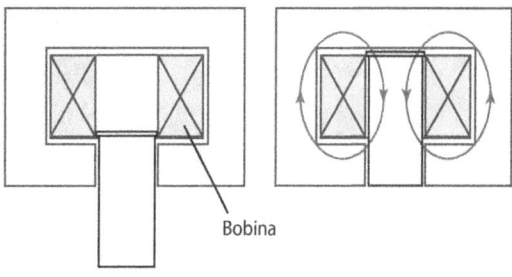

Figura 7-32 Comutador de quatro segmentos.

(a) Partes de um solenoide

(b) Nenhuma corrente na bobina (desenergizada)

(c) Corrente na bobina (energizada)

Figura 7-33 Haste de ferro móvel.

---

* N. de T.: A corrente de campo é a corrente que circula pela bobina do eletroímã. Ela nunca é invertida de modo que o eletroímã "simule" um imã permanente com os polos magnéticos fixos. A bobina do eletroímã fica enrolada em uma parte da máquina chamada estator. Para mais detalhes, veja o Capítulo 14 – Motores Elétricos.

≫ Relés

Um **RELÉ MAGNÉTICO** emprega a atração entre uma **ARMADURA** de ferro e uma bobina energizada para operar um par de contatos elétricos. A Figura 7-34 mostra a seção transversal de um relé na posição desenergizada. Quando a corrente circula através da bobina, a armadura é puxada para baixo contra o núcleo de ferro. Isso fecha o grupo de contatos que podem completar outro circuito elétrico externo. Quando é interrompida a circulação de corrente na bobina, a mola puxa a armadura para cima e abre os contatos.

Os relés são fabricados em uma ampla faixa de especificações para a bobina e para os contatos. As bobinas são especificadas de acordo com a corrente necessária para energizar o relé e de acordo com a tensão necessária para produzir essa corrente. Os contatos também são especificados de acordo com a corrente e tensão, assim como qualquer chave (interruptor) é especificada. Geralmente, os relés possuem mais de um conjunto de contatos. Esses contatos podem ser normalmente abertos, normalmente fechados ou uma combinação de ambos.

Os contatos metálicos do relé possuem uma camada espessa de material especial, que minimiza o aparecimento de arcos elétricos (faíscas), a corrosão e o desgaste à medida que o relé liga e desliga os circuitos. Essa camada superficial pode ser vista na ilustração da Figura 7-35(*a*), que mostra dois conjuntos de contatos normalmente abertos de um relé novo. Os contatos normalmente abertos de um relé uti-

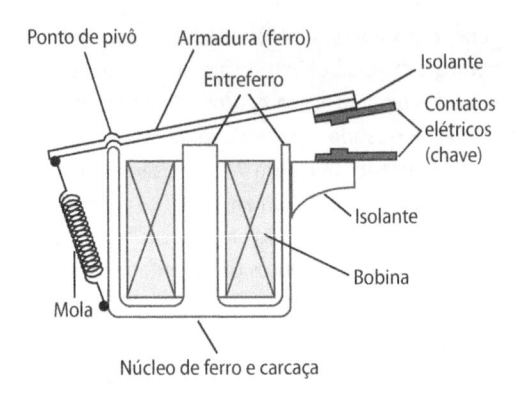

Figura 7-34 Relé. A armadura é atraída pelo núcleo quando uma corrente circula pela bobina.

lizado para ligar e desligar um circuito de 240 V alimentando uma carga de 11 kW estão ilustrados na Figura 7-35(*b*). Quando a camada de material especial se desgasta, um arco elétrico pode surgir a partir do metal básico dos contatos e soldar um contato ao outro. Quando os contatos são soldados, eles permanecem fechados mesmo se a bobina do relé for desenergizada. Isso é o que acontece com contatos desgastados como aqueles ilustrados na Figura 7-35(*b*). Como resultado dos contatos soldados, a carga não é desligada e outras partes do sistema elétrico podem ser danificadas, até que a corrente atinja um valor muito elevado e o disjuntor principal da instalação finalmente desligue o circuito. Assim, devemos sempre verificar os relés e trocá-los (ou então seus contatos) sempre que os contatos estiverem desgasta-

(*a*)   (*b*)

Figura 7-35 Condição dos contatos do relé. (*a*) Contatos de um relé ainda não utilizado (relé novo). (*b*) Contatos desgastados de um relé após várias operações – Pode ocorrer um arco elétrico.

dos, ou seja, já sem a camada protetora ou muito próxima do metal básico.

Dois símbolos esquemáticos utilizados para relés são mostrados na Figura 7-36. Para dispositivos elétricos de controle, como um controlador de motor, o símbolo na Figura 7-36(*b*) é geralmente usado. O símbolo na Figura 7-36(*a*) é frequentemente usado para sistemas eletrônicos, como computadores e transmissores.

Um relé pode ser energizado por corrente alternada ou corrente contínua. Contudo, assim como os solenoides, os relés CA e CC não são intercambiáveis. Um relé CC operado com corrente alternada irá apresentar uma tendência de vibração (emitindo uma espécie de "zumbido"), pois o fluxo no núcleo cresce e desaparece à medida que a corrente (alternada) cresce e decai novamente a zero. Um relé CA tem uma *bobina de sombra* (separada da bobina principal), que atrasa o desaparecimento do fluxo em uma parte do núcleo até o fluxo começar a se reconstituir em outra parte do núcleo. Isso elimina o problema de vibração do relé.

Uma das principais vantagens de um relé em relação a uma chave simples é que ele permite a OPERAÇÃO REMOTA de uma carga (ligar ou desligar uma carga, por exemplo). Um baixo sinal de tensão e corrente pode controlar a bobina de um relé. Então, os contatos do relé podem controlar um circuito de alta-tensão e corrente elevada. A chave que opera a bobina pode estar localizada em um local remoto. Devemos ter apenas um cabo de dois condutores para interligar os terminais da chave e da bobina do relé.

Teste seus conhecimentos

Responda às seguintes questões.

45. Falso ou verdadeiro? O núcleo de um eletroímã deve ser feito de um material com alto valor de relutância.
46. Falso ou verdadeiro? A alteração do núcleo de um eletroímã de um material de baixa permeabilidade para um material de alta permeabilidade resulta em um aumento da força do ímã.
47. Falso ou verdadeiro? O campo em um motor CC muda sua polaridade magnética periodicamente.
48. Falso ou verdadeiro? A maior parte dos solenoides pode ser operada tanto com corrente alternada como com corrente contínua.
49. Falso ou verdadeiro? Um único relé pode controlar a abertura e o fechamento de dois circuitos mesmo se os circuitos são alimentados por fontes diferentes.
50. Qual é a função do comutador e das escovas em um motor CC?
51. Porque a haste de ferro de um solenoide é puxada para o centro da bobina?
52. Liste os parâmetros elétricos principais necessários para especificar um relé.

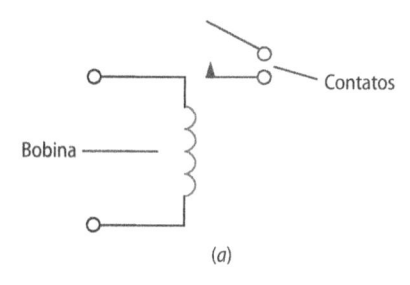

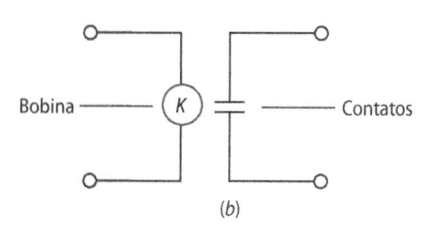

Figura 7-36 Símbolos esquemáticos para um relé com um conjunto de contatos abertos. (*a*) Símbolo frequentemente utilizado em esquemas para dispositivos eletrônicos. (*b*) Símbolo frequentemente utilizado em esquemas para dispositivos elétricos de controle.

» *Dispositivos de efeito Hall*

Edwin H. Hall, um físico norte-americano, descobriu o EFEITO HALL em 1879. Ele percebeu que uma diferença de potencial era produzida nas superfícies opostas de um condutor percorrido por uma corrente elétrica, quando esse condutor era submetido a um campo magnético externo. Essa diferença de potencial é chamada de *tensão por efeito Hall* ou simplesmente TENSÃO HALL. Como ilustrado na Figura 7-37, o fluxo magnético deve ser perpendicular à direção de circulação da corrente e a tensão Hall é produzida transversalmente à direção da corrente. A tensão Hall é função basicamente de três parâmetros:

1. Do tipo de material conduzindo a corrente elétrica.
2. Da intensidade da corrente.
3. Do valor do fluxo magnético.

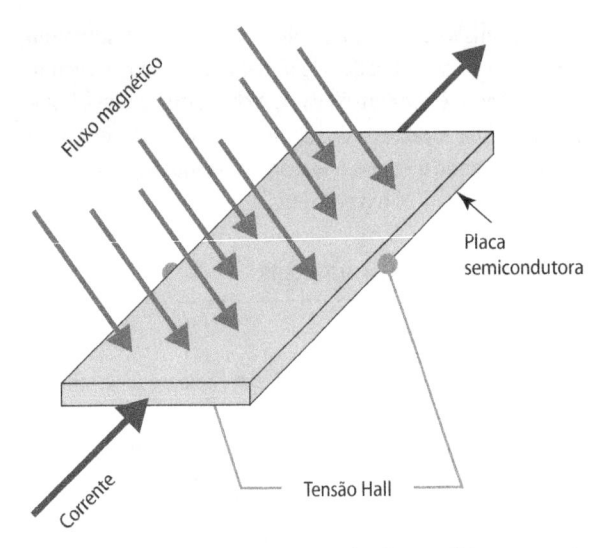

Figura 7-37 O efeito Hall. A tensão de efeito Hall é transversal à direção do fluxo da corrente elétrica.

Materiais semicondutores tendem a produzir os maiores valores de tensão Hall. Os valores de tensão Hall típicos estão na faixa de milivolts.

A pequena tensão gerada por uma placa de efeito Hall pode ser amplificada por um circuito eletrônico integrado dentro do mesmo material semicondutor usado para construção da placa. Um simples dispositivo de efeito Hall, incluindo o circuito eletrônico integrado, é geralmente encapsulado em uma unidade de três pinos. Um pino é o terminal negativo comum para tensão de alimentação e para tensão de saída*. Outro pino é para o terminal positivo da tensão de alimentação e o terceiro pino fornece a tensão de saída. Se o dispositivo é um sensor linear, a tensão de saída é uma tensão analógica que varia de acordo com a mudança do fluxo magnético agindo sobre o dispositivo. Se o dispositivo é uma chave de efeito Hall, a saída será um de dois níveis discretos de tensão. Quando o fluxo está abaixo de um dado patamar crítico, a saída de tensão está no nível baixo. Quando o fluxo aumenta além desse patamar crítico, a saída imediata e rapidamente altera para o nível de tensão alto. Esses dois níveis de tensão podem ser usados para representar os dígitos 0 e 1 necessários para controlar sistemas digitais.

Os sensores e as chaves de efeito Hall são usados em uma ampla gama de sistemas industriais e automotivos. Alguns exemplos são:

1. Um sensor de efeito Hall pode ser usado para medir o nível de corrente em um condutor. Quanto maior a corrente no condutor, mais intenso é o fluxo magnético em suas proximidades e maior é a tensão Hall na saída de um dispositivo submetido a esse fluxo.

2. As luzes de freio de um automóvel podem ser ativadas quando um ímã ligado ao pedal de freio é afastado de uma chave de efeito Hall.

3. Materiais ferromagnéticos podem ser contados à medida que eles passagem entre uma chave de efeito Hall e um ímã permanente agindo sobre a chave. Quando o material ferromagnético está entre a chave e o ímã, a relutância entre a chave e o ímã é bastante reduzida, de modo que o fluxo cresce para o patamar necessário para ativar a chave.

4. A posição de um ímã permanente no rotor em um motor CC sem escovas pode ser detectada por dispositivos de efeito Hall. A saída de tais dispositivos determina quais bobinas do motor devem ser energizadas (receber corrente elétrica) e em quais instantes de tempo.

Teste seus conhecimentos

Responda às seguintes questões.

53. Quais são os aspectos que determinam a intensidade da tensão de efeito Hall?
54. Qual a diferença entre uma chave de efeito Hall e um sensor de efeito Hall?
55. A tensão de efeito Hall pode ser aumentada elevando-se a corrente que circula através do dispositivo?

---

* N. de T.: Esse terminal é frequentemente chamado de terminal de terra.

Fórmulas e expressões relacionadas

fmm = espiras × corrente

$H = \dfrac{fmm}{comprimento}$

$B = \dfrac{\phi}{\text{área}}$

$m = \dfrac{B}{H}$

Grandezas magnéticas e unidades

Grandeza		Unidade	
Nome	Símbolo	Nome	Símbolo
Força magnetomotriz	fmm	Ampère-espira	A · e
Fluxo	ϕ	Weber	Wb
Intensidade de campo magnético	H	Ampère-espira por metro	A · e/m
Densidade de fluxo	B	Tesla	T
Permeabilidade	μ	Weber por ampère-espira-metro	Wb/A · e · m

Respostas

1. Magnetismo é um campo de força que existe em volta de certos materiais e dispositivos.
2. O campo magnético é uma força que perturba a região próxima em volta de um ímã.
3. Fluxo
4. polo norte
5. norte, sul
6. quadriplicar
7. sul
8. Sim.
9. Não.
10. Não.
11. circulares, concêntricos, perpendiculares
12. F
13. Anti-horário.
14. bobina
15. Acima.
16. diminui
17. F
18. ferro
19. silício
20. domínio magnético
21. silício
22. V
23. O fluxo desaparece.
24. O aço torna-se um ímã permanente e o fluxo permanece como seu campo.
25. força magnetomotriz
26. saturado
27. F
28. F
29. magnetismo residual
30. O material de ímã permanente.
31. Porque a relutância do material magnético é muito menor que aquela do ar que ele substitui.
32. F
33. A quantidade de fluxo e a taxa com que ele varia no tempo.
34. Fazer as conexões entre o condutor rotativo e o circuito externo e fornecer uma saída CC.
35. Um fluxo magnético variável originado em uma bobina induz uma tensão em outra bobina.
36. 80 A · e
37. força magnetizante, intensidade de campo
38. ampère-espira por metro
39. weber
40. tesla (weber por metro quadrado)
41. permeabilidade
42. As dimensões do circuito não são importantes quando a densidade de fluxo é especificada.
43. A permeabilidade relativa é a capacidade de um material conduzir fluxo magnético comparada com a capacidade do ar.
44. F
45. F
46. V
47. F
48. F
49. V
50. Eles invertem periodicamente o sentido da corrente na armadura.
51. Porque a haste tem uma permeabilidade muito maior que o ar. Quando

a haste é puxada para o centro da bobina, a relutância do circuito é reduzida significativamente.
52. Corrente e tensão nominais para a bobina e para os contatos assim como o arranjo de chaveamento dos contatos (normalmente aberto ou normalmente fechado).
53. O tipo de material, a corrente através do material e a densidade de fluxo atuando sobre o material.
54. A chave tem apenas dois níveis discretos de saída, enquanto o sensor tem uma tensão de saída continuamente variável (analógica).
55. Sim.

Para resumo do capítulo, questões de revisão e problemas para formação de pensamento crítico, acesse www.grupoa.com.br/tekne

Créditos das fotos

>> Prefácio

Página x(esquerda): © Cindy Lewis; **p. x(direita):** © Lou Jones

>> Capítulo 1

Página 3 (topo): © Bonnie Kamin/PhotoEdit; **p. 3 (canto inferior à esquerda):** © Jupiter Images; **p. 3 (canto inferior à direita):** © Al Francekevich/Potential Energy/Stock Market/Corbis; **p. 4 (topo):** © Corbis; **p. 4 (base):** © Matt Meadows; **p. 7 (esquerda):** © Royalty-Free/Corbis; **p. 7 (direita):** © Bettmann/Corbis; **p. 9:** DOE/Pacific Northwest National Laboratory; **p. 10:** © Bettmann/Corbis; **p. 11 (esquerda):** © Bill Barley/SuperStock; **p. 11 (margem à direita superior e inferior):** © Royalty-Free/Corbis

>> Capítulo 2

Página 18: Brown Brothers; **p. 21:** Mary Evans Picture Library; **p. 24:** © Mark Steinmetz/Amanita Pictures; **p. 27 (esquerda):** Cortesia de Westinghouse Electric Corp.; **p. 27 (direita):** © Siede Preis/Getty Images; **p. 29:** © Bettmann/Corbis; **p. 33:** Deutsches Museum, Munich; **p. 35:** © Bettmann/Corbis

>> Capítulo 3

Página 42: Brown Brothers; **p. 45:** © Bettmann/Corbis; **p. 50, 51 (ambas):** Simpson Electric Company; **p. 53 (todas):** Cortesia de Fluke Corporation. Reproduzido com permissão.

>> Capítulo 4

Página 63: © Tony Freeman/ PhotoEdit; **p. 64:** Exide Power Systems; **p. 70:** © Matt Meadows; **p. 71:** © Cindy Schroeder; **p. 72:** © Mark Steinmetz/Amanita Pictures; **p. 73:** Electric Power Research Institute; **p. 74:** © Andrew Lambert Photography/Photo Researchers, Inc.; **p. 75, 76, 78, 81 (topo):** © Mark Steinmetz/Amanita Pictures; **p. 81 (base):** © Matt Meadows; **p. 82 (ambas):** © Richard Fowler; **p. 83, 84 (ambas), 85 (esquerda):** © Mark Steinmetz/Amanita Pictures; **p. 85(direita):** L. S. Starrett; **p. 89 (todas):** Cortesia de Littelfuse, Inc.; **p. 90 (esquerda):** © Mark Steinmetz/Amanita Pictures; **p. 90 (direita):** Cortesia de Raychem Corp; **p. 91 (ambas):** © Mark Steinmetz/Amanita Pictures; **p. 92:** Cortesia de Eaton Corporation

>> Capítulo 5

Página 103: © Doug Martin/Photo Researchers, Inc.; **p. 109:** © Bettmann/Corbis.

>> Capítulo 6

Página 139: © Bettmann/Corbis; **p. 167:** Cortesia de W. Atlee Burpee

>> Capítulo 7

Páginas 174, 175, 176, 178(todas): © Richard Fowler; **p. 182:** © Mark Steinmetz/Amanita Pictures; **p. 184 (ambas):** © Richard Fowler; **p. 187, 188, 189:** © Bettmann/Corbis; **p. 190:** © Baldwin H. Ward & Kathryn C. Ward/Corbis; **p. 191:** © Spencer Grant/PhotoEdit; **p. 193 (ambas):** © Richard Fowler

Glossário de termos e símbolos

Termo	Definição	Símbolo ou Abreviação
Alicate amperímetro	Um amperímetro usado para medir corrente CA sem interrupção física do circuito	
Alternação	Meio ciclo de um ciclo ou semiciclo	
Ampère	Unidade básica de corrente (coulomb por segundo)	A
Ampère-espira	Unidade básica de força magnetomotriz	A · e
Ampère-espira por metro	Unidade básica de intensidade de campo magnético	A · e/m
Ampère-hora	Unidade usada para mostrar a capacidade de armazenamento de energia de uma pilha ou bateria	Ah
Amperímetro	Dispositivo usado para medir corrente	
Átomo	Blocos básicos de construção da matéria	
Bateria	Duas ou mais células idênticas a uma pilha interconectadas juntas	
Bobina	Outro nome para um indutor	
Campo elétrico	Campo de forças invisível que existe entre cargas elétricas	
Capacitância	Habilidade de armazenar energia na forma de campo elétrico	C
Capacitor	Um componente elétrico que possui capacitância	
Carga	Dispositivo que converte energia elétrica em alguma outra forma de energia	
Carga	Propriedade elétrica dos elétrons e prótons	Q
Cavalo-vapor	Unidade de potência (1cv = 736 W)	cv
Célula	Sistema químico que produz uma tensão CC	
Célula primária	Célula que não é feita para ser recarregada	
Célula secundária	Célula que pode ser recarregada	
Choke ou Choque	Outro nome para um indutor	
Ciclo	Aquela parte de uma forma de onda que não se repete	
Circuito tanque	Um circuito *LC* paralelo	
Coeficiente de acoplamento	Denota a porção de fluxo de uma bobina que enlaça uma outra bobina	
Coeficiente de temperatura	Variação de uma dada grandeza por variação de grau Celsius a partir de uma temperatura específica	
Composto	Material composto por dois ou mais elementos	

Termo	Definição	Símbolo ou Abreviação
Condensador	Nome obsoleto para capacitor	
Condutância	Habilidade para conduzir corrente	G
Condutores	Materiais que têm resistividade muito baixa	
Conexão delta	Um método de conexão de um sistema trifásico de modo que as tensões de linha e fase são iguais	
Conexão estrela	Conexão das fases de um sistema trifásico em um ponto comum de modo que as correntes de linha e de fase são iguais	
Conjugado	Força $\times$ distância, que produz ou tende a produzir rotação	
Constante de tempo	O tempo que um capacitor gasta para carregar ou descarregar (através de um resistor) 63,2% da sua tensão disponível	T
Constante dielétrica	Um número que compara a capacidade de um material de armazenar energia elétrica com a capacidade do ar de armazenar energia elétrica	
Continuidade	Caminho contínuo para corrente	
Corrente	Movimento ordenado de cargas elétricas	I
Corrente contínua flutuante	Corrente contínua que varia em amplitude, mas que não vai a zero periodicamente	
Corrente contínua pulsante	Uma corrente contínua que retorna periodicamente a zero	
Corrente de excitação	A corrente do primário em um transformador sem carga (a vazio)	
Corrente parasita	Corrente induzida no núcleo de um dispositivo magnético. Causa parte das perdas no núcleo.	
Coulomb	Unidade básica de carga (6,25 $\times$ 10^{18} elétrons)	C
Densidade de fluxo	Quantidade de fluxo por unidade de área da seção transversal	B
Densidade relativa	Razão entre a sua densidade de uma substância e a densidade da água	
Deslocamento de fase	O resultado de duas formas de onda fora de fase entre si	
Determinante	Um número calculado a partir dos dados em uma matriz	D
Dielétrico	Isolamento usado entre as placas de um capacitor	
Disjuntor	Dispositivo que protege um circuito contra correntes excessivamente elevadas	
Efeito de carga	Perturbação introduzida nas tensões e correntes de um circuito provocada pela inserção de um medidor no circuito	
Efeito pelicular	Concentração de corrente próximo à superfície de um condutor, que provoca um aumento da resistência do condutor com o crescimento da frequência	
Efeito piezelétrico	Tensão produzida quando uma pressão é aplicada à superfície de um cristal	
Elemento	Matéria composta de um único tipo de átomo	
Elétron	Partícula negativamente carregada do átomo	
Elétrons de valência	Elétrons na camada mais externa de um átomo	
Elétrons livres	Elétrons que não estão presos a nenhum átomo	
Energia	Capacidade de realizar trabalho	E

Termo	Definição	Símbolo ou Abreviação
Escorregamento	Percentual de diferença entre a velocidade síncrona e a velocidade de operação de um motor	
Farad	Unidade básica de capacitância; igual a um coulomb por volt	F
Fase	Uma relação de tempo entre duas grandezas elétricas	ϕ
Faseamento (polaridade correta)	Interconexão dos enrolamentos de transformadores, geradores e motores de modo que eles tenham a correta relação de fase entre eles	
Fasor	Uma linha representando uma corrente ou tensão alternada em algum instante de tempo	
Fator de dissipação	Um número obtido dividindo-se a resistência pela reatância. É o recíproco de Q. Usado para indicar as perdas relativas de energia em um capacitor.	FD
Fator de potência	O cosseno de theta (ângulo de fase); a razão entre a potência ativa e a potência aparente; também é igual à resistência dividida pela impedância	FP
Fator de qualidade	Um número que indica a relação entre a reatância e a resistência	Q
Fator de serviço	Um fator de segurança especificado para motores elétricos	FS
fcem	Força contraeletromotriz; a tensão produzida pela autoindutância	
Filtro	Um circuito projetado para separar uma frequência, ou um conjunto de frequências, de todas as outras frequências	
Fio litz	Um fio especial usado para minimizar o efeito pelicular	
Fluxo	Linhas de força em torno de um ímã	ϕ
Fonte de corrente constante	Uma fonte de potência que mantém uma corrente constate nos terminais de saída para todos os valores de carga	
Fonte de tensão constante	Uma fonte de potência que mantém uma tensão constante nos terminais de saída para todos os valores de carga	
Força eletromotriz inversa	Outro nome para força contraeletromotriz (fcem)	
Força magnetomotriz	Força que cria um campo magnético	fmm
Fotocondutivo	Condutância ou resistência variável de acordo com o nível de energia luminosa	
Frequência	Rapidez com que uma forma de onda periódica se repete	f
Frequência de ressonância	Aquela frequência em que $X_L = X_C$ para um dado valor de L e de C	f_r
Frequencímetro de lâminas móveis	Um medidor usado para medir frequência – especialmente as frequências baixas usadas em sistemas elétricos de potência	
Funções trigonométricas	As relações entre os ângulos e os lados de um triângulo retângulo. As três funções mais comuns são seno, cosseno e tangente	
Fusível	Dispositivo que protege um circuito contra correntes excessivamente elevadas	
Golpe indutivo	A fcem alta que é gerada, quando um circuito indutivo é aberto	

Termo	Definição	Símbolo ou Abreviação
Grau elétrico	Um trezentos e sessenta avos (1/360) de um ciclo CA	
Henry	Unidade básica de indutância; um volt de fcem para uma taxa de variação da corrente de um ampère por segundo	H
Hertz	Unidade básica de frequência. Um ciclo por segundo.	Hz
Hidrômetro	Dispositivo usado para medir a gravidade específica	
Histerese	Efeito magnético causado pelo magnetismo residual em dispositivos magnéticos operados em CA; causa parte das perdas no núcleo; também provoca um atraso do fluxo em relação à força magnetomotriz	
Impedância	A oposição total à circulação de corrente de um circuito consistindo de resistência e reatância. A unidade básica é o ohms	Z
Indutância	Propriedade elétrica que está relacionada à oposição à variação da amplitude da corrente	L
Indutância mútua	Indutância associada ao fluxo de um circuito que induz uma tensão em outro circuito	
Indutância própria	Indutância do indutor; associada ao efeito de indução de uma tensão no indutor devido à corrente que circula por ele próprio	
Intensidade de campo magnético	Quantidade de força magnetomotriz por unidade de comprimento. Outro termo para intensidade de campo magnético é força magnetizante.	H
Íon	Um átomo que tem um excesso ou deficiência de elétrons	
Isoladores	Materiais que têm resistividade muito alta	
Joule	Unidade básica de energia (newton-metro)	J
Kilowatt-hora	Unidade de energia (1kWh = 3.600.000 joules)	kWh
Lâmina bimetálica	"Sanduíche" de dois metais com diferentes coeficientes de expansão	
Largura de banda	O espaço, expresso em hertz, entre a menor e a maior frequência que um circuito *LC* fornece 70,7% ou mais de sua resposta máxima	BW
Lei de Lenz	Estabelece que a fcem será sempre oposta à força que a criou	
Magnetismo Residual	Fluxo magnético remanescente em um ímã temporário após a força magnetizante ter sido removida	
Matriz	Um grupo de números relacionados organizados em linhas e colunas; uma matriz quadrada tem o mesmo número de linhas e de colunas	| |
Medidor de ferro móvel	Um tipo de medidor que tem uma lâmina de ferro móvel e uma bobina estacionária; geralmente utilizado para medir corrente alternada	
Multímetro	Instrumento elétrico designado para medir duas ou mais grandezas elétricas	
Multiplicador	Resistor de precisão usado para estender a faixa de medição de tensão de um medidor de conjunto móvel	

Termo	Definição	Símbolo ou Abreviação
Nêutron	Partícula do átomo eletricamente neutra	
Nó	Qualquer ponto em um circuito onde dois ou mais componentes estão conectados	
Núcleo	Centro do átomo, que contém prótons e nêutrons	
Ohm	Unidade básica de resistência (volt por ampère)	Ω
Ohm-metro	Unidade básica de resistividade	$\Omega \cdot m$
Ohmímetro	Dispositivo usado para medir resistência	
Onda senoidal	Uma forma de onda simétrica cujo valor instantâneo está relacionado à função trigonométrica seno	
Perdas do transformador	Perdas de potência em um transformador; provocadas por histerese, correntes parasitas e pela resistência dos enrolamentos	
Perdas no cobre	Refere-se à conversão de energia elétrica em energia térmica (calor) nos enrolamentos de dispositivos magnéticos	
Perdas no núcleo	Refere-se à conversão de energia elétrica em energia térmica (calor) no material do núcleo de dispositivos magnéticos	
Período	Tempo necessário para completar um ciclo	T
Permeabilidade	Facilidade com que um fluxo magnético é criado (e conduzido) em um material	μ
Permeabilidade relativa	Permeabilidade de um material comparada com a permeabilidade do ar	μ_r
Polaridade	Característica elétrica (negativa ou positiva) de uma carga	
Polarização	Acumulação de íons gasosos em torno do eletrodo de uma célula	
Ponte de Wheatstone	Configuração de circuito empregada para medir grandezas elétricas tais como resistência	
Portadores de carga	Partícula carregada (elétron ou íon)	
Potência	Taxa de realização de trabalho ou utilização de energia	P
Potência aparente	O produto da corrente pela tensão em um circuito contendo reatância e resistência	
Potenciômetro	Resistor variável de três terminais	
Próton	Partícula positivamente carregada do átomo	
Reatância	Oposição à circulação de uma corrente CA senoidal; não converte energia elétrica em energia térmica (não absorve potência líquida); uma propriedade da indutância e da capacitância	X
Reatância capacitiva	A oposição que a capacitância oferece à circulação de corrente CA senoidal	X_C
Reatância indutiva	A oposição que a indutância oferece à circulação de corrente CA senoidal	X_L
Reator	Outro nome para um indutor	
Relação espiras por volt	O número de espiras para cada volt em um enrolamento de transformador	
Relutância	Oposição à circulação de fluxo magnético	$\mathcal{R}$

Termo	Definição	Símbolo ou Abreviação
Reostato	Resistor variável de dois terminais	
Resistência	Oposição à circulação de corrente; converte energia elétrica em energia térmica (calor)	R
Resistência interna	Resistência contida dentro de uma fonte de energia e/ou potência ou de algum equipamento elétrico/eletrônico	
Resistência ôhmica	A resistência CC de um indutor	
Resistividade	Resistência característica de um material (resistência de um metro cúbico do material)	
Ressonância	Uma condição do circuito em que $X_L = X_C$	
Retificação	O processo de conversão de uma corrente CA para uma corrente CC pulsante	
Seletividade	A capacidade de um circuito separar sinais (tensões) que estão em diferentes frequências	
Semicondutor	Um elemento com quatro elétrons de valência	
Sensibilidade do voltímetro	Especificação ohm por volt nominal do voltímetro. Numericamente igual ao recíproco da corrente de fundo de escala do medidor de conjunto móvel usado no voltímetro	
Shunt ou derivador	Um ramo ou componente paralelo; resistor de precisão usado para estender a faixa de medição de corrente de um medidor de conjunto móvel	
Siemen	Unidade básica de condutância (ampère por volt)	S
Tensão	Diferença de energia potencial (pressão elétrica)	V
Tensão de efeito Hall	Tensão produzida nas faces opostas de uma placa conduzindo uma corrente elétrica, quando esta placa é submetida a um campo magnético	
Tensão induzida	Tensão produzida em um condutor quando ele interage com um campo magnético	
Tensões/correntes trifásicas	Três tensões ou correntes deslocadas de 120° elétricos entre si	3ϕ
Teorema da superposição	Um método para determinação de correntes desconhecidas em circuitos complexos com múltiplas fontes	
Teorema de Norton	Um método para redução de um circuito a um circuito equivalente de fonte de corrente com dois terminais	
Teorema de Thévenin	Um método para redução de um circuito a um circuito equivalente de fonte de tensão com dois terminais	
Tesla	Unidade básica de densidade de fluxo	T
Theta	O ângulo de fase entre dois fasores	θ
Transformador de corrente	Um transformador usado para estender a faixa de medição de um amperímetro CA	
Vetor	Uma linha que representa o sentido e a intensidade de uma grandeza. Os fasores associados a grandezas elétricas são análogos (em alguns aspectos) aos vetores	
Volt	Unidade básica de tensão (joule por coulomb)	V
Voltampère	Unidade básica de potência aparente	VA
Voltímetro	Dispositivo usado para medir tensão	

Termo	Definição	Símbolo ou Abreviação
Watt	Unidade básica de potência (joule por segundo)	W
Watt-hora	Unidade de energia (3600 joules)	
Watt-segundo	Unidade de energia (1 joule)	
Wattímetro	Um medidor elétrico que mede potência ativa	
Weber	Unidade básica de fluxo	Wb

Índice

O índice a seguir contempla os verbetes dos volumes 1 e 2 de *Fundamentos de Eletricidade*.

A

A, 22–23
Aberto, 97–98, 109–111
Agente despolarizante, 67–68
Ajuste automático de faixa, 57–58
Alertas de interrupção, 269–270
Alicate, medidor, 412–413
Alicate amperímetro, 412–413
Alicates de bico longo, 266–267
Alternação, 209–210
Altos valores de capacitância, 277–278
American Wire Gage (AWG), 94–95
Ampère (A), 22–23
Ampère, André Marie, 21–22
Ampère-espira, 195–196
Ampère-espira por metro, 195–196
Ampère-horas, 66–67
Amperímetro, 54–55
Amperímetro analógico, 409–414
Amperímetro de múltiplas faixas, 411–412
Amplitude, 211–212
Apagões, 55–56
Arco elétrico, 92–93
Armadura, 218–219, 395–396
Associações de cargas, 105–136
    circuitos paralelo, 116–125. *Veja também* Circuitos paralelo
    circuitos série, 106–115. *Veja também* Circuitos série
    circuitos série-paralelo, 126–131
    condutância, 124–126
    divisores e reguladores de tensão, 131–134
    fórmulas relacionadas, 135–135
    máxima transferência de potência, 115–117
    potência, 105–106
    subscritos, 105–106
Aterrado, 96–97
Átomo, 6–7
Atração de cargas opostas, 180–182
Atração de polos opostos, 180–182
Atuador da chave centrífuga, 386–387
Autotransformadores, 321–324
AWG, 211–212

B

Barcos elétricos, 346–347
Barramento metálico, 95–96
Base baioneta, 77–78
Base esmagada, 77–78
Base tipo rosca, 77–78
Bateria, 65–68. *Veja também* Célula
Bateria de chumbo-ácido, 25–26, 67–72
Bateria de mercúrio, 74–76
Bateria de níquel-cádmio, 72–73
Baterias de lítio, 76–77
Baterias de zinco-carbono, 74–76
Bitola do fio, 94–95
Blindagem 93–94
Blindagem magnética, 191–192
Bobina de sombra, 391–392
Bobina de tensão, 421–422
Bobina RF, 292–293
Bobinas, 185–187, 283–284. *Veja também* Indutância
Bohr, Niels, 11–12
Boninas de campo, 218–219
Bulbo de lâmpada, 310–311
Bulbo Osram Sylvania, 310–311

C

C, 17–18
CA, capacitores eletrolíticos, 259–260
CA, forma de onda, 207–210
CA, gerador, 216–220
CA, método da ponte, 426–429
CA, motores, 349, 368–369
CA, potência, 207–208
CA, tensão, 207–208
Cabo coaxial, 93–94
Cabo flexível plano, 93–94
Cabos, 93–96
Cabos de teste de alta tensão, 95–96
Cabos elétricos, 93–95
Cabos elétricos blindados, 93–94
Cabos elétricos sem blindagem, 93–94
Campo magnético, 179–180
Campo magnético de quatro polos, 216–218
Campos elétricos, 25–26
Campos magnéticos espalhados, 352–353
Capacidade da célula, 66–67
Capacidade de bateria, 66–67
Capacitância, 251–281
    ação básica do capacitor, 251–253
    cálculo/determinação, 255–257
    capacitor cerâmico, 259–261
    capacitor de mica, 257–262
    capacitor de montagem em superfície (SMD), 263–264
    capacitor de papel, 259–261
    capacitor eletrolítico, 256–261
    capacitores de armazenamento de energia, 262–264
    capacitores de uso específico, 261–263
    capacitores defeituosos, 277–279
    capacitores em paralelo, 275–277
    capacitores em série, 273–276
    circuitos CA, 268–274
    circuitos CC, 264–268
    códigos do capacitor. 263–264
    constante de tempo, 264–265
    especificações do capacitor, 278–280
    fator de qualidade, 271–273
    fatores que afetam, 255–256
    indesejada, 278–279
    medição, 426–429
    parasita, 278–279
    perdas de energia, 272–273
    potência, 272–273
    reatância, 269–272
    símbolos esquemáticos, 264–265

supercapacitor, 263-264
tensão nominal, 252-254
terminologia, 251-252
tipos de capacitores, 256-265
unidades de medição, 253-255
Capacitância parasita, 278-279
Capacitor, 251-252. *Veja também* Capacitância
Capacitor carregado, 252-253
Capacitor cerâmico, 259-261
Capacitor cerâmico SMD, 263-264
Capacitor com fuga, 277-278
Capacitor de acoplamento, 279-280
Capacitor de armazenamento de energia, 262-264
Capacitor de disco cerâmico, 257-258
Capacitor de filme, 259-261
Capacitor de filme metalizado, 259-261
Capacitor de mica, 257-262
Capacitor de mica encapsulado, 257-262
Capacitor de papel, 259-261
Capacitor de passagem, 261-262
Capacitor eletrolítico, 256-261
Capacitor encapsulado, 259-261
Capacitor moldado, 257-261
Capacitor polarizado, 263-264
Capacitor preenchido a óleo, 389-390
Capacitor principal, 390-391
Capacitor SMD, 263-264
Capacitor SMD de tântalo sólido, 263-264
Capacitor stand-off, 261-262
Capacitor tubular, 259-261
Capacitor variável (trimmer), 261-262
Capacitor variável, 257-258
Capacitores de baixo valor, 277-278
Capacitores de montagem em superfície, 263-264
Capacitores defeituosos, 277-279
Capacitores eletrolíticos de tântalo, 259-261
Capacitores eletrolíticos não polarizados, 259-261
Capacitores em série, 273-276
Capacitores filtro, 261-263
Capacitores paralelo, 275-277
Características nominais de transformadores, 325-328
Carcaça de motores, 375-377
Carga, 17-19
Carga combinada, 306
Carga de uma fonte, 66-67
Carga elétrica, 7-10, 17-18
Carga estática, 11-12
Carga estática positiva, 11-12
Carga induzida, 11-12
Carga negativa estática, 11-12
Carga resistiva, 233-234
Cateto adjacente, 240
Cateto oposto, 240

Cavalo-vapor (cv), 38-39
Célula
 alcalina, 74-76
 chumbo-ácido, 67-72
 cloreto de zinco, 74-76
 definição, 65-66
 eletrolítica, 66-67
 lítio, 76-77
 mercúrio, 74-76
 níquel-cádmio, 71-72
 óxido de prata, 74-77
 primária, 65-66
 seca, 66-67, 103
 secundária, 66-67
 zinco-carbono, 72-75
Célula alcalina primária, 74-76
Célula eletroquímica, 27-28
Células alcalinas de dióxido de manganês, 74-76
Células alcalinas secundárias, 74-76
Células de óxido de mercúrio, 74-76
Células de óxido de prata, 74-77
Células solares, 27-28
Cermet, 86-87
Chave de efeito Hall, 203-204
Chave do tipo fecha antes de abrir, 92-93, 411-412
Chave liga/desliga (dois polos, duas posições), 90-91
Chave liga/desliga (dois polos, uma posição), 90-91
Chave operada por solenóide, 387-388
Chave rotativa do tipo fecha antes de abrir, 92-93
Chave rotativa sem curto, 92-93
Chaves, 88-93
Chaves rotativas, 92-93
Choke, 283-284. *Veja também* Indutância
Choke de radiofrequência (RF), 292-293
Choque elétrico, 295-296
Ciclo, 209-210
Circuito
 componentes. *Veja* Componentes de circuito
 de três fontes, 160-162
 de três malhas, 160-161
 paralelo, 116-125
 partes, 43-44
 ponte, 143-144
 ressonante, 354-363
 série, 106-115
 série-paralelo, 126-131
 símbolos/diagramas, 44-47
 simples, 43-44
 tanque, 356-357
 técnicas de análise. *Veja* Técnicas de análise de circuitos
Circuito CA resistivo, 233-235

Circuito de baixa tensão, baixa resistência, 417-418
Circuito elétrico. *Veja* Circuito
Circuito equivalente da fonte de corrente, 172-173
Circuito equivalente da fonte de tensão (fonte de tensão real), 162
Circuito equivalente de Norton, 172-173, 175-176
Circuito equivalente de Thevenin, 165-166, 175-176
Circuito tanque ressoante, 356-357
Circuitos CA fora de fase, 234-243
Circuitos de alta resistência, 417-418
Circuitos do voltímetro digital, 426-427
Circuitos ressoantes paralelo, 349-350
Circuitos ressoantes série, 357-358
Circuitos ressonantes, 354-355. *Veja também* Ressonância
Circuitos RL, 347-350
Circuitos RL série, 347-350
Circuitos RLC, 337-366
 circuito RC paralelo, 344-347
 circuito RC série, 341-345
 circuitos RC, 340-347
 circuitos RL, 347-350
 circuitos RL paralelo, 349-350
 circuitos RL série, 347-350
 circuitos RLC, 351-355
 circuitos RLC paralelo, 353-354
 circuitos RLC série, 351-353
 fasores, 338-341
 filtros, 363-365
 fórmulas relacionadas, 365
 impedância, 337-338
 ressonância, 354-363. *Veja também* Ressonância
Circuitos série, 106-115
 aberto, 109-111
 aplicações, 114-115
 corrente, 106-107
 curto, 109-112
 definição, 106-107
 estimativa da corrente, 114-115
 fórmula do divisor de tensão, 113-114
 medição de tensão, 108-111
 polaridade, 107-109
 queda de tensão, 107-109
 resistência, 106-108
 resistor dominante, 113-115
 resolvendo problemas, 111-114
 tensão, 107-111
Circular mil, 30-31, 94-95
cmil, 30-31, 94-95
Código de cores de resistores, 86-89
Códigos de capacitores, 263-264
Coeficiente, 35
Coeficiente de acoplamento, 310-312

Coeficiente de temperatura, 29–31, 255–256
Completamente curto-circuitado, 277–278
Componentes de circuito, 65–104
    baterias e células, 65–68
    cabos, 93–96
    chaves, 88–93
    disjuntor, 101–103
    fios, 93–96
    fusíveis, 96–102
    lâmpadas miniaturas, 76–82
    LED, 80–82
    outros componentes, 102–103
    resistores, 81–90. *Veja também* Resistor
Componentes SMD (Chip), 86–87
Composto, 6–7
Composto cumulativo, 396–397
Composto diferencial, 396–397
Comutador de quatro segmentos, 201–202
Condutância, 124–126
Condutor, 28–29
Condutor sólido, 93–94
Condutores paralelo, 184–186
Conexão delta, 221–225
Conexão delta balanceada, 223–225
Conexão estrela, 223–227
Conexão estrela balanceada, 224–226
Conexão internet
    ABNT, 36–37, 96–97
    IBEW, 7–8
    informações sobre carreiras, 186–187
    radioamadorismo, 241
Configuração Reed-Prince, 460
Conjugado (torque), 200–201, 372–375
Conjugado de partida, 373–375
Conjugado máximo, 373–375
Conjugado nominal, 373–375
Conjugado rotacional, 379–381
Constante de tempo
    capacitância, 264–265
    indutância, 302–305
Constante dielétrica, 256–257
Constantes de tempo do capacitor, 264–265
Contato de base da lâmpada, 77–78
Controle de velocidade de motor, 114–115
Conversão de energia, 3–5
Conversões de circuito equivalente, 281
Conversões entre unidades, 37–38
Corrente, 18–19
    circuito série, 106–107
    circuitos paralelo, 117–119
    curto-circuito, 170–171
    de fuga, 259–260
    de operação, 371–372
    de partida, 371–372
    em gases, 19–21
    em líquidos, 20–22
    em sólidos, 18–20
    excitação, 318–319

    induzida, 214–216
    medição, 60–62
    motor, 371–372
    no vácuo, 21–23
    ramo, 117–118
    transformador, 326–327
    unidade de medida, 22–23
Corrente, bobinas de, 421–422
Corrente, fasor de, 237–238
Corrente, fonte de, 169–172
Corrente, ponta de prova de, 414
Corrente, portador de, 18–19
Corrente, transformador de, 411–412
Corrente alternada (CA), 19–20, 207–249
    amplitude, 211–212
    capacitores, 268–274
    ciclo, 209–210
    forma de onda, 207–210
    fórmulas relacionadas, 230
    frequência, 209–210
    gerador CA, 216–220
    hertz (Hz), 209–211
    indutores, 295–301
    onda senoidal, 208–210, 214–218
    período, 209–210
    potência. *Veja* potência em circuitos CA
    regra da mão direita, 215–217
    terminologia, 207–208
    valor eficaz, 212–213
    valor rms, 212–214
    vantagens, 219–220
Corrente alternada senoidal, 208–209
Corrente alternada trifásica, 220–229
    conexão delta, 221–225
    conexão estrela, 223–227
    potência, 247–248
    sistema estrela de quatro fios, 226–228
    vantagens, 227–229
Corrente contínua (CC), 19–20
    capacitores, 264–268
    indutores, 293–295
    motor CC, 200–202, 395–400
Corrente contínua flutuante, 208–209
Corrente contínua pulsante, 208–209
Corrente de curto-circuito, 176
Corrente de dispersão, 259–260
Corrente de excitação, 318–319
Corrente de operação (nominal), 371–372
Corrente de partida, 371–372
Corrente de rotor bloqueado, 371–372
Corrente elétrica, 18–19. *Veja também* Corrente
Corrente induzida, 214
Corrente máxima de fundo de escala, 407–408
Corrente parasita, 316
Correntes de radiofrequência, 412–413
Correntes dos ramos, 117–118
Cosseno, 241

Coulomb (C), 17–18
Coulomb, Charles Augustin, 18–19
Coulombs por segundo, 22–23
Cramer, Gabriel, 142–143
Cristais, 27–28
Curto total, 96–97
Curto-circuito, 96–97
Curva de histerese, 316
Curvas de resposta, 359–361
Custo, 51–53
cv, 38–39

D

d'Arsonval, Jacques, 407–408
Definições (glossário), G1–G7
Densidade de fluxo, 196–198
Derivações não lineares, 82–83
Descarga, 3–4, 11–12, 234–235
Descarga estática, 12–13
Deslocamento de fase, 235–236
Desmagnetização, 189–191
Diagrama esquemático, 44–45
Dielétrico, 251–252
Diferença de energia potencial, 24
Diferença de potencial, 24
Diodo emissor de luz (LED), 80–82
Diodo retificador de silício, 227–228
Díodo zener, 132–133
Disjuntores magnéticos, 101–103
Disjuntores térmicos, 101–102
Dispositivos de efeito Hall, 203–204
Dispositivos de montagem em superfície (SMD), 86–87
Divisor de tensão, 131–133
Divisor de tensão resistivo, 133–135, 134
Divisor de tensão série, 131–132
Divisor e regulador com zener, 133–134
Divisores e reguladores de tensão, 131–134
DMM, 56–58, 405–407
Dois níveis de subscrito, 105–106
DPM, 54–56

E

Edison, Thomas, 44–45
Efeito de carga, 416–419
Efeito de carga do amperímetro, 416–418
Efeito de carga do voltímetro, 417–418
Efeito de carga significativo, 416–417
Efeito Hall, 203–204
Efeito pelicular, 299–300
Efeito piezelétrico, 27–28
Efeito Seebeck, 27–28
Eficiência (rendimento), 4–6, 32–34, 277–278
Eficiência percentual, 4–5
Elco, 346–347
Elemento, 6–7
Eletricidade estática, 11–14

Eletroímã, 198–199
Eletrólito, 20–21, 259–260
Eletromagnetismo, 184–187. *Veja também* Magnetismo e eletromagnetismo
Elétron, 6–7
   livre, 9–10
   órbita, 7–8
   valência, 9–10
Elevadores, 123–124
Em fase, 233–234
Emissão termiônica, 21–22
Energia
   cinética, 24
   potencial, 24
   potência, e, 31–32
   definição, 1–2
   unidade de medida, 2–3
Enrolamento, 218–219
Enrolamento compacto, 186–187
Enrolamento de campo, 395–396
Enrolamento de estator distribuído, 391–392
Enrolamento de fase, 221–222
Enrolamento de partida, 379–381
Enrolamento do primário, 310–311
Enrolamento principal, 379–381
Enrolamento secundário, 310–311
Enrolamentos com tap deslocado do centro, 328–329
Enrolamentos paralelo, 327–329
Enrolamentos secundário com tap (derivação), 328–329
Enrolamentos série, 328–329
Equações simultâneas, 137–143
   adicionando equações, 137–139
   definição, 137–138
   método da eliminação de variáveis, 137–141
   método do determinante, 140–143
   regra de Cramer, 142–143
Espiras por volt, 312–313
Estator de polo de saliente, 391–392
Expoente, 34, 35
Expoente negativo, 35
Extremidade referência, 221–222

F

Farad, 253–254
Faraday, Michael, 254–255
Faróis HID, 216–217
Fasor de tensão, 237–238
Fasores, 237–239, 338–341
Fator de dissipação, 272–273
Fator de potência (FP), 245–247, 272–273
Fator de qualidade
   capacitância, 271–273
   circuito ressonante, 360–363
   indutância, 293–294
Fator de serviço, 372–374
fcem, 284–286
fem, 24, 285–286. *Veja também* Tensão
Ferramentas. *Veja* Ferramentas comuns
Filamento de tungstênio, 76–77
Filtro oscilante, 292–293
Filtro suavizador, 292–293
Filtros, 363–365
Filtros chokes, 292–293
Filtros passa faixa, 364–365
Filtros passa-alta, 364–365
Filtros passa-baixa, 363–365
Fio de cobre, 95–96
Fio esmaltado, 95–96
Fio flexível, 93–94
Fio Litz, 95–96, 299–300
Fios, 93–96
Fios de conexão, 95–96
Fios elétricos, 95–96
Fluxo, 180–181, 195–196
Fluxo de dispersão, 277–278
Fluxo magnético, 180–181, 195–196
Fluxo variável, 194–195
fmm, 188–189, 195–196
Fonte de corrente constante, 169–170
Fonte de tensão, 162–165
Fonte de tensão constante, 115–116, 162
Fonte de tensão ideal, 115–116, 162
Fontes de potência, 65–66
Força contra-eletromotriz (fcem), 284–286
Força do vento, 220–221
Força eletromotriz (fem), 24, 285–286. *Veja também* Tensão
Força magnetizante, 195–196
Força magnetizante do primário, 319–321
Força magnetomotriz (fmm), 188–189, 195–196
Forma de onda, 207–210
Forma de onda amortecida, 357
Forma de onda dente de serra, 208–210
Forma de onda elétrica, 207–210
Forma de onda trifásica CA, 221–222
Forma magnetizante do secundário, 319–321
Fórmula de divisor de tensão, 113–114
Fórmula recíproca, 119–120
Fórmulas relacionadas
   associações de cargas, 135–135
   capacitância, 281
   circuitos RLC, 365
   conceitos básico, 15
   corrente e tensão alternadas, 230
   grandezas elétricas e unidades, 39
   indutância, 306–306
   leis básicas de circuitos, 62
   magnetismo/eletromagnetismo, 205
   motores elétricos, 402
   potências em circuitos CA, 248
   técnicas de análise de circuitos, 176
   transformador, 334
Fotovoltaica, 27–28
Frequência, 209–210
Frequencímetro de lâminas vibrantes, 424–425
Funções trigonométricas, 241–246
Fusistor, 88–90
Fusíveis, 96–102
Fusíveis de ação média, 99–101
Fusíveis resetáveis, 100–102
Fusível de ação lenta, 99–101
Fusível de ação rápida, 99–100
Fusível de painel, 97–100
Fusível de tempo de atuação lento, 99–100
Fusível de tempo de atuação médio, 99–100
Fusível de vidro, 97–100
Fusível do instrumento, 99–100
Fusível miniatura, 97–100
Fusível miniatura SMD, 97–100
Fusível rabo de porco, 97–100

G

Galvanômetro, 420–421
Galvanoplastia, 20–22
Gauss, Karl Friedrich, 196–197
Gerador elétrico, 27–28, 193–194
Gerador trifásico, 220–222
Giga, 37–38
Glossário de termo e símbolos, G1–G7
Golpe indutivo, 294–295
Goreau, Thomas, 418–419
Grandezas elétricas, 47
   calculando potência, 49–52
   custo da energia, 51–53
   lei de Ohm, 47–50
   medindo, 54–62
   medindo corrente, 60–62
   medindo resistência, 58–59
   medindo tensão, 58–61
Graus, 216–218
Graus elétricos, 216–218
Graus mecânicos, 216–218

H

Hall, Edwin H. 203–204
Hidrômetro, 71–72
Hilbertz, Wolf, 418–419
Hipotenusa, 240
História da eletrônica
   Ampère, André Marie, 21–22
   Bohr, Niels, 11–12
   Coulomb, Charles Augustin, 18–19
   Edison, Thomas, 44–45
   Faraday, Michael, 254–255
   Gauss, Karl Friedrich, 196–197
   Henry, Joseph, 287–288
   Hertz, Heinrich, 210–211
   Joule, James Prescott, 7–8

Kirchhoff, Gustav R., 117-118
Lenz, Heinrich, 285-286
Maxwell, James Clerk, 198-199
Ohm, Georg, 48-49
Seebeck, Thomas, 35
Sturgeon, William, 194-195
Tesla, Nikola, 197-198
Volta, Alessandro, 30-31
Watt, James, 37-38
Weber, Wilhelm Edward, 195-196
Wheatstone, Charles, 146-147
Hz, 209-211

I

Ímã, 179-180
Ímã de alnico, 187-188
Ímã natural, 179-180
Ímãs permanentes, 187-189
Ímãs temporários, 187-189
Impedância, 299-300
Impedância refletida, 324-325
Indutância, 283-307
   armazenamento e conversão de energia, 285-286
   características, 283-286
   choke de RF, 292-293
   circuitos CA (indutor ideal), 295-299
   circuitos CA (indutor real), 298-301
   circuitos CC, 293-295
   constante de tempo, 302-305
   definição, 283-284
   especificações de indutores, 293-294
   fator de qualidade, 293-294
   fatores que determinam, 286-288
   fcem, 284-286
   filtro choke, 292-293
   fórmulas relacionadas, 306-306
   indutor blindado, 291-292
   indutor de núcleo de ar, 288-289
   indutor de núcleo de ferro, 288-289
   indutor de núcleo de ferro laminado, 291-293
   indutor de núcleo toroidal, 290-291
   indutor moldado, 290-292
   indutor SMD, 290-291
   indutores paralelo, 300-302
   indutores série, 302-303
   lei de Lenz, 285-286
   material do núcleo, 288-289
   medição, 426-429
   mútua, 284-285, 304-305, 309-310
   parasita, 304-306
   perdas de potência, 299-301
   própria, 284-285
   reatância, 295-298
   resistência, 293-294, 299-300
   tensão, 293-294
   tipos de indutores, 288-293
   unidades de medição, 286-287
Indutâncias em série, 302-303
Indutor, 283-284. *Veja também* Indutância
Indutor de núcleo de ferrite e pó de ferro, 288-289
Indutor variável, 288-289
Indutores de alta frequência em miniatura, 290-291
Indutores de montagem em superfície, 290-291
Instituto de pesquisa em sistemas elétricos, 320-321
Instrumentos e medidas, 405-430
   amperímetro analógico, 409-414
   capacitância, 426-429
   efeito de carga, 416-419
   indutância, 426-429
   medição de impedância, 425-426
   medidor de frequência, 424-425
   medidores de conjunto móvel, 407-410
   multímetro digital (DMM), 405-407
   ohmímetro analógico, 418-420
   ponte de Wheatstone, 420-422
   potência trifásica, 423-424
   teste de isolamento, 420-421
   voltímetro analógico, 414-417
   wattímetro, 421-425
Intensidade de campo, 195-196
Intensidade de campo magnético, 195-197
Interruptores de contato momentâneo, 90-91
Íon, 9-11
Íon negativo, 9-11
Íon positivo, 9-11
Ionizado, 19-20
Isolantes, 28-29

J

J, 2-3
Joule (J), 2-3
Joule, James Prescott, 7-8
Joule por coulomb, 26-27
Joule por segundo, 32-33

K

Kilo, 37-38
Kilowatt-hora (kWh), 32-33, 38-39
Kirchhoff, Gustav R., 117-118
kWh, 32-33, 38-39

L

Lâmina bimetálica, 77-79
Lâmina E, 291-292, 321-322
Lâmina I, 291-292, 321-322
Lâmpada de base esmagada, 76-77
Lâmpadas miniaturas, 76-82
Lâmpadas neon, 78-81
Lâmpadas pisca-pisca, 77-78
Lanterna, 44-45
Largura de banda, 359-360
LED, 80-82
Lei de Kirchhoff das correntes, 118-119
Lei de Kirchhoff das tensões, 107-108
Lei de Lenz, 285-286
Lei de Ohm, 47-50
Lenz, Heinrich, 285-286
Ligação covalente, 28-29
Linhas de transmissão, 380-381
Lumens, 77-78

M

Magnetismo, 179-180
Magnetismo e eletromagnetismo, 179-206
   blindagem magnética, 191-192
   bobinas, 185-187
   campo magnético, 179-180
   condutores paralelos, 184-186
   densidade de fluxo, 196-198
   desmagnetização, 189-191
   dispositivos de efeito Hall, 203-204
   eletroímã, 198-199
   eletromagnetismo, 184-187
   fluxo, 180-181, 195-196
   força magnetomotriz (fmm), 188-189, 195-196
   fórmulas relacionadas, 205
   ímãs temporários/permanentes, 187-189
   intensidade de campo magnético, 195-197
   magnetismo residual, 190-191
   magnetismo/ímã, 184
   magnetização de materiais magnéticos, 187-189
   materiais magnéticos, 186-189
   motores CC, 200-202
   permeabilidade, 197-198
   permeabilidade relativa, 197-199
   polos, 180-183
   regra da mão direita, 184
   relé, 201-203
   relutância, 190-192
   saturação, 189-190
   solenoide, 201-202
   tensão induzida, 193-195
   unidades, 194-196, 205
Magnetismo residual, 190-191
Magnetização de materiais magnéticos, 187-189
Matéria, 6-7
Materiais ferro magnéticos, 186-187
Materiais isolantes, 95-96
Materiais magnéticos, 186-189
Materiais não magnéticos, 186-187
Matrizes quadradas, 140-141

Máxima transferência de potência, 115–117
Maxwell, James Clerk, 198–199
Medição de grandezas elétricas, 54–62
Medição de impedância, 425–426
Medidas. *Veja* Instrumentos e medidas
Medidor analógico de painel, 54–55
Medidor com escala de zero central, 420–421
Medidor de d'Arsonval, 407–408
Medidor de ferro móvel, 407–408
Medidor de frequência, 424–425
Medidor de frequência digital, 424–425
Medidor de painel, 54–56
Medidor de painel digital (DPM), 54–56
Medidor eletrodinâmico, 408–409
Medidor eletrodinâmico de conjunto móvel, 408–410
Medidor termoelétrico, 412–413
Medidores analógicos, 407–408
Medidores de conjunto móvel, 407–410
Mega, 37–38
Meggers, 48–49
Método amperímetro-voltímetro, 425–426
Método da resistência equivalente, 425–426
Método de análise de malhas, 143–153
    circuitos de múltiplas fontes, 147–153
    circuitos de única fonte, 143–148
    comparação com outras técnicas, 173–175
Método de análise nodal, 152–159, 173–175
Método de eliminação de variável, 137–141
Método do determinante, 140–143
Método dos dois wattímetros, 423–424
Metro, 2–3, 54–55
µF, 254–255
Micro, 37–38
Microfarad (µF), 254–255
Milli, 37–38
Molécula, 6–7
Motor aberto com proteção contra pingos de água, 376–377
Motor com invólucro a prova de explosão, 376–377
Motor de fracionária, 368–369
Motor de potência integral, 368–369
Motor de potência subfracionária, 368–369
Motor monofásico de dois capacitores, 390–392, 402
Motor redutor, 367–368
Motor série CC, 395–397, 403
Motor totalmente fechado com ventilação externa, 376–377
Motor totalmente fechado sem ventilação externa, 376–377
Motores a prova de água, 376–377
Motores a prova de poeiras explosivas, 376–377
Motores abertos, 376–377

Motores CC, 200–202, 395–400, 403
Motores de indução, 377–378, 402. *Veja também* Motores elétricos
Motores de indução em gaiola de esquilo, 377–394
Motores de múltiplas velocidades, 367–368
Motores de potência fracionária, 368–369
Motores de regime intermitente, 373–375
Motores de torque, 368–369
Motores de velocidade variável, 367–369
Motores elétricos, 367–404
    características nominais, 368–375
    carcaça de motores, 375–377
    classificação de motores, 367–369
    conjugado, 373–375
    corrente nominal, 371–372
    de duas tensões, 393–394
    de duas velocidades, 393–394
    eficiência, 373–375
    fator de serviço, 372–374
    fórmulas e tabelas relacionadas, 402–403
    motor CC composto, 396–397, 403
    motor CC sem escovas, 396–400
    motor CC série, 395–397, 403
    motor CC shunt, 395–396, 403
    motor de capacitor de partida, 388–390, 402
    motor de capacitor permanente, 389–391, 402
    motor de dois capacitores, 390–392, 402
    motor de fase dividida, 303–304, 379–389
    motor de partida a relutância, 393–394, 402
    motor de polos sombreados, 391–393, 402
    motor monofásico, 379–381
    motor síncrono, 394–395
    motor trifásico, 399–401
    motor universal, 396–397
    motores de indução em gaiola, 377–394
    placa de identificação, 369–370
    potência, 371–372
    temperatura, 371–374
    tensão nominal, 368–371
    velocidade, 372–374
    visão geral, 402–403
Motores protegidos, 376–377
Motores síncronos, 367–395
Multímetro, 159–162
Multímetro analógico, 55–57
Multímetro digital (DMM), 56–58, 405–407

N

NA, 90–91
Nano, 37–38
Nanofarad (nF), 254–255
Nêutron, 6–7
Newton, 2–3
nF, 254–255

NF, 90–91
Nó, 152–153
Normalmente aberto (NA), 90–91
Normalmente fechado (NF), 90–91
Nós essenciais, 152–153
Nós menores, 152–153
Núcleo, 6–7
Núcleos de transformador, 321–324
Número de carcaça, 375–376
Nuvens de tempestade, 234–235

O

Ohm, 29–30
Ohm, Georg, 29–30, 47–49
Ohmímetro, 54–55, 277–278, 418–420
Ohmímetro analógico, 418–420
Ohms por volt nominal, 415
Onda quadrada, 208–210
Onda senoidal, 208–210, 214–218
Oscilador de relaxação, 278–280
Osciloscópio, 414
Otis, 123–124

P

Papel abrasivo, 13–14
Perdas I^2R, 317–318
Perdas na resistência, 272–273
Perdas no cobre, 317–318
Perdas no dielétrico, 272–273
Perdas por corrente parasita, 316–318
Perdas por histerese, 315–316
Período, 209–210
Permeabilidade, 197–198, 292–293
Permeabilidade relativa, 197–199
PF, 245–247, 272–273
pF, 254–255
Pico, 37–38
Pico farad (pF), 254–255
Pilha de zinco-carbono, 72–75
Placa, 251–252
Placa de identificação de motores, 369–370
Placa negativa, 20–21
Placa positiva, 20–21
Polaridade, 7–8, 107–109
Polaridade direta, 26–27
Polaridade reversa, 26–27
Polarização, 67–68
Polarização reversa, 132–133
Polarizado, 26–27
Polo norte, 180–181
Polo sul, 180–181
Polos, 180–183, 379–381
Polos magnéticos, 180–183
Polos magnéticos iguais, 180–182
Polos magnéticos opostos, 180–182
Ponta de prova, 414
Pontas de prova ativas, 414

Pontas de prova do osciloscópio, 414
Pontas de prova passivas, 414
Ponte de indutância, 427–428
Ponte de Wheatstone, 420–422
Ponte para medição de capacitância, 427–428
Ponto de referência, 223–225
Potência
    aparente, 243–245
    associação de cargas, 105–106
    ativa, 243
    CA, 207–208
    cálculo, 49–52
    capacitância, 272–273
    circuito CA. *Veja* Potência em circuitos CA
    definição, 31–32
    energia e, 31–32
    indutor ideal, 297–299
    indutor real, 299–301
    máxima transferência de potência, 115–116
    motor, 371–372
    transformador, 315–318, 326–327
    unidade de medição, 32–33
Potência 11–12, 34–37
Potência em circuitos CA, 233–249
    circuito CA resistivo, 233–235
    circuitos defasados, 234–243
    circuitos trifásicos, 247–248
    fasores, 237–239
    fator de potência (FP), 245–247
    fórmulas relacionadas, 248
    funções trigonométricas, 241–246
    potência aparente, 243–245
    potência ativa, 243
    triângulo retângulo, 238–243
Potência trifásica, 423–424
Potenciômetro, 82–83
Potenciômetros múltiplos, 82–83
Potenciômetros plásticos condutivos, 86–87
Precipitador de poeira, 13–14
Precipitadores eletrostáticos, 13–14
Prefixos, 36–37
Primário, 309–310
Princípio de motores, 200–201
Princípio do gerador, 193–194
Próton, 6–7

Q
Q, 7–10, 17–18
Queda de tensão, 107–109

R
Ramo, 116–117
Reatância, 234–236
    capacitiva, 234–235, 269–272
    capacitores paralelo, 275–276

capacitores série, 274–275
efeito de carga, 416–417
indutiva, 235–236, 295–298
indutores paralelo, 300–301
indutores série, 302–303
Reatância indutiva paralelo, 300–301
Reatância indutiva total, 300–301
Reatância interna, 416–417
Reatância total, 275–276
Reatâncias em série, 302–303
Reator, 283–284. *Veja também* Indutância
Reator nuclear, 111–112
Recifes de coral, 418–419
Rede resistiva, 88–90
Redes. *Veja* técnicas de análise de circuitos
Regime de serviço, 373–375
Regra da mão de direita, 184, 215–217
Regra de Cramer, 142–143
Regulação de tensão percentual, 132–133
Relação de espiras, 312–313
Relação de impedância, 325–326
Relação de tensão, 312–313
Relé, 201–203
Relé magnético, 201–203
Relutância, 190–192
Reostato, 82–83, 114–115
Repulsão de polos iguais, 180–182
Resistência, 28–29
    a quente, 78–79
    circuitos paralelo, 118–123
    circuitos série, 106–108
    de entrada, 415
    indutor, 293–294, 299–300
    indutor real, 299–300
    interna, 66–68, 407–408
    medição, 58–59
    medidores de conjunto móvel, 407–408
    ôhmica, 293–294
    série equivalente, 272–273
    símbolo, 28–29
    voltímetro, 415
Resistência efetivas, 299–300
Resistividade, 30–31
Resistor, 31–32, 81–90
    classificação, 81–83
    código de cores, 86–89
    especiais, 88–90
    indutância, 304–305
    redes resistivas, 88–90
    símbolo, 44–45, 81–82
    tipos, 85–87
    tolerância, 85
Resistor de carbono, 85
Resistor de filme de carbono, 86–87
Resistor de fio, 85–87
Resistor de zero ohm, 82–83
Resistor dependente de tensão, 88–90
Resistor sensível a tensão, 88–90

Resistor térmico, 88–90
Resistor variável, 114–115
Resistores ajustáveis, 83–84
Resistores com derivação, 83–84
Resistores de filme, 86–87
Resistores de filme metálico, 86–87
Resistores de fios não indutivos, 304–305
Resistores de montagem em superfície, 86–87
Resistores de potência, 85
Resistores SMD, 86–87
Ressonância, 354–363
    circuito ressonante paralelo, 355–358
    circuito série ressoante, 357–360
    curvas de resposta, 359–361
    fator de qualidade, 360–363
    frequência de ressonância, 354–356
    largura de banda, 359–360
    seletividade, 359–361
Restaurador dinâmico de tensão (DVR), 80–81
Retificação, 227–228
Rotor em gaiola de esquilo, 377–379

S
Secundário, 309–310
Seebeck, Thomas, 35
Segurança
    bateria, 67–68, 71–72
    lâmpada, 81–82
Segurança de bateria, 67–68, 71–72
Seletividade, 359–361
Semiciclo negativo, 209–210
Semiciclo positivo, 209–210
Semicondutor, 28–30
Seno, 241
Sensibilidade, 415–417
Sensor de efeito Hall, 203–204
Série aditiva, 149–150, 328–329
Série subtrativa, 328–329
Shunt, 410–412
Shunt externo, 410–412
Símbolo de terra comum, 45–46
Símbolos
    glossário, G1–G7
    símbolos e diagramas de circuitos, 44–47
Símbolos de transformadores, 309–311
Sistema de numeração de base 11–12, 34
Sistema estrela a quatro fios, 226–228
Sistema trifásico em delta, 221–225
Sistema trifásico em estrela, 223–227
SMD, 86–87
Solenoide, 201–202
Square mil, 94–95
Sturgeon, William, 194–195
Subscritos, 105–106
Supercapacitor, 263–264
Supercondutividade, 28–29
Suspensão por pivô, 407–408

T

T, 196–197
Tangente, 241
Tap central, 326–327
Tarugo, 288–289
Técnicas de análise de circuito
   comparação das técnicas de análise de circuitos, 173–176
   equações simultâneas, 137–143. *Veja também* Equações simultâneas
   fonte de corrente, 169–172
   fonte de tensão, 162–165
   fórmulas relacionadas, 176
   método de análise de malhas, 143–153. *Veja também* Método de análise de malha
   método de análise nodal, 152–159, 173–175
   teorema da superposição, 158–175
   teorema de Norton, 172–176
   teorema Thevenin, 164–170, 173–175
Tempo de atuação, 97–98
Tensão, 24–27
   CA, 207–208
   capacitância, 252–254
   capacitor (circuito CC), 266–268
   circuitos paralelo, 117–118
   circuitos série, 107–111
   definição, 24
   dente de serra, 281
   fase, 221–222
   fontes de, 27–28
   gerador CA, 218–219
   Hall, 203–204
   indutor, 293–294
   induzida, 193–195, 214
   medição, 58–61
   motor, 368–372
   transformador, 312–314, 326–327
   unidades de medição, 26–27
Tensão corrente alternada, 207–208
Tensão de efeito Hall, 203–204
Tensão de trabalho CC, 253–254
Tensão dente de serra, 278–279
Tensão nos terminais da fonte com carga, 162
Tensão nos terminais da fonte com circuito aberto, 162
Tensões baixas observadas, 417–418
Teorema da superposição, 158–159, 173–175
Teorema de Norton, 172–176
Teorema de Pitágoras, 338–339
Teorema de Thevenin, 164–170, 173–175
Terminologia (glossário), G1–G7
Termistor, 88–90
Termopar, 27–28
Tesla (T), 196–197
Tesla, Nikola, 197–198
Teste de isolação, 420–421
Thevenizado, 165–166
Tolerância de frequência, 372–374
Tolerância do resistor, 85
Trabalho, 1–3
Transformador, 309–335
   características nominais, 325–328
   casamento de impedância, 324–326
   coeficiente de acoplamento, 310–312
   com carga/a vazio, 317–321
   corrente, 411–412
   corrente nominal, 326–327
   eficiência (rendimento), 315–318
   elevador/abaixador, 312–313
   enrolamento com tap deslocado do centro, 328–329
   enrolamentos paralelo, 327–329
   enrolamentos série, 328–329
   fórmulas relacionadas, 334
   fundamentos, 309–316
   magnetismo, 194–195
   núcleos, 321–324
   perdas de potência, 315–318
   potência aparente nominal, 326–327
   potência nominal, 326–327
   símbolos, 309–311
   tensão 312–314, 326–327
   tipos, 321–324
   trifásico, 330–334
Transformador abaixador, 312–313
Transformador carregado, 317–321
Transformador conectado em delta, 330–334
Transformador conectado em estrela, 330–334
Transformador de núcleo toroidal, 321–322
Transformador elevador, 312–313
Transformador sem carga (a vazio), 318–321
Transformadores de áudio, 321–324
Transformadores de controle, 321–324
Transformadores de isolação, 321–324
Transformadores de núcleo de ar, 321–324
Transformadores de núcleo de ferro, 321–322
Transformadores de núcleo de ferro laminado, 321–322
Transformadores de potência, 321–324
Transformadores de radiofrequência, 321–324
Transformadores de tensão constante, 321–324
Transformadores variáveis, 323–324
TRC, 22–23
Triângulo retângulo, 238–243, 338–339
Tubarão martelo, 352–353
Tubarões, 352–353
Tubo de raios catódicos, 22–23

U

Unidades
   capacitância, 253–254
   carga, 17–19
   conversões, 37–38
   corrente, 22–23
   cv, 38–39
   densidade de fluxo, 196–197
   energia, 2–3
   fluxo magnético, 195–196
   fmm, 195–196
   indutância, 286–287
   intensidade de campo magnético, 195–196
   kWh, 38–39
   magnetismo, 194–197, 205
   potência, 32–33
   resistência, 29–30
   tensão, 26–27
   trabalho, 2–3
Unidades básicas, 2–3
Unidades e submúltiplos de unidades, 36–38

V

Valor de pico, 211–212
Valor de pico a pico, 211–212
Valor eficaz, 212–213
Valor médio, 211–212
Valor rms, 212–214
Varistor, 88–90
Veículos elétricos, 330–331
Velocidade nominal, 372–374
Vida útil, 77–78
Volt, 26–27
Volta, Alessandro, 30–31
Voltampère, 244–245
Voltímetro, 54–55, 414–417
Voltímetro analógico, 414–417
Volt-ohm-miliamperímetro (VOM), 55–56
VOM, 55–56

W

W, 32–33
Watt (W), 32–33
Watt, James, 32–33, 37–38
Wattímetro, 54–55, 334, 421–425
Watt-segundo, 32–33
Wb, 195–196
Weber, (Wb), 195–196
Weber, Wilhelm Edward, 195–196
Wheatstone, Charles, 146–147